普通高等教育“十三五”规划教材

C++语言程序设计

张思民　刘政宇　宋　毅/主　编
蔡　明/副主编

中国铁道出版社有限公司
CHINA RAILWAY PUBLISHING HOUSE CO., LTD.

内 容 简 介

C++语言是应用最广泛的面向对象的程序设计语言之一。本书注重可读性和实用性，配备了大量经过精心筛选的例题，既能帮助理解知识，又具有启发性。

本书在内容编写上分为C++语言基础、C++特性和Windows操作系统下的应用程序开发基础三个部分，突出C++的编程思想和编程能力的培养。

本书共分13章，分别介绍基本数据类型、程序控制语句、函数、数组、结构体、共用体和枚举类型、指针、类、对象、继承与派生、重载、虚函数、输入输出流、Windows编程、图形设计及应用、MFC编程及应用、多媒体程序设计、网络编程和数据库应用等内容。

本书可以作为高等学校程序设计语言的教材，也可供从事软件开发的工程技术人员自学使用。

图书在版编目（CIP）数据

C++语言程序设计/张思民，刘政宇，宋毅主编.—2版.—北京：中国铁道出版社有限公司，2020.8（2024.12重印）

普通高等教育“十三五”规划教材

ISBN 978-7-113-27100-8

Ⅰ.①C…　Ⅱ.①张…②刘…③宋…　Ⅲ.①C++语言-程序设计-高等学校-教材　Ⅳ.①TP312.8

中国版本图书馆CIP数据核字(2020)第131826号

书　　名：C++语言程序设计
作　　者：张思民　刘政宇　宋　毅

策划编辑：周海燕　　　　编辑部电话：（010）63549501
责任编辑：周海燕
封面设计：刘　颖
责任校对：张玉华
责任印制：赵星辰

出版发行：中国铁道出版社有限公司（100054，北京市西城区右安门西街8号）
网　　址：https://www.tdpress.com/51eds
印　　刷：三河市航远印刷有限公司
版　　次：2014年9月第1版　2020年8月第2版　2024年12月第5次印刷
开　　本：787 mm×1 092 mm　1/16　印张：21.5　字数：545千
书　　号：ISBN 978-7-113-27100-8
定　　价：56.00元

第二版前言

党的二十大明确指出："实施科教兴国战略，强化现代化建设人才支撑"。科学技术、经济、文化和军事的发展都需要各类人才具备良好的信息技术素质，他们应当能够熟练地操作计算机，会用一门或几门计算机语言进行编程。

C++语言自问世以来，历经多年发展，日臻成熟，目前C++标准已经发展到C++ 20。C++ 20在原有基础上提出了一些更为深入的概念,它所支持的面向对象的概念可以很容易地将问题空间直接地映射到程序空间,为程序员提供了一种与传统结构程序设计不同的思维方式和编程方法。

本书落实立德树人根本任务，践行二十大报告精神，充分认识党的二十大报告提出的"实施科教兴国战略，强化现代人才建设支撑"的精神，落实"加强教材建设和管理"新要求，为了更好地服务于国家发展战略，为党育人、为国育才，努力培养造就更多大国工匠、高技能人才的要求实时修订。

本版主要修改了第1版中的一些不妥之处，对部分内容作了一些充实和调整。

全书共分为13章。

第1章讲解C++ 的开发过程和编写C++ 程序的基本步骤，并介绍了在Visual Studio开发环境下创建标准 C++ 程序的方法。

第2章介绍C++ 语言的基本语法，介绍了简单的输入输出语句、基本数据类型、表达式和运算符，还介绍了程序设计的三大结构：顺序结构、分支结构和循环结构。

第3章介绍函数，包括函数的定义、函数的调用、函数模板和函数重载等。

第4章主要介绍构造数据类型，内容有数组和字符串的概念及其应用、结构体类型、共用体类型、枚举类型，还介绍了编译预处理概念。

第5章介绍指针的概念以及指针与数组、指针与函数的关系，并介绍了指向结构体的指针的概念。

第6章为面向对象的程序设计，主要介绍类与对象、构造函数和析构函数、友元、继承与派生、运算符重载等重要概念。可以说，这一章是C++的核心与灵魂。

第7章介绍输入输出流和文件的概念及其应用，并介绍了异常处理、命名空间等概念。

第8章为Windows程序设计基础，主要介绍窗体程序设计的方法。

第9章介绍C++的图形程序设计，重点介绍图形设备接口（GDI）的绘图方法及其应用。

第10章为Visual C++ 的MFC编程简介，介绍了应用向导开发MFC应用程序的方法。

第 11 章为 C++的多媒体应用程序设计示例，介绍了音频播放、图像显示等程序设计的方法。

第 12 章为 C++的网络编程，主要介绍套接字编程和 Web 浏览器程序的编写方法。

第 13 章介绍 Visual C++创建和调用数据库的基本方法。

本书由张思民、刘政宇、宋毅任主编，蔡明任副主编，其中第 1、2、3、5 章由刘政宇完成，第 4、6、12、13 章及附录由宋毅完成，第 7、8 章由蔡明完成，第 9、10、11 章由张思民完成，全书由张思民统稿。

在编写过程中，作者力求写出 C++的精髓，但是作者知识水平有限，因而书中疏漏之处在所难免，敬请读者批评指正。E-mail：zsm112233@163.com，本书课件可在中国铁道出版社有限公司官网 http://www.tdpress.com/51eds/下载。

编　者

2023 年 7 月

第一版前言

C ++语言是目前应用最广泛的一门面向对象的程序设计语言之一。长期以来，C++一直是学生感到最难学习的一门课程。如何学好这门语言是广大教师一直都在思考的问题。

1．本书特点

作为一本教材，本书有以下特点。

（1）简明易懂。本书在叙述方式上尽可能浅显，用日常生活中的例子或图示来加以说明，并用大量短小的例题进行分析解释，使读者学完每一章都可以编写出相应功能的程序。

（2）对每一个例题均进行了详细分析和解释，既可以帮助读者学习理解知识和概念，大大降低学习难度，又具有启发性，触类旁通。

（3）本书在内容编写上分为 C++ 语言基础、C++特性和 Windows 操作系统下的应用程序开发基础三个部分，突出 C++的编程思想和编程能力的培养。

2．学习方法

学习 C++语言，绝不是“为了学语法而学语言”，而应该“为了实际应用而学语言”。 培养面向对象程序设计能力。因此，在本书的安排上，C++语言基础部分采用 Windows 平台下的控制台方式（命令行方式）讲解以突出 C++的编程思想和编程能力的培养。在 Windows 操作系统下的应用程序开发部分比较全面地学习标准的 Windows 图形界面编程，提高学生的实际应用能力。

C++的教学应该强调教学实施的过程、知识积累的过程、能力培养的过程，使读者能快乐地学习。使每一个读者喜欢本课程，掌握程序设计的思想和方法，让读者在学习本课程过程中享受到程序设计的乐趣，培养读者在各专业领域中应用计算机解决问题的意识和能力。

对于需要计算机知识较多的专业，程序设计课程应考虑后续课程的需要。尤其是电子信息类专业的学生的后续课程中需要大量的面向过程的程序设计的基础知识，包括汇编语言的编程，单片机、嵌入式系统和 DSP 的 C 语言编程等。面向对象的程序设计其实与面向过程的程序设计是密不可分的。在本课程中，算法的描述实际上是面向过程的，而面向对象是对程序整体而言的，它使程序的整体组织更合理，使用起来更方便。教学中应该合理地将两个方面有机地结合起来，即细节上算法的编程和程序总体上的把握并重。

应该说，学习任何一种编程语言都有一定的难度。因此，要强调动手实践，多编写、多练习，“熟能生巧”，从学习中体验到程序设计的乐趣和成功的喜悦，增强学习信心。

3．本书安排

本书从结构上分为三个部分：第 1 ~ 5 章为 C++的语法及算法基础部分，这部分是面向过程的，基本涵盖了 C 语言的内容；第 6 ~ 7 章为 C++特性部分，这部分是面向对象的基本概念和理论知识部分；第 8 ~ 13 章是 Windows 操作系统下的应用程序开发，是 C++语言的设计应用实践方面的内容。

本书虽然采用的是 Visual C++ .NET 编程环境，考虑读者的学习需求及各学校的教学系统安装条件，第 1 ~ 5 章内容的所有例题，只需将文件保存为扩展名为“.c”的文件，基本上就可以在 Visual C++ 6.x、Turbo C++、C-Free 或 Linux gcc 环境下编译运行。第 6 ~ 7 章内容的所有例题，可以不做任何修改在 Visual C++ 6.x、Turbo C++、C-Free 或 Linux g++环境下编译运行。第 1 ~ 13 章内容的所有例题，可以不做任何修改在 Visual C++ .NET 环境下编译运行。

4．本教程建议授课时数

（1）仅学习 C 语言，即第 1 ~ 5 章内容，需要 54 学时，上机练习及课程设计 18 学时。

（2）有 C 语言基础，需要 54 学时，上机练习及课程设计不少于 18 学时。

（3）无 C 语言基础，学习全书所有内容，需要 102 学时，上机练习及课程设计 36 学时。

读者与作者联系是十分必要的，读者可以及时从作者处获得勘误（如果有的话），也可以与作者沟通想法。编者目前有以下联系方式：

E-mail：zsm112233@163.com。

编者网站：www.zsm8.com。

本书例题的源程序、课件、视频教学材料及相关系统软件可以在编者网站（www.zsm8.com）上下载。

本书由张思民、刘政宇、张光南任主编，宋毅、蔡明任副主编，杨天明任参编，其中第 1、2、3、5 章由刘政宇完成，第 4 章及附录 A、B、C 由宋毅完成，第 7、8 章由蔡明完成，第 6、12、13 章由张光南完成，第 9、10、11 章由杨天明完成，全书由张思民统稿。为了进一步提高教材的质量，恳请读者多提宝贵意见。

编 者

2014 年 5 月

目　录

第1章 C++语言概述

C++语言是面向对象的程序设计语言，是一种已经成熟的软件设计语言。本章主要介绍 C++语言的一些基本概念和程序设计方法、简单的 C++语言程序结构和应用 Visual Studio 作为标准C++程序开发工具的设计过程，为后面章节的学习打下基础。

1.1 程序设计语言及 C++的特点

1. 程序设计语言

编写计算机程序所使用的语言称为程序设计语言，计算机语言是人与计算机之间传递信息的工具。人们要让计算机来处理、完成某些任务，就要给计算机下达指令。这些指令是一些人和计算机都能读懂和理解的符号。计算机在运行时，首先根据事先已经确定的规则，把人用符号表达的内容读懂，再按照这些符号的意思去执行，这一系列的过程，主要是通过事先规定的符号与意义的对应关系进行的。人和计算机用这套关系进行交流。用来表达这种关系的符号系统就是计算机语言。

对人们来说，计算机能直接读懂的语言是很晦涩的，不符合人们自然语言的习惯。经过从低级到高级的发展历程，计算机语言从机器语言、汇编语言逐步发展成了高级语言。

高级语言采用接近自然语言的语句进行编程。它具有学习容易、使用方便、通用性强和移植性等特点，便于人们学习和使用。

高级语言按照程序设计思想分为两大类：一类是面向过程的程序设计语言，另一类是面向对象的程序设计语言。C++是一种面向对象的高级语言。

学习程序设计语言，就是学习语言规则及设计方法，即计算机程序的语法及算法。

2. C++语言的特点

C++语言是目前应用广泛的一种计算机程序设计语言。C++是从 C 语言发展而来的，在 1993 年，经过扩充、改进的 C 语言被正式命名为 C++。C++支持面向对象的程序设计方法，特别适合于中型和大型的软件开发项目，从开发时间、费用到软件的重用性、可扩充性、可维护性和可靠性等方面，C++均具有很大的优越性。同时，C++又是 C 语言的一个超集，在基本语法特点方面，C++语言保持与 C 语言兼容，二者没有本质上的差别，这就使得许多 C 程序不经修改就可被 C++编译通过。

C++语言与C语言的主要区别是编程思想上的更新，即由面向过程转变为面向对象。在C++ 语言中引入了类与对象机制，从而引出一系列概念，包括类的定义、继承与派生、多态性等。

数据封装和隐藏是与类的定义紧密相关的现象，也是 C++语言中的一大特点。数据的封装和隐藏使重要的内部数据得到保护。

1.2　C++程序开发过程

1. 一般程序设计过程

一般来说，利用高级语言编程、解决具体问题时，要经过若干步骤，主要有分析具体问题、确定算法、编程、编辑、编译和运行。

程序设计是用计算机语言编制解决问题的方法和步骤的过程。在分析给定问题的基础上，确定所用的算法（即操作步骤）和数据结构（即数据的类型和组织形式），最后用高级语言加以实现。编制的程序必须送入计算机中，以文件的形式存放在磁盘上，这个过程称为编辑。

在编辑方式下建立起来的程序文件称为源程序文件，简称源文件，相应的程序叫做源程序。源程序是用高级语言编写的，它不能直接在机器上运行。因为计算机不能识别源程序，它仅认识规定范围内的一系列二进制代码所组成的指令数据（即指令动作所涉及的对象），并按预定的含义执行一系列动作。通常把这些计算机能识别的二进制代码称为目标代码。为了把源程序变成目标代码，就需要有“翻译”做这种转换工作。在计算机系统中实现这种转换功能的软件是编译程序，如 C++语言编译程序。对应的过程称为编译阶段。

如果在编译过程中发现源程序有语法错误，则系统会给出“错误信息”，提示用户在哪一行中可能有什么样的错误。用户见到这类提示信息后，要重新进入编辑方式，对代码行中的错误进行修改，然后对修改过的源程序重新编译。经编译之后生成的目标程序的文件叫做目标文件。目标程序还不能马上在机器上运行，因为程序中会用到库函数或者其他函数，需要把它们连成一个统一的整体，这一步工作是连接。经过连接就把分离的目标程序连成完整的可执行程序，对应的文件是可执行文件。

2. 程序设计算法及描述

如前所述，程序设计是用计算机语言编制解决问题的方法和步骤的过程。程序设计首先要解决的问题是算法设计。

什么是算法？简单地说，程序设计算法就是用计算机解决问题的方法和步骤。

描述算法的方法有很多，主要有：自然语言、流程图、盒图、伪代码、程序语言等。各种描述方法都有其优点和缺点，实际使用时要根据问题的需要选择采用。本书主要使用流程图来描述算法。

无论是面向对象程序设计语言，还是面向过程的程序设计语言，都是用 3 种基本结构（顺序结构、选择结构和循环结构）来控制算法流程的。使用流程图能比较简洁地表示其算法的逻辑结构。流程图的基本符号如图 1.1 所示。

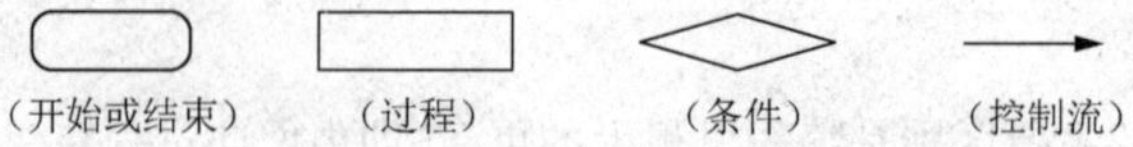

（开始或结束）　（过程）　（条件）　（控制流）

图 1.1　流程图的基本符号

用流程图表示的三种基本控制结构如图 1.2 所示。

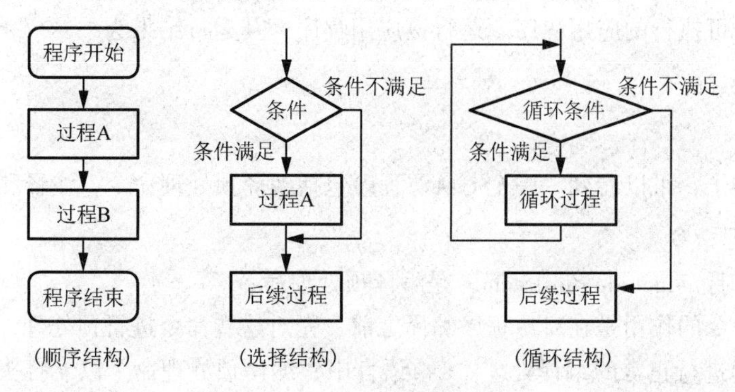

图 1.2　三种基本控制结构

3. C++程序的开发过程

要开发一个 C++应用程序，要经过编写源程序、编译、连接程序生成可执行程序、运行程序等步骤。C++程序的开发过程如图 1.3 所示。

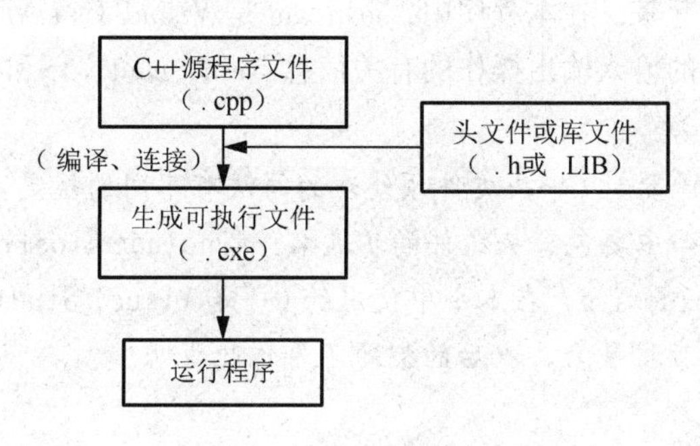

图 1.3　C++程序开发过程

1.3　编写简单的 C++程序

程序就是用计算机语言对要完成的任务（即功能）的描述。在设计程序时，首先要按某种规则编写源程序。源程序是一种文本文件，可以用文本编辑器进行编辑。

C++源程序文件的扩展名是.cpp。下面通过一个简单示例来认识 C++程序的结构。

【例 1-1】 简单的 C++程序示例。

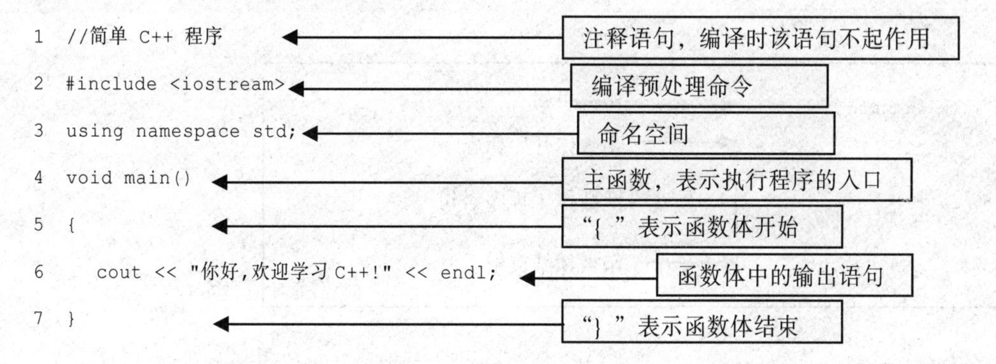

在C++语言的编辑器编辑上述源程序，并将程序文件命名为hello.cpp保存。源程序经过编译、连接后，生成一个可执行的应用程序。运行该应用程序，其运行结果为

```
你好,欢迎学习C++!
```

程序说明：

通过上面的例子，可以看到，一个C++源程序包括编译预处理命令、注释和函数体三部分，

1. 编译预处理命令

本程序的第2行 #include <iostream> 是编译预处理命令。

编译预处理命令的作用是在对源程序编译之前，先对这些命令进行预处理，然后将预处理的结果和源程序一起进行正常的编译处理。C++语言中，编译预处理命令以 # 打头，一行只能写一条编译预处理命令。

程序编译预处理命令语句 #include <iostream> 中 iostream 是头文件的文件名。在标准C++中，头文件一般以.h或.hpp为扩展名，主要提供数据类型声明、类的定义、函数的说明等信息。一般来说，C++语言系统提供的头文件名用< >括起来，如<iostream>，而用户自己定义的头文件则用双引号“”把头文件括起来。在本程序中，iostream是Visual C++.NET系统提供的头文件，该头文件声明了程序所需要的输入输出操作的有关信息。cin、cout、>>和<<等操作信息都在该文件中有声明。

特别提示：不同的编译器对C++头文件预处理的写法有不同的规定，如果在Turbo C++环境中编译程序，编译预处理命令中要包含头文件的扩展名：#include <iostream.h>，且不需要使用命名空间语句using namespace std。在本书中使用的C++是Visual Studio环境，编译预处理命令中所包含的头文件不需要带扩展名，以后的例题不再作此说明。

2. 注释

程序中标有“//”号的语句为注释语句。注释是程序中的说明性文字，是程序的非执行部分。它的作用是为程序添加说明，增加程序的可读性。C++语言使用两种方式对程序进行注释。

“//”符号：表示从“//”符号开始到此行的末尾位置都作为注释。

“/* … */”符号：表示从“/*”开始到“*/”结束的部分都作为注释部分，可以是多行注释。

3. 函数

C++语言的源程序是一系列函数的集合。函数是用特定格式描述、具有特定功能的程序模块。函数由函数声明和函数体两部分组成。每个程序有且只有一个主函数，其函数名为main，其结构如下：

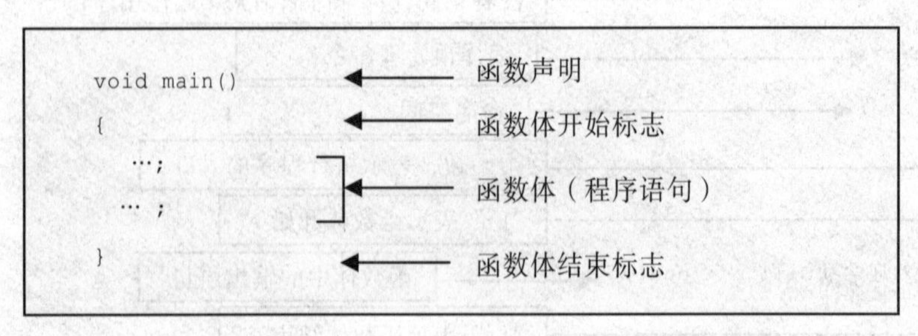

主函数 main( )可以位于程序中的任何位置，程序的执行总是从 main( )函数开始的。

4．语句

语句是组成程序的基本单元。函数是由若干条语句组成的。C++语言的语句以分号表示语句结束。

本程序的第 6 行 cout 是 C++ 语言系统定义的输出流对象，可以输出常量、变量、表达式、函数的返回值以及字符串等。

另外，C++语言对字母的大小写敏感，所以在书写程序语句时要注意字母的大小写。

1.4　应用 VC++编译、调试 C++程序

学习和使用 C++，需要有一个程序开发工具，本书使用的开发工具是 Microsoft Visual Studio。Visual Studio C++ 又称为 Visual C++ 或简称为 VC，它是一个集 C++程序编辑、编译、调试、运行等功能于一体的软件集成开发环境，是 Windows 应用程序设计领域中的主流开发工具。

下面简要介绍在 Visual Studio 开发环境下创建标准 C++程序的方法。

1．启动 Visual Studio C++

Microsoft Visual Studio 正确安装完毕后，可以启动其集成开发环境。Microsoft Visual Studio 中文版的集成开发环境（Integrated Develop Environment，IDE）界面如图 1.4 所示。

2．新建项目

选择“新建项目”选项，弹出“新建项目”对话框，如图 1.5 所示。在左边的“项目类型”栏中的 Visual C++目录下选择 Win32 选项，在右边的“模板”栏中选择“Win32 控制台应用程序”选项。然后确定项目名称和项目保存位置，项目名称为 t1_1。

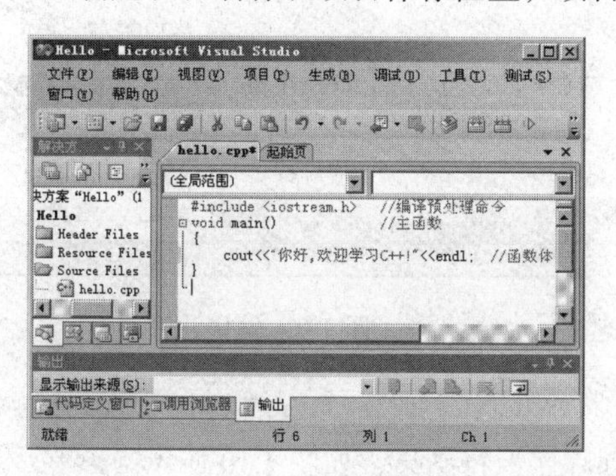

图 1.4　Microsoft Visual Studio 2008 中文版的集成开发环境

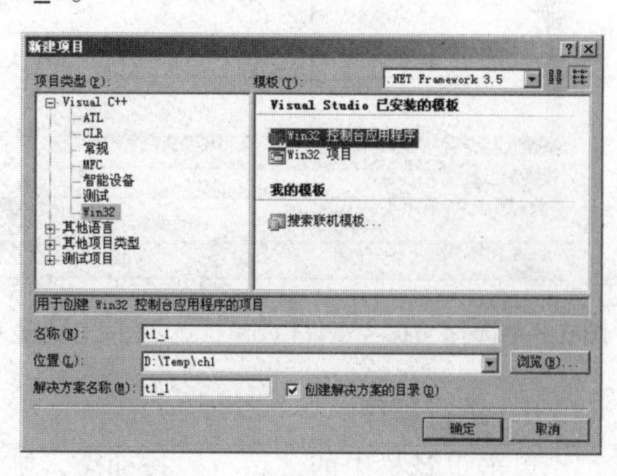

图 1.5　“新建项目”对话框

3．建立一个空项目

在“Win32 应用程序向导”对话框的“应用程序设置”界面中，选择“控制台应用程序”和“空项目”选项，如图 1.6 所示。

这时，建立了一个应用程序空项目框架，可以在这个空项目中建立自己开发的 C++程序。

4．在当前项目中建立程序文件

在“解决方案资源”框中，右击“源文件”选项，弹出选项菜单，选择“添加”→“新

建项”命令，如图 1.7 所示。

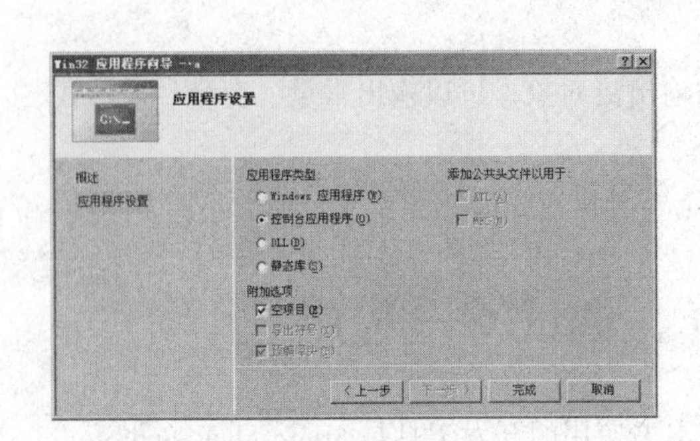

图 1.6 选择“控制台应用程序”和“空项目”选项

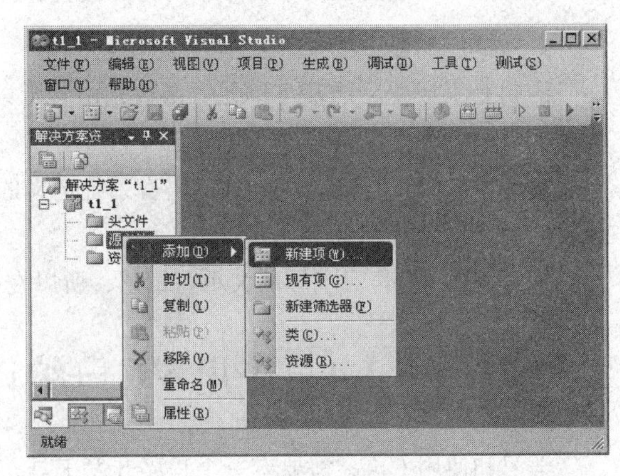

图 1.7 选择“新建项”命令

在“添加新项”对话框中，选择“C++文件(.cpp)”选项，并设置文件名为 t1_1.cpp，如图 1.8 所示。

5. 编写源程序并编译程序

在编辑窗口中，编写并保存源程序。然后单击工具栏中的“编译”按钮，编译程序，单击工具栏中的“编译、连接”按钮，将文件连接为执行程序，如图 1.9 所示。

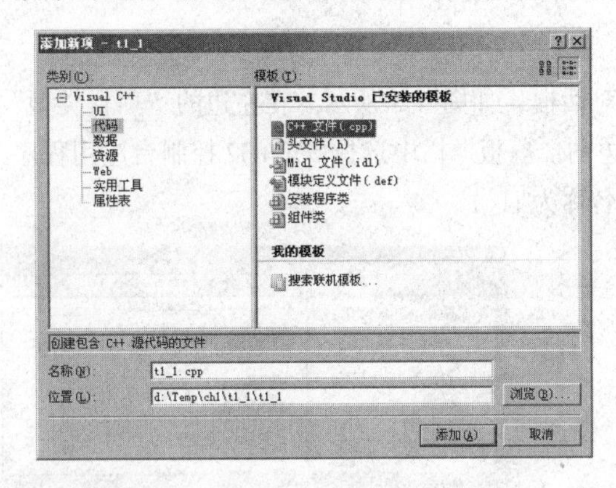

图 1.8 选择“C++文件(.cpp)”选项，并设置 C++文件名

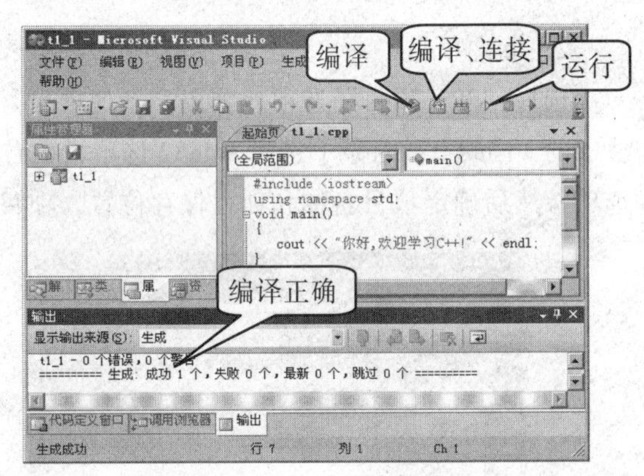

图 1.9 编译程序

6. 运行程序

单击工具栏中的“运行”按钮，则可以看到程序运行结果，如图 1.10 所示。

图 1.10 运行程序

本 章 小 结

本章介绍了 C++语言的特点和 C++程序的开发过程，程序设计的算法描述方法，简单的 C++语言程序结构和在 Visual Studio 开发环境下标准 C++程序的设计过程。本章是学习 C++语言基础知识的起点，是后续章节内容的基础。

习 题 一

1.1　简述 C++程序的结构特点。

1.2　简述 C++程序开发步骤。

1.3　一个 C++程序从什么地方开始执行？

1.4　设计一个 C++程序，输出以下信息：

```
***************
    HELLO!
***************
```

第2章 C++语言基础

本章主要介绍C++语言中的常量与变量、基本数据类型、运算符、语句和数组等基础知识。熟悉这些知识是正确编写程序的前提条件。程序语言（Programming Language）本质上来说就是一种语言，语言的目的在于让人们能与特定对象进行交流，只是程序语言交流的对象是计算机。学习C++语言，就是要用C++语言编写程序，告诉计算机它要做哪些事，完成哪些任务。C++既然是语言，就有其规定的语法规则，本章就是学习C++语言的基本语法和使用规则。

2.1 简单的输入输出语句

1. 输出语句

C++语言中定义了用于输出数据的操作符“<<”，标准输出流对象cout通过输出操作符“<<”可在屏幕上显示字符和数字。关于流的概念，将在后面的章节详细介绍。这里仅介绍输出语句的初步使用方法。

输出语句的一般语法格式为

```
cout << 表达式1 << 表达式2 << … << 表达式n;
```

cout通过输出操作符“<<”将表达式1、表达式2、……表达式*n*依次显示到屏幕上。

如果表达式是变量则将变量的值显示出来；如果表达式是计算式，则先计算，再将计算的结果显示出来；如果表达式是用双引号括起来的字符串，则将双引号括起来的内容“原样照印”地显示到屏幕上。

由于输出操作符“<<”是在头文件iostream中定义的，因此，必须在程序的开头用#include包含iostream。书写时，#include与头文件名<iostream>必须在同一行。

【例2-1】 输出操作符示例。

```
1  #include <iostream>          ← 包含iostream头文件，该文件定义了输出流对象cout
2  using namespace std;         ← 定义命名空间
3  void main()
4  {
5      cout << "我对 C++ 很着迷!";   ← 输出流对象cout将字符输出到屏幕上显示
6      cout << endl;             ← 换行
7  }
```

上面程序的第6行为输出换行符，其作用为换行。为简便起见，常常把第5、6行连起来写：

```
cout << "我对C++很着迷!" << endl;
```

程序工程的建立、编译和运行方法，按照第 1 章的介绍，在 VC++环境下，先新建工程（选择 Win32 Console Application 选项，再选择“空项目”选项），然后新建 C++的源程序（选择 C++ Source File 选项），将上面源程序输入后，再进行编译运行，上述步骤以后不再赘述。

运行程序，其运算结果如下：

```
我对 C++很着迷！
```

【例 2-2】 在屏幕上输出显示一个用“*”号组成的三角形图形。

```
1 #include <iostream>
2 using namespace std;
3 void main()
4 {
5   cout << " * " << endl;
6   cout << " * * * " << endl;
7   cout << " * * * * * " << endl;
8   cout << " * * * * * * * " << endl;
9 }
```

包含 iostream 头文件时，必须定义命名空间

双引号中的任何符号在输出时都将被“原样照印”，第一行输出 1 个“*”号，第二行输出 3 个“*”号，第三行输出 5 个“*”号，第四行输出 7 个“*”号

将程序保存为 t2_2.cpp。编译后运行程序，其运算结果如下：

```
*
* * *
* * * * *
* * * * * * *
```

【例 2-3】 输出操作符的“原样照印”功能。

```
1 #include <iostream>
2 using namespace std;
3 void main()
4 {
5   cout << "3 + 5 = " << 3 + 5 << endl;
6 }
```

cout 将“3 + 5 = ”及 3 + 5 的运算结果显示到屏幕上

上面程序第 5 行中，双引号括起来的 3+5=将被“原样照印”，而后面的 3+5 则先计算，然后将计算的结果显示到屏幕上。将程序保存为 t2_3.cpp。其运行结果为：

```
3 + 5 = 8
```

2．输入语句

与输出语句类似，在 C++语言定义了用于输入数据的操作符“>>”，使用输入流对象 cin 读取由键盘输入的字符和数字，并把它赋值给指定的变量。从键盘上输入的数据通过 cin 接收，再由输入操作符“>>”将数据赋值给指定的变量。输入操作符“>>”也称为提取运算符。

同样，输入操作符“>>”也是在 iostream 中定义的，因此，必须在程序的开头用#include 包含 iostream 头文件。

【例 2-4】 从键盘上输入两个整数，再计算出两个数的和。

```
1  #include <iostream>
2  using namespace std;
3   void main()
4   {
5      int a, b;
```

cout、cin 需要头文件 iostream

使用命名空间

int 为定义整数类型变量，这里定义的变量 a、b 只能接收整数

```
6       cout << "输入第一个整数，a = ： " ;       ← 按照“原样照印”模式输出
7       cin >> a;    ← cin读取由键盘输入的数字，并通过输入操作符把它赋值给变量a
8       cout << "再输入第二个整数，b = ： " ;
9       cin >> b;    ← cin读取由键盘输入的数字，并把它赋值给变量b
10      cout << a << "+" << b << "=" << a + b << endl;
11  }
```

将程序保存为t2_4.cpp。程序运行时，用cin接收用户输入的两个整数，然后计算并输出这两个数的和。例如，用户通过键盘输入3后，按Enter键，然后输入5，再按Enter键，其运行结果如下：

```
输入第一个整数，a = ：3↙   ┐
输入第二个整数，b = ：5↙   ┘← 用户通过键盘给变量a、b赋值
3 + 5 = 8
```

说明：在上面运行结果中，下画线表示的3 和5由用户输入，“↙”为Enter键。

2.2 数据类型及分类

2.2.1 数据类型

程序在执行的过程中，需要对数据进行运算，也需要存储数据。这些数据可能是由使用者输入的，也可能从是文件中取得的，甚至可能是在网络上得到的。在程序运行的过程中，这些数据通过变量（Variable）存储在内存中，以便程序随时取用。

数据存储在内存的一块区域中，为了取得数据，必须知道这块内存区域的位置，然而若使用内存地址编号来表示，使用时会相当不方便，所以通常用一个变量名来表示。变量代表了一块数据存储区域，将数据赋值给变量，就是将数据存储至对应的内存区域，调用变量，就是将其对应的内存区域的数据取出来使用。

一个变量代表一块内存区域，数据就存储在这个区域中，使用变量名称来取得数据当然比使用内存位置的地址编号要方便得多；然而由于数据在存储时所需要的容量各不相同，不同的数据就必须要分配不同大小的内存区域来存储。在C++语言中对不同的数据用不同的数据类型（Data Type）来区分。

因此，数据类型有两个作用：其一，为数据在内存中分配合适的存储区域，同时也确定了数据范围；其二，规定数据所能进行的操作。

C++语言的数据类型可以分为两大类：基本数据类型和构造数据类型。基本数据类型是由程序设计语言系统所定义、不可再划分的数据类型。基本数据类型在内存中存入的是数据值本身。构造数据类型在内存中存入的是指向存放该数据的地址，不是数据本身，它是在基本数据类型的基础上，由系统或用户自定义的。构造数据类型也被称为复合数据类型。

C++常用数据类型的分类如图2.1所示。

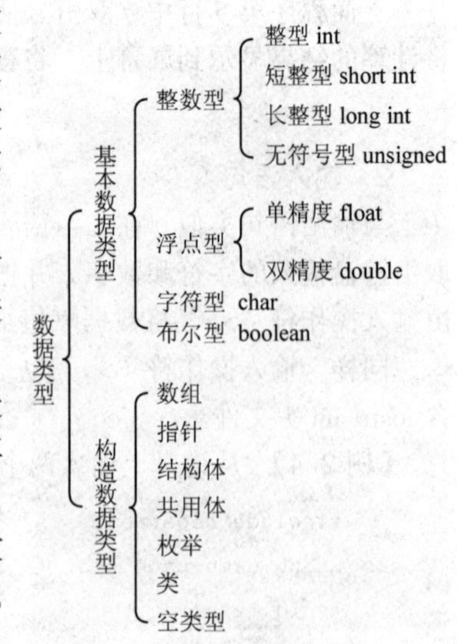

图2.1 数据类型的分类

2.2.2　基本数据类型

C++定义了多个基本数据类型：短整型（short）、整型（int）、长整型（long）、无符号整型（unsigned int）、字符型（char）、浮点型（float）、双精度型（double）、布尔型（boolean），这些类型可分为 4 组。

（1）整数型：该组包括短整型（short）、整型（int）、长整型（long），它们都是有符号整数型，还有无符号整数型，即正整数型。

（2）浮点型：该组包括浮点型（float）、双精度型（double），它们代表有小数精度要求的数字。

（3）字符型：字符型（char）代表字符集的符号，如字母和数字。

（4）布尔型：布尔型（boolean）是一种特殊的类型，表示真/假值。

每一种具体数据类型都对应着唯一的类型关键字、类型长度和值域范围，见表 2.1。

表 2.1　C++基本数据类型描述

类　型	数据类型关键字	类 型 长 度	值 域 范 围
有符号短整型	short, short int	2	$-2^{15} \sim 2^{15}-1$ 内的整数
有符号整型	int	4	$-2^{31} \sim 2^{31}-1$ 内的整数
有符号长整型	long, long int, signed long int	4	$-2^{31} \sim 2^{31}-1$ 内的整数
无符号短整型	unsigned short int	2	$0 \sim 2^{16}-1$ 内的整数
无符号整型	unsigned int	4	$0 \sim 2^{32}-1$ 内的整数
无符号长整型	unsigned long int	4	$0 \sim 2^{32}-1$ 内的整数
单精度浮点型	float	4	$-3.402823 \times 10^{38} \sim 3.402823 \times 10^{38}$ 内的数
双精度浮点型	double	8	$-1.7977 \times 10^{308} \sim 1.7977 \times 10^{308}$ 内的数
长双精度浮点型	long double	8	$-1.7977 \times 10^{308} \sim 1.7977 \times 10^{308}$ 内的数
有符号字符型	char	1	$-128 \sim +127$ 内的整数
无符号字符型	unsigned char	1	$0 \sim 255$ 内的整数
逻辑型	bool	1	0 和 1

说明：

（1）对于每一种整数类型和字符类型，又可分为有符号和无符号两种类型。通常使用较多的是有符号类型，所以通常把有符号类型简称为所属类型。如把有符号整数类型简称为整型或 int 型，把有符号字符类型简称为字符型或 char 型。

（2）类型长度是指存储该类型值域范围内的任一个数据所占有的存储字节数，该字节数由系统规定，并且对任一数据都相同。如短整型长度为 2，即存储每个短整数占用 2 字节，对应 16 个二进制位；整型长度为 4，即存储每个整数占用 4 字节，对应 32 个二进制位；字符型长度为 1，即存储每个字符占用 1 个字节，对应 8 个二进制位。

（3）类型的值域范围是指该类型所对应的固定大小的存储空间按照相应的存储格式所能表示的值的范围。如对于有符号短整型来说，它对应 2 字节的存储空间，存储格式为二进制整数补码格式，只能够表示（即存储）$-2^{15} \sim 2^{15}-1$，即$-32\ 768 \sim +32\ 767$之间的所有整数。若一个整数小于$-32\ 768$ 或大于 32 767，则它就不是该类型中的一个值，即它不是一个短整数。又如对于无符号字符类型来说，它对应 1 个字节的存储空间，存储格式为二进制整数无符号（隐含为正）格式，只能够表示 0～2^8–1，即 0～255 之间的所有整数。若一个整数小于 0 或大于 255，则它就不是该类型中的一个值，即它不是一个字符数据。

（4）在 32 位的 C++版本中，整型（int）和长整型（long int）具有完全相同的长度和存储格式，所以它们是等同的。但在早期的 C++版本中，由于当时的机器字长为 16 位，所以整型和长整型的长度是不同的，前者为 2 字节，后者为 4 字节。无论如何，任一种 C++版本都遵循 short int 型的长度小于等于 int 型长度，同时 int 型长度又小于等于 long int 型长度的规定。

与上述情况类似，在 32 位的 C++版本中，双精度型（double）和长双精度型（long double）也具有完全相同的长度和存储格式，它们是等同的。在其他 C++版本中也可能不同，但无论如何，它们都遵循 float 型的长度小于等于 double 型长度，同时 double 型长度又小于等于 long double 型长度的规定。

2.2.3 数据类型转换

在 C++中，有两种数据类型转换：数据类型自动转换和强制类型转换。

1. 数据类型自动转换

在对数据进行运算时，一般要求两个运算操作数的类型一致，如果操作数的类型不一致，则系统编译器会自动将这两个运算操作数转换成相同类型之后再进行运算。自动类型转换是按从低到高的顺序原则进行的。

各种数据类型按下列的高低顺序转换：

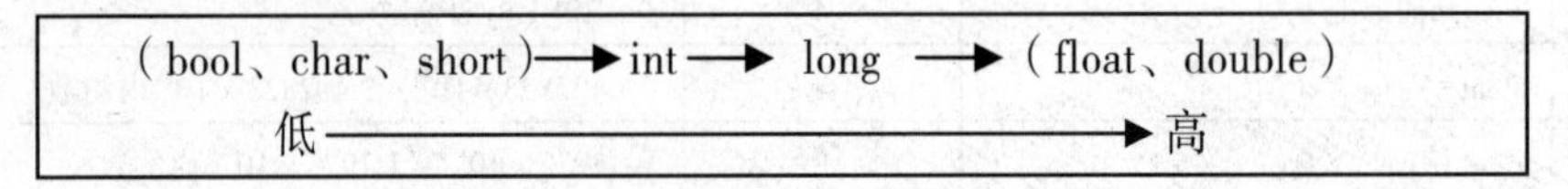

当两个运算操作数的类型不相同时，先将类型低的数据转换成高类型之后，再进行运算。

例如：计算 10+2.5，先将 10 转换成双精度浮点型后再相加，结果为双精度浮点型的 12.5。

2. 强制类型转换

强制类型转换是在程序设计时显式指出的类型转换。强制类型转换的格式如下：

```
数据类型说明 （表达式）
或
（数据类型说明）表达式
```

例如：设有

```
int a;
double b = 3.14;
a = (int)b;
```

（a = (int)b; ← 将 b 强制类型转换为 int 类型后，再赋值给 a）

结果 a=3，b 仍然是 double 类型，b 的值仍然是 3.14。

从该示例可以看到，采用强制类型转换将高类型数据转换成低类型数据时，可能会降低数据精度。

2.2.4 变量

在程序中，每一个数据都有一个名字，并且在内存中占据一定的存储单元。在程序运行过程中，数据值不能改变的量称为常量，其值可以改变的量称为变量。变量在程序运行过程中可以进行赋值，从而改变了原来的值。在 C++语言中，所有常量及变量在使用前必须先声明其值的类型，也就是“先声明，后使用”。

每一个变量都属于一种数据类型，用来表示（即存储）该类型中的一个值。在程序中只有存在了一种数据类型后，才能够利用它定义出该类型的变量。根据这一原则，可以随时利用 C++ 语言系统提供的基本类型或用户自定义的类型定义需要使用的变量。一个变量只有被定义后才能被使用，即定义后的变量才能进行存储和读取其值的操作。

1. 变量的定义

变量定义是通过变量定义语句实现的，该语句的一般格式为

```
数据类型关键字    变量名[=<初值表达式>];
```

<数据类型关键字>为已存在的一种数据类型，如 short、int、long、char、bool、float、double 等都是类型关键字，分别代表系统预定义的短整型、整型、长整型、字符型、逻辑型（又称布尔型）、单精度型和双精度型。

<变量名>是用户定义的一个标识符，用来表示一个变量，该变量可以通过后面由方括号[ ] 表示的可选项赋予一个值，称为给变量赋初值，<初值表达式>是一个数值或表达式，它的值就是赋予变量的初值。

变量名字的命名规则为：变量名只能由字母、数字和下画线 3 种字符组成，且第一个字符必须为字母或下画线，即变量名的第一个字符不能是数字。

在一条语句中可以定义多个相同数据类型的变量，但各变量定义之间必须用逗号隔开。

2. 变量定义语句示例

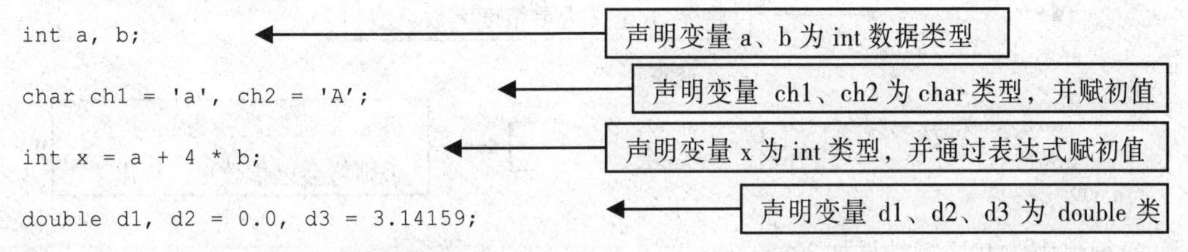
int a, b;
声明变量 a、b 为 int 数据类型
char ch1 = 'a', ch2 = 'A';
声明变量 ch1、ch2 为 char 类型，并赋初值
int x = a + 4 * b;
声明变量 x 为 int 类型，并通过表达式赋初值
double d1, d2 = 0.0, d3 = 3.14159;
声明变量 d1、d2、d3 为 double 类

第一条语句定义了两个整型变量 a 和 b。

第二条语句定义了两个字符变量 ch1 和 ch2，并被分别赋初值为字符 a 和 A，一个字符变量只能存放一个字符，不能存放字符串。

第三条语句定义了一个整型变量 x，并赋予表达式 a + 2 * b 的值作为初值。

第四条语句定义了 3 个双精度变量，分别为 d1、d2 和 d3，其中 d2 被赋予初值 0.0，d3 被赋予初值 3.14159。

3. 变量定义语句执行过程

当程序执行到一条变量定义语句时，首先为所定义的每个变量在内存中分配与类型长度相同的存储单元，如对每个整型变量分配 4 字节的存储单元，对每个双精度变量分配 8 字节的存储单元。

定义变量时，若变量名后带有赋值表达式，则计算出初值表达式的值，并把它保存到变量所对应的存储单元中，表示给变量赋初值，若变量名后不带赋值表达式，将自动给变量赋予初值 0，

否则不赋予任何值，此时的变量值是不确定的，实际上是存储单元中的原有值。

习惯上，常量用大写字母表示，变量用小写字母表示，以示区别。

【例 2-5】 定义 3 个变量，求其三数之和并输出结果。

源程序如下：

```
1 #include <iostream>
2 using namespace std;
3 void main( )
4 {
5    int x;
6    float y, z, sum;
7    x = 2;
8    y = 5.5;
9    z = 10.0;
10   sum = x + y + z;
11   cout << " sum = "<< sum << endl;
12 }
```

声明变量 x 为 int 数据类型

声明变量 y、z、sum 为 float 数据类型

为变量 x、y、z 赋值

求三数之和并赋值给变量 sum

将程序保存为 t2_5.cpp。运行结果如下：

```
sum = 17.5
```

【例 2-6】 实型数据的舍入误差。

源程序如下：

```
1 #include <iostream>
2 using namespace std;
3 void main( )
4 {
5    float a,b;
6    a = 1234567890;
7    b = a + 20;
8    cout << " a = " << (int)a << endl;
9    cout << " b = " << (int)b << endl;
10 }
```

将 a、b 定义为单精度实数类型

将 a、b 强制转换为 int 类型，否则将会以指数形式输出

运行程序，其运算结果如下：

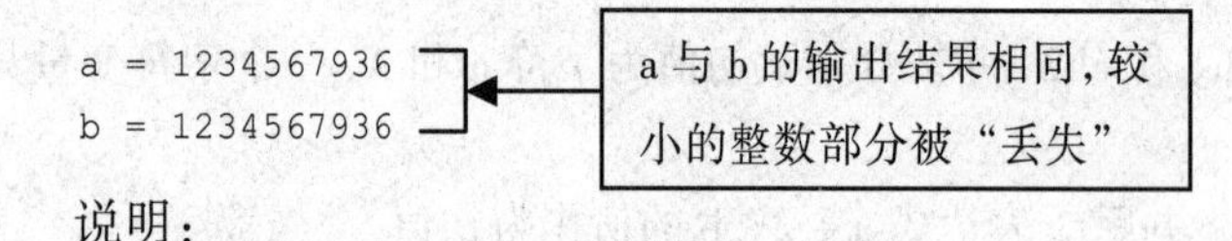
a = 1234567936
b = 1234567936
a 与 b 的输出结果相同，较小的整数部分被“丢失”

说明：

（1）实型变量是用有限的存储单元存储的，因此提供的有效数字是有限的，在有效位以外的数字将被舍去，由此可能会产生一些误差。

（2）由于实数存在舍入误差，使用时要注意：不要试图用一个实数精确表示一个大整数，因为浮点数是不精确的；实数一般不判断“相等”，而是判断接近或近似；避免直接将一个很大的实数与一个很小的实数相加、相减，否则会“丢失”小的数；根据实际问题的要求选择单精度或双精度类型。对本例，可以将程序改写为

```
#include<iostream>
using namespace std;
```

```
void main( )
{
    double a,b;                    // 将 a、b 定义为双精度实数类型
    a = 1234567890;
    b = a + 20;
    cout << "a =" << (int)a << endl;
    cout << "b =" << (int)b << endl;
}
```

将程序保存为 t2_6.cpp。运算结果如下：

```
a = 1234567890
b = 1234567910     // 运算精度得到保证
```

2.2.5　常量

1. 常量

常量有两种形式：一种是直接常量，是以字面值直接出现的数据量，如 12、3.14、'a'等；另一种是符号常量。

符号常量是一个标识符，对应着一个存储空间，该空间中保存的数据就是该符号常量的值，这个数据是在定义符号常量时赋予的，是以后不能改变的。

1）用 const 定义符号常量

对于符号常量，在 C++中可以用 const 关键字进行定义，其一般格式为

```
const   数据类型   符号常量名称 = 初始值;
```

例如，定义一个符号常量 PI，它的值为 3.14159：

```
const double PI = 3.14159;
```

2）用#define 命令定义符号常量

#define 命令是一条预处理命令，其一般格式为

```
#define    符号常量名   初始值
```

注意：由于#define 是预处理命令，语句不能以分号结束，且定义符号常量不能带数据类型，不能用赋值号赋值。

例如，用#define 命令定义一个符号常量 PI，它的值为 3.14159：

```
#define  PI  3.14159
```

上述建立符号常量 PI 的方法与 const double PI=3.14 的结果相同，它们是完全等价的。如果上式写成 #define　PI=3.14159 是错误的。

【例 2-7】 已知圆的半径 r，计算圆的面积 s 和周长 c。

源程序如下：

```
1  #include <iostream>
2  using namespace std;
3  #define   r  5.0          // 用#define 定义符号常量 r，没有带数据类型，没有用分号结尾
```

```
4 const double PI = 3.14159 ;          ← 用const定义符号常量PI
5 void main()
6 {
7   double s, c;
8   s = PI * r * r;                    ← 符号常量参加运算，PI的值为3.14159，r的值为5.0
9   c = 2 * PI * r;
10   cout << "圆的面积: s = " << s << endl;
11  cout << "圆的周长: c = " << c << endl;
12 }
```

将程序保存为t2_7.cpp。程序运行结果如下：

```
圆的面积: s = 78.5397
圆的周长: c = 31.4159
```

2. 字符常量

C++中有两种字符常量，即一般字符常量和转义符。

1）一般字符常量

一般字符常量简称为字符，它以单引号作为起止标记，中间为一个或若干个字符。如'a', '%', '\n', '\012', '\125', '\x4F'等都是合乎规定的字符常量。每个字符常量只表示一个字符，当字符常量的一对单引号内多于一个字符时，则将按规定解释为一个字符。如'a'表示字符 a，'\125'解释为字符U（ASCII码值八进制的对应字符，详见“转义符”）。

因为字符型的长度为1，值域范围是-128～127或0～255，而在计算机领域使用的ASCII字符，其ASCII码值为0～127，正好在C++字符型值域内。所以，每个 ASCII 字符均是一个字符型数据，即字符型中的一个值。

将一个字符常量放到一个字符变量中，实际上并不是把该字符本身放到内存单元中，而是将该字符相应的ASCII码放到内存单元中。

对于一个字符，当用于输出显示时，将显示字符本身或体现相应的控制功能，当出现在计算表达式中时，将使用它的ASCII码。例如，有下列程序段：

```
char ch = 'E';
int  x = ch + 2;
cout << " x = " << x << "\n";
if(ch > 'C') cout << ch << ' > ' << 'C' << endl;
cout << '\125' << endl;
```

第一条语句定义字符变量ch并把字符E赋给它作为其初值，实际是把字符E的ASCII码69赋给ch。

第二条语句定义整型变量x并把ch + 2的值71赋给它。

第三条语句输出x的值，并把光标移到下一行开始位置。

第四条语句首先进行ch > 'C' 比较，实际上是取出各自的值（即对应的ASCII码）比较，因条件成立，所以执行其后的输出语句，将向屏幕输出E > C。

第五条语句输出大写字母U，因为由“\”后面跟3个数字（即“\ddd”）组成的符号表示八进制数所代表的字符，八进制的125为十进制的85，其对应的ASCII码值为大写字母U。

2）转义符

C++中提供了一些特殊的字符常量，这些特殊字符又称为转义符。通过转义符可以在字符串中插入一些无法直接键入的字符，如换行符、引号等。每个转义符都以反斜杠（\）为标志。例如，'\n' 代表一个换行符，这里的"n"不再代表字母 n 而作为"换行"符号，其 ASCII 码为 10。

另外，也可以在反斜杠后面用八进制数或十六进制数表示一个字符，该值为所表示字符的 ASCII 码值。例如，'\3' 表示 Ctrl + C，'\x0A' 表示回车换行。

常用的以"\"开头的转义符见表 2.2。

表 2.2　常用转义符

转 义 符	ASCII 码值	对 应 功 能
\a	0x07	响铃
\b	0x08	退格
\f	0x0c	走纸换页
\n	0x0a	换行
\r	0x0d	回车（不换行）
\t	0x09	水平制表
\v	0x0b	垂直制表
\\	0x5c	反斜杠
\'	0x27	单引号
\"	0x22	双引号
\?	0x3f	问号
\ddd	0ddd	八进制数所代表的字符
\xhh	0xhh	十六进制数所代表的字符

【例 2-8】 转义符的使用。

源程序如下：

```
1  #include <iostream>
2  using namespace std;
3  void main()
4  {
5     cout << "学号" << "\t 姓名" << "\t 成绩 \n" ;
6     cout << "1001" << "\t 张大山" << "\t 95 \n" ;
7     cout << "1002" << "\t 李海涛" << "\t 91 \n" ;
8     cout << "1003" << "\t 周丽君" << "\t 82 \n" ;
9  }
```

用于显示表格排列，\t 控制宽度，\n 换行

将程序保存为 t2_8.cpp。程序运行结果如下：

```
学号      姓名      成绩
1001      张大山     95
1002      李海涛     91
1003      周丽君     82
```

3. 字符串

用双引号括起来的字符常量称为字符串。

例如：

```
"我对 C++ 很着迷！\n";
```

```
"a + b =";
```

等都是字符串。

字符串常量实际上是一个字符数组，组成数组的字符除显式给出的外，还包括隐含在字符结尾处标识字符串结束的符号'\0'。所以字符串“book”实际上包含了 5 个字符：'b'、'o'、'o'、'k'及'\0'。

字符串与字符有如下区别。

（1）字符是由单引号括起来的单个字符。而字符串是由双引号括起来的，且可以是零个或多个字符。例如: 'abc'是不合法的。""是合法的，表示空字符串。

（2）字符在内存中占一个字节的空间位置，字符串在内存中的字节数等于字符串的字符个数加 1。C++系统会自动在字符串结尾处添加'\0'作为结束标记。例如: 'a'在内存中占一个字节的空间，而"a"在内存中占二个字节的空间，分别存放'a'和'\0'。

2.3 表达式和运算符

2.3.1 表达式与运算符

表达式是由运算符、操作数和方法调用按照语言的语法构造而成的符号序列。表达式可用于计算一个公式、为变量赋值以及帮助控制程序执行流程。

C++提供了丰富的运算符，一个运算符可以利用运算对象来完成一次运算。

只有一个运算对象的运算符称为一元运算符。例如，++a 是一个一元运算符，它是对运算对象 a 自增加 1。

需要两个运算对象的运算符号称为二元运算符。例如，赋值号（=）就是一个二元运算符，它将右边的运算对象赋给左边的运算对象。

可以将运算符分成以下几类。

（1）算术运算符。

（2）关系和条件运算符。

（3）移位和逻辑运算符。

（4）赋值运算符。

（5）其他运算符。

下面逐一进行介绍。

2.3.2 算术运算符

C++语言支持所有的浮点型和整型数值进行各种算术运算。这些运算符为+（加）、-（减）、*（乘）、/（除）以及%（取模）。

算术运算符的使用基本上与数学中的加减乘除一样，也是先乘除后加减，必要时加上括号表示运算的先后顺序。例如：

```
1 + 2 * 3
( 1 + 2 ) * 3
```

编译器在读取程序代码时是由左往右读取的，而初学者往往容易犯一个错误，例如，(1 + 2 + 3) / 4，由于在数学运算上习惯将分子写在上面，而将分母写在下面，使得初学者往往将之写成了：

```
1 + 2 + 3 / 4
```

这段程序代码事实上进行的是这样的运算：1 + 2 + (3 / 4)。为了避免这样的错误，必须给表达式加上括号。例如：

```
(double)( 1 + 2 + 3 ) / 4
```

注意：在上面的程序代码中使用了 double 限定类型转换，如果不加上这个限定，程序的输出会是 1 而不是 1.5，这是因为在这个 C++程序中，1、2、3、4 这 4 个数值都是整数，程序运算（1 + 2 + 3）后的结果还是整数类型，若此时除以整数 4，会自动去除小数点之后的数字再进行输出，而加上 double 限定，表示要将(1 + 2 + 3)运算后的值转换为 double 数据类型，这样再除以 4，小数点之后的数字才被保留下来。

同样地，看看下面这段程序会得出什么结果：

```
int x = 10;
cout << x / 3 << endl;
```

答案不是 3.3333 而是 3，小数点之后的部分被自动消去了，这是因为 x 是整数，而除数 3 也是整数，运算结果被自动转换为整数了。为了解决这个问题，可以使用下面的方法：

```
int x = 10;
cout << x / 3.0 << endl;              //第一种方式，使用浮点数
cout << (double) x / 3 << endl;       //第二种方式，“限定类型转换”
```

上面这个程序片段示范了两种解决方式：如果表达式中有一个浮点数，则程序就会先转换使用浮点数来运算，这是第一段语句所使用的方式；第二种方式称为“限定类型转换”，先将 x 的值转换为 double 类型，然后再进行除法运算，所以得到的结果会是正确的 3.3333。类型转换的限定关键词就是定义变量时所使用的 int、float 等关键词。

%运算符也称作取余运算符，它要求操作数必须是整数或字符型数值。“x % y”的计算结果是 x 被 y 除的余数。例如：

```
18 % 6 //18 被 6 除，余数为 0，所以其结果是 0
15 % 6 //15 被 6 除，余数为 3，所以其结果是 3
```

下面的一个程序定义了两个整型数和两个双精度的浮点数，并且使用 5 种算术运算符来完成不同的运算操作。

【例 2-9】 运算符示例。

源程序如下：

```
1   #include <iostream>
2   using namespace std;
3   void main()
4   {
5    //定义几个变量并赋值          ◄— 注释语句
6    int a = 41;
7    int b = 21;
8    double x = 6.4;            ◄— 定义两个整型变量 a、b 和两个双精度实数变量 x、y
9    double y = 3.22;
10   cout << "变量数值：" << endl;
11   cout<<"a="<< a << "\t b=" << b << "\t x=" << x << "\t y=" << y << endl;
12   //加法
```

```
13   cout << "加:" < <endl;
14   cout << "a + b = " << a + b << "\t x + y = " << x + y << endl;
15   //减法
16   cout << "减: " << endl;
17   cout << "a - b = " << a - b << "\t x - y = " << x - y << endl;
18   //乘法
19   cout << "乘:" << endl;
20   cout << "a * b = " << a * b << "\t x * y = " << x * y << endl;
21   //除法
22   cout << "除:" << endl;
23   cout << "a / b = " << a / b << "\t x / y = " << x / y << endl;
24   //两整数相除，取其余数
25   cout << "计算余数:" << endl;
26   cout << "a % b = " << a % b << endl;
27   //混合类型
28   cout << "混合类型:" << endl;
29   cout << "b + y = " << b + y << "\t a * x = " << a * x << endl;
30 }
```

完成不同运算

将程序保存为t2_9.cpp。程序的运行结果如下：

```
变量数值:
a = 41    b = 21    x = 6.4    y = 3.22
加:
a + b = 62    x + y = 9.62
减:
a - b = 20    x - y = 3.18
乘:
a * b = 861    x * y = 20.608
除:
a / b = 1      x / y = 1.988
计算余数:
a % b = 20
混合类型:
b + y = 24.22    a * x = 262.400
```

两个整数a、b相除结果被自动取整，小数部分被删除

整数与浮点数混合运算，结果为浮点型

注意：当一个整数和一个浮点数用运算符来执行单一算术操作的时候，结果为浮点型，整型数在操作之前转换为一个浮点型数。表2.3总结了根据运算对象的数据类型返回的数据类型，系统会在操作执行之前自动进行数据类型转换。

表2.3　根据运算对象的数据类型返回的数据类型

结果的数据类型	运算数据类型
long	任何一个运算对象都不是float或者double型，而且至少有一个运算对象为long型
int	任何一个运算对象都不是float或者double型，而且不能为long型
double	至少有一个运算对象为double型
float	至少有一个运算对象为float型，但不能为double型

++（自加）、--（自减）是C++语言中常用的两个运算符。不管是+ +还是- -都可能出现在运算对象的前面（前置形式）或者后面（后置形式），但它们的作用是不一样的。前置形式为：

（+ + 操作数）或（- - 操作数），它实现的是在加/减之后才计算运算对象的数值；而后置形式为：（操作数 ++） 或（操作数 --），它实现的是在加/减之前就计算运算对象的数值。

自加/自减运算符见表 2.4。

表 2.4　自增/自减运算符

运算符	用　法	描　述
++	（操作数++）	自加 1；操作数在自加之前先进行计算
++	（++操作数）	自加 1；操作数在自加之后再进行计算
--	（操作数--）	自减 1；操作数在自减之前先进行计算
--	（--操作数）	自减 1；操作数在自减之后再进行计算

例如：

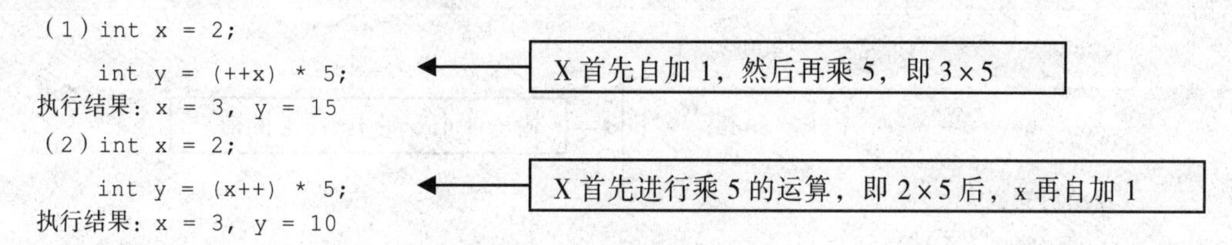
X 首先自加 1，然后再乘 5，即 3×5
X 首先进行乘 5 的运算，即 2×5 后，x 再自加 1

```
（1）int x = 2;
     int y = (++x) * 5;
执行结果：x = 3, y = 15
（2）int x = 2;
     int y = (x++) * 5;
执行结果：x = 3, y = 10
```

注意：*在书写运算表达式时，有时采用简写方式：*

```
x + = y; //等效于：x = x + y;
x * = y; //等效于：x = x * y;
```

2.3.3　关系与逻辑运算符

关系运算符用于比较两个值并决定它们的关系，然后给出相应的取值。在 C++中，关系运算的条件成立时以 true 表示（其返回值为 1），关系运算的条件不成立时以 false 表示（其返回值为 0），例如，“! =”在两个运算对象不相等的情况下返回 true。表 2.5 列出了全部的关系运算符。

表 2.5　关系运算符

运 算 符	运　算	用　法	返回 true 的情况
>	大于	x1 > x2	x1 大于 x2
>=	不小于	x1 > = x2	x1 大于或等于 x2
<	小于	x1 < x2	x1 小于 x2
<=	不大于	x1 <= x2	x1 小于或等于 x2
==	等于	x1 == x2	x1 等于 x2
!=	不等于	x1 != x2	x1 不等于 x2

比较运算在使用时有一个即使是程序设计老手也可能犯的错误，且不容易发现，这个错误出现在等于运算符==上。它由两个连续的等号=所组成，而不是一个等号，一个等号是赋值运算，这一点必须特别注意。例如，若有两个变量 x 与 y 要比较是否相等，应该是写成 x == y，而不是写成 x = y，后者的作用是将 y 的值指定给 x，而不是比较 x 与 y 是否相等。

C++语言中有 3 个逻辑运算符，它们是：

&&（逻辑与）、 ||（逻辑或）、 !（逻辑非）

下面是几个逻辑运算的例子。

a && b　　当 a 和 b 都为真时，a && b 为真。

a || b　　当 a、b 中有一个为真时，a || b 为真。

!a　　当 a 为真时，!a 为假；当 a 为假时，!a 为真。

【例 2-10】 程序定义了 3 个整型数并且用关系运算符来比较它们。

源程序如下：

```
1  #include <iostream>
2  using namespace std;
3  void main()
4   {
5     //定义若干整型数
6      int i = 37;
7      int j = 42;          ← 定义 3 个整型变量 i、j、k，并赋值
8      int k = 42;
9      cout << "变量数值:"  << endl;
10     cout << "i = " << i   << endl;
11    cout << "j = " << j  << endl;   ← 输出 3 个变量 i、j、k 的值
12    cout << "k = " << k  << endl;
13    //大于运算
14    cout << "大于:"  << endl;
15     cout << "i > j =" << ( i > j )  << endl;  //结果为 false
16    cout << "j > i =" << ( j > i )  << endl;  //结果为 true    ← 大于关系
17    cout << "k > j =" << ( k > j )  << endl;  //结果为 false
18    //大于等于运算
19    cout << "大于等于:"  << endl;
20     cout << "i >= j =" << ( i >= j )  << endl;  //结果为 false
21    cout << "j >= i =" << ( j >= i )  << endl;  //结果为 true    ← 不小于关系
22    cout << "k >= j =" << ( k >= j )  << endl;  //结果为 true
23    //小于运算
24    cout << "小于:"  << endl;
25     cout << "i < j =" << ( I < j )  << endl;  //结果为 true
26    cout << "j < I =" << ( j < i )  << endl;  //结果为 false    ← 小于关系
27    cout << "k < j =" << ( k < j )  << endl;  //结果为 false
28    //小于等于运算
29    cout << "小于等于:"  << endl;
30     cout << "i <= j =" << ( i <= j )  << endl;  //结果为 true
31    cout << "j <= i =" << ( j <= i )  << endl;  //结果为 false    ← 不大于关系
32    cout << "k <= j =" << ( k <= j )  << endl;  //结果为 true
33    //等于运算
34    cout << "等于:"  << endl;
35     cout << " i == j =" << ( i == j )  << endl;  //结果为 false    ← 等于关系
36    cout << "k == j =" << ( k == j )  << endl;  //结果为 true
37    //不等于运算
38    cout << "不等于:"  << endl;
39     cout << "i != j =" << ( i != j )  << endl;  //结果为 true    ← 不等于关系
40    cout << "k != j =" << ( k != j )  << endl;  //结果为 false
41    }
42  }
```

将程序保存为 t2_10.cpp。程序运行时，其结果 false 的返回值为 0，true 的返回值为 1。程序的运行结果如下：

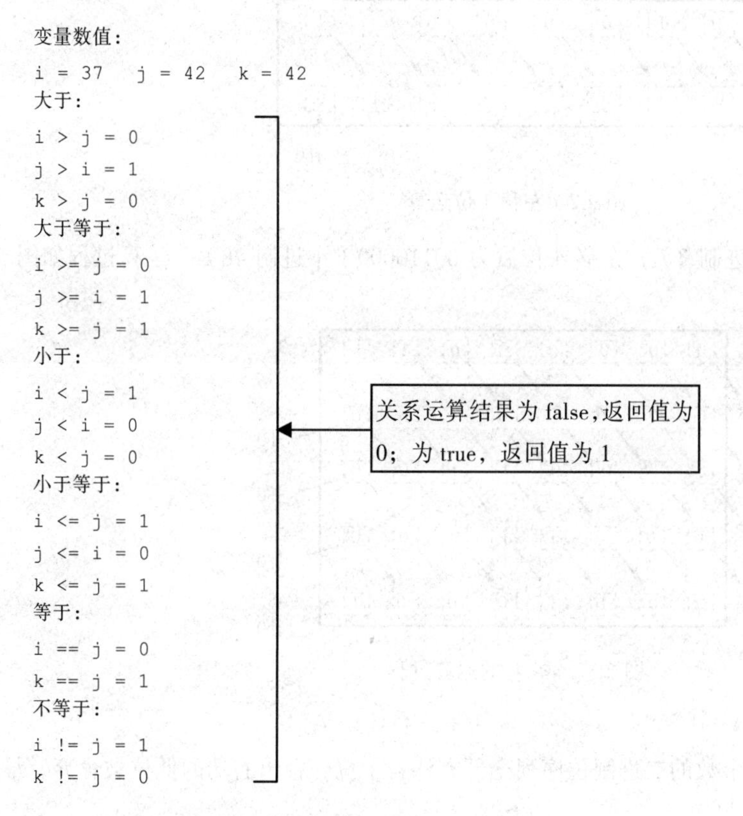

```
变量数值:
i = 37   j = 42   k = 42
大于:
i > j = 0
j > i = 1
k > j = 0
大于等于:
i >= j = 0
j >= i = 1
k >= j = 1
小于:
i < j = 1
j < i = 0
k < j = 0
小于等于:
i <= j = 1
j <= i = 0
k <= j = 1
等于:
i == j = 0
k == j = 1
不等于:
i != j = 1
k != j = 0
```

关系运算结果为 false,返回值为
0；为 true，返回值为 1

2.3.4　位运算符

位运算符是对操作数以二进制位为单位进行的操作和运算，其结果均为整型量。位运算符分为：移位运算符和位逻辑运算符。表 2.6 总结了 C++中的位运算符。

表 2.6　移位和位逻辑运算符

运 算 符	运　算	用　法	运算规则（设 x=11010110，y=01011001，n=2）	运 算 结 果
<<	左移	x << n	将 x 各比特位左移 n 位，右边补 0	01011000
>>	右移	x >> n	将 x 各位右移 n 位，左边按符号补 0 或补 1	11110101
>>>	无符号右移	x >>> n	将 x 右移 n 位（无符号的），左边补 0	00110101
&	与	x & y	将 x、y 按位与操作	01010000
|	或	x | y	将 x、y 按位或操作	11011111
^	异或	x ^ y	将 x、y 按位异或操作	10001111
~	位反	~ x	将 x 各比特位按位取反	00101001

1．左移运算

左移运算符“<<”将一个数的二进制位序列全部左移若干位，高位左移后溢出舍弃，不起作用，左移后右边原来低位则补 0。

例如，a=00000011（十进制 3），左移 1 位后为 00000110（十进制 6）。运算过程如图 2.2 所示。

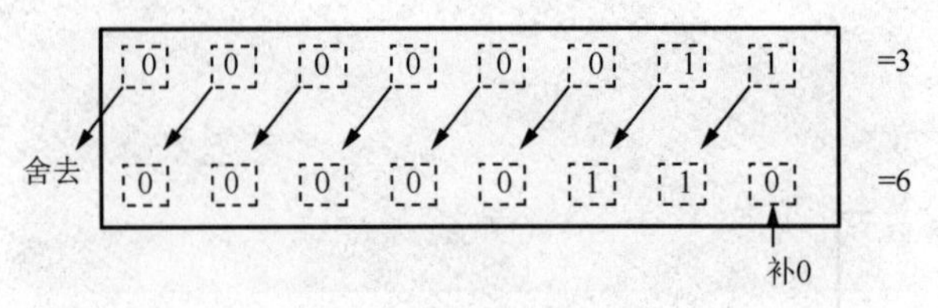

图 2.2　左移 1 位运算

再如，a=00000011（十进制 3），左移 4 位后为 00110000（十进制 48）。运算过程如图 2.3 所示。

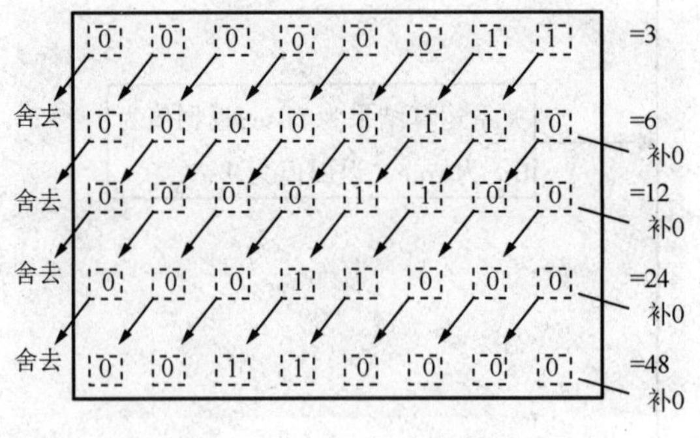

图 2.3　a<<4 的运算过程

2．右移运算

右移运算符“>>”将一个数的二进制位序列全部右移若干位，移出右端的低位被舍弃，最高位则移入原来高位的值。

例如：

a = 00110111，则由于最高位是 0，因此，a >> 2　=　00001101

b = 11010011，则由于最高位是 1，因此，b >> 2　=　11110100

当移位运算符通过对运算对象左移位或者右移位来对数据执行位操作时，一个数每左移 1 位，相当于这个数乘 2，每右移 1 位，相当于除以 2。

例如，设 x = 8，

则

x << 1 表示左移 1 位，相当于做 $x \times 2^1$ 的运算，其结果为 16。

x << 2 表示左移 2 位，相当于做 $x \times 2^2$ 的运算，其结果为 32。

而

x >> 1 表示右移 1 位，相当于做 $x \div 2^1$ 的运算，其结果为 4。

x >> 2 表示右移 2 位，相当于做 $x \div 2^2$ 的运算，其结果为 2。

一般地

x << n 表示左移 n 位，相当于做 $x \times 2^n$ 的运算。

x >> n 表示右移 n 位，相当于做 $x \div 2^n$ 的运算。

3. 按位与运算

当运算对象为数字的时候，“&”运算符为每一个运算对象的每位执行按位与功能。它在两个运算对象的对应位为 1 时结果才为 1，反之结果都为 0，即

0 & 0 = 0，0 & 1 = 0，1 & 0 = 0，1 & 1 = 1

假如要对数 13 和 12 作按位与操作：13&12。运算的结果为 12，因为 12 的二进制数为 1100，13 的二进制数为 1101，具体运算过程如下所示：

```
     1101       //13 的二进制数
  &  1100       //12 的二进制数
  -------
     1100       //12 的二进制数
```

4. 按位或运算

“ | ”运算符执行或操作。当两个操作对象都是数字的时候，或操作只要有一个运算对象为 1 结果就为 1，即

0 | 0 = 0，0 | 1 = 1，1 | 0 = 1，1 | 1 = 1

例如，9|5 可写算式如下：

```
     00001001
   | 00000101
  ------------
     00001101（十进制为 13）
```

可见 9|5=13。

5. 按位异或运算

“^”运算符执行异或操作。异或是指当运算对象不同时结果才为 1，否则结果为 0，即

0 ^ 0 = 0，0 ^ 1 = 1，1 ^ 0 = 1，1 ^ 1 = 0

例如，9^5 可写成算式如下：

```
     00001001
   ^ 00000101
  ------------
     00001100（十进制为 12）
```

如果　c = a ^ b

那么　a = c ^ b

即　　a = （a ^ b）^ b

用同一个数 b 对数 a 进行二次异或运算的结果仍是数 a。

6. 求反运算

运算符号“ ~ ”是将运算对象的每一位取反，即如果原来的位是 1 则结果就为 0，如果原来的位是 0 则结果为 1。

例如，~9 的运算为：~（0000000000001001），结果为：1111111111110110。

【例 2-11】 程序给出了一个异或运算的应用示例。

源程序如下：

```
1   #include <iostream>
2   using namespace std;
3   void main()
4    {
```

```
5       //字符
6       char a1 = 'b', a2 = 'o', a3 = 'o', a4= 'k', b1, b2, b3, b4;
7       //密钥
8       char passwd = 'x';
9       //异或运算加密
10      a1 = (char)(a1 ^ passwd);   a2 = (char)(a2 ^ passwd);
11      a3 = (char)(a3 ^ passwd);   a4 = (char)(a4 ^ passwd);
12      //再一次异或运算解密
13      b1 = (char)(a1 ^ passwd);   b2 = (char)(a2 ^ passwd);
14      b3 = (char)(a3 ^ passwd);   b4 = (char)(a4 ^ passwd);
15      cout << "加密后的密文：    " << a1 << a2 << a3 << a4 << endl;
16      cout << "解密后得到原文： " << b1 << b2 << b3 << b4 << endl;
17  }
```

a1、a2、a3、a4 分别用 passwd 进行异或运算

进行二次异或运算，得到原值

将程序保存为 t2_11.cpp。程序运行结果如图 2.4 所示。

```
加密后的密文：   →‡‡!!
解密后得到原文： book
```

图 2.4 程序运行结果

2.3.5 常用的标准函数

在 C++语言中，有两种函数，一种是由 C++系统提供的函数，另一种是自定义函数。自定义函数将在第 3 章详细介绍。这里简单介绍由 C++系统提供的函数的用法。

由 C++系统提供的函数称为标准函数（又称为库函数）。C++语言提供了丰富的标准函数，设计程序时可以直接调用它们。常用的标准函数见表 2.7。

表 2.7 常用的标准函数

函数原型	功能	头文件
int abs(int x)	求整数的绝对值函数	cstdlib
double sqrt(double x)	求 x 的算术平方根函数	cmath
double log(double x)	求 x 的自然对数函数 lnx	cmath
double exp(double x)	求欧拉常数 e 的 x 次方函数 e^x	cmath
double pow(double x, double y)	求 x 的 y 次方函数 x^y， x、y 为整数或实数	cmath
double sin(double x)	正弦函数	cmath
double cos(double x)	余弦函数	cmath
double tan(double x)	正切函数	cmath
sizeof(x)	求数据类型或表达式 x 所占用内存的字节数	iostream

在表 2.7 中，除 sizeof( )外，其余均为数学库函数，在使用时需要包含 cmath 头文件，但 abs( )函数需要包含 cstdlib 头文件。

【例 2-12】 已知三角形两边及夹角，求第三边。

假设已知：a=3, b=4, $\alpha=\dfrac{\pi}{4}$，根据余弦定理公式，$c=\sqrt{a^2+b^2-2ab\cos(\alpha)}$。写成 C++语言的表达式为：c = sqrt(a * a + b * b – 2 * a * b * cos(PI/4))。

源程序如下：

```
1  #include <iostream>
2  #include <cmath>         ← 使用计算算术平方根的数学函数 sqrt( )，需要包含头文件 cmath
3  using namespace std;
4  #define PI 3.14159       ← 定义符号常量 PI
5  void main()
6  {
7     double a = 3, b = 4, c;      ← sqrt( )函数要求数据为 double 类型
8     c = sqrt(a * a + b * b - 2 * a * b * cos(PI/4));
9     cout << "c = " << c << endl;
10 }
```

将程序保存为 t2_12. cpp。程序运行结果如下：

```
c = 2.83362
```

【例 2-13】 使用 sizeof 运算符计算字符类型在内存中所占用的字节数。

sizeof 是一种运算符，用于计算所运算对象在内存中所占用的字节数。其一般应用形式为：

```
sizeof(对象或表达式);
```

源程序如下：

```
1  #include<iostream>
2  using namespace std;
3  void main()
4  {
5      int s = sizeof(char);      ← 计算字符类型在内存中所占用的字节数
6      cout << "char = " << s << endl;
7  }
```

将程序保存为 t2_13.cpp。程序运算结果如下：

```
char = 1
```

2.4　程序控制语句

2.4.1　语句

语句组成了一个执行程序的基本单元，它类似于自然语言的句子。一条语句由一个分号结束。

1. 表达式语句

例如，

```
x = 3;
y = 5;
sum = x + y;
```

一个表达式的最后加上一个分号就构成了一条语句，分号是语句不可缺少的部分。

2. 复合语句

用{ }把一些语句括起来构成复合语句。有时也把复合语句称为语句块。

例如，

```
{
        x = 25 + i;
        cout << "x = " <<  x << endl;
}
```

3. 控制语句

控制语句用于控制程序流程及执行的先后顺序。C++语言的控制语句可分为三类：顺序控制语句、选择控制语句和循环控制语句。

2.4.2 顺序控制语句

顺序控制是指计算机在执行这种结构的程序时，按从上到下的顺序依次执行程序中的每一条语句。顺序控制是程序的最基本结构，包含有选择控制语句和循环控制语句的程序，在总体执行上也是按顺序结构执行的。

下面介绍一些经常使用的顺序控制语句。

1. 文件包含命令

C++语言提供了数百个库函数供用户调用，以方便程序设计。这些库函数均保存在 include 目录下扩展名为.h 的头文件中。用户在程序中要调用头文件中的库函数，必须使用#include 命令。

#include 命令称为文件包含命令，又称为文件预处理语句。如果使用的是系统提供的调用标准库函数，就用尖括号< >把头文件括起来，如前面使用过的：

```
#include <iostream>
```

如果使用的头文件是用户自己编写的，则可以将头文件与源程序保存在同一目录下，在文件包含命令中，用双引号把头文件括起来。如当前目录下有用户自己编写的头文件 mysum.h，则文件包含命令可写为

```
#include "mysum.h"
```

2. 赋值语句

赋值语句是给变量提供数据的最简单形式，它是程序中使用最多的语句之一，几乎所有的程序都要用到它。其一般格式为

```
变量 = 表达式;
```

赋值语句的功能是把赋值号“=”右边表达式的值赋给左边的变量，它的意义与等号不同。

【例 2-14】 求一元二次方程 $2x^2 + 8x + 6$ 的根。

根据求根公式 $x_{1,2} = \frac{-b \pm \sqrt{b^2 - 4ac}}{2a}$，先对 a、b、c 赋值，然后再计算 x1 和 x2，其源程序如下:

```
1  #include <iostream>
2  #include <cmath>
3  using namespace std;
4  void main()
5  {
```

```
6    double a = 2, b = 8, c = 6;
7    double x1, x2;
8    x1 = ( -b + sqrt( b * b - 4 * a * c )) / ( 2 * a );
9    x2 = ( -b - sqrt( b * b - 4 * a * c )) / ( 2 * a );
10   cout << "x1 =" << x1 << "\t  x2 =" << x2 <<endl;
11 }
```

给变量赋初值

把表达式的计算结果赋值给变量

【例 2-15】 交换两个变量的值。

在编写程序时，有时需要把两个变量的值互换，交换值的运算需要用到一个中间变量。例如，要将 a 与 b 的值互换，就可用下面这样一段程序：

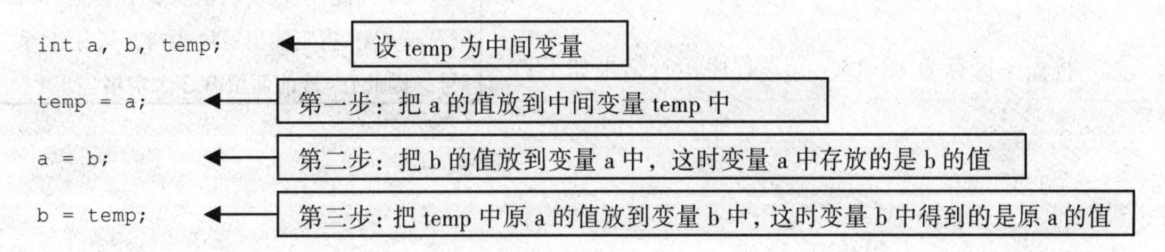

int a, b, temp;
设 temp 为中间变量
temp = a;
第一步：把 a 的值放到中间变量 temp 中
a = b;
第二步：把 b 的值放到变量 a 中，这时变量 a 中存放的是 b 的值
b = temp;
第三步：把 temp 中原 a 的值放到变量 b 中，这时变量 b 中得到的是原 a 的值

其中，temp 是中间变量，它仅起过渡作用。交换过程如图 2.5 所示。

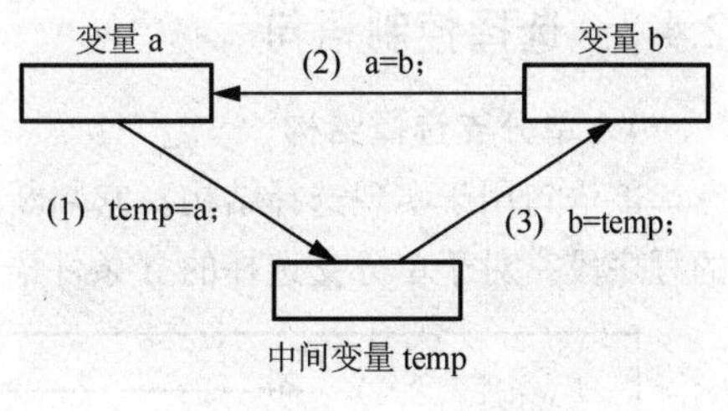

图 2.5　a、b 两数的交换

源程序如下：

```
1  #include <iostream>
2  using namespace std;
3  main()
4   {
5     int a = 3, b = 5, temp;
6     temp = a;
7     a = b;
8     b = temp;
9     cout << "a =" << a << "\t  b =" << b <<endl;
10  }
```

交换 a、b 两变量的值

3．控制输出格式的输出语句

C++语言在 iostream 类中定义了用于处理输出的运算符“<<”，使用 cout 输出流可在屏幕上显示输出的字符和数字。cout 输出流在前面的章节中已经使用了。

C++还提供了一些控制输出格式的操纵符，它们可以直接嵌入到输入/输出语句中来实现格式控制。

常用的 I/O 流类库的操纵符如下：

```
dec                          //输出十进制数
hex                          //输出十六进制数
otc                          //输出八进制数
endl                         //插入换行符
ends                         //插入空字符
setw(int n)                  //设置输出域宽度为指定值 n
setprecision(int n)          //设置浮点数的小数位数为指定值 n （包括小数点）
```

在使用 setw(int)和 setprecision(int)操纵符时，要在程序的开头包含 iomanip。

【例 2-16】 应用控制输出宽度的 setw 操纵符，编写一个用“ * ”组成的倒置三角形的程序。

源程序如下：

```
1  #include<iostream>
2  #include<iomanip>
3  using namespace std;
4  void main()
5  {
6     cout << setw(7) << "*******" << endl;
7     cout << setw(6) << "*****" << endl;
8     cout << setw(5) << "***" << endl;
9     cout << setw(4) << "*" << endl;
10  }
```

第一行 setw(7) 指定输出宽度为 7，有 7 个*号。第二行 setw(6) 指定输出宽度为 6，只有 5 个*号，因此在*号前面留有 1 个空格。第三行 setw(5) 指定输出宽度为 5，只有 3 个*号，因此在*号前面留有 2 个空格。第四行 setw(4) 指定输出宽度为 4，只有 1 个*号，因此在*号前面留有 3 个空格

将程序保存为 t2_16.cpp。程序运行结果如下：

```
*******
 *****
  ***
   *
```

2.4.3 选择控制语句

1. 单分支选择结构

if 语句用于实现选择结构。它判断给定的条件是否满足，并根据判断结果决定执行某个分支的程序段。对于单分支选择的 if 条件语句，其语法格式为

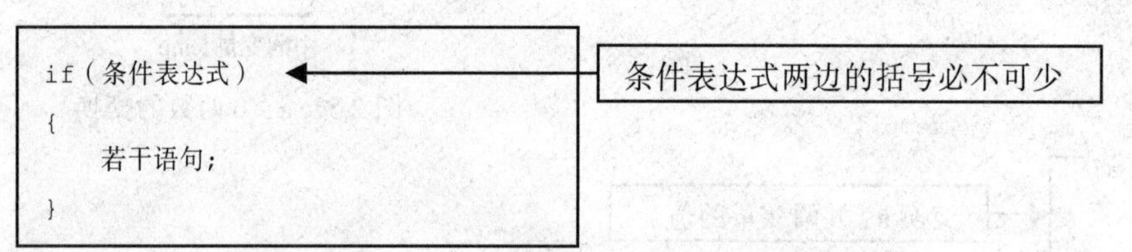

if（条件表达式）
{
若干语句;
}
条件表达式两边的括号必不可少

这个语法的意思是，当条件表达式所给定的条件成立时（true），就执行其中的语句块，若条件不成立（false），则跳过这部分语句，直接执行后续语句。

其流程如图 2.6 所示。

【例 2-17】 从键盘任意输入两个整数，按从小到大的顺序依次输出这两个数。

从键盘上输入两个数 a、b，如果 a < b，本身就是从小到大排列的，可以直接输出。但如果 a > b，则需要交换两个变量的值。其算法流程如图 2.7 所示。

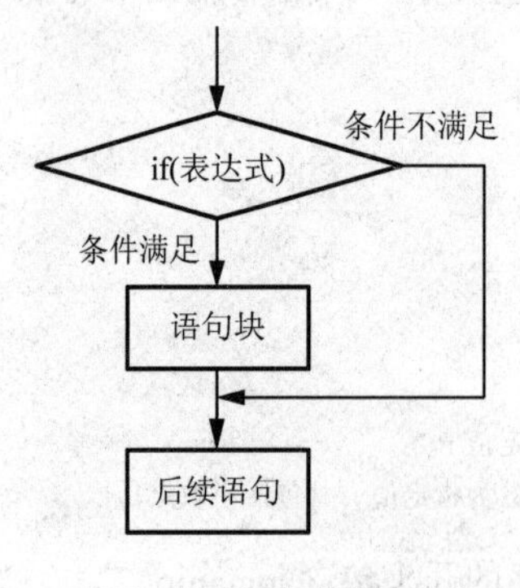

图 2.6　if 条件语句

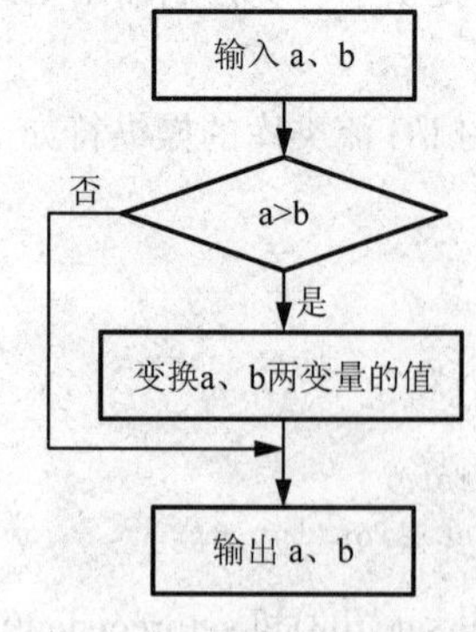

图 2.7　按从小到大排列的顺序输出两数

源程序如下：

```
1  #include <iostream>
2  using namespace std;
3  void main()
4  {
5     int a, b, temp;
6     cout << "任意输入两个整数：\n a = " ;
7     cin >> a ;
8     cout << "b = " ;
9     cin >> b ;
10    if(a > b)
11     {
12       temp = a;
13       a = b;
14       b = temp;
15     }
16    cout << "a = " << a << "\t b = " << b << endl;
17 }
```

判断条件，当 a>b 时，执行语句块；当 a<b 时，跳过该语句块

交换 a、b 两变量值的语句块

将程序保存为 t2_17.cpp。程序运行结果如下：

```
任意输入两个整数：
a = 8
b = 5
a = 5    b = 8
```

【例 2-18】 对给定的 3 个数，求最大数的平方。

设一变量 max 存放最大数，首先将第一个数 a 放入变量 max 中，再将 max 与其他数逐一比较，较大数则存放到 max 中，当所有数都比较结束之后，max 中存放的一定是最大数。其算法流程如图 2.8 所示。

图 2.8　求三个数中最大数的平方

源程序如下：

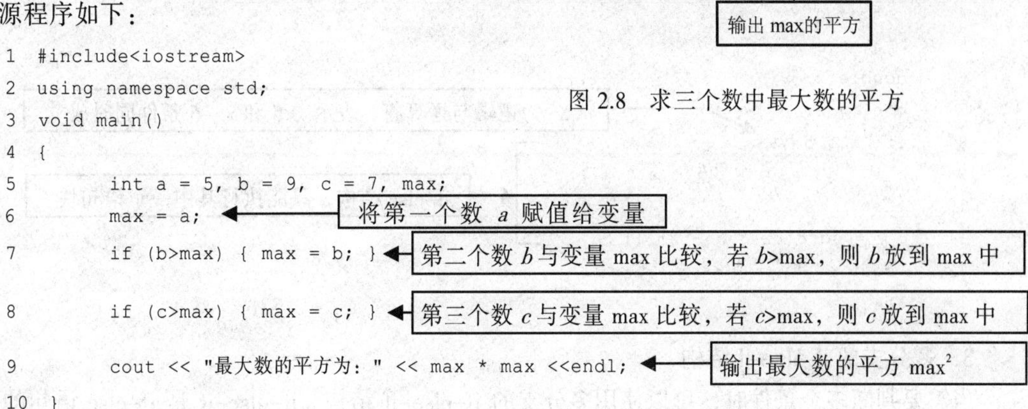

```
1  #include<iostream>
2  using namespace std;
3  void main()
4  {
5        int a = 5, b = 9, c = 7, max;
6        max = a;
7        if (b>max) { max = b; }
8        if (c>max) { max = c; }
9        cout << "最大数的平方为：" << max * max <<endl;
10 }
```

将第一个数 a 赋值给变量
第二个数 b 与变量 max 比较，若 b>max，则 b 放到 max 中
第三个数 c 与变量 max 比较，若 c>max，则 c 放到 max 中
输出最大数的平方 max²

将程序保存为 t2_18.cpp。程序运行结果如下：

```
最大数的平方为：  81
```

2．双分支选择结构

有时需要在条件表达式不成立的时候执行不同的语句，可以使用另一种双分支选择结构的条件语句，即 if－else 语句。双分支选择结构的语法格式为

```
if（表达式）
   {  语句块 1;}
else
   {  语句块 2;}
```

这个语法的意思是，当条件成立时(true)，执行语句块 1，否则(else)就执行语句块 2。

对于双分支选择类型的条件语句，其流程如图 2.9 所示。

【例 2-19】计算 $y=\begin{cases}\sqrt{x^2-25} & x\leqslant -5或x\geqslant 5\\ \sqrt{25-x^2} & -5<x<5\end{cases}$。

其算法流程如图 2.10 所示。

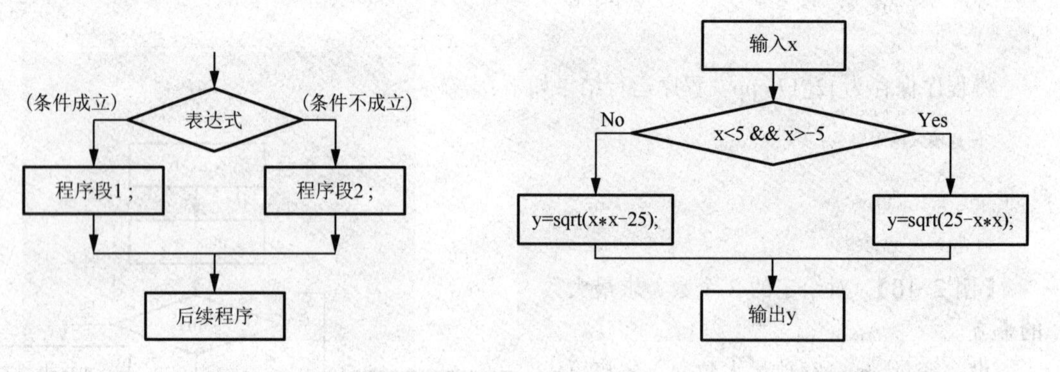

图 2.9　双分支选择结构条件语句的算法流程　　　　图 2.10　双分支选择结构示例

源程序如下：

```
1  #include <iostream>
2  #include <cmath>
3  using namespace std;
4  void main()
5  {
6     double x, y;
7     cin >> x;
8     if( x < 5 && x > -5 )
9           y = sqrt( 25 - x * x );
10    else
11     y = sqrt( x * x - 25 );
12     cout << "y = " << y << endl;
13  }
```

&& 为逻辑与运算符，表示 x<5 和 x>-5 条件同时成立

if-else 结构，只能执行其中一个语句块

3．多分支的 if-else-if 结构

当需要判断多个条件时，可以使用多分支的 if-else-if 结构。if-else-if 是 if-else 语句的扩充格式。一个 if 语句可以有任意个 if-else-if 部分，但只能有一个 else 部分。其一般格式为：

```
if (条件表达式 1)
      {  程序段 1;}
else  if(条件表达式 2)
      {  程序段 2;}
        …
else  if(条件表达式 n)
      {  程序段 n;}
else
      {  程序段 n+1;}
```

if-else-if 结构的功能是：依次判断各分支中括号内的条件表达式是否成立，一旦成立，则执行该分支的程序段；如果所有的表达式均不成立，则执行 else 的程序段。其执行流程如图 2.11 所示。

4 月是 春天

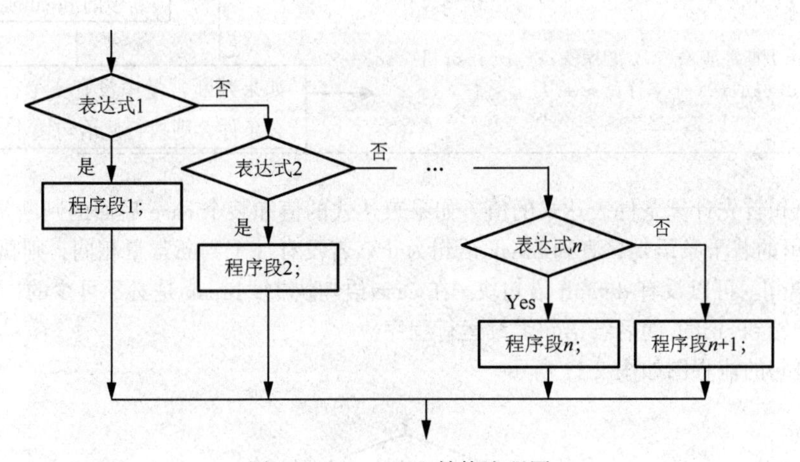

图 2.11　if-else-if 结构流程图

【例 2-20】 编写程序，根据月份判断季节。

源程序如下：

```
1    /*  if-else-if 结构*/
2  #include  <iostream.h>
3  void main()
4   {
5      int month = 4;  // 4 月份
6      if(month == 12 || month == 1 || month == 2)
7         {cout << "4 月是 " << "冬天" << endl; }
8      else if(month == 3 || month == 4 || month == 5)
9         {cout << "4 月是 " << "春天" << endl;  }
10     else if(month == 6 || month == 7 || month == 8)
11        {cout << "4 月是 " << "夏天" << endl;  }
12     else if(month == 9 || month == 10 || month == 11)
13        {cout << "4 月是 " << "秋天" << endl;  }
14     else
15       { cout << "不合法的月份";  }
16   }
```

|| 为逻辑或运算符，表示只须满足其中一个条件

if-else-if 结构，只能执行其中一个语句块

将程序保存为 t2_20.cpp。程序运行结果为：

```
4月是 春天
```

2.4.4 switch 语句

switch 语句是一个多分支选择语句，也叫开关语句。它可以根据一个整型表达式有条件地选择一个语句执行。if 语句只有两个分支可选择，而实际问题中常常需要用到多分支的选择，当然可以用嵌套 if 语句来处理，但如果分支较多，则嵌套的 if 语句层数太多，造成程序冗长且执行效率降低。

switch 的语法结构形式如下：

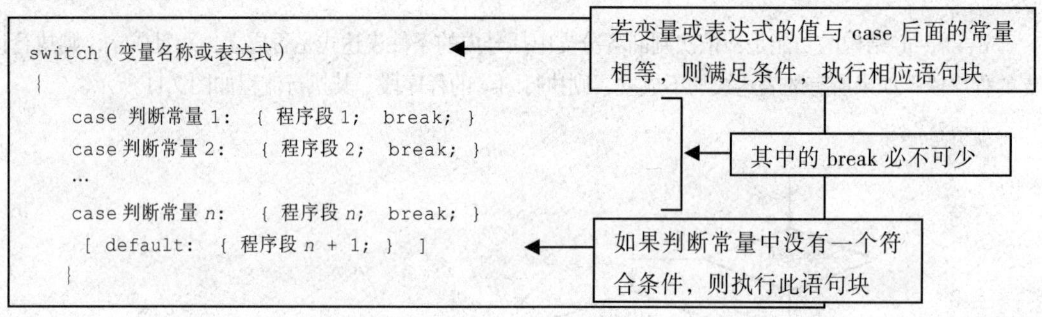

switch 语句首先计算条件表达式的值，如果表达式的值和某个 case 后面的判断常量相同，就执行该 case 里的若干条语句，直到 break 语句为止。若没有一个判断常量相同，则执行 default 后面的若干条语句。可以没有 default 语句块。在 case 语句块中，break 是必不可少的，break 表示终止 switch，跳转到 switch 的后续语句继续运行程序。

switch 语句的流程图如图 2.12 所示。

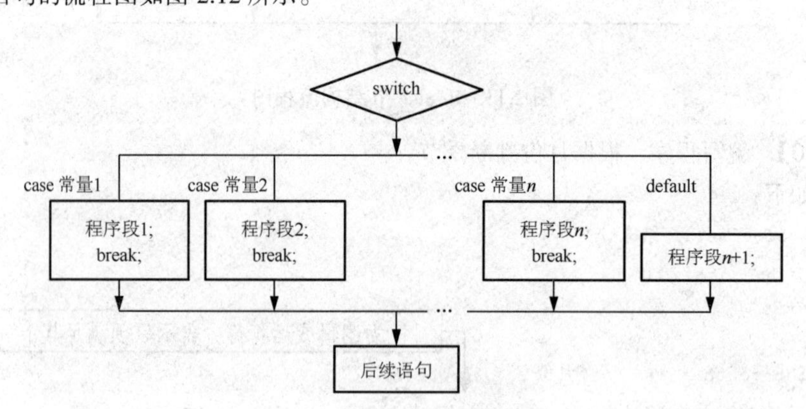

图 2.12 switch 语句流程图

【例 2-21】 把学生考试成绩分成 A、B、C、D、E 四个等级，大于 90 分为 A 等，80 ~ 90 分为 B 等，70 ~ 80 分为 C 等，60 ~ 70 分为 D 等，60 分以下为 E 等。现某同学成绩为 82 分，试确定其成绩等级。

源程序如下：

```
1  #include<iostream>
2  using namespace std;
3  void main()
4    {
```

```
5     int score=82;
6     char grade;
7     switch(score/10)
8       {
9           case 10:
10          case 9:
11            grade='A';
12            break;
13        case 8:
14            grade='B';
15            break;
16        case 7:
17            grade='C';
18            break;
19          case 6:
20              grade='D';
21              break;
22          default:
23            grade='E';
24      }
25    cout << "成绩等级：" << grade << endl;
26  }
```

switch 结构，case 后面的常量必须是整型数值

将程序保存为 t2_21.cpp。程序运行结果如下：

```
成绩等级：B
```

2.4.5　循环语句

在程序设计过程中，经常需要将一些功能按一定的要求重复执行多次，将这一过程称为循环。

循环结构是程序设计中一种很重要的结构。其特点是，在给定条件成立时，反复执行某程序段，直到条件不成立为止。给定的条件称为循环条件，反复执行的程序段称为循环体。

1．for 循环语句

for 循环语句的语法结构如下：

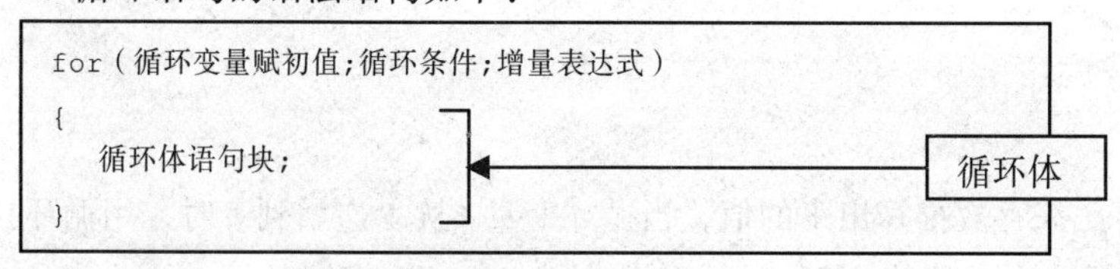

for（循环变量赋初值;循环条件;增量表达式）
{
循环体语句块;
}
循环体

在 for 语句中，其语法成分如下。

（1）循环变量赋初值是初始循环的表达式，它在循环开始的时候就被执行一次。

（2）循环条件决定什么时候终止循环，这个表达式在每次循环的过程被计算一次。当表达式计算结果为 false 的时候，这个循环结束。

（3）增量表达式是每循环一次循环变量增加多少（即步长）的表达式。

（4）循环体是被重复执行的程序段。

for 语句的执行过程是：首先执行循环变量赋初值，完成必要的初始化工作；再判断循环条件，若循环条件能满足，则进入循环体中执行循环体的语句；执行完循环体之后，紧接着执行 for 语句中的增量表达式，以便改变循环条件，这一轮循环就结束了。第二轮循环又从判断循环条件开始，若循环条件仍能满足，则继续循环，否则跳出整个 for 语句，执行后续语句，如图 2.13 所示。

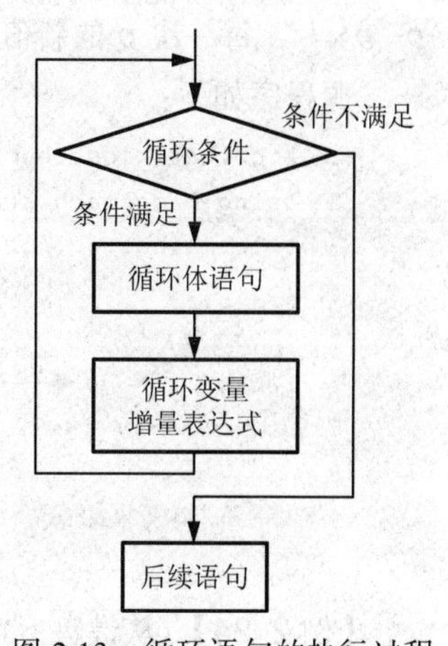

图 2.13　循环语句的执行过程

【例 2-22】 设计一个累加器，计算从 1 加到 100 的和。

源程序如下：

```
1  #include<iostream>
2  using namespace std;
3  void main()
4  {
5     int sum=0;
6     for(int i = 1; i <= 100; i++)
7      {
8          sum = sum + i;
9      }
10    cout << "1 + 2 + 3 + ... + 100 = " << sum << endl;
11 }
```

变量 sum 存放累加值，初始值为 0

i 为循环变量，每循环一次，i 自加 1（步长为 i++），循环终止条件为 $i>100$

循环体内，每循环一次，累加一次循环变量的值

在程序中，i 是改变条件表达式的循环变量。在开始循环之初，循环变量 i=1，sum=0，这时，i<100，满足循环条件，因此可以进入循环体，执行第 8 行累加语句：sum + i = 1 + 0 = 1，将结果再放回到变量 sum 中，完成第一次循环。接着，循环变量自加 1（i++），此时，i=2，再和循环条件比较……如此反复，sum = sum + i 一直累加，直到运行了 100 次，i=101，$i\leqslant 100$ 不再满足循环条件，循环结束。

将程序保存为 t2_22.cpp。程序的运行结果为：

```
1 + 2 + 3 + ... + 100 = 5050
```

【例 2-23】 求 10!。

计算 $n!$，由于 $p_n = n! = n\times(n-1)\times(n-2)\times\cdots\times 2\times 1 = n\times(n-1)!$，因此可以得到递推公式：

$p_n = n\times p_{n-1}$，

$p_{n-1} = (n-1)\times p_{n-2}$

…

$p_1 = 1$

因此，可以用一个变量 p 来存放推算出来的值，当循环变量 i 从 1 递增到 n 时，用循环执行 $p=p\times i$，每一次 p 的新值都是原 p 值的 i 倍，最后递推求到 $n!$。

源程序如下：

```
1  #include <iostream>
2  using namespace std;
3  void main()
4  {
5    int i;
6    long p = 1;
7    for (i=1; i<=10; i++)
8        p = p * i;
9    cout << "10! = " << p <<endl;
10 }
```

变量 p 存放累乘的值，取初值为 1

循环体内，每循环一次，累乘一次循环变量的值，到 i=11 时终止循环

【例 2-24】 从键盘上输入 10 个整数，一边输入一边统计偶数的个数。

源程序如下：

```
1  #include <iostream>
2  using namespace std;
3  void main()
4  {
5    int i, x, s = 0;
6    for ( i=1; i<=10; i++)
7    {
8        cin >> x;
9        if ( x % 2 == 0 )     ← 满足条件为偶数
10       {
11           cout << x << "是偶数" << endl;
12           s++;              ← 变量 s 存放偶数个数
13       }                     （用条件语句判断偶数）
14   }                         （循环体内嵌套条件语句）
15   cout << "共有" << s << "个偶数"   << endl;
16 }
```

for 语句条件中的 3 个表达式可省略，但表达式之间的分号不能省略。若 for 语句条件中的 3 个表达式都省略，则为无限循环：

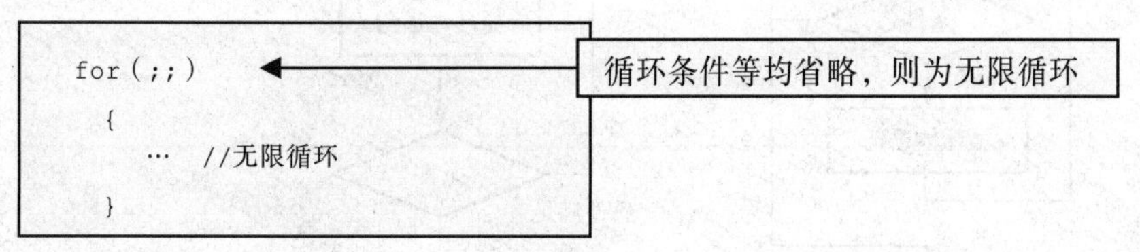

```
for (;;)      ← 循环条件等均省略，则为无限循环
  {
    …  //无限循环
  }
```

一般地，为避免无限循环，上述语句的循环体中应包含能够退出的语句。可以使用 break 语句强行退出循环，忽略循环体中的任何其他语句和循环的条件测试。在循环中遇到 break 语句时，循环被终止，程序跳到循环后面的语句继续运行。

【例 2-25】 无限循环需安排退出循环语句。

```
1  /* 应用 break 语句，中断无限循环嵌套 */
2  #include<iostream>
3  using namespace std;
4  void main()
5  {
6    int i = 1;
7    for(;;)
8     {
9       cout << i << endl;
10      i++;
11      if( i > 5 ) break;    ← if 语句设置跳出循环条件，应用 break 中断循环
12    }                       （无限循环）
13 }
```

将程序保存为 t2_25.cpp。程序运行结果为：

```
1
2
3
4
5
```

2．while 循环语句

C++语言提供了两种 while 循环语句：while 语句和 do-while 语句。这两种循环结构的流程图如图 2.14 所示。

1）while 语句

while 语句的基本语法结构为

```
while（循环条件表达式）
    {
        … 循环体;
    }
```

首先，while 语句执行条件表达式，它返回一个 boolean 值（true 或者 false）。如果条件表达式返回 true，则执行花括号中的循环体语句。然后继续测试条件表达式并执行循环体代码，直到条件表达式返回 false。

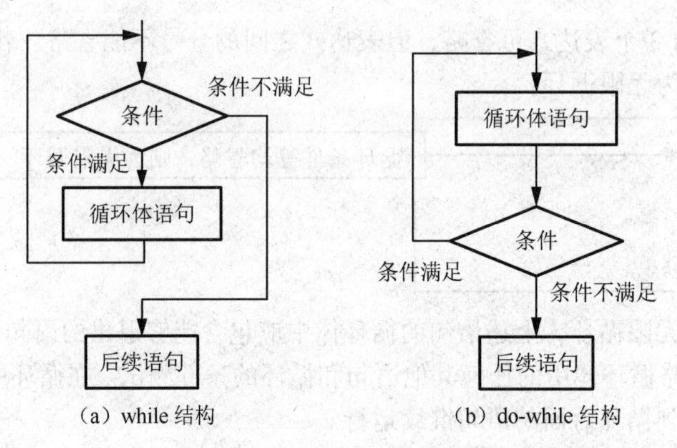

（a）while 结构　　（b）do-while 结构

图 2.14　while 和 do-while 循环结构的流程图

【例 2-26】 老汉卖西瓜，第一天卖西瓜总数的一半多一个，第二天卖剩下的一半多一个，以后每天都是卖前一天剩下的一半多一个，到第 10 天只剩下一个。求西瓜总数是多少？

算法分析：设共有 x 个西瓜，卖一半多一个后，还剩下 $x/2-1$ 个，所以，每天的西瓜数可以用迭代表示：$x_n=(x_{n+1}+1)\times 2$。且在卖了 9 天之后（第 10 天），$x=1$。这是可以用循环来处理的迭代问题。

源程序如下：

```
1  #include <iostream>
2  using namespace std;
3  void main()
4  {
5     int i=1, x=1;
6     while(i<=9)
7     {
8        x=(x+1)*2;
9        i++;
10    }
11    cout << " x = " << x << endl;
12 }
```

（第 6 行注释：循环条件；第 9 行注释：while 循环必须要有循环变量自增的语句；第 7～10 行注释：while 循环体）

将程序保存为 t2_26.cpp。程序运行结果为

```
x=1534
```

2）do-while 语句

do-while 语句的语法结构为

```
do
 {
   …循环体;
 } while(循环条件表达式);
```

do-while 语句与 while 语句的区别在于,先执行循环中的语句再计算条件表达式,所以 do-while 语句的循环体至少被执行一次。

【例 2-27】 计算 1! + 2! + 3! + …+ 10!。

算法分析：这是一个多项式求和问题。每一项都是计算阶乘，可以利用循环结构来处理。

源程序如下：

```
1  #include<iostream>
2  using namespace std;
3  void main()
4  {
5    long sum = 0, i = 1, p = 1;
6    do
7       {
8           p = p * i;    ← 计算阶乘
9         sum = sum + p;    ← 累加
10          i++;    ← 循环变量自增
11      } while(i <= 10) ;    ← 循环条件
12     cout << " 1! + 2! + 3! + …+ 10! = " << sum <<endl;
13  }
```

（第 6～11 行：do-while 结构的循环体）

将程序保存为 t2_27.cpp。程序运行结果如下：

```
1! + 2! + 3! + … + 10! = 4037913
```

3. 循环嵌套

循环可以嵌套，在一个循环体内包含另一个完整的循环，叫做循环嵌套。循环嵌套运行时，外循环每执行一次，内层循环要执行一个周期。

【例 2-28】 应用循环嵌套，编写一个按 9 行 9 列排列输出的九九乘法表程序。

算法分析：用双重循环控制九九乘法表按 9 行 9 列排列输出，用外循环变量 i 控制行数，i 从 1 到 9 取值。内循环变量 j 控制列数，由于 $i \times j = j \times i$，故内循环变量 j 没有必要从 1 到 9 取值，只需从 1 到 i 取值即可。外循环变量 i 每执行一次，内循环变量 j 执行 i 次。

源程序如下：

```
1  /* 循环嵌套应用 */
2  #include<iostream>
3  using namespace std;
4  void main()
```

```
5  {
6    int i,j;
7    for( i = 1; i <= 9; i++)
8    {
9     for(j = 1; j <= i; j++)
10     {
11      cout << i << "x" << j << "=" << i*j << "\t";
12     }
13     cout << endl;
14    }
15 }
```

内循环控制列数

外循环控制行数

换行

将程序保存为 t2_28.cpp。程序运行结果如下：

```
1x1=1
2x1=2   2x2=4
3x1=3   3x2=6   3x3=9
4x1=4   4x2=8   4x3=12  4x4=16
5x1=5   5x2=10  5x3=15  5x4=20  5x5=25
6x1=6   6x2=12  6x3=18  6x4=24  6x5=30  6x6=36
7x1=7   7x2=14  7x3=21  7x4=28  7x5=35  7x6=42  7x7=49
8x1=8   8x2=16  8x3=24  8x4=32  8x5=40  8x6=48  8x7=56  8x8=64
9x1=9   9x2=18  9x3=27  9x4=36  9x5=45  9x6=54  9x7=63  9x8=72  9x9=81
```

循环可以嵌套，可以是　　，但不能交叉，即　　是不允许的。

【例 2-29】 应用循环嵌套，编写求出 100 以内所有素数的程序。

算法分析：所谓素数是指只能被 1 和自身整除的自然数。根据素数定义，素数 *n* 不能是 2 的倍数，不能是 3 的倍数，不能是 4 的倍数……不能是 *n*–1 的倍数。因此，判断 *n* 是否为素数，可以用 2、3、4、……、*n*–1 作除数依次与 *n* 相除，如果都不能整除，则 *n* 是一个素数。这种算法当 *n* 足够大时，除法次数太多，效率很低。可以证明，不需要一直相除到 *n*–1，只需相除到 *n* 的算术平方根即可，这样就大大减少了除法次数。

对于本题，可以通过循环，把 100 以内 2、3、4、……、*n* 的算术平方根的倍数的数筛去。即把符合下列条件的自然数 *n* 筛除：

$n \ \% \ k == 0 \quad (k = 2,3,4,\cdots,\mathrm{sqrt}(n))$

因此需要应用双重循环，外循环依次提供一个 100 以内的数，由内循环通过作多次筛法运算，判断其是否为素数。

源程序如下：

```
1  #include<iostream>
2  #include<cmath>
3  #include<iomanip>
4   using namespace std;
5   void main()
6   {
7    int n, k;
```

setw()函数需要包含此头文件

```
8     for(n = 2; n < 100; n++)
9     {
10       int m = sqrt((double)n);       ← 只需相除到 n 的算术平方根
11       for(k = 2; k <= m; k++)
12      {                                ← 如果 n 能被 k 整除，则 n 不是素数，跳出本次循环
13        if(n % k == 0) break;
14       }
15      if(k > m)
16        {                              ← 如果 k>m，则 n 是素数
17        cout << setw(5) << n;
18        }
19    }                                  (8–19 ← 外循环取数 n)
20    cout << endl;
21 }
```

将程序保存为 t2_29.cpp。程序运行结果如下：

```
2    3    5    7   11   13   17   19   23   29   31   37   41   43   47   53    59   61   67
71   73   79   83   89   97
```

【例 2-30】 编程，绘制指数函数 $y=e^x$ 的图像。

源程序如下：

```
1  #include<iostream>
2  #include<cmath>
3  using namespace std;
4  void main()
5  {
6     double t;
7     float r;
8    int i, R;
9     for( t = 0; t <= 3000; t + = 150 )
10     {
11        r = (float)exp( -0.001 * t );
12        R = (int)( 70 * r );
13        for( i = 1; i <= R; + + i )       ← 内循环控制*号个数
14         { cout << "*";   }
15         cout<<endl;
16       }                                  (9–16 ← 外循环控制行数)
17  }
```

将程序保存为 t2_30.cpp。程序运行结果如图 2.15 所示。

图 2.15　指数函数图像

2.4.6 转向语句

C++语言主要有 break 语句和 continue 语句两种转向语句。

break 语句有两种作用。第一，break 语句被用来跳出 switch 结构，继续执行后续语句，例 2-21 中已经应用了此用法。第二，break 语句能被用来中止循环。

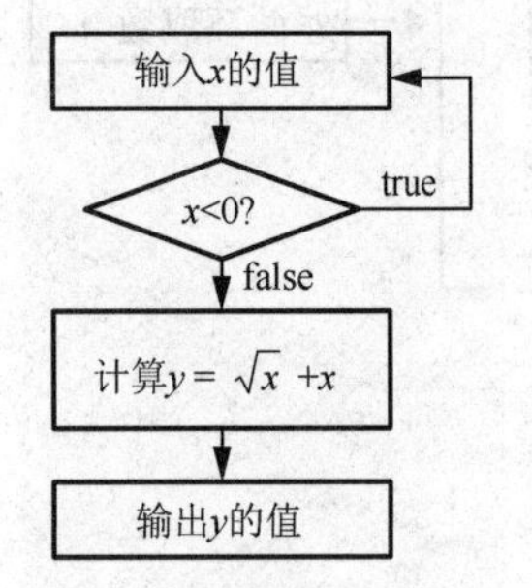

图 2.16 计算 $y=\sqrt{x}+x$ 的编程思路

在循环体中使用 break 语句强行跳出循环时，忽略循环体中的任何其他语句和循环的条件测试，终止整个循环，程序跳到循环后面的语句继续运行。

continue 语句只是中止本次循环，跳转到循环的判断语句，继续下一次循环。

【例 2-31】 计算 $y=\sqrt{x}+x$。

算法分析：这个计算式仅当 $x\geqslant 0$ 时才有意义。编写程序的思想是：当 $x<0$ 时，重新输入 x 的值；当 $x\geqslant 0$ 时，计算 $y=\sqrt{x}+x$ 的值，然后跳出循环，结束运算。编程思路如图 2.16 所示。

源程序如下：

```
1  #include<iostream>
2  #include<cmath>
3  using namespace std;
4  void main()
5   {  int x, y;
6      while(true)        ◄—— 循环条件为 true，无限循环
7       {
8          cin >> x;
9          if(x<0) continue;     ◄—— 结束本次循环，继续下一轮循环
10         y = sqrt(x) + x ;
11         cout << "y=" << y << endl;
12         break;         ◄—— 跳出循环，结束运算
13       }
14   }
```

2.5 应用实例

【例 2-32】 设一小球从 200m 高空落下，每次落地后反弹回原来高度的一半，再落下。编写程序，求它在第 10 次反弹的高度是多少米？在第 10 次落地时共经过了多少米？

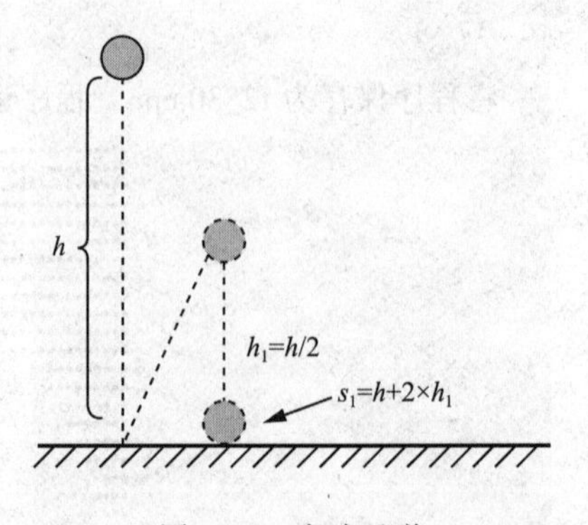

图 2.17 小球反弹

算法分析：如图 2.17 所示，设小球从高度 h 落下，第 1 次落地后反弹回原来高度的一半，即 $h_1=h/2$，第 2 次落地后反弹的高度为 $h_2=h_1/2$，依此类推，第 i 次的反弹高度为前次高度的一半，$h_i=h_{i-1}/2$，小球的反弹高度可写成循环表达式：$h=h/2$。

小球第 2 次落地时经过的路程为 $s_1=h+2\times h_1$，第 3 次落地时经过的路程为 $s_2=s_1+2\times h_1$,依此类推，从第 2 次开始，

小球落地时经过的路程是前一次经过的路程加上本次反弹高度的 2 倍，可写成循环表达式：$s = s + 2 \times h$。

源程序如下：

```
1  #include <iostream>
2  #include <iomanip>
3  using namespace std;
4  void main()
5  {
6     float s = 200.0,   h = s / 2 ;
7     for(int i = 2; i <= 10; i++)
8      {
9         s = s + 2 * h;
10        h = h / 2;
11     }
12    cout << "h = " << h << "米" << endl;
13    cout << "s = " << s << "米" << endl;14  }
```

h 为反弹的高度，h 是原高度的一半

从第 2 次落地开始循环，到第 10 次落地结束

```
h = 0.195313 米
s = 599.219 米
```

【例 2-33】 应用循环在屏幕上输出符号“*”组成的三角图形，如图 2.18 所示。

```
     *
    * * *
   * * * * *
  * * * * * * *
 * * * * * * * * *
* * * * * * * * * * *
```

图 2.18　由符号“*”组成的三角形

算法分析：该三角形共有 6 行“*”，i=6，每行“*”个数分别为 1、3、5、7、9、11，其通式可以写成：$k = 2 \times i - 1$。由于第 1 行的“*”位于第 6 列，所以每行首字符前面的空格数为 6- i。

源程序如下：

```
1  #include <iostream>
2  using namespace std;
3  void main()
4  {
5     for (int i = 1; i <= 6; i++)
6     {
7          for (int j = 1; j <= 6 - i; j++)
8          { cout << " "; }
9         for (int k = 1; k <= 2 * i - 1; k++)
10         { cout << "*"; }
11         cout << endl;
12    }
13  }
```

控制*位置前面的空格

控制*的列数

换行，为下一行输出作准备

外循环控制行数

【例 2-34】 用矩形法求定积分 $\int_0^1 \frac{2x}{(1+x^2)^2}dx$ 的近似值。

算法分析：设在$[a, b]$区间上设 $f(x) > 0$，如图 2.19 所示。把区间$[a, b]$分为 n 个相等的小区间：$[x_0, x_1],[x_1, x_2],\cdots,[x_{n-1}, x_n]$。则小区间的长度为 $h = \frac{b-a}{n}$。在每一个小区间上，用以左端点的函数值为长，以 h 为宽的小矩形面积来近似上曲边梯形的面积，累加以后即得到定积分的近似值。

$$\int_b^a f(x)\mathrm{d}x = h[f(x_0) + f(x_1) + f(x_2) + \cdots + f(x_{n-1})]$$
$$= h[f(a) + f(a+h) + f(a+2h) + \cdots + f(b-h)]$$

现在，$f(x) = \dfrac{2x}{(1+x^2)^2}$，把积分区间为[0, 1]分成 100 等分。

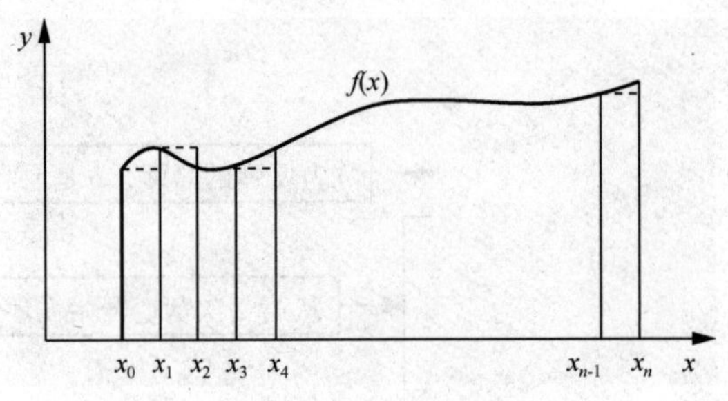

图 2.19　矩形法求定积分的近似值

源程序如下：

```
1  #include <iostream>
2  #include <cmath>
3  using namespace std;
4  void main()
5  {
6    double a = 0, b = 1 ;
7    int n = 100 ;
8     double s = 0;
9     double h = (b - a) / n;
10    cout << "h = " << h << endl;
11    for(double x = a; x <= b - h; x += h)
12    {
13        s = s + 2 * x / pow(1 + x * x, 2);
14    }
15    s = s * h;
16    cout << "s = " << s << endl;
17 }
```

程序运行结果如下：

```
h = 0.01
s = 0.492429
```

【例 2-35】 应用循环语句和 switch 选择开关语句，设计一个学生成绩管理系统的菜单选择程序。程序运行后，如图 2.20 所示。

算法设计：

1. 显示菜单

使用 cout 语句将菜单项一项一项在屏幕上显示，界面的边框可以通过多个“-”和“*”拼接起来。

2. 菜单项的选择

菜单应根据用户的选择做出不同的反应，因此需要使用分支结构实现选择选项的功能。根据题意，主菜单含有 3 个菜单项，属于多分支条件判断，使用带 break 的 switch 语句最为合适。

3. 重复显示主菜单

为了能够使程序具有重复选择菜单选项的功能，因此需要使用 while 循环结构。

算法设计如图 2.21 所示。

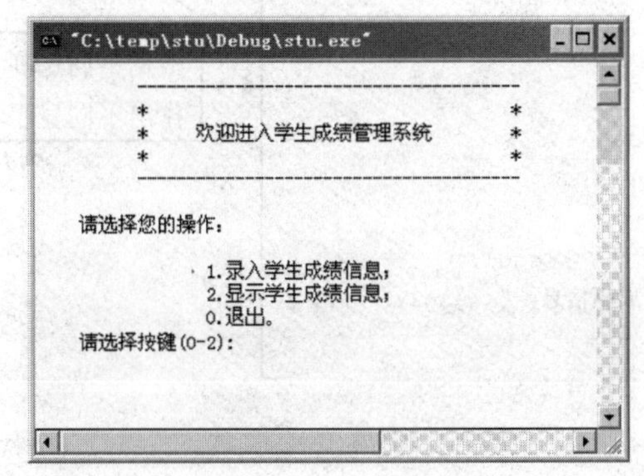

图 2.20　学生成绩管理系统的菜单选择界面

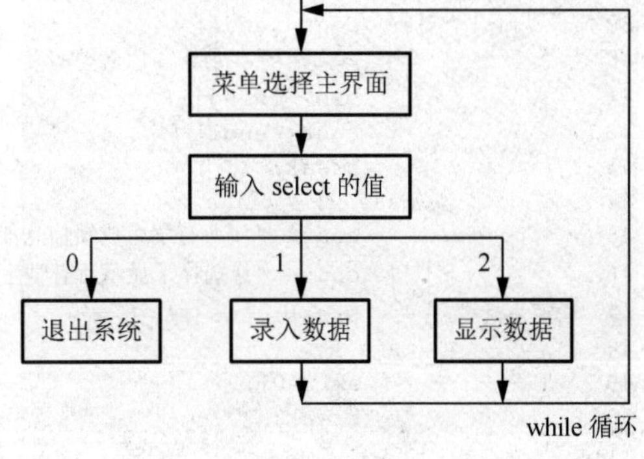

图 2.21　重复选择菜单选项的算法设计

源程序如下：

```
1  #include <iostream>
2  #include <string>
3  using namespace std;
4  void main()
5  {
6    int select;
7    select = 1;
8   char xuehao[5];
9    char name[10];
10   int chengji;
11
12   cout<<endl<<endl;
13   cout<<"  -----------------------------------------"<<endl;
14   cout<<"  *                                       *"<<endl;
15   cout<<"  *    欢迎进入学生成绩管理系统            *"<<endl;
16   cout<<"  *                                       *"<<endl;
17   cout<<"  -----------------------------------------"<<endl;
18   while(select)
19   {
20        cout<<endl<<endl;
21        cout<<"  请选择您的操作："<<endl<<endl;
22        cout<<"          1.录入学生成绩信息；"<<endl;
23        cout<<"          2.显示学生成绩信息；"<<endl;
24        cout<<"          0.退出。"<<endl;
25        cout<<"  请选择按键(0-2)：  ";
26        cin>>select;
27        cout<<endl;
28        //判断输入，0 退出
29        if(select>=0 && select<=2)
30        {
31          switch(select)
```

（第 13～17 行注释：显示系统标题；第 18 行注释：循环结构，使得菜单界面总能保持在窗体显示；第 21～25 行注释：显示选择菜单项；第 26 行注释：输入选择项）

```
32          {
33           case 1:
34               cout<<" 请输入学号:";
35               cin>>xuehao;
36               cout<<endl;
37               cout<<" 请输入学生姓名:";
38               cin>>name;
39               cout<<endl;
40               cout<<" 请输入成绩:";
41               cin>>chengji;
42               cout<<endl;
43               break;
44           case 2:
45               cout<<" 所有学生成绩信息如下: "<<endl;
46               cout<<"您选择了显示所有学生成绩信息。"<<endl;
47               break;
48           case 0:
49               exit(0);
50               break;
51          }
52        }
53      else
54      {
55          cout<<"输入错误，请重新输入！"<<endl;
56          break;
57      }
58    }
59 }
```

根据不同选择作出不同显示

本 章 小 结

本章主要介绍 C++语言的基本语法和使用规则、运算符与表达式及控制语句，概念比较多，现将其知识点归纳如图 2.22 所示。

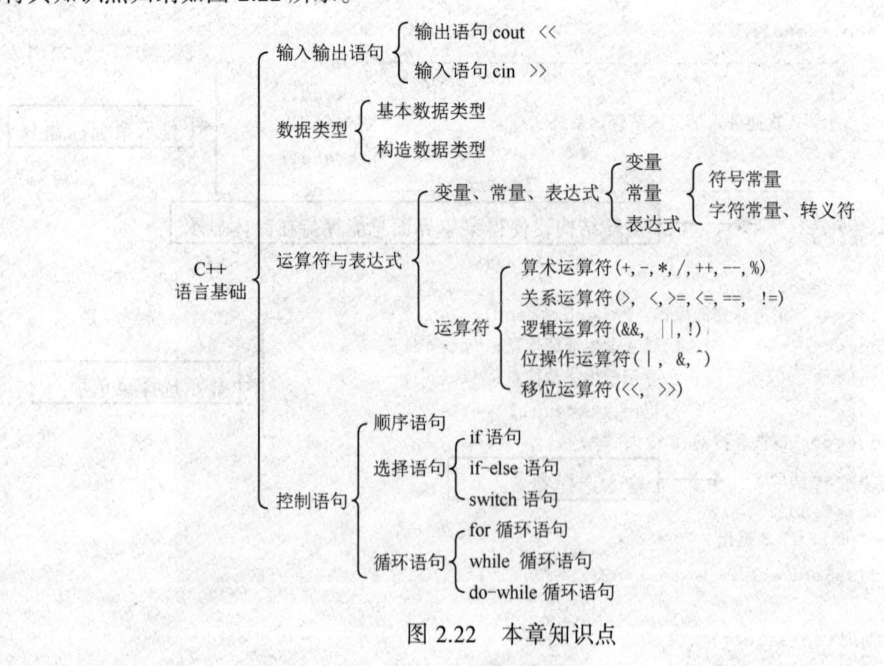

图 2.22 本章知识点

本章所介绍的基础知识是学习和使用 C++语言的基础，读者一定要多上机练习，通过上机练习熟练掌握这些基本知识，仔细体验它们的特点和使用方法，这样才能在以后的程序设计中得心应手。

习　题　二

2.1 C++中有哪些数据类型？

2.2 什么是常量？什么是变量？

2.3 C++语言为什么要规定对所有用到的变量要“先定义，后使用”？这样做有什么好处？

2.4 下列常量的表示在 C++中是否合法？若合法，指出常量的数据类型；若非法，指出原因。

–123　　0321　　.567　　1.25e2.4　　32L

‘\t’　　"Computer"　　‘x’　　"x"　　‘\85’

2.5 字符常量与字符串常量有什么区别？

2.6 求出下列算术表达式的值。

（1）x + a % 3 * (int)(x + y) % 2 / 4　　　设 x = 2.5, y = 4.7, a = 7

（2）(float)(a + b) / 2 – (int)x % (int)y　　　设 a = 2, b = 3, x = 3.5, y = 2.5

（3）'a' + x % 3 + 5 / 2 –'\24'　　　设 x = 8

2.7 写出以下程序的运行结果。

```
#include <iostream >
using namespace std;
void main()
{
  int i,j,m,n;
  i = 8;
  j = 10;
  m = ++i;
  n = j++;
  cout << i << '\t' << j << '\n';
  cout << m << '\t' << n << '\n';
}
```

2.8 将下列数学表达式写成 C++中的算术表达式。

（1）$\dfrac{a+b}{x-y}$　　　（2）$\sqrt{p(p-a)(p-b)(p-c)}$

（3）$\dfrac{\sin x}{2m}$　　　（4）$\dfrac{a+b}{2}h$

2.9 在 C++中如何表示“真”和“假”？系统又是如何判断一个量的“真”和“假”的?

2.10 设有变量说明：

int a = 3, b = 2, c = 1;

求出下列表达式的值。

（1）a > b　　　（2）a <= b

（3）a != b　　　（4）(a > b) == c

（5）a - b == c

2.11 设有变量说明：

int a = 3, b = 1, x = 2, y = 0;

求出下列表达式的值。

（1）（a > b）&& (x > y) （2）a > b && x > y

（3）(y || b) && (y || a) （4）y || b && y || a

（5）!a || a > b

2.12 设有变量说明：

int w = 3, x = 10, z = 7;

char ch = 'D';

求出下列表达式的值。

（1）w++ || z++ （2）!w > z

（3）w && z （4）x > 10 || z < 9

（5）ch >= 'A' && ch <= 'Z'

2.13 设 a 和 b 的值分别为 6 和 7，指出分别运算下列表达式后 a、b、c、d 的值。

（1）c = d = a （2）b += b

（3）c = b/ = a （4）d = (c = a / b + 15)

2.14 设 a、b、c 的值分别为 5、8、9，指出分别运算下列表达式后 x 和 y 的值。

（1）y = (a + b, b + c, c + a) （2）x = a, y = x + b

2.15 程序的三种基本控制结构是什么？

2.16 程序的多路分支可通过哪两种语句来实现？说出用这两种语句实现多路分支的区别。

2.17 使用 switch 开关语句时应注意哪些问题？

2.18 用于实现循环结构的循环语句有哪三种？分别用于实现哪两种循环结构？这三种循环语句在使用上有何区别？

2.19 分支程序与循环程序常用于解决哪些实际问题？

2.20 写出下列程序的运行结果。

（1）
```
#include <iostream>
using namespace std;
void main()
{
    int a = 2, b = -1, c = 2;
    if(a < b)
    if(b < 0)
        c = 0;
    else
        c = c + 1;
    cout << c << endl;
}
```

（2）
```
#include <iostream>
using namespace std;
void main()
{
```

```
    int i = 10;
    switch(i)
    {
       case 9:   i = i + 1;
       case 10:  i = i + 1;
       case 11:  i = i + 1;
       default:  i = i + 1;
    }
    cout << i << endl;
}
```

2.21 设计一个程序，从键盘输入三个任意整数，将它们按照从大到小的次序输出。

2.22 输入平面直角坐标系中一点的坐标值(x,y)，判断该点是在哪一个象限中或哪一条坐标轴上。

2.23 写出下列程序的运行结果。

（1）

```
#include <iostream>
using namespace std;
void main()
{
    int n = 4;
    while(--n)
       cout << n << '\t';
    cout << endl;
}
```

（2）

```
#include <iostream>
using namespace std;
void main()
{
    int x = 3;
    do
    {
         cout << x << '\t';
    }while( !(x--) );
    cout << endl;
}
```

2.24 写出下列程序的运行结果。

```
#include <iostream>
using namespace std;
void main()
{
    int i = 0, j = 0, k = 0, m;
    for(m = 0; m < 4; m++)
    switch(m)
    {
       case 0: i = m++;
       case 1: j = m++;
       case 2: k = m++;
       case 3: m++;
    }
```

```
    cout << i <<'\t'<< j << '\t'<< k <<'\t'<< m << endl;
}
```

2.25 试编写程序，计算 $1+3+5+7+\cdots+99$ 的值。

2.26 试编写程序，在屏幕上显示下列图形。

（1）

```
***********
 *********
  *******
   *****
    ***
     *
```

（2）

```
******
 *****
  ***
   *
  ***
 *****
*******
```

2.27 编程计算 $y=1+\frac{1}{x}+\frac{1}{x^2}+\frac{1}{x^3}+\cdots$ 的值（$x>1$），直到最后一项小于 10^{-4} 为止。

2.28 求出 1~599 中能被 3 整除，且至少有一位数字为 5 的所有整数。如 15、51、513 均是满足条件的整数。

2.29 某月 10 天内的气温为：−5° C、3° C、4° C、0° C、2° C、7° C、0° C、5° C、−1° C、2° C，编程统计出气温在 0° C 以上、0° C 和 0° C 以下各多少天？并计算出这 10 天的平均气温。

2.30 编写一个图书管理系统的菜单选择程序。

第3章 函 数

在编写应用程序时，为了使程序能明确区分各个功能部分，通常是先按应用程序的功能将程序划分为若干个较小的模块，然后逐一编写这些功能模块。在C++中，把这些功能模块称为函数。因此，C++程序是由函数组成的，每个函数通常是完成一个功能的模块，函数间可以相互调用。函数的使用使程序的层次结构清晰，不仅便于程序的编写、阅读和调试，减少发生错误，而且可以将某些功能算法封装成函数，以重复使用，简化程序。

本章将介绍函数的一些基本知识帮助读者认识了解函数，并通过介绍函数调用过程，使读者熟练掌握函数的使用。

3.1 函数定义

3.1.1 函数的分类

在C++语言中，函数分为两种：系统库函数和自定义函数。

系统库函数是C++提供的函数，主要有数学库函数、输入输出流库函数、其他库函数等。系统库函数的使用比较简单，用户只要对库函数的参数及返回值有所了解，正确地向函数传递数据及正确地使用函数返回值即可。因此，本章主要介绍自定义函数的设计，并在以后把自定义函数称为函数。自定义函数又可以分为两种类型：有返回值的函数和无返回值的函数。函数的分类如图3.1所示。

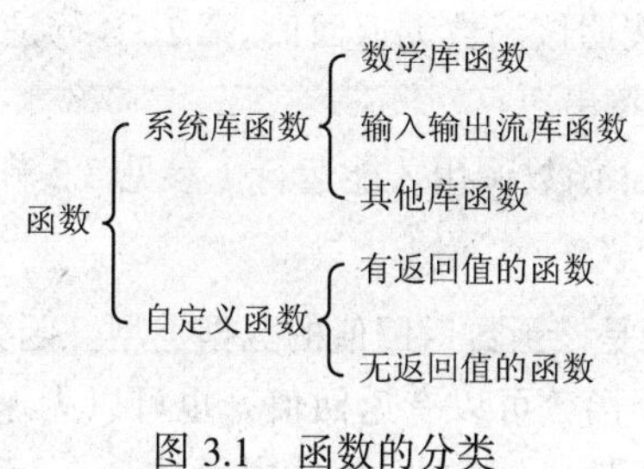

图3.1 函数的分类

3.1.2 函数的定义

1. 函数的定义

C++函数是一个独立完成某个功能的程序块，函数必须先定义才可以使用。函数定义的一般形式如下：

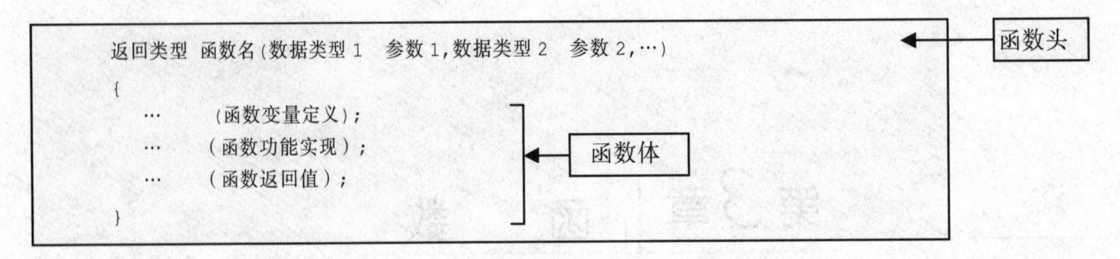

函数由函数头和函数体两部分组成。

在函数头中，返回类型可以是基本数据类型或用户自定义的数据类型，它是函数体中通过 return 语句返回的值的数据类型，也称为该函数的类型。当该函数无返回值时，需要用 void 作函数的类型。

函数名是由用户定义的标识符。函数名后面有一对小括号，如果括号里面是空的，这样的函数就称为无参函数；如果括号里面至少有一个参数（称为形式参数，简称形参），则称该函数为有参函数。函数的形参是函数与外界关联的接口，形参在定义时是没有值的，外界在调用一个函数时会将相应的实际参数值传递给形参。

用一对大括号括起来的语句构成函数体，完成函数功能的具体实现。函数体一般由三部分组成：第一部分为定义函数所需的变量。函数内部定义的变量称为局部变量；第二部分完成函数功能的具体实现；第三部分由 return 语句返回函数的结果。

函数不允许嵌套定义，即不允许一个函数的定义放在另一个函数的定义中。

【例 3-1】 无参函数程序段。

源程序如下：

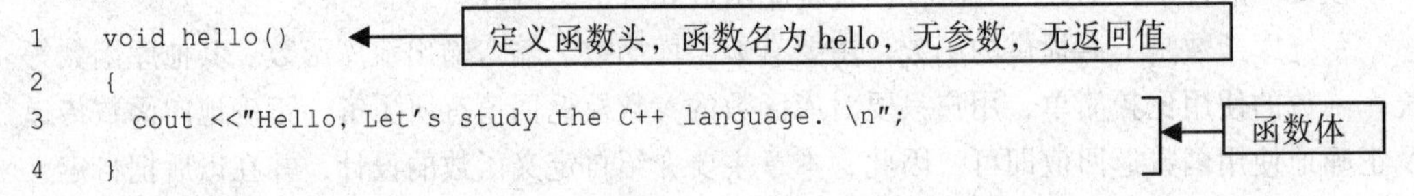

程序说明：第 1 行是函数头的定义，函数类型为 void 型，表明函数无返回值，函数名为 hello。函数名后面的括号中没有参数，表明该函数无返回值。第 2～4 行是函数体，它的功能是输出“Hello, Let's study the C++ language.”字符串。

本函数必须由程序中的 main()函数调用才能运行（参见 3.2 节）。

2. 函数的返回值

在函数定义中，函数的类型是该函数返回值的数据类型。函数返回值是函数向外界输出的信息。根据函数功能的要求，一个函数可以有返回值，也可以无返回值（此时函数的类型为 void 型）。函数的返回值也称为函数值，一般在函数体中通过 return 语句返回。

return 语句的一般形式为

```
return 表达式;
```

该语句的功能是将函数要输出的信息反馈给主调函数。

【例 3-2】 有参函数实例。编写函数，求 $1+2+3+\cdots+n$ 的和。

源程序如下：

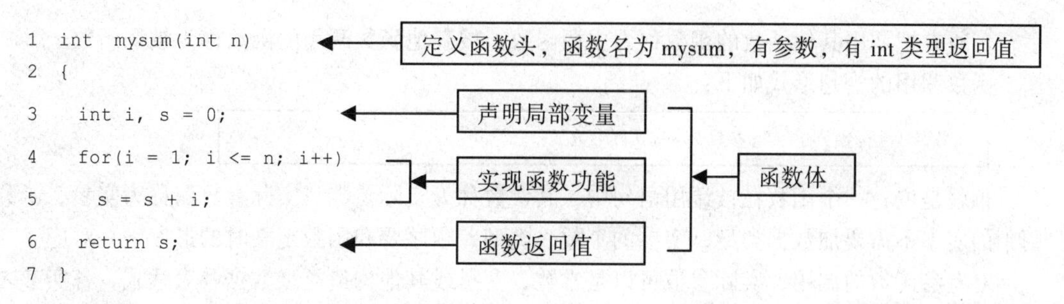

程序说明：

（1）第 1 行“int mysum(int n)”是定义函数的函数头，其中 mysum 是函数名，函数类型为 int 类型，表明该函数计算的结果为整型；括号中的“int n”表示 *n* 是形式参数，简称形参，其类型为 int。形参 *n* 此时并没有值。

（2）第 2 行至第 7 行是函数体部分，用以实现求和的功能。

（3）第 6 行是通过“return s;”将求得的和值 *s* 返回作为 mysum 函数的值。

在一个函数中允许有多个 return 语句，但每次调用只能有一个 return 语句被执行，即只能返回一个函数值。

【例 3-3】 函数有多个返回值的示例，求两个数中的较大数。

源程序如下：

```
1  int max(int x, int y)        ←  定义函数 max()
2  {
3    if(x > y)  return x;       ┐
4    else   return y;           ┘←  若 x 大于 y，返回值为 x，否则返回值为 y
5  }
```

3．函数原型的声明

在 C++程序中，使用函数前需要先声明该函数，告诉系统编译器函数的名称、类型和形式参数的个数，以保证函数调用的正确性。这种声明函数的语句称为函数原型声明。

函数原型声明的形式如下：

```
返回类型 函数名(数据类型 1  参数 1,数据类型 2  参数 2,…);
```

声明函数原型的形式与定义函数头基本相同，但函数原型声明是一条语句，要以分号结尾，而函数定义中的函数头末尾是没有分号的。例如，

```
void hello( );
int  mysum(int n);
```

在实际使用函数时，如果函数定义在先，函数调用在后，调用前可以不必声明。但如果函数定义在后，函数调用在先，调用前必须先声明函数原型。

3.2　函数的调用

3.2.1　函数调用的语法形式

为实现操作功能而单独编写的函数能单独编译，但不能自动运行，必须被其他函数调用才能

运行。通常把调用其他函数的函数称为主调函数，被其他函数调用的函数称为被调函数。

函数调用的语句形式如下：

```
函数名（实际参数 1,实际参数 2,…,实际参数 n）;
```

也就是说，一个函数在被调用语句中，其参数称为实际参数。实际参数简称为实参，函数调用中的实参不需要加数据类型，实参的个数、类型、顺序要和函数定义时的形参一一对应。

对有参函数的调用，实际参数可以是常数、变量或其他构造类型数据及表达式，各实参之间用逗号分隔。对无参函数调用时则无实际参数。

定义有参函数时，形式参数并没有具体数据值，在被主调函数调用时，主调函数也必须给出具体数据（实参），将实参值依次传递给相应的形参。

C++程序的运行总是从 main()函数开始，main()函数又称为主函数，它可以调用任何其他的函数，但不允许被其他函数调用。主函数 main()不需要进行原型声明。除了 main()函数以外，其他任何函数的关系都是平等的，可以相互调用。

【例 3-4】比较两个数中的较大数。

源程序如下：

```
1  #include <iostream>
2  using namespace std;
3  int  max(int x, int y);
4  void main()
5  {
6    int a, b, m;
7    cout << "please input two integer: " ;
8    cin >> a >> b;
9    m = max(a, b);
10   cout << "a,b 两个数中的较大数为：" << m << endl;
11 }
12
13 int  max(int x, int y)
14 {
15   int s = 0;
16   if(x > y) s = x;
17   else   s = y;
18   return s;
19 }
```

声明函数 max( )，函数必须“先声明，后调用”

main( )函数

调用 max( )函数语句

定义 max( )函数

程序说明：

（1）程序第 13 至 19 行是有参函数 max()的定义部分，此时形参 x、y 没有具体数据值。

（2）在主调函数 main()中，通过第 9 行的语句“m = max(a, b);”对 max()函数进行调用。此时 main()函数中的变量 a、b 经过键盘赋值有了具体数值，在函数调用语句中称为实参，通过参数传递，将 a、b 的值传递给被调用函数的形参 x、y。

3.2.2 函数调用的过程

在 C++语言中，程序运行总是从 main()函数开始，按函数体中语句的逻辑顺序向后依次执行。如遇到函数调用，就转去执行被调用的函数。被调用的函数执行完毕，又返回到主调函数中继续向下执行。

函数的调用过程可简单比喻为查字典。如果在看书时碰到一个不认识的字，这时就会停下来，去翻阅字典。查完字典后，又接着往后看。

在例 3-4 中，当调用一个函数时，整个调用过程分为 4 步进行（见图 3.2）。

第 1 步：函数调用，并把实参的值传递给形参。

第 2 步：执行被调用函数 max()的函数体，形参用所获得的数值进行运算。

第 3 步：通过 return 语句将被调用函数的运算结果输出给主调函数。

第 4 步：返回到主调函数的函数调用表达式位置，继续后续语句的执行。

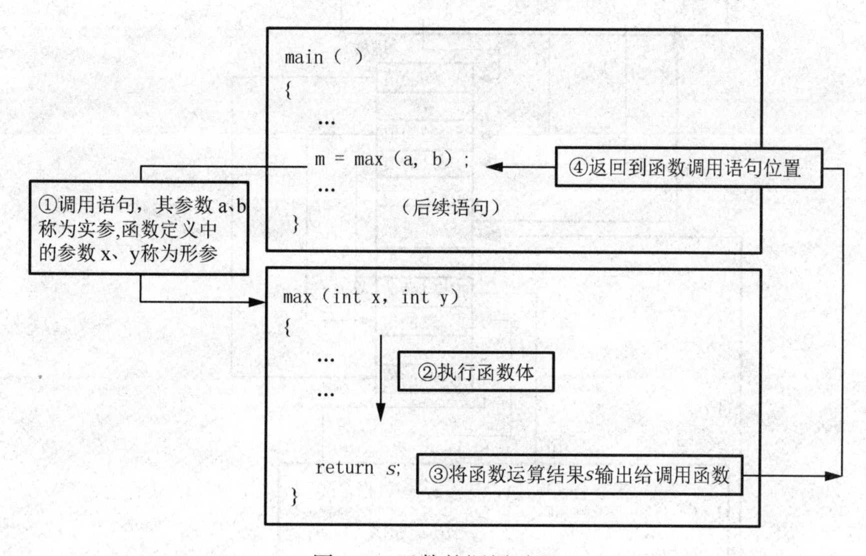

图 3.2　函数的调用过程

3.2.3　函数的传值调用

在 C++语言中，调用有参函数时，是通过实参向形参传值的，按调用方式可分为传值调用和引用调用。

形参只能在被调函数中使用，实参则只能在主调函数中使用。形参是没有值的变量，发生函数调用时，主调函数把实参的值传送给被调函数的形参，从而实现主调函数向被调函数的数据传送。函数的调用过程也称为值的单向传递，是实参到形参的传递。因此在传递时，实参必须已经有值，并且实参的个数及类型必须与形参的个数及类型完全一致。

函数调用时实参数值按顺序依次传递给相应的形参，传递过程如图 3.3 所示。

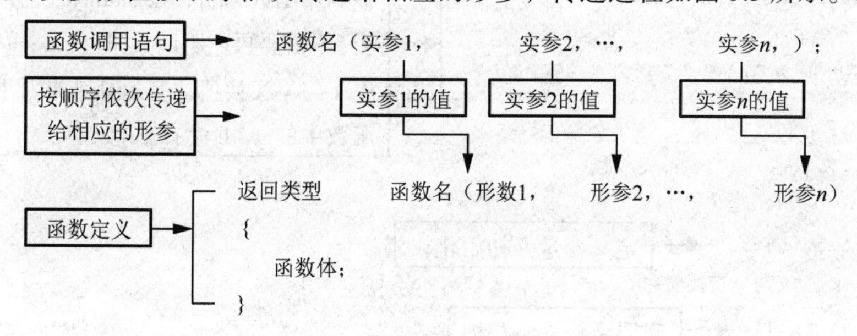

图 3.3　函数参数按值依次传递

下面进一步考察数据值从实参到形参的传递过程，如图 3.4 所示。

（1）主调函数为实参赋值，将实参值存放到内存中专门存放临时变量（又称为动态局部变量）的区域中。这块存储区域称为堆栈。

（2）当参数传递时，主调函数把堆栈中的实参值复制一个备份给被调函数的形参。

（3）被调函数使用形参进行功能运算。

（4）被调函数把运算结果（函数返回值）存放到堆栈中，由主调函数取回。此时，形参所占用的存储空间被系统收回。注意，此时实参值占用的存储单元还在被继续使用。

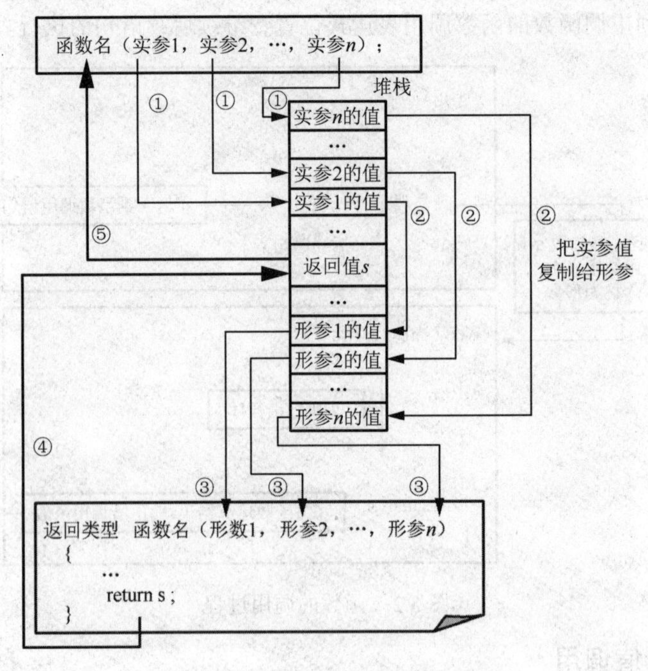

图 3.4　实参到形参的传递过程

函数的传值调用过程中，形参相当于实参的一个副本，在被调函数中修改形参的值是不影响原实参变量值的。

【例 3-5】 函数传值时，被调函数中修改形参的值不会影响原实参变量值的示例。

源程序如下：

```
1  #include <iostream>
2  using namespace std;
3  void swap(int x,int y)
4  {
5    int temp = x;  x = y;  y = temp;
6  }
7
8  void main()
9  {
10   int a=5, b=6;
11   cout << "x与y交换前：a = " << a <<" , b = " << b << endl;
12   swap(a, b);
```

被调用函数 swap()在 main()之前声明，不需要再声明函数原型。swap()中 x 与 y 交换值，其运算结果对主函数中的 a、b 没有影响

定义变量并初始化

调用函数 swap()

```
13  cout << "x与y交换后：a = " << a <<" , b = " << b << endl;
14 }
```

运行结果如下：

```
x与y交换前：a = 5, b = 6
x与y交换后：a = 5, b = 6
```

调用 swap( )后，main( )中 a 与 b 没有发生变化

程序说明：

（1）本程序函数 swap( )在 main( )函数之前定义，此函数定义就兼具声明和定义的功能，所以不必再作函数原型声明了。

（2）程序从 main()函数开始执行，在主函数中，系统为 a、b 变量在内存的堆栈中开辟了两个存储单元，分别存放 5 和 6，故第 11 行输出的结果是“a = 5，b = 6”。

（3）在第 12 行，当执行“swap(a, b);”语句时，程序的流程转到 swap( )函数，这时系统为形参 x、y 分配两个存储单元，同时把实参 a、b 的值传给形参 x、y。此时，形参 x、y 就相当于实参 a、b 的副本（参见图 3.4）。在被调函数 swap( )中，x 和 y 的值发生了交换。当被调函数执行结束，形参 x、y 所占的存储单元释放被系统收回，形参 x、y 消失，即消失的只是 a、b 的副本，主函数 main( )中 a、b 的值并没有发生改变。

（4）函数调用完毕，回到主函数 main( )中调用 swap( )函数的地方，继续向下执行后面的语句，故第 13 行输出的 a、b 的结果仍然是“a = 5，b = 6”。

3.2.4 函数的引用调用

1. 引用的概念

在 C++中，引用是处理变量的一种方法。应用这种方式，可以大大简化很多语法，使一些原本难以实现的问题得到解决。而且系统不需要为引用负担额外的开销，节省了内存空间。

引用是已存在的变量的一个别名，对引用型变量的操作实际上就是对被引用变量的操作。

定义一个引用型变量的语法形式如下：

```
数据类型  &引用变量名 = 被引用变量名;
```

例如：

```
int a;
int &ra = a;
```

定义引用变量 ra，它是变量 a 的引用，a 是被引用变量

说明：

（1）“&”是引用运算符，注意与后面章节中的指针取址运算符区别。

（2）引用变量的数据类型应与被引用变量的类型相同。

（3）声明引用时，必须同时对其进行初始化。

（4）引用声明完毕后，相当于被引用变量名有两个名称，ra 相当于 a 的别名（绰号）。对 ra 的任何操作就是对 a 的操作。且不能再把该引用名作为其他变量名的别名。

（5）声明一个引用，不是新定义了一个变量，它不占用存储单元，系统也不给引用分配存储单元。

（6）引用运算符“&”仅在说明一个引用型变量时使用，引用型变量被说明之后，就不能再带“&”，只需直接使用其变量名。

【例 3-6】 验证引用变量与被引用变量具有相同地址。

源程序如下：

```
1   #include <iostream>
2   using namespace std;
3   void main( )
4   {
5     int a ;
6     int &ra = a;      ←  ra 为引用变量，a 为被引用变量
7     a = 3;
8     cout << "设 a = 3 时, ra = " << ra << endl;
9     ra = 8;
10    cout << "设 ra = 8 时, a = " << a << endl;
11  }
```

改变 a 的值时，ra 的值也被改变，改变 ra 的值时，a 的值也被改变

程序运行结果为：

```
设 a = 3 时, ra = 3
设 ra = 8 时, a = 8
```

由运行结果可知，引用变量 ra 与被引用变量 a 具有相同地址，共用同一个存储单元，如图 3.5 所示。

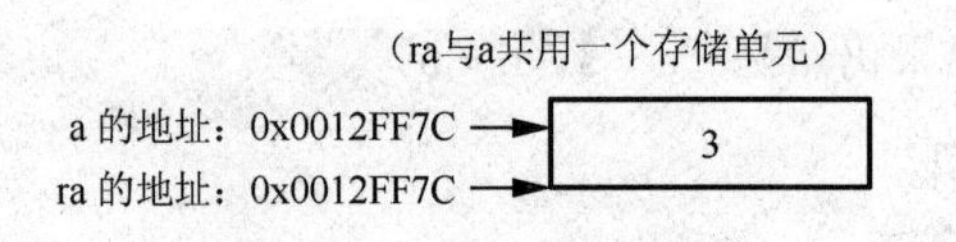

图 3.5 引用变量与被引用变量共用同一个存储单元

2. 引用作函数的参数

在例 3-5 中主函数应用传值方式调用 swap(int, int)函数，由于其形参值的改变不影响调用函数中的实参值，结果并未达到交换数据的预想目的。若使用引用变量作函数的形参，当引用型的形参值发生交换时，所交换的就是实参值，因而两个实参值也发生了交换。

【例 3-7】 使用引用参数，实现两数据值的交换。

源程序如下：

```
1  #include <iostream>
2  using namespace std;
3  void swap(int &rx,int &ry);
4  void main()
5  {
6    int x=5, y=6;
7    cout <<"交换前: x=" << x <<", y=" << y << endl;
8    swap(x, y);
9    cout <<"交换后: x=" << x <<", y=" << y << endl;
10 }
11 void swap(int &rx, int &ry)
12 {
13   int temp = rx;
14   rx = ry;
15   ry = temp;
16 }
```

rx、ry 为 x、y 的引用变量

rx 与 ry 交换值，被引用变量 x、y 的值也将随之改变

运行结果如下：

```
交换前：x = 5, y = 6
交换后：x = 6, y = 5
```

程序说明：程序执行第8行“swap(x,y);”语句时，程序的流程转到swap( )函数。函数使用引用形参，由于形参rx与x共用一个存储单元，形参ry与y共用一个存储单元，所以传递的参数实质就是变量x、y本身。在被调函数swap( )中，rx和ry的值进行了交换，main( )函数中x、y的值也随之发生了交换。

【例3-8】 编写一个函数，一个参数以值形式传递，另一个参数以引用形式传递，验证值传递和引用传递的区别。

源程序如下：

```
1  #include <iostream >
2  using namespace std;
3  void fun(int, int &);   ◄── 函数原型声明
4  int main()
5  {
6    int a = 22, b = 44;
7    cout<< "初始值:   a = " << a << ", b = " << b << endl;
8    fun(a,b);
9    cout << "参数传递后: fun(a, b), a = " << a << ", b = " << b << endl;
10   return 0;
11 }
12 void fun(int x, int& y)
13 {
14  x = 88;                 ◄── 定义函数，函数参数一个为值传递，一个为引用传递
15  y = 99;
16 }
```

程序说明：fun(a,b)调用通过值传递将a传递给x，通过引用传递把b传递给y。所以x是一个局部变量，被赋值为a的值22，而y是变量b的别名。函数将88赋给 x，但是不对 a产生影响。但是当函数将99赋给y时，它确实将99赋给了 b，因为 y是 b的别名。因此当函数调用结束后，a的值仍为其初值22，而b有了一个新的数值99。实参 a是只读的，而实参b是可读写的。

程序运行结果如下：

```
初始值:   a = 22, b = 44
参数传递后: fun(a, b), a = 22, b = 99
```

【例3-9】 编写一个计算圆的面积和周长的函数，通过引用返回计算后的面积和周长。

源程序如下：

```
1  #include <iostream >
2  using namespace std;
3  void ComCircle(double&, double&, double);   ◄── 函数原型声明
4  int main()
5  {
6    double r, a, c;
7    cout <<"请输入圆的半径: ";
8    cin >> r;
```

```
9    ComCircle(a, c, r);
10   cout << "面积 = " << a << ", 周长 = " << c << endl;
11   return 0;
12  }
13  void ComCircle(double& area, double& circum, double r)
14  {
15    const double PI = 3.141592653589793;
16    area = PI * r * r;
17    circum = 2 * PI * r;
18  }
```

（16～17行：计算面积和周长；13～18行：通过引用变量返回面积和周长）

程序运行结果如下：

```
请输入圆的半径：5
面积 = 78.5398，周长 = 31.4159
```

程序说明：这是一个使用引用形参返回多于一个计算结果值的示例。通常，函数通过 return 语句只能有一个返回值，但是如果使用引用形参，就可以返回多于一个的返回值。

3.2.5 函数的嵌套调用

C ++语言中不允许函数的嵌套定义，但允许被调用的函数又调用另一个函数。这种调用就称为嵌套调用。

图 3.6 表示了函数嵌套的情形。其执行过程是：fnc0( )函数中在执行调用 fnc1( )函数的语句时，转去执行 fnc1( )函数，在 fnc1( )函数中又需调用 fnc2( )函数，则又转去执行 fnc2( )函数，fnc2( )函数执行完毕返回 fnc1 ( )函数的断点处继续执行后续语句，fnc1( )函数执行完毕返回 fnc0( )函数的断点处继续执行后续语句。

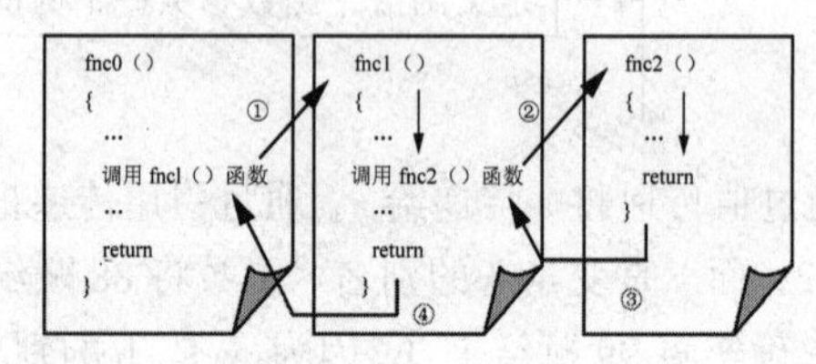

图 3.6 嵌套调用过程

【例 3-10】 嵌套调用示例。求 $1!+2!+3!+\cdots+n!$ 的值（$n<10$）。

算法分析：这是一个求前 n 项阶乘和的问题，考虑设计一个函数计算各项的阶乘，再设计一个函数用于计算各项的和，然后用主函数来输入正整数 n 并输出计算结果。

源程序如下：

```
1  #include<iostream>
2  using namespace std;
3   long add(int n);
4   long f(int i);
5  void main( )
6  {
7     int  n;
8     long sum;
9     cout << "请输入正整数 n: " << endl;
```

（3～4行：函数原型声明）

```
10    cin >> n;
11    sum = add(n);                    ← 调用 add()函数
12    cout << "1! + 2! + 3! + … + n! = " << sum << endl;
13  }
14
15  long add(int n)
16  {
17     int  i;
18     long s = 0;                      ← 本函数功能：进行累加
19     for(i = 1; i <= n; i++)
20        s = s + f(i);                 ← 调用 f()函数
21     return(s);
22  }
23
24  long f(int i)
25  {
26    int  j;
27    long fac = 1;                     ← 本函数功能：进行累乘，求 i!
28    for (j = 1; j <= i; j++)
29      fac = fac * j;
30    return(fac);
31  }
```

程序说明：主函数 main( ) 在程序的第 11 行调用了 long add(int n)函数，而在转去执行被调函数的过程中，被调函数 long add(int n)又调用了另外一个函数 long f(int i)（第 20 行）。这就是函数的嵌套调用。

3.2.6　函数的递归调用

C++语言允许函数的嵌套调用。如果被调函数又调用该函数自身，这样的嵌套调用称为函数的递归调用。

递归函数不能一直调用自己，否则程序无法结束，因此递归函数必须要有一个终结条件让函数结束。

【例 3-11】 用递归的方法求斐波那契数列的第 n 项。斐波那契数列第 1 项和第 2 项都是 1，后面每一项都是前两项之和，即 1,1,2,3,5,8,13,…。求斐波那契数列第 n 项的公式为

$$f(n)=\begin{cases}1 & \text{当 } n=1,2 \text{ 时}\\ f(n-1)+f(n-2) & \text{当 } n>2 \text{ 时}\end{cases}$$

例如，n=6 时计算斐波那契数列的递归过程如下：

```
f(6) = f(5) + f(4)
f(5) = f(4) + f(3)
f(4) = f(3) + f(2)
f(3) = f(2) + f(1)
f(2) = 1
f(1) = 1
```

按上述相应的过程回溯计算，就得到 n = 6 时的斐波那契数列：

```
f(1) = 1
f(2) = 1
f(3) = f(2) + f(1) = 1 + 1 = 2
f(4) = f(3) + f(2) = 2 + 1 = 3
f(5) = f(4) + f(3) = 3 + 2 = 5
f(6) = f(5) + f(4) = 5 + 3 = 8
```

源程序如下：

```
1   #include <iostream>
2   using namespace std;
3   long int f(int n);              ← 声明函数
4   void main( )
5   {
6     int n = 0;
7     long int x = 0;
8     cout << "请输入正整数 n :" << endl;
9     cin >> n;
10    x = f(n);                     ← 调用递归函数
11    cout << "n = " << n << ", f(n) = " << x << endl;
12  }
13
14  long int f(int n)               ← 调用函数自身 ← 定义递归函数
15  {
16    long int x = 0;
17    if(n == 1 || n == 2)          ← 递归函数终止条件
18       x = 1;
19    else
20       x = f(n - 1) + f( n - 2);
21       return x;
22  }
```

程序说明：在 f() 函数中，每次需要判断 n 的值是否为 1 或 2，如果为真，返回 1，否则先计算 f(n–1)和 f(n–2) 的值，然后返回其和值。要计算 f(n–1) 和 f(n–2) 的值，必须继续调用 f()函数自身，反复执行此过程，这就是递归调用。

实现递归调用的条件与步骤如下。

（1）要有一个确定能避免无限递归调用的终止条件测试，以终止递归调用。如例 3–11 中第 17 ~ 18 行 “if(n==1 || n==2)　x=1;”。

（2）有一个递归调用语句，且递归参数越来越向终止条件接近。如例 3–11 中第 20 行 “x = f(n – 1) + f(n – 2);”，参数值越来越小，逐渐向 1 接近。

（3）要先进行终止条件测试后递归调用。如例 3–11 中第 17 ~ 20 行的 if–else 语句。

3.3 函数模板

3.3.1 函数模板的定义

C++提供了函数模板。函数模板是 C++语言的一个重要特性，使用函数模板可以实现代码重用，减少程序设计人员的重复劳动。

在程序中，有些函数的区别仅在于所处理的类型。例如，函数1：

```
int sum( int a, int b )
{
    return a + b;
}
```

函数2：

```
double sum( double a, double b )
{
    return a + b;
}
```

这两个函数除数据类型不同，其他都相同

很希望对各种不同的数据类型，能提供一种功能相同的函数。如果将上面两个函数的类型用参数T来代替，则得到如下形式的同一个函数：

```
T sum( T a, T b )
{
    return a + b;
}
```

用参数T代表数据类型

将这个函数称为一个函数模板。该函数可以用来求一定类型范围类的某种类型的两个数之和。

函数模板实际上是一个通用函数。使用函数模板可以避免重载函数的重复设计，提高代码的可重用性。

函数模板的定义格式如下：

```
template  <class 类型化参数1,class 类型化参数2,… >
返回类型 函数名（参数表）
    {
        //函数体
    }
```

其中，template是定义函数模板的关键字，后面的参数表< class 类型化参数1,class 类型化参数2,… >称为模板参数表，它们用逗号分隔。

例如，定义函数模板：

```
Template <class T >
void swap( T a, T b )
{
     T temp;
     temp = a; a = b; b = temp;
}
```

此时，该函数模板中只有一个类型化参数 T，表示该函数模板只有一个模板参数 T。此函数模板的功能是实现同一类型的两数的交换。

函数模板内可以使用不只一种暂定的数据类型。例如，

```
template < class T1, class T2, class T3 >
 T1 fnc( T1 a, T2 b, T3 c )
 {
    …; // 函数体具体内容
 }
```

该示例使用了3种不同的数据类型。

3.3.2 模板函数

函数模板是对于一组函数的描述，而模板函数是某个函数模板的一个具体实例。编译系统对于程序中所定义的函数模板并不产生可执行代码。当编译系统在程序中发现有与函数模板的形参表中相匹配的函数调用时，便生成一个模板函数，该函数的函数体与函数模板的函数体相同。

例如，用 int 代替上例函数模板中的 T，就会生成如下模板函数：

```
void swap( int a, int b )
{
   int temp;
   temp = a; a = b; b = temp;
}
```

【例 3-12】 程序举例。

源程序如下：

```
1   #include<iostream>
2   using namespace std;
3   template <class T1, class T2>
4   T1 add(T1 a,T2 b)
5   {
6     return a + b;
7   }
8   void main()
9   {
10     int x = 5;
11     float y = -3.1f;
12     double z = 8.5;
13     char ch = 'a';
14     cout << "add(x, x) = " << add(x, x) << endl;
15     cout << "add(y, x) = " << add(y, x) << endl;
16     cout << "add(z, x) = " << add(z, x) << endl;
17     cout << "add(y, y) = " << add(y, y) << endl;
18     cout << "add(ch, x) = " << add(ch, x) << endl;
19   }
```

定义函数模板，定义了两个不同类型的参数 T1、T2

使用函数模板，x、y、z、ch 是不同数据类型的参数

程序运行结果如下：

```
add(x, x) = 10
add(y, x) = 1.9
add(z, x) = 13.5
add(y, y) = -6.2
add(ch, x) = f
```

程序说明：该函数模板具有两个模板参数 T1、T2，这就意味着在模板函数中可以出现两个相同的或不同的类型变量。

在第 14 行调用 add 函数时，T1、T2 都被 int 代替。

在第 15 行调用 add 函数时，T1、T2 分别被 float、int 代替。

在第 16 行调用 add 函数时，T1、T2 分别被 double、int 代替。

在第 17 行调用 add 函数时，T1、T2 分别被 float、float 代替。

在第 18 行调用 add 函数时，T1、T2 分别被 char、int 代替。

3.4　变量的作用域和存储类型

3.4.1　变量的作用域

变量按在程序中所处不同位置分为两类：局部变量和全局变量。如果一个变量定义在函数内部或者复合语句内部，该变量称为局部变量。如果一个变量定义在所有函数外面，则该变量称为全局变量。

局部变量的作用域范围相对较小。具体来说，若是在函数内部定义的局部变量则只能在该函数内使用，在该函数之外无效；若是在复合语句内定义的局部变量则只能在该复合语句中使用，在该复合语句之外无效。

全局变量的作用域则不同。一个程序可能包含若干个函数，若在这些函数之外定义了一个变量，则这个全局变量的作用从定义位置起至该程序结束均有效，换句话说，在这个范围内的所有函数都可以使用这个全局变量。

局部变量和全局变量的作用范围如图 3.7 所示。

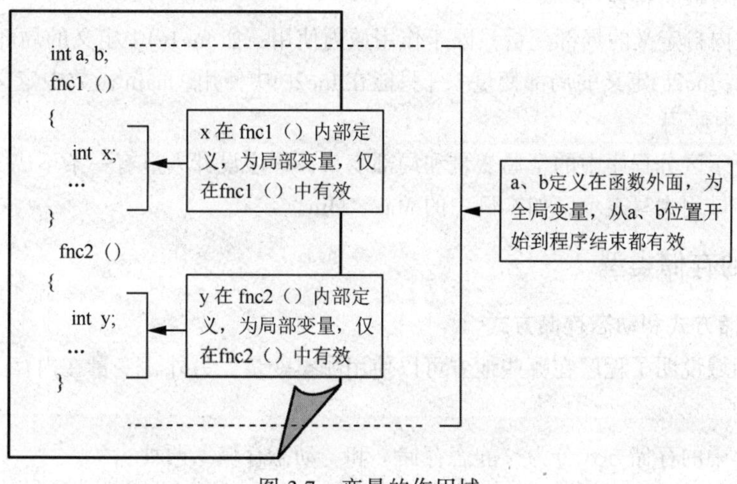

图 3.7　变量的作用域

【例 3-13】 局部变量和全局变量程序示例，求两数中的较大和较小数。

源程序如下：

```
1   #include <iostream>
2   using namespace std;
3   int Max = 0, Min = 0;        ← 定义全局变量 Max、Min，它们在整个程序中均有效
4   int fnc1(int x, int y)       ← 定义 fnc1()的局部变量 x、y
5   {
6     Max = x;                   ← Max 是全局变量，允许在 fnc1()中直接使用
7     if (y > x) Max = y;
8     return Max;
9   }
10  int fnc2(int i, int j)       ← 定义 fnc2()的局部变量 i、j
```

```
11  {
12    Min = i;
13    if (j < Min) Min = j;
14    return Min;
15  }
16  void main()
17  {
18     int a, b;
19     cin >> a;
20     cin >> b;
21     Max = fnc1(a, b);
22     Min = fnc2(a, b);
23     cout << "Max = " << Max <<endl;
24     cout << "Min = " << Min <<endl;
25  }
```

Min是全局变量，允许在fnc2()中直接使用

定义main( )的局部变量a、b

Max、Min是全局变量，在main( )中直接使用

程序说明：（1）Max、Min是全局变量，它们的作用域是整个源文件，因此，fnc1( )、fnc2( )及main( )函数都可以直接使用。

（2）各函数内自定义的局部变量只限于作用域内使用，如fnc1( )中定义的局部变量x、y只能在fnc1( )中使用，fnc2( )定义的局部变量i、j只能在fnc2( )中使用，main函数中定义的局部变量a、b只能在main( )中使用。

（3）为了便于区分程序中的全局变量和局部变量，程序设计人员有一条不成文的约定，全局变量的第一个字母用大写表示，如本例中的Max、Min。

3.4.2 变量的存储类型

1. 静态存储方式和动态存储方式

变量的作用域说明了程序在哪些地方可以使用哪类变量，另外，变量在内存中存储方式决定了变量的生存期。

变量在内存中的存储方式分为“静态存储”和“动态存储”两种。

静态存储是指在程序开始执行前，操作系统就为变量分配存储空间并一直保持到整个程序运行结束。

动态存储是指在程序执行过程中，要使用某个变量时，操作系统临时为该变量分配存储空间，并在使用完毕后立即释放它所占据的内存资源。

综上所述，静态存储变量在程序运行期间一直存在于内存之中，而动态存储变量则仅在使用时临时存在于内存之中，使用完毕即消失。全局变量一般采用静态存储方式，局部变量在系统默认状态采用的是动态存储方式，但也可在程序中将局部变量指定为按静态存储方式分配存储空间。

2. 内存空间的划分

在执行C++程序的过程中，操作系统要为定义的变量分配内存存储单元。通过变量在内存中的存储方式可以了解到，系统为不同类型的变量按不同方式分配内存存储单元。系统提供给程序使用的内存空间划分为4个区：程序代码区、全局数据区、堆区和栈区。它们的用途如下。

（1）程序区用来存放程序的代码。

（2）全局数据区用来存放全局变量和静态局部变量，程序结束后由系统释放。

（3）堆区，亦称动态内存分配区域，一般由程序员在程序中编写动态分配存储空间的语句，并在使用完毕后释放该存储空间。

（4）栈区，用来存放程序的动态局部变量。形参、返回值、局部变量由栈底依次存放在栈区。其中，形参地址按从右向左的顺序分配存储单元，局部变量地址按定义的先后顺序分配存储单元。

程序在内存中各存储区域划分如图 3.8 所示。

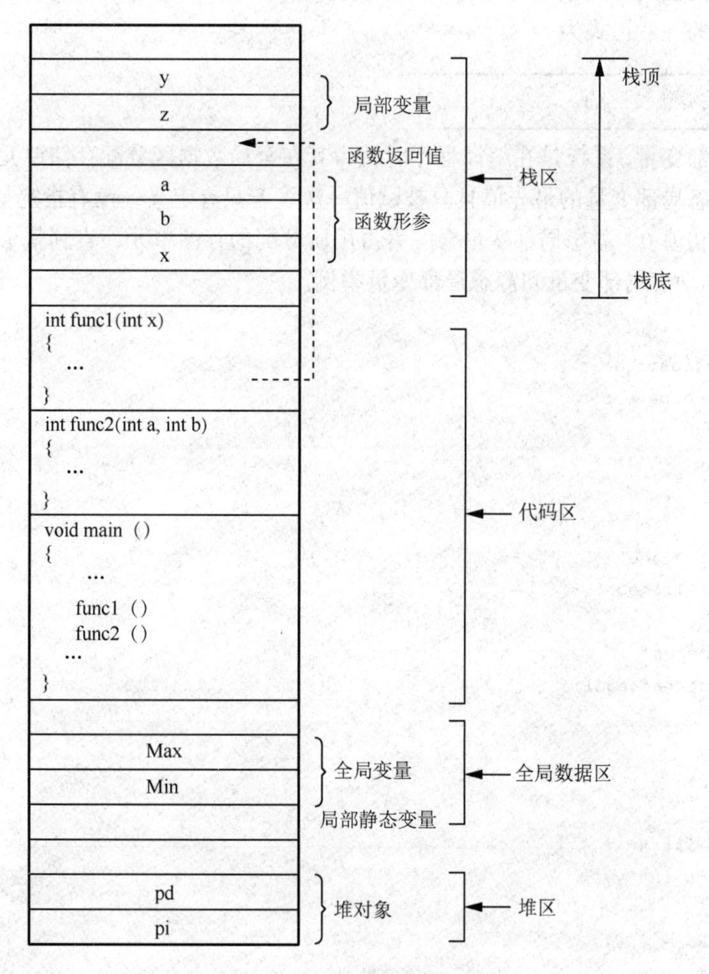

图 3.8　程序在内存中的区域

由此可见，系统为动态局部变量和静态局部变量所分配的存储单元是不一样的。

3. 动态局部变量

在函数定义中的局部变量（包括形参在内）默认就是动态局部变量。

动态局部变量的一般格式为

```
auto 数据类型  变量名;
或省略“auto”关键字:
    数据类型  变量名;
```

对于动态局部变量，只有在调用该函数时，系统才为它们在栈区分配存储单元，调用结束，动态局部变量所占的存储单元就被释放，变量值也就没有意义了。一个函数在程序中可能反复多次被调用，而每次在栈区为其动态局部变量分配的存储单元不一定是相同的。

4．静态局部变量

有时在程序中，希望在函数调用结束后，某个局部变量的值不消失，以便下次调用该函数时继续使用，可以把该局部变量指定为静态局部变量，即要求系统按静态存储方式存储该变量。定义静态局部变量的一般格式为

```
static 数据类型 变量名;
```

对于静态局部变量，系统是在编译程序时就为其在全局数据区分配存储单元，如若赋有初值，这个初值就是静态局部变量的最先值且只被赋值一次；若只有定义，没有指定初值，系统就会给静态变量默认赋初值 0。静态局部变量会一直占用所分配的存储单元，直到整个程序结束。

【例 3-14】 动态局部变量和静态局部变量举例。

源程序如下：

```
1  #include<iostream.h>
2  using namespace std;
3   int myfun();
4
5    main()
6    {
7      int i=0,a=0;
8      for(i=1;i<=2;i++)
9      {
10       a=myfun();
11       cout<<a<<endl;
12     }
13    }
14   int myfun()
15   {
16     auto int x=1;
17     static int y=1;
18     x=x+2;
19     y=y+2;
20     return x+y;
21  }
```

程序运行结果如下：

```
6
8  ◄— 主函数中，第 2 次循环时，函数 myfun()中 y 的初值为 3，而不是 1
```

程序说明：

（1）main()函数中的局部变量 i、a 是动态局部变量，myfun()函数中的局部变量 x 也是动态局部变量。而 myfun()函数中的局部变量 y 前加有“static”关键字，因此是静态局部变量。

（2）静态局部变量 y 在系统编译时就分配存储单元并被初始化为 1（见程序第 17 行）。Main()

函数第一次调用 myfun()函数的时候，系统开始为局部变量 x 在栈区分配存储单元并被赋初值 1(见程序第 16 行），执行 myfun()函数的语句后，x 的值变为 3，y 的值变为 3，myfun()函数的返回值为 6。因此回到 main()中输出的 a 值为 6，此时，已经退出了 myfun()函数，myfun()函数中的动态局部变量 x 的存储单元已被收回，值不复存在了，但静态局部变量 y 仍占用刚才的存储单元，值也是刚才的值 3。第二次又调用 myfun()函数时，系统重新为 x 在栈区分配存储单元，又被重新赋初值为 1。执行 myfun 语句后，x 值为 3，y 的值就变为 5 了，myfun()函数的返回值为 8。因此回到 main()函数中输出 a 的值为 8。当退出 main()函数，结束了整个程序的执行后，静态局部变量 y 所占的存储单元也被收回了。

3.4.3　外部变量

前面已经介绍过全局变量的作用域是所在的整个程序。但由于一个大的应用系统往往由多个程序文件组成，能否在一个程序文件中使用另一个程序文件中的全局变量呢？答案是肯定的。只要将该全局变量定义成外部变量就能被其他程序文件作为全局变量使用。

定义一个外部变量的一般格式为

```
extern  变量类型  外部变量名;
```

声明一个变量为外部变量，其实质是引用其他程序中的同名全局变量，故其他程序中的同名全局变量的值将成为外部变量的初值，外部变量的运算结果将被其他程序作为同名全局变量的新值。调用情况如图 3.9 所示。

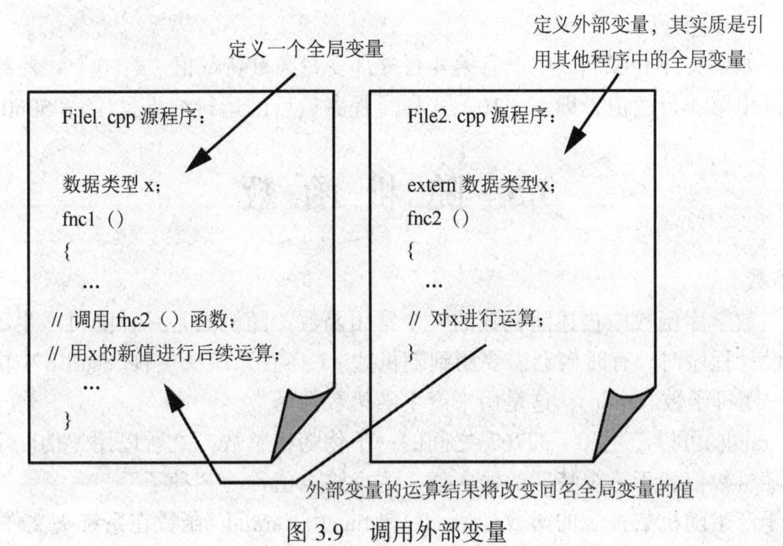

图 3.9　调用外部变量

【例 3-15】外部变量的应用示例。设在程序文件 file2.cpp 中将其全局变量 s 设置为外部变量，s = 1 + 2 + ⋯ + 100，由文件 file1.cpp 调用该变量的运算结果。

（1）文件 file2.cpp:

```
1  extern int s ;
2  void f2()
```

定义外部变量 s，其他程序中的同名全局变量 s 将受其影响

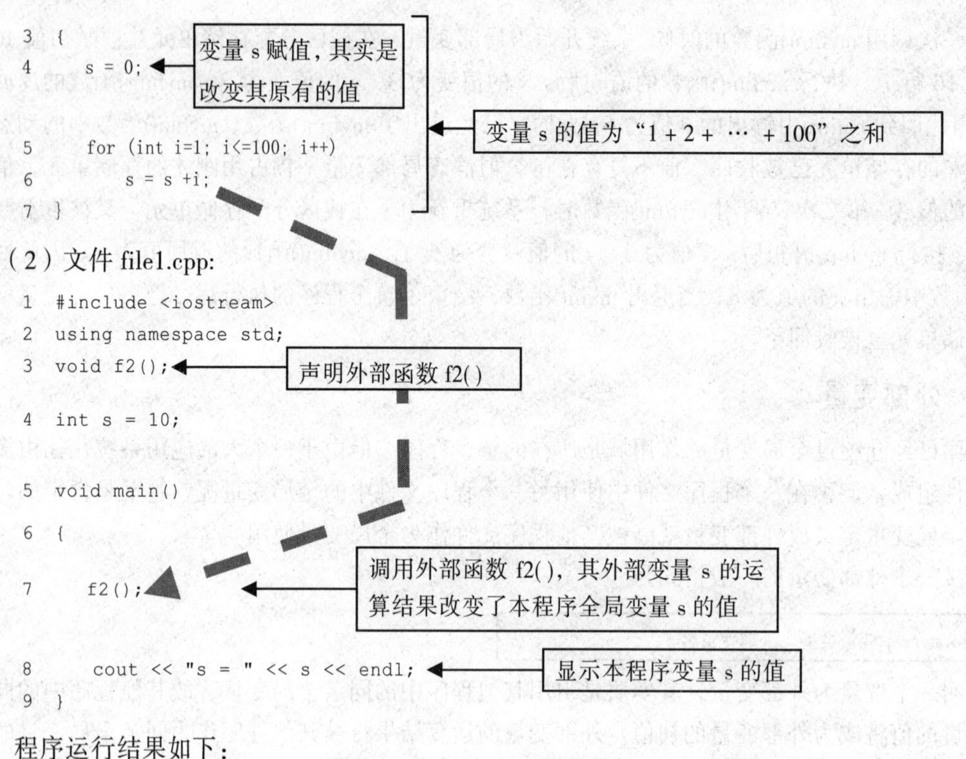
3 {
4 s = 0;
变量 s 赋值，其实是改变其原有的值
变量 s 的值为“1 + 2 + … + 100”之和
5 for (int i=1; i<=100; i++)
6 s = s +i;
7 }
（2）文件 file1.cpp:
1 #include <iostream>
2 using namespace std;
3 void f2();
声明外部函数 f2( )
4 int s = 10;
5 void main()
6 {
7 f2();
调用外部函数 f2( )，其外部变量 s 的运算结果改变了本程序全局变量 s 的值
8 cout << "s = " << s << endl;
显示本程序变量 s 的值
9 }

程序运行结果如下：

```
s = 5050
```

程序说明：如果文件 file2.cpp 中没有第 4 行外部变量 s 重新赋值“s = 0;”，外部变量 s 的值是文件 file1.cpp 中第 4 行的值，即 s = 10。这样，程序最后的运行结果是：s = 5060 。

3.5 随 机 函 数

1. 随机函数

随机函数是数学库函数中描述随机数的一个常用函数。随机数是一种随机产生、事先无法预测的数值。在设计程序时，有时候会需要用到随机数。C++在系统头文件 cstdlib 中内建了一个随机数产生器 ——随机函数 rand( )，这是用来产生随机数的函数。

随机函数 rand( )可以产生 0 ~ 32767 之间的一个伪随机整数。之所以用“伪”字来形容它，是因为产生的随机数依赖于一个特殊的输入值，这个输入值称为“种子”。

有两个用于产生随机数种子的函数：srand( )和 time( )。srand( )函数在系统头文件 cstdlib 中定义，由于头文件 cstdlib 是系统默认的，因此可以省略。time( ) 函数在系统头文件 ctime 中定义，time( )函数的返回值实际上是以秒为计数单位的计算机内部时钟的当前时间。由于每次执行的时候，时间的数值都不相同，因此产生的随机数不会重复。如果事先没有调用 srand( )和 time( )这两个函数，将产生同一序列的随机数。

2. 产生随机数

为了在运行程序时，每次都获得不同的随机数，需要 rand( )、srand( )和 time( )三个函数结合起来使用。例如，

```
srand(time(0));
int n = rand();
```

则每次产生的随机数 n 都是不重复的。

【例 3-16】 产生三个每次运行都各不相同的随机数。

源程序如下：

```
1  #include <iostream>
2  #include <cstdlib>
3  #include <ctime>
4  using namespace std;
5  void main()
6  {
7    int a, b, c;
8    srand(time(0));
9    a = rand();
10   b = rand();
11   c = rand();
12   cout << "a = " << a;
13   cout << "\t b = " << b;
14   cout << "\t c = " << c << endl;
15 }
```

rand( )和 srand( )需要用到此头文件

time( )需要用到此头文件

用于产生每次运行程序获得不重复的随机数的种子

产生三个随机数，若没有种子，每次会产生重复的数

在本程序中，使用了产生种子的语句，每次运行程序所得到的三个随机数都不是重复的。例如，第一次运行程序所得到的三个随机数为

```
a = 26921        b = 28173        c = 574
```

再运行一次程序，其运行结果为

```
a = 27087        b = 19285        c = 26911
```

有种子，产生的随机数不重复

在程序中，若没有产生种子的语句“srand(time(0));”，则每次运行程序所得到的三个随机数都会重复。例如，第一次运行程序所得到的三个随机数为

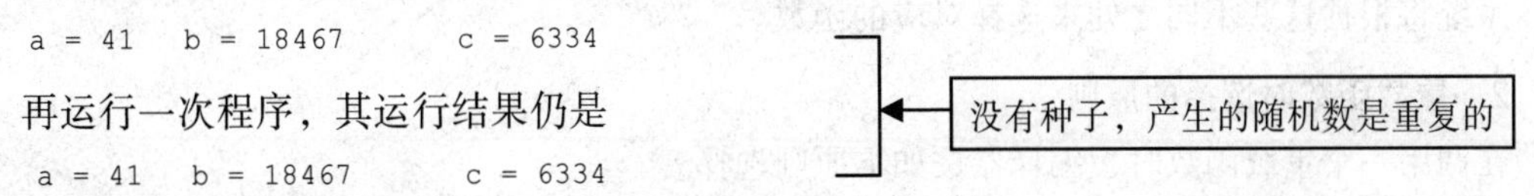

```
a = 41   b = 18467        c = 6334
```

再运行一次程序，其运行结果仍是

```
a = 41   b = 18467        c = 6334
```


实际编程中，经常需要产生在一个指定的范围内的随机数。为了控制随机数在一个指定的范围内产生，需要用到取模运算符“%”。例如，要获得一个 0 ~ N-1 之间的随机整数，可以使用“rand( ) % N”来产生。

【例 3-17】 产生三个 100 以内的随机数。

源程序如下：

```
1  #include <iostream>
2  #include <ctime>
3  #include <cstdlib>
4  using namespace std;
5  void main()
6  {
7    int a, b, c;
```

```
8     int N = 100;
9     srand(time(0));
10   a = rand() % N +1;
11    b = rand() % N +1;
12    c = rand() % N +1;
13    cout << "a = " << a ;
14    cout << "\t b = " << b ;
15    cout << "\t c = " << c << endl;
16  }
```

由于产生随机数的范围是 0 ~ 99，故需要再加 1

程序运行结果如下：

```
a = 76   b = 94  c = 5
```

3.6 函数重载

1. 什么是函数重载

重载函数就是指同一个函数名字对应着多个不同的函数实现。C ++语言中引进了重载函数，使得一个函数名可以对应着几个不同的实现。

例如，要交换两个变量的值，由于不同的类型数据需要有 3 个函数实现，但可以使用一个统一的函数名 swp，它们是

```
int  swp(int a, int b);
char swp(char a, char b);
double swp(double a, double b);
```

看了上面的同名函数也许有人会问，这么一来计算机该如何来判断同名称函数呢？操作的时候会不会造成选择错误呢？

这些重载函数存在着函数返回值类型、函数参数的类型、参数的个数和参数的顺序等不同之处，系统将根据这些不同之处来选择对应的函数。

2. 重载函数时选择的原则

在调用一个重载函数时，编译器按如下原则选择。

（1）重载函数至少要在参数类型、参数个数或参数顺序上有所不同。仅仅在返回值类型上不同是不够的。例如，

```
int fun(int, double);
int fun(double, int);
void fun(int, double);
```

这里，只有前两个同名函数可以重载，因为它们在参数顺序上是不同的。而第一个函数和第三个函数仅在返回值类型上不同，它们是不可以重载的。

（2）重载函数的选择是按下述先后顺序查找的，将实参类型与所有被调用的重载函数的形参类型一一比较。

① 先查找一个严格匹配的函数，如找到就调用这个函数。

② 再通过内部数据转换查找一个匹配的函数，如找到就调用这个函数。

③ 最后是通过用户所定义的强制转换来查找一个匹配的函数，如找到便可调用这个函数。

【例 3-18】 函数重载示例。

```
1  #include <iostream>
2  using namespace std;
3  int max(int x, int y)                ◄── 定义函数 1，有两个整型参数
4  {
5    if(x > y) return x;
6    else return y;
7  }
8
9  float max(float x, float y)          ◄── 定义函数 2，参数个数相同，参数类型不同
10 {
11   if(x > y) return x;
12   else return y;
13 }
14
15 int max(int x, int y, int z)         ◄── 定义函数 3，参数个数不同
16 {
17   if(x > y && x > z) return x;
18   else if(x > y && x < z) return z;  ┐
19   else if(x < y && y > z) return y;  ├◄── 三数两两比较，找出最大者
20   else if(x < y && y < z) return z;  │
21   else return x;                     ┘
22 }
23
24 void main(void)
25 {
26   int x = 5, y = 6, z = 7, t2, t3;
27   float u = 5.5, v = 6.6, w;
28   t2 = max(x, y);                    ◄── 调用函数 1
29   cout << "t2 = " << t2 << endl;
30   t3 = max(x, y, z);                 ◄── 调用函数 3
31   cout << "t3 = " << t3 << endl;
32   w = max(u, v);                     ◄── 调用函数 2
33   cout << "w = " << w << endl;
34 }
```

程序运行结果为：

```
t2 = 6
t3 = 7
w = 6.6
```

本 章 小 结

本章是 C++语言程序设计的重点，也是学习 C++的难点之一。学习本章应掌握函数定义的一般形式、函数的形参和实参的一致性、函数调用过程中的数据传递、变量作用域及函数模板等内

容。本章还介绍了全局变量、局部变量和静态局部变量等概念，需要对此有所了解。现将本章的知识点归纳，如图 3.10 所示。

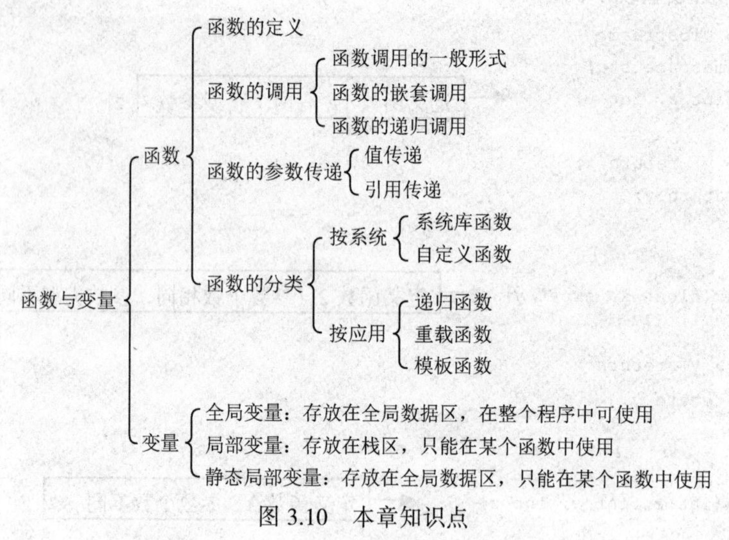

图 3.10　本章知识点

习　题　三

3.1 使用函数实现程序的模块化的好处是什么？

3.2 函数声明和函数定义之间的区别是什么？

3.3 下面的函数声明有什么错误：

```
int f(int a, int b=0, int c);
```

3.4 参数的引用传递和常量引用传递的区别是什么？

3.5 填空题。

（1）如果一个函数只允许同一程序中的函数调用，则应在该函数定义前加上______C++保留字。

（2）若“double x = 100;”是文件 F1.cpp 中的一个全局变量定义语句，若文件 F2.cpp 中的某个函数需要访问此 x，则应在文件 F2.cpp 中添加对 x 的声明语句为____________。

（3）如果一个函数定义中使用了_______修饰，则该函数不允许被其他文件中的函数调用。

（4）定义外部变量时，不使用存储类说明符__________，而在声明外部变量时使用。

（5）函数形参的作用域是该函数的____________。

（6）C++程序运行时的内存空间可以分成全局数据区、堆区、栈区和________。

（7）全局变量和静态局部变量具有静态生存期，存放在内存的__________区中。

（8）局部变量具有局部生存期，存放在内存的____________区中。

3.6 阅读程序，下列程序的输出结果是什么？

（1）
```
#include <iostream>
using namespace std;
int fun(int x, int y)
{
  return  x * y;
}
```

```
void main()
{
   int k = 5;
   cout << fun(k++, ++k) << endl;
}
```

（2）
```
#include <iostream>
#include <cmath>
using namespace std;
void  fun(int a, int b, double &s, double &t)
{
   s = sqrt(a * a + b * b);
   t = sqrt(a * a - b * b);
}
void main()
{
   double m, n;
   fun(4, 3, m, n);
   cout << m + n << endl;
}
```

（3）
```
#include <iostream>
using namespace std;
int n = 0;
int  fun (int x)
{
  n -= x;
  return n;
}
void main()
{
  fun(100) += 10;
  cout << "n = "<< n << endl;
}
```

3.7 编写函数，求解 $S=1-\frac{1}{2}+\frac{1}{3}-\frac{1}{4}+\cdots+\frac{1}{n}$，其中 n 在主函数中由键盘输入。

3.8 编写函数，用递归方法求解 $\text{sum}=1^2+2^2+3^2+\cdots+n^2$，要求 n 在主函数中由键盘输入。

3.9 计算 2~100 以内所有素数之和，要求用函数实现。

3.10 从键盘输入若干个英文字母，并统计各字母出现的次数（不区分大小写）。

3.11 编写程序，在屏幕上输出 0 ~ 2π 上的正弦函数。

3.12 已知三角形的三边，求三角形面积，将其编写成一个函数。

3.13 编写递归函数将输入的整数按字符串形式正序输出。例如，输入 12345，输出：1　2　3　4　5

3.14 使用重载函数的方法定义两个函数，用来分别求出两个整型数的点间距离和浮点型数的点间距离。

3.15 产生 3 个 100 以内的随机整数，并按从小到大的顺序输出。

第4章 构造数据类型及编译预处理

在第2章中已经介绍过数据类型分为两种：基本数据类型和构造数据类型。构造数据类型是在基本数据类型的基础上，由系统或用户自定义的。构造数据类型有数组、结构体、共用体、枚举、指针和类等类型。本章主要介绍数组、结构体、共用体、枚举等类型的概念及其应用，指针和类将在后面的章节陆续学习。

4.1 数　　组

在解决实际问题时，往往会碰到大量相同的数据有待处理，使用简单的数据类型（整型、字符型、浮点型）来解决不一定方便。在C++中，引入了数组概念，使问题变得简单易解。本节将介绍一维数组、多维数组、字符数组等内容。要求大家在学习掌握数组基本概念的基础上能够熟练运用数组解决实际问题。

4.1.1 一维数组

数组是具有相同类型变量的集合。在数组中，各个变量称为元素。其中，同一数组中的所有元素都有相同的名字，只是下标不同。只有一个下标的数组称为一维数组，有多个下标的数组称为多维数组。

1. 一维数组的定义

一维数组定义的一般形式为

```
数据类型　数组名［常量表达式］;
```

说明：

（1）数据类型表示数组元素的类型。

（2）数组名的命名规则与变量名的命名规则一样。

（3）方括号中的常量表达式是数组的容量，即包含元素的个数。

例如，定义数组

```
int a[10];
```

表示定义了一个整型的数组a，含有10个元素（每个元素都是整型）。其说明如图4.1所示。

数组一旦定义，各数组元素名就确定了。数组元素的一般形式为

```
数组名[下标]
```

数组的第一个元素的下标总是从 0 开始的。对于上面所定义的数组 a[10]，其元素依次为 a[0]、a[1]、a[2]、a[3]、a[4]、a[5]、a[6]、a[7]、a[8]、a[9]。

其实，数组名代表的是数组的首地址，下标则是数组元素到数组开始元素的偏移量。系统为数组在内存分配的是一片连续的存储单元，如定义了"int a[10];"，则它的 10 个元素在内存中的排列情况如图 4.2 所示。

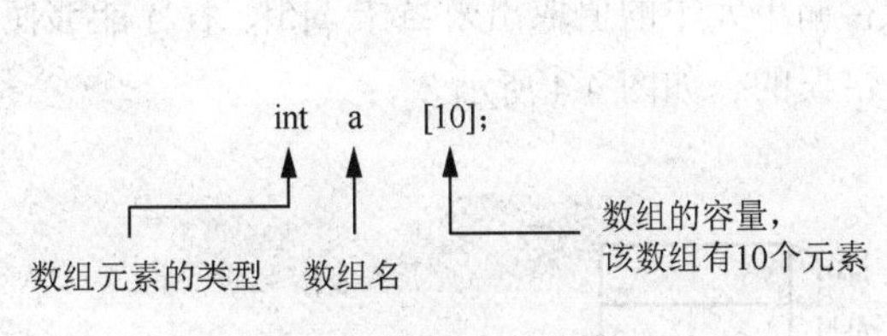

图 4.1　数组定义的说明

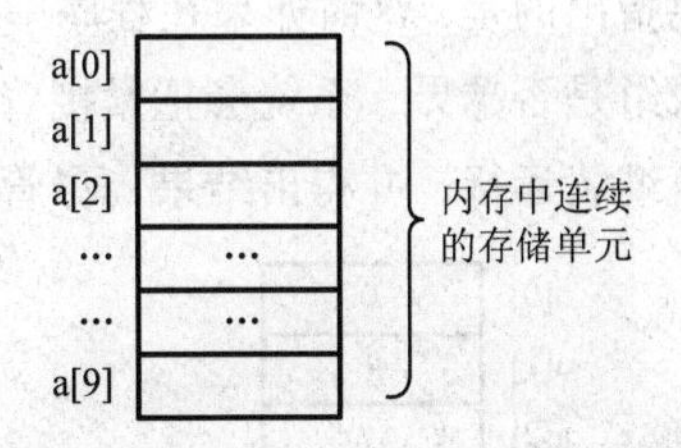

图 4.2　一维数组元素在内存中的排列情况

2．一维数组的初始化

数组初始化是指在数组定义时给数组元素赋予初值。数组初始化是在编译阶段进行的。这样能减少运行时间，提高效率。

数组初始化赋值的一般形式为

```
数据类型　数组名[常量表达式] = {值,值,…,值};
```

其中，在{ }中的各数据值依次为各元素的初值，各值之间用逗号间隔。例如，

```
int a[10] = { 0, 1, 2, 3, 4, 5, 6, 7, 8, 9 };
相当于 a[0] = 0; a[1] = 1; ...; a[9] = 9;
```

数组初始化赋值的说明如下。

（1）可以只给部分元素赋初值。当{ }中数据值的个数少于元素个数时，只给前面部分元素赋值。例如，

```
int a[10] = {0, 1, 2, 3, 4};
```

表示只给 a[0]~a[4]这 5 个元素赋值，而后 5 个元素将被编译器自动赋 0 值，如图 4.3 所示。

（2）只能给元素逐个赋值，不能给数组整体赋值。例如，给 10 个元素全部赋 1 值，只能写成

```
int a[10] = {1, 1, 1, 1, 1, 1, 1, 1, 1, 1};
```

而不能写成

```
int a[10]=1;
```

（3）如在定义数组时给全部元素赋初值，则在数组定义的说明中，可以不显式地指出数组容量，系统会将给出的数值个数默认为数组容量。例如，

```
int a[5] = {1, 2, 3, 4, 5};
```

可写为

```
int a[] = {1, 2, 3, 4, 5};
```

注意：C++数组元素以 0 开头而不是以 1 开头。

例如，声明了数组

```
int a[5];
```

这表示数组 a[ ]有 5 个元素：a[0]、a[1]、a[2]、a[3]和 a[4]。这个数组中没有 a[5]这个元素。

需要指出的是，这时如果在程序中使用了 a[5]，运行程序时 C++系统并不会报错。C++不会检查访问数组是否越界，系统会把紧接着 a[4]后面的存储单元中的值取出来当作 a[5]，程序能够使用这个值继续运行，并得出结果，尽管这个结果是错误的，如图 4.4 所示。

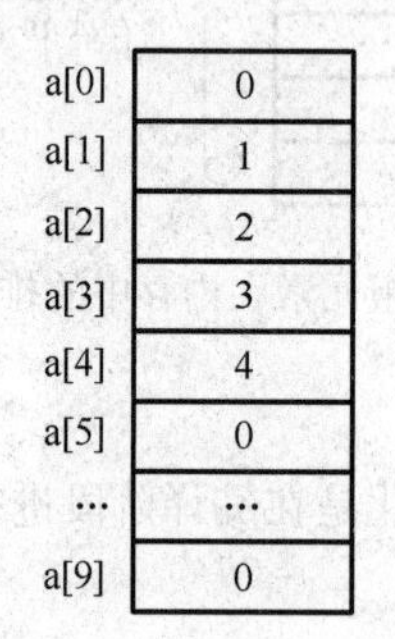

图 4.3　未赋值的元素自动被 0 填充

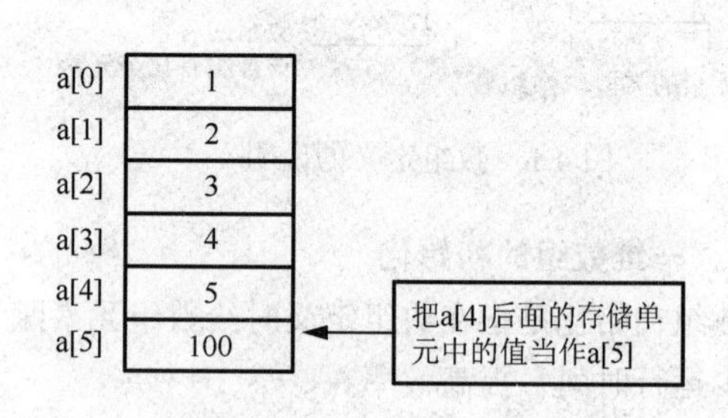

图 4.4　当使用数组中并没有的元素 a[5]时，其取值情况

（4）对于分布有规律、能用表达式表示元素的数组，经常采用循环结构来给数组元素进行初始化，先声明一个数组，然后在循环中使用赋值语句逐个初始化数组元素。例如，

```
int a[5];
for(i = 0; i < 5; i++)
{
    a[i] = i + 1;
}
```

通过循环，数组下标 *i* 从 0 逐个递增到 4（因为当 *i*=5 时，条件 *i*<5 为假，不能进入循环体）。

3．一维数组元素的访问

如果只访问特定的元素，则只对特定的元素进行操作即可。如果要访问数组中的每一个元素，则一般采用循环的方式。

【例 4-1】 随机产生 10 个 100 以内的整数，并找出其中的最大数。

源程序如下：

```
1  #include <iostream>
2  #include <ctime>
3  using namespace std;
4  void main()
5  {
6      int i, max, a[10];            ← 声明数组 a[ ]有 10 个元素
7      int N = 100;
```

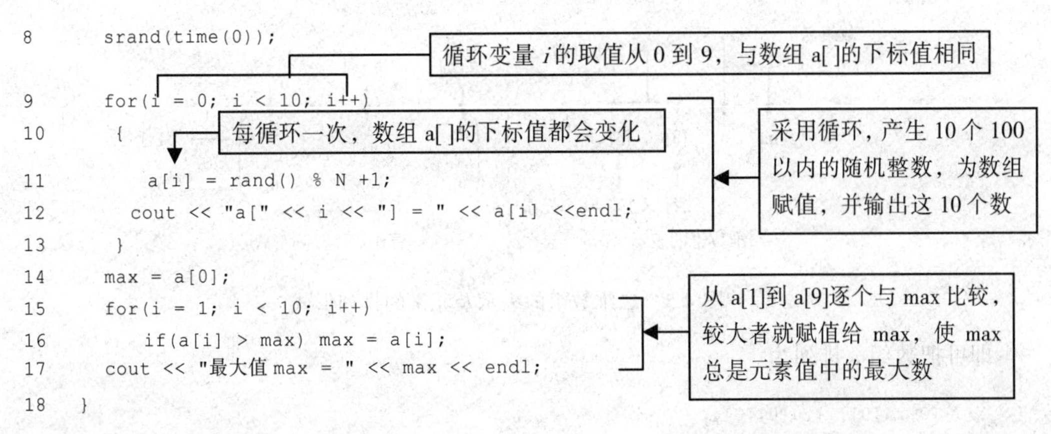


```
8      srand(time(0));
9      for(i = 0; i < 10; i++)
10      {
11         a[i] = rand() % N +1;
12       cout << "a[" << i << "] = " << a[i] <<endl;
13      }
14     max = a[0];
15     for(i = 1; i < 10; i++)
16        if(a[i] > max) max = a[i];
17     cout << "最大值 max = " << max << endl;
18  }
```

程序说明:

（1）在程序第 9 行的 for 循环结构中，产生 10 个 100 以内的整数，并逐个赋值给数组 a 的每个元素，完成对数组 a 的初始化。

（2）在程序的第 14 行对数组的第一个元素 a[0]进行操作，把 a[0]赋值给 max。

（3）在程序第 15 行的 for 结构中，从 a[1]到 a[9]逐个与 max 中的内容比较，若比 max 的值大，则把该元素的值充当 max，因此 max 总是在已比较过的元素中值最大者。比较结束，输出 max 的值。

程序运行结果如下：

```
a[0] = 32
a[1] = 15
a[2] = 12
a[3] = 78
a[4] = 87
a[5] = 58
a[6] = 32
a[7] = 40
a[8] = 96
a[9] = 15
最大值 max = 96
```

4.1.2　多维数组

1. 多维数组的定义

带两个或多个下标的数组称为多维数组，多维数组定义的一般形式如下：

```
数组类型　数组名[维数 1][维数 2]…[维数 n]
```

其中，数组类型为数组元素的数据类型。

例如，定义二维数组

```
int a[2][3];
```

一般把二维数组看作是一个矩阵排列形式。因此，“int a[2][3];”表示定义了一个两行三列的数组，数组名为 a。该数组有 2×3=6 个元素（数组包含的元素个数=行数×列数），依次为 a[0][0]、a[0][1]、a[0][2]、a[1][0]、a[1][1]、a[1][2]，它们的存放顺序如图 4.5 所示。

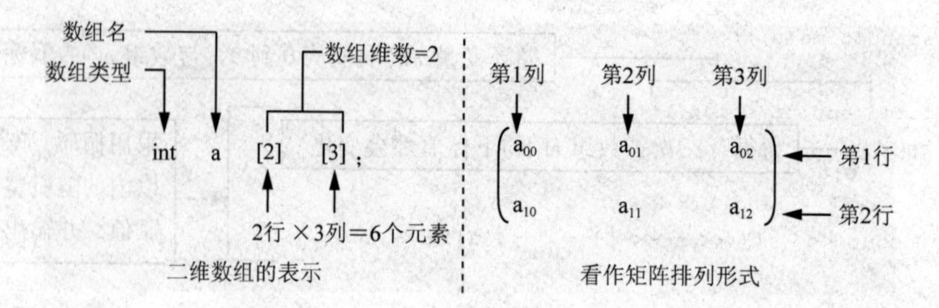

图 4.5 二维数组的表示及元素的排列形式

即可把数组 a 排列为

```
a[0][0],a[0][1],a[0][2],
a[1][0],a[1][1],a[1][2]
```

由上可见，二维数组的两个下标也总是从 0 开始的。实际上，系统在内存中为二维数组各元素分配的也是一块连续的存储区域，也就是在第 1 行最后一个元素 a[0][2]之后紧接着的就是第 2 行的第一个元素 a[1][0]。因此二维数组的排列又可表示为如图 4.6 所示的形式。

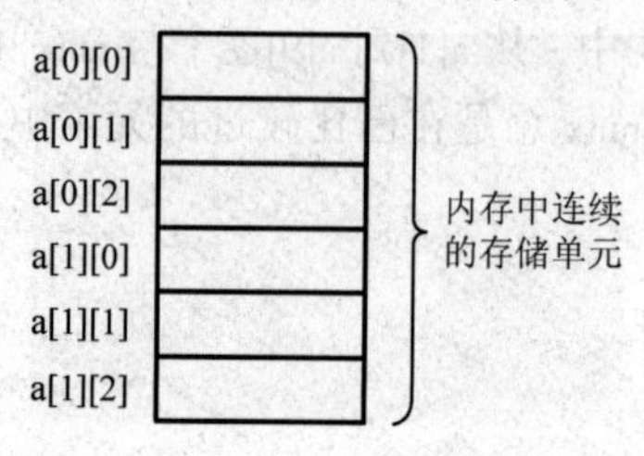

图 4.6 二维数组元素在内存中的排列

又如，定义三维数组

```
int a[2][3][4];
```

此时，a 是三维数组的数组名，该数组有 2×3×4=24 个元素，依次是

```
a[0][0][0], a[0][0][1], a[0][0][2], a[0][0][3],
a[0][1][0], a[0][1][1], a[0][1][2], a[0][1][3],
a[0][2][0], a[0][2][1], a[0][2][2], a[0][2][3],
a[1][0][0], a[1][0][1], a[1][0][2], a[1][0][3],
a[1][1][0], a[1][1][1], a[1][1][2], a[1][1][3],
a[1][2][0], a[1][2][1], a[1][2][2], a[1][2][3]
```

这也是它们在内存中的存放顺序。

2. 多维数组的初始化

多维数组同样可以在定义时对各元素指定初始值。其中有几种常用的赋值方法。

（1）按行分段赋值，如

```
int a[3][2] = { { 1, 3 }, { 5, 7 }, { 9, 11 } };
```

（2）按行连续赋值，可以省略内层花括号，如

```
int a[3][2] = { 1, 3, 5, 7, 9, 11 };
```

（3）可以对数组的部分元素赋初值，如

```
int b[3][4] = { { 2 }, { 4 }, { 6 } };
```

它的作用是只对各行第 1 列的元素赋初值，其余元素自动为 0（全局或静态数组）或不确定（局部数组）。

（4）如果对全部元素都赋初值，则在定义中可省略第一维长度，但应按行分段赋值，如

```
int a[][3] = { { 3 ,6, 9 }, { }, { 8 } };
```

这样写法，系统可以判断出数组共有 3 行。

（5）对于分布有规律、能用表达式表示元素的数组，经常采用循环嵌套来对多维数组元素进行初始化。先声明一个数组，然后在多重循环中使用赋值语句逐行逐列初始化数组元素。例如，初始化二维数组：

```
int a[m][n];
for(i = 0; i < m; i++)
{
   for(j = 0; j < n; j++)
   {
    a[i] [j] = （表达式）;
   }
}
```

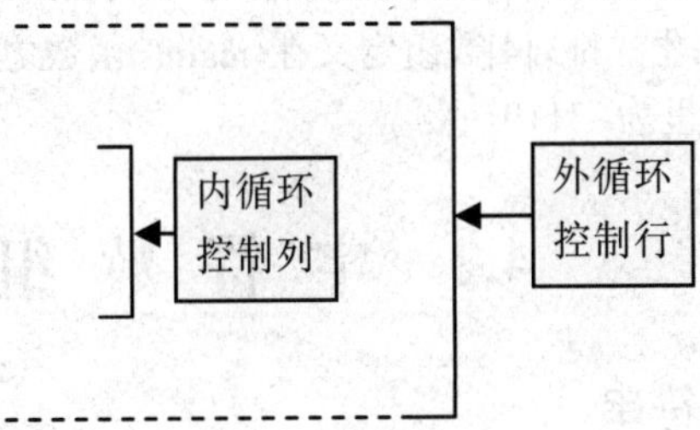

3. 多维数组元素的访问

如果只访问特定的元素，则只对特定的元素进行操作即可。如果要访问数组中的每一个元素，则一般采用嵌套 for 循环的方式。

【例 4-2】　多维数组程序举例。

源程序如下：

```
1   #include<iostream>
2   using namespace std;
3   int a[2][3] = {1, 2, 3};
4   void main()
5   {
6   int b[3][4] ;
7   int i, j;
8   cout << "数组 a:\n";
9       for(i = 0; i < 2; i++)
10      {
11       for(j = 0; j < 3; j++)
12       { cout << a[i][j] << " "; }
13       cout << endl;
14      }
15  cout << "数组 b:\n";
```

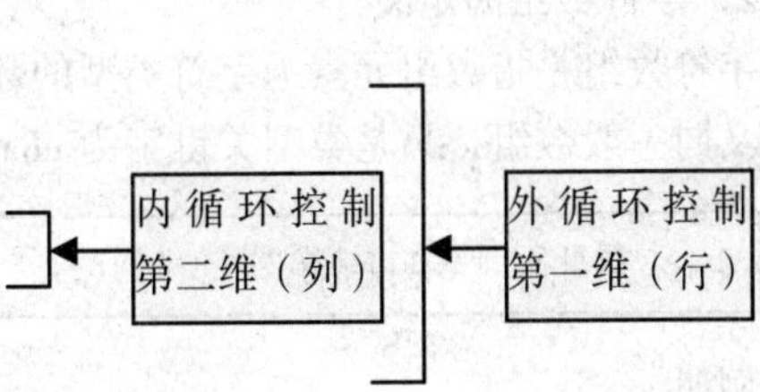

```
16      for(i = 0; i < 3; i++)
17      {
18        for(j = 0; j < 4; j++)
19        { cout << b[i][j] << " "; }
20        cout << endl;
21      }
22  }
```

内循环控制第二维（列）

外循环控制第一维（行）

程序运行结果：

数组 a:

```
1     2     3
0     0     0
```

数组 b:

```
-3119    -3119 -3119  -3119
-3119    -3119 -3119  -3119
-3119    -3119 -3119  -3119
```

程序说明：a[2][3]数组在 main()函数外定义，是全局数组，6 个元素已经有 3 个元素被赋值，剩下的就按默认值 0 初始化。b[3][4]数组定义在 main()函数之内，是局部数组，没有初始化的元素其值是不确定的，在这里为-3119。

4.2 字 符 数 组

4.2.1 字符数组与字符串

1. 字符与字符串

字符是表示单个字符的基本数据类型，字符串是用双引号括起来的一串字符序列。

字符与字符串的主要区别如下。

（1）字符是用单引号括起来的单个字符，如'a'、'b'、'c'。而字符串是用双引号括起来的多个字符（也可以是用双引号括起来的 0 个或 1 个字符），如"abc"、" "、"a"、"b"。

（2）字符在内存中占一个字节的位置。字符串在内存中所占的空间位置为字符串长度加 1。这是因为系统在字符串的末尾会自动加上字符串的结束标志 '\0'。

例如，'a' 在内存中占一个字节的空间位置；

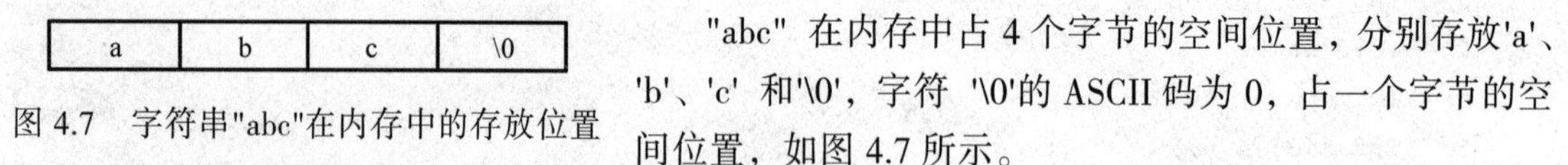

a	b	c	\0

图 4.7 字符串"abc"在内存中的存放位置

"abc" 在内存中占 4 个字节的空间位置，分别存放'a'、'b'、'c' 和'\0'，字符 '\0'的 ASCII 码为 0，占一个字节的空间位置，如图 4.7 所示。

2. 字符数组的定义

字符数组是指数组元素为字符类型的数组，字符数组用于存放字符序列或字符串。字符数组的定义同一般数组，只是类型关键字为 char，具体格式如下：

```
har  数组名[维数1][维数2]…[维数n];
```

例如，

char ch1[4];

表示定义了一个字符型数组，数组名为 ch1，含有 4 个元素，依次为 ch1[0]、ch1 [1]、ch1[2]、ch1[3]。

又如，

char ch2[3][4];

表示定义了一个二维字符型数组，数组名为 ch2，含有 12 个元素，依次为

ch2[0][0]、ch2[0][1]、ch2[0][2]、ch2[0][3]、
ch2[1][0]、ch2[1][1]、ch2[1][2]、ch2[1][3]、
ch2[2][0]、ch2[2][1]、ch2[2][2]、ch2[2][3]。

3. 字符数组的初始化

字符数组可用初始值表进行初始化。例如，

```
char ch1[4] = {'a', 'b', 'c', 'd'};
```

字符数组还可以用字符串来初始化。例如，

```
char ch2[4] = {"abc"};
```

此时，也可以省略花括号，即能表示为

```
char ch2[4] = "abc";
```

表示数组 ch2 中存放的是一个字符串。数组中存放字符串时，系统会在有效字符后面自动加上字符串的结束标志'\0'。因此，

```
char ch2[4] = "abc";
```

完全等价于：

```
char ch2[4] = {'a', 'b', 'c', '\0'};
```

字符串"abc"的有效长度是 3 个字节，但它占用的内存实际为 4 字节。因此，至少容量为 4 的数组才能存放得下。例如，下面的代码对数组初始化将会出现不可预料的错误：

```
char  ch3[5] = “hello”;
```

该代码不会引起编码错误，但由于改写了数组以外的内存单元，所以是非常危险的。

4. 引入字符串 String 类

C++ 标准库提供了 string 类的类型，在程序中可以引入 String 类，如下所示，

```
#include <string>
```

从而可以直接定义字符串变量。例如，

```
string str1 = "Hello";
string str2 = "World";
string str3;
str3 = str1 + str2;  // 连接 str1 和 str2
cout << "str3 : " << str3 << endl;
```

上述代码执行的结果为

```
str3 :  HelloWorld
```

4.2.2　常用字符串处理函数

C++语言库中，包括了非常丰富的字符串处理函数，下面介绍几个常用的函数，见表 4.1。

表 4.1 常用字符串处理函数

函　　数	功　　能
char strcpy(char s1[],char s2[])	将字符串 s2 复制到字符串 s1 中，返回 s1 的值
char strcat(char s1[], char s2[])	将字符串 s2 添加到字符串 s1 的后面，返回 s1 的值
int strcmp(char s1[], char s2[])	比较字符串 s1 和字符串 s2 的大小，其返回值是它们第一个字符的 ASCII 码之差 函数返回值 >0, s1 > s2 函数返回值 <0, s1 < s2 函数返回值 =0, s1 = s2
int strlen(char s[])	确定字符串长度（字符串中所含字符的个数），字符串结束标志 '\0' 不参与计数

1. strcpy()函数

strcpy(s1, s2)的功能是将 s2 中的字符串复制到字符数组 s1 中。strcpy 的第二个参数也可以是具体的字符串，例如，strcpy(s1,"GOOD")，但一定要注意，第一个参数数组 s1 的长度一定要足够大，能够容纳得下复制进来的字符串。

例如，设 s1 = "abc", s2 = "ok"；执行 strcpy（s1, s2）后，s1 = "ok", s2 = "ok"。即 s2 的内容覆盖了 s1 的内容。

2. strcat()函数

strcat(s1, s2)的功能是将 s2 中的字符串连接到 s1 字符串的后面，可想而知，数组 s1 的长度要足够长，能容纳下连接后的整个字符串。strcat 的第二个参数也可以是具体的字符串。

例如，设 s1 = "abc", s2 = "ok"；执行 strcat（s1, s2）后，s1 = "abcok", s2 = "ok"。即 s2 的内容添加到 s1 的内容之后，且 s1 中的结束符 '\0' 位置被 s2 的第 1 个字符替代。

3. strcmp()函数

strcmp(s1, s2)的功能是比较 s1、s2 两数组中字符串的大小。两字符串比较大小，是从两个字符串最左边的那个字符开始向右依次进行比较，比较的是对应字符的 ASCII 码。如果对应字符的 ASCII 码都相等，则认为两个字符串相等；一旦出现对应字符不相等（如'c'和'C'），则 ASCII 码值较大的字符所对应的字符串就大。如果第一个字符串大于第二个字符串，strcmp 的返回值将大于 0，两字符串相等时就等于 0，否则返回值就小于 0。

例如，

设 s1 = "abc", s2 = "aod"，函数返回值 =-1，因为 s1 的第二个字母 'b' 比 s2 的第二个字母 'o' 在 ASCII 码中的次序更前，值更小。

设 s1 = "abc", s2 = "a2e"，函数返回值 =1。

设 s1 = "abc", s2 = "abc"，函数返回值 =0。

设 s1 = "abcd321", s2 = "abc"，函数返回值 =1，因为字符 d 与 s2 的字符结束标志'\0'的 ASCII 码比较，而'\0'的 ASCII 码值为 0。

4. strlen()函数

strlen 是求字符串长度的函数，字符串长度是有效字符的个数，不包括字符串中的 '\0' 。函数 strlen 的参数可以是数组名，也可以是具体的字符串。

例如，strlen("hello")的值就是 5。

【例 4-3】 字符串处理函数应用示例

源程序如下：

```
1  #include <iostream>
2  using namespace std;
```

```
3 void main()
4 {
5   //1.求字符串有效长度的长度函数 strlen 示例
6   char s[20] = "abcdefg";
7   int count = 0;
8   count = (int)strlen(s);
9   cout << "字符串有效长度 " ;
10  cout << s << ": " << count << endl;
11
12 //2.将已有的字符串复制到另一数组中。
13  char s1[20] = "123456789", s2[20];
14  strcpy(s2, s1);
15  cout << "复制字符串，";
16  cout << "s2: " << s2 << endl;
17
18 //3.将两字符串连接起来组成新的字符串
19 char s3[10] = "abc", s4[10] = "def";
20 strcat(s3, s4);
21 cout << "连接两字符串，";
22 cout << "s3: " << s3 << endl;
23
24 //4.比较字符串大小的函数 strcmp 函数示例
25 int n;
26 n = strcmp(s3,s4);
27 cout << "两字符串比较结果：";
28 if(n > 0) cout << "s3 > s4" << endl;
29 else if(n == 0) cout << "s3 = s4" << endl;
30 else    cout << "s3 < s4" << endl;
31 }
```

程序说明：使用 strcpy 函数还可以完成两个字符串的交换，例如，

```
char ch1[10]= " abcdef",ch2[10]= "hijklm",temp[10]= "" ;
strcpy(temp,ch1);strcpy(ch1,ch2);strcpy(ch2,temp);
```

程序运行结果如下：

```
字符串有效长度 abcdefg: 7
复制字符串，s2: 123456789
连接两字符串，s3: abcdef
两字符串比较结果：s3 < s4
```

4.3　数组应用实践

4.3.1　排序

在编写应用程序处理实际问题时，经常需要对一批数据进行排序。例如，学校对学生的学习成绩进行排序，根据学习成绩评选优秀学生；图书馆对图书资料编号进行排序，以便快速查找出某本图书；贸易公司对业务员的销售业绩进行排序，以便计算绩效工资。因此，排序在实际应用方面是非常重要的。

排序的算法有很多种，有的算法程序简单，但计算量大，排序速度很慢；有的算法程序较复杂，但排序速度很快。这里介绍两种排序算法，一种是选择法，另一种是冒泡法。

1．选择法

所谓选择法，就是每次找出一个最合适条件的元素值放在正确的位置上。下面通过一个具体

的例子来说明选择排序法。

【例 4-4】 产生 10 个随机整数，用选择法按从小到大排序。

为了方便，把产生的 10 个随机整数存放到数组 a 中。现对数组 a 中 10 个元素 a[0] ~ a[9]的值用选择法按由小到大的顺序排序。

选择法排序的思路是：排序按数组元素的排列顺序逐轮进行。第一轮从数组第一个元素 a[0]开始，10 个元素（a[0] ~ a[9]）逐个比较其值，从中找出最小的元素值，通过与 a[0]交换数据值，把这 10 个数中最小值放在 a[0]的位置上；再进行第二轮，从 a[1]开始，在剩下的 9 个元素（a[1] ~ a[9]）中找出最小的元素值，将它放到 a[1]位置；依此类推，每进行一轮，都挑出一个最小值的元素并交换到本轮元素的最前面位置。上述过程总共进行 9 轮，9 个元素放好了，最后剩下的第 10 个元素自然被排放在最后一位。这种方法又称为“打擂台法”，哪个元素最符合条件，就放到最前面“擂主”位置。

具体算法如下。

（1）第一轮比较：从数组 a 中的 10 个数中找出最小数，并通过交换把最小值的元素放置到 a[0]位置。

先假设 a[0]最小，用 a[0]依次与其他元素比较，即 a[1]与 a[0]、a[2]与 a[0]、a[3]与 a[0]……a[9]与 a[0]逐项比较，如果 a[0]的值大于某个元素 a[j]的值，则借助中间变量 t 交换 a[0]与 a[j]的元素值。核心代码如下：

```
for(j = 1; j < n; j++)
{
   if(a[0] > a[j])
   {
      t = a[0];
      a[0] = a[j];
      a[j] = t;
   }
}
```

所有元素均比较完毕后，a[0]为最小值元素。比较过程如图 4.8 所示。

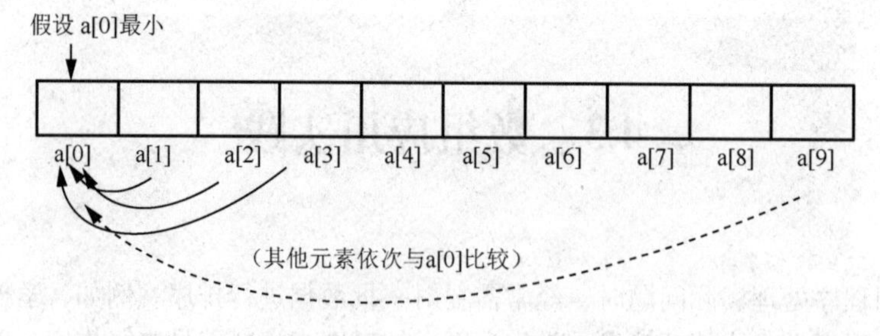

图 4.8　假设 a[0]最小，其他元素依次与 a[0]比较

（2）第二轮比较：从数组 a[1]至 a[9]元素中找出最小数，并通过交换把最小值的元素放置到 a[1]位置。

同理，先假设 a[1]最小，用 a[1]依次与后面的其他元素比较。核心代码如下：

```
for(j = 2; j < n; j++)
{
 if(a[1] > a[j])
```

```
    {
      t = a[1];
      a[1] = a[j];
      a[j] = t;
    }
  }
```

所有元素均比较完毕后，a[1]为本轮元素中的最小值元素。比较过程如图 4.9 所示。

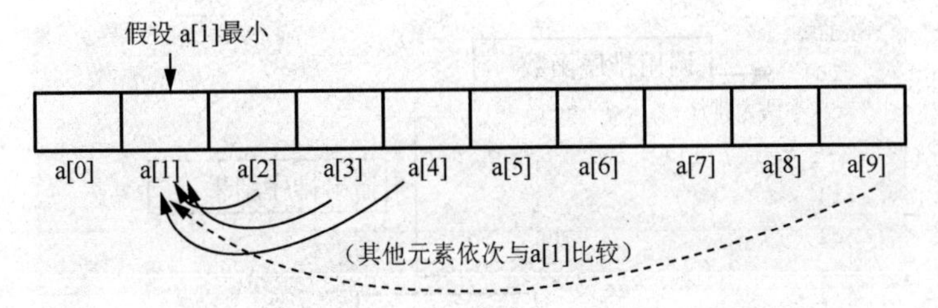

图 4.9　假设 a[1]最小，其他元素依次与 a[1]比较

（3）按上面的规律，应用 for 循环结构，使循环变量 i 从初始值 0 变化到 n–1，总共需要比较 n–1 次，最终将 n 个元素全部排好序，其核心代码如下：

```
for( i = 0; i < n-1; i++)//共比较 n-1 次
{
  for(j = i+1; j < n; j++)
  {
    if(a[i] > a[j])
    {
      t = a[i];
      a[i] = a[j];
      a[j] = t;
    }
  }
}
```

在循环的最后一轮，仅剩下 a[9]与 a[8]比较，比较完毕后，较小值的元素被排放在 a[8]位置，另一元素在 a[9]位置，如图 4.10 所示。

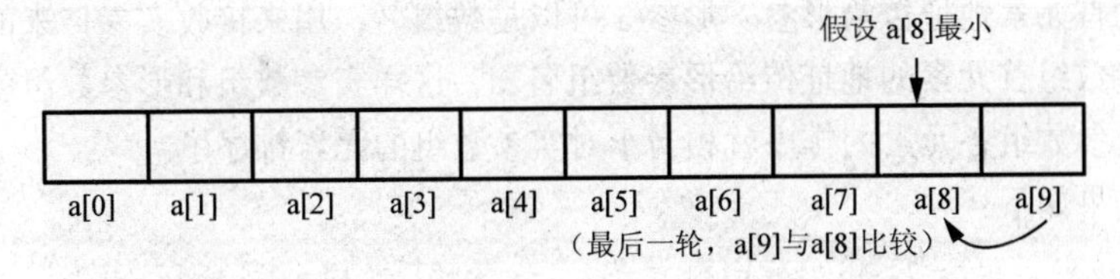

图 4.10　最后一轮假设 a[8]最小, a[9]与 a[8]比较

源程序如下：

```
1  #include<iostream>
2  #include <ctime>
3  using namespace std;
4  void select(int a[],int n);  ◄— 声明排序函数
5  void main()
6  {
7      int a[10];
```

```
 8      int i = 0;
 9      int N = 100;
10      srand(time(0));
11      for(i = 0; i < 10; i++)
12       {
13          a[i] = rand() % N +1;
14          cout << "a[" << i << "] = " << a[i] << '\t';
15       }
16     cout << endl;
17     select(a, 10);
18     cout << "按从小到大排序:" << endl;
19      for(i = 0;i < 10; i++)
20     cout << a[i] << "   ";
21     cout << endl;
22  }
23  void select(int a[], int n)
24  {
25    int i, j, t;
26    for( i = 0; i < n-1; i++)
27    {
28      for(j = i+1; j < n; j++)
29      {
30        if(a[i] > a[j])
31        {
32          t = a[i];
33          a[i] = a[j];
34          a[j] = t;
35        }
36      }
37    }
38  }
```

产生10个100以内的随机整数

调用排序函数

输出排序结果

排序函数

排序条件

交换两元素的值

与后面其他元素逐个比较，完成排序

共比较 n-1次

程序说明：本例中，是采用调用函数方法进行选择法排序。数组名a代表数组元素的首地址，但并不代表数组中的全部元素，因此用数组名作函数实参时，不是把参数组的值传给形参，而只是将实参数组的首元素地址传给形参。形参a可以是数组名，用来接收实参传来的地址。在函数调用时，将实参数组首元素的地址传给形参数组名 a，这样实参数组和形参数组就共同占用一段内存。因此对形参数组各元素的排序就相当于对实参数组的元素排序了。

程序运行结果如下：

```
a[0] = 51      a[1] = 100     a[2] = 79      a[3] = 13      a[4] = 6
a[5] = 48      a[6] = 91      a[7] = 24      a[8] = 43      a[9] = 34
按从小到大排序:
6   13   24   34   43   48   51   79   91   100
```

2. 冒泡法

冒泡法是一个形象的比喻。这种算法的思想是，将待排序的数组元素看作是竖着排列的“气泡”，较小的元素值逐渐往上浮，而较大的元素值则逐渐往下沉。

冒泡排序法中，要对这个“气泡”序列处理若干遍。所谓处理一遍，就是自顶向下检查一遍这个序列，并时刻注意两个相邻的元素的顺序是否正确。如果发现两个相邻元素的顺序不正确，即“重”的元素在上面，就交换它们的位置，使“轻泡上浮，重泡下沉”。显然，处理一遍之后，“最重”的元素就下沉到最底部了，它已经在合适的位置了，下一轮比较就不用考虑了；处理两遍之后，“次重”的元素就沉到了倒数第二的位置。在作第二遍处理时，由于最底位置上的元素已是“最重”元素，所以不必检查。就这样依次进行，直到所有的元素都排好序。下面举例说明。

【例 4-5】 用冒泡法对 10 个整数按从小到大排序。

与上例介绍的选择法排序一样，为了方便，把产生的 10 个随机整数存放到数组 a 中。现对数组 a 中 10 个元素 a[0] ~ a[9]的值用冒泡法按由小到大的顺序排序。

冒泡法排序的具体算法如下。

（1）第一轮比较：从 a[0]元素起，相邻两两元素依次比较。即让 a[0]与 a[1]比较，正常顺序是 a[0]元素值应该不大于 a[1]，如果 a[0]元素值大于 a[1]，则让 a[0]与 a[1]交换，这样，a[0]与 a[1]较大的值就在 a[1]中。接着比较 a[1]与 a[2]，若 a[1]大于 a[2]，则两者又交换……直到把 a[8]与 a[9]比较完。事实上，第一轮进行完毕，最大的元素已经放在 a[9]的位置了，如图 4.11 所示。

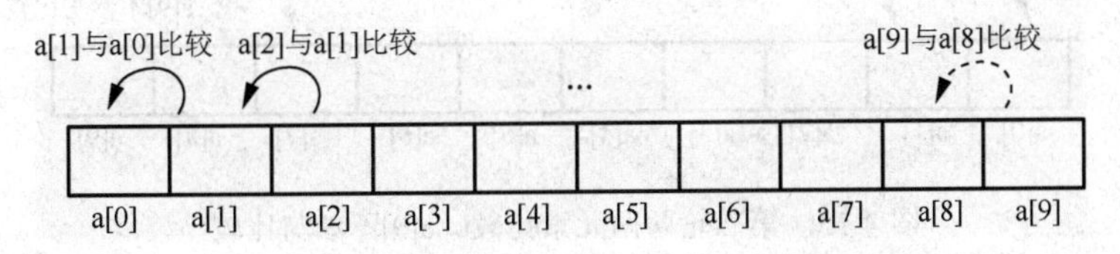

图 4.11　从 a[0]元素起，相邻两两元素依次比较

其核心代码如下：

```
for(j = 0; j < 9; j++)
 if(a[j] > a[j+1])        ←  相邻元素进行比较
 {
  t = a[j];
  a[j] = a[j+1];
  a[j+1] = t;
 }
```

为了便于说明冒泡法排序原理，假设对 4 个元素进行排序，用较大的球表示较大的数，用较小的球表示较小的数，以便形象直观地看清排序过程。第 1 轮比较时，所有元素两两依次比较，如图 4.12 所示。

（2）第二轮比较：因为最后一个元素已经排好序了，所以接下来的两两元素比较，就不用考虑最后的元素 a[9]了，只需要从 a[0]开始，比较到 a[8]为止，如图 4.13 所示。

其核心代码如下：

```
for(j = 0; j < 8; j++)
 if(a[j] > a[j+1])        ←  相邻元素进行比较
 {
  t = a[j];
  a[j] = a[j+1];
  a[j+1] = t;
 }
```

用球示意第 2 轮的比较过程，如图 4.14 所示。

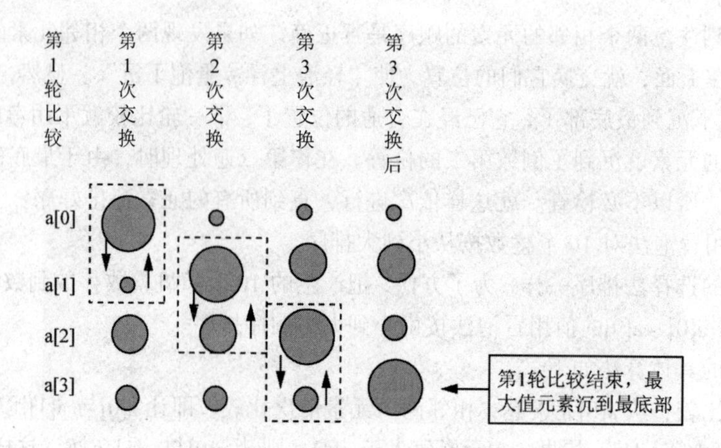

图 4.12　第一轮两两元素依次比较

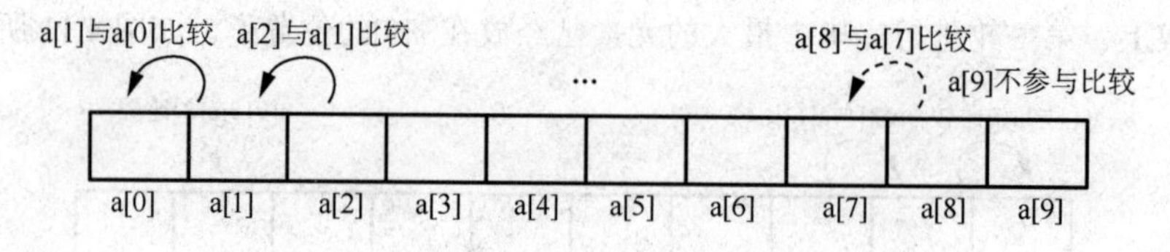

图 4.13　第二轮两两元素比较，a[9]不参与比较

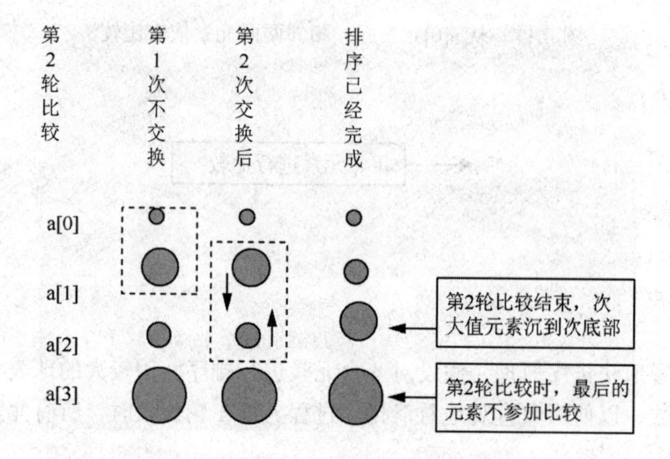

图 4.14　第二轮两两元素依次比较

（3）按上面的规律，要将 *n* 个元素排序，其核心代码表示如下：

```
for(i = 1; i < n; i++)
   for(j = 0; j < n-i; j++)
     if(a[j] > a[j+1])
     {
        t = a[j];
        a[j] = a[j+1];
        a[j+1] = t;
     }
```

源程序如下：

```
1  #include<iostream>
2  #include <ctime>
3  using namespace std;
4  void bubblesort(int a[],int n);
5  void main()
6  {
7      int a[10];
8      int i = 0;
9      int N = 100;
10     srand(time(0));
11     for(i = 0; i < 10; i++)
12     {
13        a[i] = rand() % N +1;
14        cout << "a[" << i << "] = " << a[i] << '\t';
15     }
16    cout << endl;
17    bubblesort(a, 10);
18    cout << "按从小到大排序:" << endl;
19     for(i = 0;i < 10; i++)
20    cout << a[i] << "   ";
21    cout << endl;
22  }
23  void bubblesort(int a[], int n)
24  {
25   int i, j, t;
26   for( i = 1; i < n; i++)
27   {
28     for(j = 0; j < n-i; j++)
29     {
30       if(a[j] > a[j+1])
31       {
32         t = a[j];
33         a[j] = a[j+1];
34         a[j+1] = t;
35       }
36     }
37   }
38  }
```

声明排序函数（第 4 行）

产生 10 个 100 以内的随机整数（第 10～15 行）

调用排序函数（第 17 行）

输出排序结果（第 18～21 行）

排序函数（第 23 行）

冒泡条件（第 30 行）

交换两元素的值（第 32～34 行）

相邻元素两两依次比较，轻泡上浮，重泡下沉（第 28～36 行）

共比较 n-1 次（第 26～37 行）

程序说明：main( )函数通过调用 bubblesort( )函数完成数组 a 中 10 个元素从小到大的排序。

程序运行结果如下：

```
a[0] = 37      a[1] = 55      a[2] = 4       a[3] = 56      a[4] = 46
a[5] = 97      a[6] = 5       a[7] = 84      a[8] = 70      a[9] = 6
按从小到大排序:
4   5   6   37   46   55   56   70   84   97
```

4.3.2　查找

现实生活中经常要查找某项数据，如在图书馆查找资料，仓储中在账目中查找货物数据等。

所谓查找，就是在给定的数组中找出与待查找的数据 key 值相等的元素值，如果能找到，就返回对应元素的下标值，否则就没有找到。在 C++中，查找的方法也有很多种，这里介绍两种常用的查找方法，一种是顺序查找，另外一种是二分查找。查找又称为搜索，顺序查找又称为线性搜索，二分查找则称为二分搜索。

1. 顺序查找

所谓顺序查找，就是将数组的各元素的值与待查找的数据值 key 逐一进行比较，若相等，则查找成功；若找到最后仍然没有发现有与 key 值相等的元素值，则查找失败，也就是数组元素值中不存在与其相匹配的值。

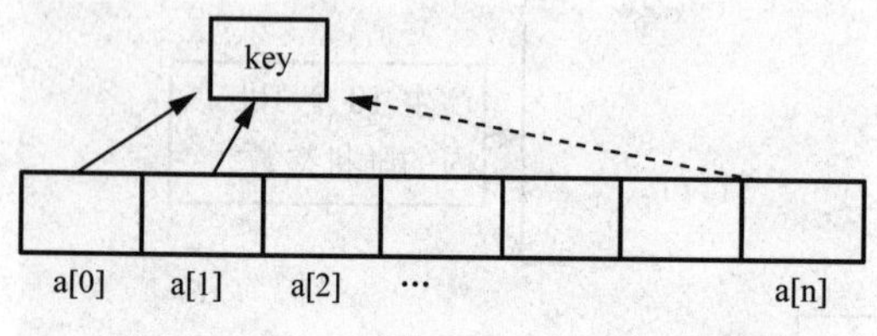

图 4.15 数组元素逐一与 key 进行比较

顺序查找是查找方法很简单的一种算法，但其查找速度很慢，只适合数据量较少的查找应用。

设数据存放在数组 a 中，数据的数量为 n，要查找的数据值为 key，则数组 a 中的元素从 a[0] ~ a[n]，依次与 key 进行比较，如图 4.15 所示。

顺序查找的核心算法如下：

```
for(int i = 0; i < n; i++)
 {
   if(a[i] == key) return i;
 }
 return -1;
```

在下面的示例中，把上述代码进一步封装成模板函数 find( )，要进行搜索的 key 值设置为 65，数据来源为 30 个在 0 ~ 100 之间的随机整数。

【例 4-6】 在 30 个随机数中，查找是否存在数值为 65 的数。

源程序如下：

```
1  #include <iostream>
2  #include <ctime>
3  using namespace std;
4  /* 定义函数模板 */
5  template <class T>
6  int find(T A[ ], int D, T key)
7  {
8    for(int i =0; i < D; i++)
9    {
10       if(A[i] == key) return i;
11   }
12   return -1;
13  }
14  /* 主函数 */
15  void main()
16  {
17   int a[30];
18   int index;
19   int key = 65;
20   int N = 100;
```

定义函数模板，T 为模板参数，具体调用时，将被实参的数据类型代替。函数模板通过循环使数组元素逐一与 key 进行比较，实现查找功能

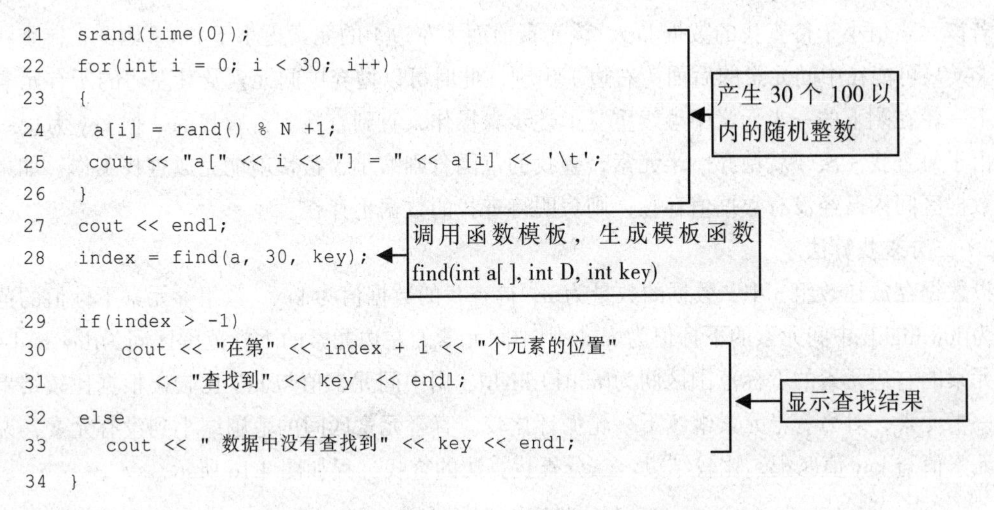

```
21   srand(time(0));
22   for(int i = 0; i < 30; i++)
23   {
24    a[i] = rand() % N +1;
25    cout << "a[" << i << "] = " << a[i] << '\t';
26   }
27   cout << endl;
28   index = find(a, 30, key);
29   if(index > -1)
30       cout << "在第" << index + 1 << "个元素的位置"
31            << "查找到" << key << endl;
32   else
33      cout << " 数据中没有查找到" << key << endl;
34  }
```

产生 30 个 100 以内的随机整数
调用函数模板，生成模板函数 find(int a[ ], int D, int key)
显示查找结果

程序说明：

（1）在程序的第 28 行，main 函数通过调用 find 函数查找待查找的数据 key 值。此时有三个实参（a, 30, key），即向形参传递待查找数组的首地址（a）、待查找数组的长度（30），及待查找的数据值（key）；

（2）在函数模板 find()中，有一个模板参数 T，在实际调用时将会生成模板函数，模板参数 T 将被 int 所代替，即三个形参（T A[ ], int D, T key）将被（int a[ ], int D, int key）所代替，形参通过实参传递了值以后，将从数组的首地址（a）起，逐个元素进行扫描对比，查看是否存在与待查找的数据 key 相等的元素，如果存在，就停止扫描；如果不存在，就继续与下一个元素对比，直到超出数组长度的范围。如果提前停止（i<D），就表示找到了，否则就表示没有找到，返回-1。

由于数据是由随机函数产生的，程序运行结果可能为“数据没有查找到 65”，也可能查找到 65，下面是查找到 65 的结果（运行多遍程序之后）：

```
a[0] = 4        a[1] = 97     a[2] = 2      a[3] = 39     a[4] = 5
a[5] = 23       a[6] = 7      a[7] = 91     a[8] = 93     a[9] = 52
a[10] = 61      a[11] = 39    a[12] = 18    a[13] = 9     a[14] = 13
a[15] = 53      a[16] = 64    a[17] = 71    a[18] = 1     a[19] = 61
a[20] = 31      a[21] = 68    a[22] = 5     a[23] = 37    a[24] = 18
a[25] = 65      a[26] = 39    a[27] = 29    a[28] = 7     a[29] = 16
在第 26 个元素的位置查找到 65
```

2．二分查找

二分查找又称折半查找，它充分利用了数组元素间的有序关系，采用分治策略，是一种查找效率非常高的查找算法。

1）二分查找的基本思想

假设数据已经按从小到大的次序排好顺序，首先计算出位于中间位置的元素序号，判断该元素是否与待查找的数据 key 相等。

若相等，则查找成功。

否则，若该元素值大于待查找的数据 key，由于数据是按照从小到大排序的，所以，该元素后面（右边）的元素更大于 key。

若该元素值小于待查找的数据 key，该元素前面（左边）的元素更小于 key。因此，待查找的数据 key 只可能在中间元素的后面（右边）出现，此时可以抛弃中间元素及其左边的所有元素。

下一轮在剩下的一半元素中继续重复上述步骤操作，直到查找到待查找的数据 key 为止。

由于每查找一次，就抛弃一半元素，查找的范围急剧缩小，很快就能完成查找工作。如果直到某数据区间内已经没有数据值存在，则表明待查找的数据不存在。

2）二分查找算法

设数据存放在数组 a 中，数据的数量为 n，待查找的数据值为 key，数组 a 元素下标值的范围区间为[low,high]，中间元素的下标值为 mid，则中间元素的左边元素的下标范围区间为[low,mid-1]，中间元素的右边元素的下标范围区间为[mid+1,high]。用中间元素值与 key 比较，根据比较结果，抛弃一半元素，对另一半元素继续下一轮循环比较。直至元素区间的范围缩小到没有元素，说明没有元素值与 key 值匹配，比较结束。二分查找算法的查找过程如图 4.16 所示。

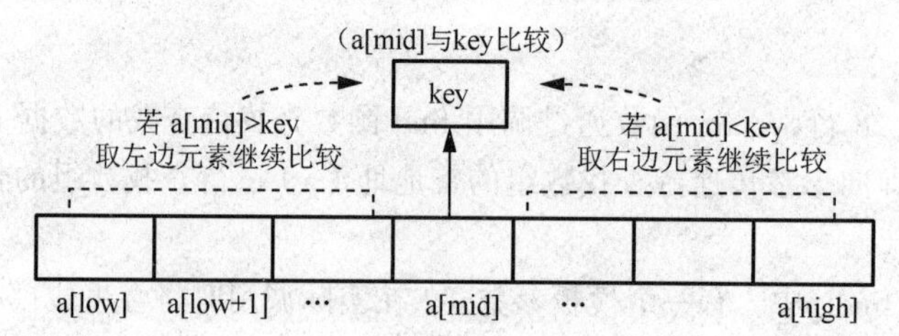

图 4.16 根据 a[mid]与 key 比较结果，对一半元素继续比较

二分查找的核心算法如下：

```
while(low <= high)
{
    mid = (int)(low + high) / 2;        ← 找到中间元素
    if (key == a[mid]) return mid;      ← 若中间元素值与 key 相等，则返回中间元素下标
    else if(key > a[mid])
        low = mid + 1;                  ← 若 a[mid] < key，则抛弃左边的一半元素，
                                          在下一轮循环对右边的另一半元素继续比较
    else
        high = mid - 1;                 ← 若 a[mid] > key，则抛弃右边的一半元素，
                                          在下一轮循环对左边的另一半元素继续比较
}
return -1;                              ← 元素区间的范围直至缩小到没有元素，则没有元素值与 key 值匹配
```

在下面的示例中，把上述代码进一步封装成模板函数 binaryfind ( )，要进行搜索的 key 值设置为 65，数据来源为 30 个在 0 ~ 100 之间的随机整数。

【例 4-7】 在 30 个随机数中，查找是否存在数值为 65 的数。

源程序如下：

```
1  #include <iostream>
2  #include <ctime>
3  using namespace std;
4  /* 定义排序算法的函数模板 */
```

```
5  template <class T>
6  void bubblesort(T A[], T D )
7  {
8    int i, j, t;
9    for( i = 1; i < D; i++)
10   {
11     for(j = 0; j < D-i; j++)
12     {
13       if(A[j] > A[j+1])
14       {
15         t = A[j];
16         A[j] = A[j+1];
17         A[j+1] = t;
18       }
19     }
20   }
21 }
22
23 /* 定义查找算法的函数模板 */
24 template <class T>
25 int binaryfind(T A[], int D, T key)
26 {
27   int low = 0, high, mid;
28    high = D-1;
29    while(low <= high)
30     {
31       mid = (int)(low + high) / 2;
32       if (key == A[mid]) return mid;
33       else if (key > A[mid])
34              low = mid + 1;
35       else
36              high = mid - 1;
37     }
38    return -1;
39 }
40
41 /* 主函数 */
42 void main()
43 {
44   int a[30];
45   int index;
46   int key = 65;
47   int N = 100;
48   srand(time(0));
49   for(int i = 0; i < 30; i++)
50   {
51     a[i] = rand() % N +1;
52     cout << "a[" << i << "] = " << a[i] << '\t';
53    }
```

定义函数模板，T 为模板参数，具体调用时，将被实参的数据类型代替。函数模板对采用冒泡法数组相邻元素两两依次比较，若前面的元素值大于后面的元素值，则交换两数据值，实现排序功能

定义函数模板，T 为模板参数，具体调用时，将被实参的数据类型代替。函数模板将数组中的元素分成两半，取中间元素 a[mid]与 key 作比较，若没有查找到，根据比较值抛弃一半元素，对另一半元素继续下一轮查找。

产生 10 个 100 以内的随机整数

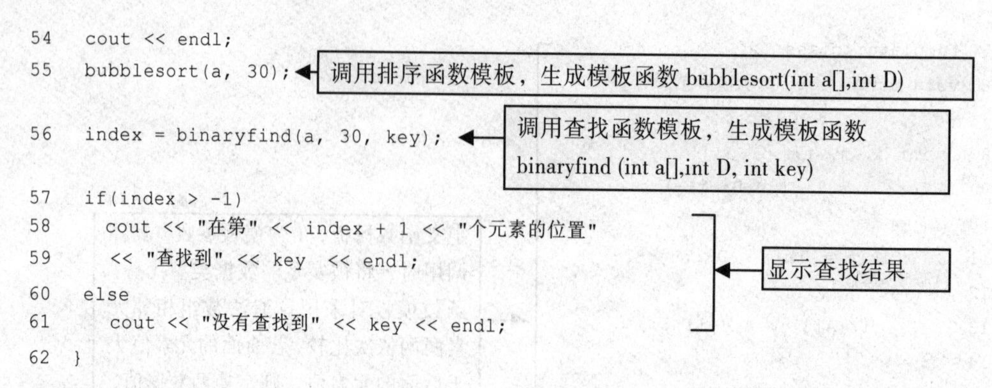

```
54  cout << endl;
55  bubblesort(a, 30);
56  index = binaryfind(a, 30, key);
57  if(index > -1)
58    cout << "在第" << index + 1 << "个元素的位置"
59     << "查找到" << key  << endl;
60  else
61    cout << "没有查找到" << key << endl;
62  }
```

调用排序函数模板，生成模板函数 bubblesort(int a[],int D)
调用查找函数模板，生成模板函数
binaryfind (int a[],int D, int key)
显示查找结果

程序说明：

（1）在程序的第 5 ~ 21 行，定义排序算法的函数模板 bubblesort(T A[], T D)，模板参数为 T，具体调用时，模板参数 T 将被实参的数据类型 int 代替。该函数模板采用冒泡法对数组中的元素排序，在第 13 行对相邻的元素值进行比较，如果前面的元素值大于后面的元素值，则交换两数据值。

（2）在程序的第 24 ~ 39 行，定义查找算法的函数模板 binaryfind(T A[], int D, T key)，函数模板有三个形参，A[ ]为待查找数组，D 为待查找数组的长度，key 为待查找的数据值。

在函数模板 binaryfind()中，设置了三个变量，分别标记数组的关键位置：low 标记数组的起始元素下标，high 标记数组最后元素的下标，而 mid 则用来标记中间元素的下标（(low+high)/2）。由于最后元素的下标不可能比最前面元素的下标值要大，因此 low 总是应该要小于或者等于 high 的。

（3）在程序的 32 ~ 36 行中，key 值与数组的中间元素值 A[mid]进行比较。

如果两者相等，则已经查找到了，不需要继续比较下去，返回中间元素下标值。

由于数组元素已经按从小到大的顺序排序，如果 key 大于 A[mid]值，则说明 key 值只能在数组的右半侧（区间[mid+1, high]的范围内）。因此，不考虑左半边的元素，重新设定搜索范围，使 low 等于数组右侧开始元素的下标（mid + 1）。

如果 key 值小于 A[mid]值，则说明 key 值只可能在数组的左半侧（区间[low, mid–1]的范围内），因此不再考虑右半侧元素，使 high 等于左半侧最后元素的下标（mid–1）。

重新设定范围以后继续新一轮循环，求出新范围中间元素下标值 mid，key 值与 A[mid]比较，反复进行。

最后如果返回值为-1 就表示没有找到，否则就表示已经找到，返回值即是所在元素的下标值。

（4）在主函数 main()中，第 49 ~ 54 行利用循环产生 30 个 100 以内的随机数。

在第 55 行调用排序函数模板 bubblesort(a,30)，生成模板函数 bubblesort(int a[],int D)，并将实参数据值传递给模板函数的形参，模板函数实现排序运算。

在第 56 行调用查找函数模板 binaryfind(a,30,key)，生成模板函数 binaryfind (int a[],int D,int key)，并将实参数据值传递给模板函数的形参，模板函数实现查找运算。

程序运行结果如下：

```
a[0] = 42     a[1] = 3      a[2] = 1      a[3] = 88     a[4] = 56
a[5] = 6      a[6] = 71     a[7] = 49     a[8] = 99     a[9] = 2
a[10] = 65    a[11] = 43    a[12] = 76    a[13] = 68    a[14] = 88
a[15] = 30    a[16] = 15    a[17] = 72    a[18] = 94    a[19] = 97
```

```
a[20] = 42      a[21] = 19      a[22] = 20      a[23] = 58      a[24] = 63
a[25] = 13      a[26] = 85      a[27] = 50      a[28] = 36      a[29] = 56
在第 11 个元素 a[10]的位置查找到 65。
```

4.3.3　统计应用

【例 4-8】 设某公司业务员在某月份的工作业绩见表 4.2，现要求编写程序，将统计数据打印成直方图形式。

表 4.2　某公司业务员在某月份的工作业绩

业务员编号	A001	A002	A003	A004	A005
业绩（万元）	25.6	18.3	22.4	29.0	19.7

分析：用直方图形式表示统计数据，其数据之间的关系非常直观。在文本方式下打印直方图的方法是输出一系列字符，用字符个数表示数据的大小。现在各业务员的业务量最多不超过 30 万元，如果每万元用一个字符“*”表示，则每行最多不超过 30 个“*”。定义一个长度为 30 的字符数组 a 存放字符“*”。

例如，编号为 A001 的业务员其业绩为 25.6 万元，数组 a 中存放 26 个“*”和 4 个空格。另外，再定义一个 double 类型数组 d，存放业务员的业绩值。

源程序如下：

```
1  #include<iostream>
2  #include<string>
3  using namespace std;
4  void main()
5  {
6      char a[30];
7      int i, j;
8      double d[] = {25.6, 18.3, 22.4, 29.0, 19.7};
9      for (i = 0; i < 5; i++)
10     {
11        for (j = 0; j < 30; j++)
12             a[j] = ' ';
13        for (j = 0; j < int(d[i] + 0.5); j++)   //四舍五入
14             a[j] = '*';
15        cout << "A00" << i + 1 << ":  ";
16        for (j = 0; j < 30; j++)
17             cout << a[j];
18        cout << endl;
19     }
20  }
```

程序运行结果为：

```
A001:  **************************
A002:  ******************
A003:  **********************
A004:  *****************************
A005:  ********************
```

4.3.4 字符处理

涉及字符，肯定要定义字符型变量，如果涉及的是大量的字符（包括字符串），就需要定义字符型数组了。对字符也可以进行排序、查找等操作，其实质就是按字符的 ASCII 码进行排序、查找。下面举例说明。

【例 4-9】 从键盘输入一个字符串，用选择法将该字符串中有效字符按降序排列。

```
1  #include<iostream>
2  #include<string>
3  using namespace std;
4  void select(char a[],int n);
5  void main()
6    {
7      char a[50] = "";
8      int n;
9      cin >> a;
10     cout << "输入的字符为:" << endl;
11       cout << a;
12       cout << endl;
13       n = strlen(a);
14       select(a, n);
15       cout << "降序排列处理后:" << endl;
16      cout << a;
17       cout << endl;
18    }
19   void select(char a[], int n)
20    {
21        int i, j, k;
22        char t;
23        for( i = 0; i < n-1; i++)//共比较 n-1 次
24          {
25              k = i;     //k 是最小数的下标
26              for(j = k + 1; j < n; j++)
27              if(a [k] < a[j]) k = j;//交换下标的位置
28               t = a[k];
29              a[k] = a[i];
30              a[i] = t;
31          }
32    }
```

4.4 构造数据类型

4.4.1 结构体类型

结构体是由一批数据组成的数据集合,该数据集合中的数据其数据类型可能相同也可能不同,但这些数据在逻辑上是相互关联的。结构体也是一种数据类型，是用户构造的数据类型。

1. 结构体类型的定义

结构体类型的一般语法形式如下：

```
struct 结构体类型名
{
        数据类型   成员名 1;
        数据类型   成员名 2;
        …
        数据类型   成员名 n;
};
```

其中，struct 是声明结构体类型的关键字，必不可少，不能省略。

大括号“{ }”内是组成该结构体的数据，称为结构体成员。在结构体类型的定义中，要对每个成员的成员名和数据类型进行说明。结构体成员的数据类型可以是基本数据类型，也可以是已经定义过的结构体类型。结构体定义是一个完整的语句，因此，大括号“{}”后面的分号不能省略。

例如，要描述一个学生的相关信息：学号、姓名、班级。如果单独考虑这组数据的每个数据，很难表现出数据完整的实际意义。这时，可以声明结构体来描述这组数据：

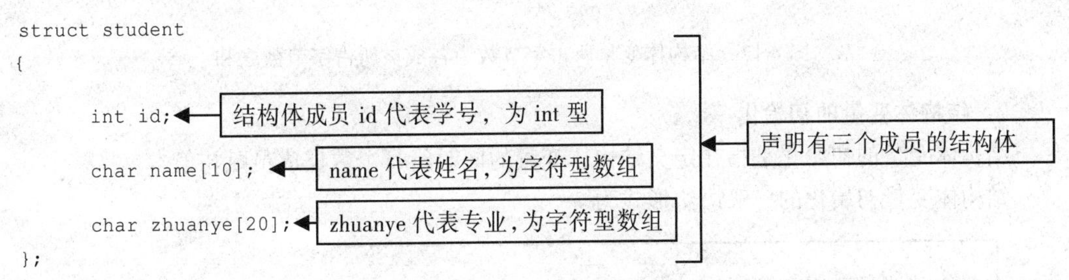
struct student
{
int id;
结构体成员 id 代表学号，为 int 型
char name[10];
name 代表姓名，为字符型数组
char zhuanye[20];
zhuanye 代表专业，为字符型数组
};
声明有三个成员的结构体

上述语句声明了一个名为 student 的结构体，它的数据类型就是 student，它包含了三个数据成员，成员 id 是整型，成员 name[10]和 zhuanye[20]是字符型数组。

2. 结构体类型变量的定义

结构体类型的定义说明了该结构体的组成，它本身并不占用存储空间，只有当用该类型定义变量时才需要分配存储空间。结构体类型定义后，就可以定义属于该类型的变量，即定义结构体类型变量。结构体类型变量简称为结构体变量。

由于结构体本身就是自定义的数据类型，定义结构体变量的方法和定义普通变量的方法一样。C++提供了两种定义结构体变量的方法，下面分别介绍。

1）先定义结构体类型，再定义结构体变量

例如，前面已经定义了 struct student 结构体类型，则可以使用该类型定义一个结构体变量 stu：

```
struct student stu;
```

甚至可以把 struct 省略掉，写成

```
student stu;
```

如果要定义同一结构体类型的多个结构体变量，各个变量之间用逗号分隔。例如，要定义三个 struct student 结构体类型的结构体变量，则

```
struct student stu1,stu2,stu3;
```

2）声明结构体类型的同时定义结构体变量

例如，

```
struct student
{
    int id;
    char name[20];
    char zhuanye[20];
}stu;
```

在定义结构体类型的同时，定义结构体变量 stu

该例在定义 student 结构体类型的同时，也定义了变量名为 stu 的结构体变量。

在 C++中，结构体类型定义并不会分配内存地址，但结构体变量一旦定义就会在内存中分配一定大小的地址空间以存储各成员数据。一个结构体变量在内存中所占字节数大小为其各成员变量所占字节数的总和。

在上例中，结构体变量 stu 定义后，在内存中所占字节数为：4 +20 +20=44，如图 4.17 所示。

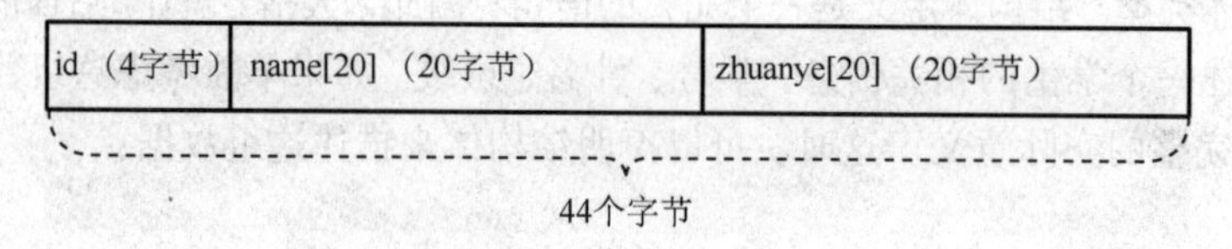

图 4.17　结构体变量所占字节数为各成员所占字节数之和

3．结构体变量的初始化

结构体变量的初始化是指在定义结构体变量的同时给每个数据成员赋初值。

结构体变量初始化的一般语法形式为

```
结构体类型　结构体变量名 = {初始数据};
```

其中，初始数据的个数、顺序和类型均应与定义结构体时结构成员的个数、顺序和类型保持一致。例如，

```
struct student
{
    int id;              //学号
    char name[10];       //姓名
    char zhuanye[20];    //专业
}stu = {1001,"陈红","计算机"};
```

初始化结构体变量

注意：在对结构体变量初始化时，不能在结构体内直接赋值。

4．结构体成员的访问

结构体定义以后，可以使用运算符“·”访问结构体成员，对结构体成员进行赋值、运算等操作。其一般的使用形式如下：

```
结构体变量名·成员名;
```

【例 4-10】 创建一个学生信息结构体，并显示该结构体成员的数据值。

源程序如下：

```
1 #include<iostream>
2 using namespace std;
3 void main()
4 {
5   struct student        ◄ 说明结构体类型 student
6    {
7      int id;            ◄ 结构体成员 id 代表学号
8      char name[10];     ◄ 结构体成员 name 代表姓名
9      char zhuanye[20];  ◄ 结构体成员 zhuanye 代表专业
10   }stu = {1001,"陈红","计算机"};
                          （第 5~10 行：定义结构体并赋初值）
11   cout<<"学号: "<<stu.id<<endl;
12   cout<<"姓名: "<<stu.name<<endl;
13   cout<<"专业: "<<stu.zhuanye<<endl;
                          （第 11~13 行：显示结构体成员的值）
14 }
```

结构体变量 stu 完成赋初值后，各成员数据的值分别为

```
stu.id = 1001
stu.name = 陈红
stu.zhuanye = 计算机
```

其存储在内存中的情况如图 4.18 所示。

图 4.18　结构体变量在内存中的存储情况

程序运行结果如下：

```
学号: 1001
姓名: 陈红
专业: 计算机
```

【例 4-11】 对结构体成员进行赋值操作。

源程序如下：

```
1 #include<iostream>
2 using namespace std;
3 struct student
4 {
5    int id;
6    char name[10];
7    char zhuanye[20];
8 } stu;
                          （第 3~8 行：定义结构体 student）
9 void main()
10 {
11   student  stu;        ◄ 定义结构体类型变量 stu
12   cout<<"请输入学生信息: "<<endl;
13   cout<<"学号: ";
14   cin>>stu.id;         ◄ 给结构体 stu 成员 id 赋值
```

```
15   cout<<"姓名: ";
16   cin>>stu.name;◄—— 给结构体 stu 成员 name 赋值
17   cout<<"专业: ";
18   cin>>stu.zhuanye; ◄—— 给结构体 stu 成员 zhuanye 赋值
19   cout<<endl;
20    cout<<"显示学生信息:"<<endl;
21   cout<<"学号: "<<stu.id<<endl;      ┐
22   cout<<"姓名: "<<stu.name<<endl;    ├◄—— 显示结构体 stu 成员的值
23   cout<<"专业: "<<stu.zhuanye<<endl; ┘
24  }
```

程序运行结果如下：

```
请输入学生信息:
学号: 2001
姓名: 赵志勇
专业: 信息工程

显示学生信息:
学号: 2001
姓名: 赵志勇
专业: 信息工程
```

另外，可以将一个结构体变量作为一个整体赋值给另一个具有相同类型的结构体变量，其作用相当于逐个对位于赋值号左边的结构体变量的每个分量赋值。例如，

```
struct student stu1, stu2;
stu2 = stu1;
```

等效于

```
stu2.id = stu1.id;
stu2.name = stu1.name;
stu2.zhuanye = stu1.zhuanye;
```

【例 4-12】 对相同类型的结构体变量整体赋值。

源程序如下：

```
1  #include<iostream>
2  using namespace std;
3  struct student◄—— 说明结构体类型 student          ┐
4  {                                                  │
5      int id;  ◄—— 结构体成员 id 代表学号            │
6      char name[10]; ◄—— 结构体成员 name 代表姓名    ├◄—— 定义结构体 student
7      char zhuanye[20];◄—— 结构体成员 zhuanye 代表专业│
8   };                                                ┘
9   void main()
10  {
11   struct student stu1 = {1001,"陈红","计算机"}, stu2;
12   stu2 = stu1;                ◄—— 整体赋值给另一个结构体变量
13   cout << "学号  " << "姓名  " << "专业 " << endl;
```

```
14   cout << stu1.id << stu1.name << stu1.zhuanye << endl;
15   cout << stu2.id << stu2.name << stu2.zhuanye << endl;
16 }
```

4.4.2　共用体类型

共用体是 C++语言提供的另一种构造数据类型。一个共用体至少应含有两个成员。它的语法和使用方法与结构体基本相同，但含义是不同的。共用体的成员共用同一个存储区，这些成员不能同时存在，即在同一时刻仅拥有其中一个成员。共用体又称为联合体。

共用体定义的一般语法形式如下：

```
union 共用体类型名
{
    数据类型　成员名 1;
    数据类型　成员名 2;
      …
    数据类型　成员名 n;
};
```

共用体成员的类型可以是任何数据类型。共用体在类型定义和使用方法与结构体基本相同，两者的区别主要是在使用内存的方式上。由于共用体类型的成员要共用一块存储空间，但这些成员的数据类型各不相同，其在内存中的存储空间大小也各不相同，因此，共用体类型在内存中按成员所占用最大存储单元分配存储空间。

例如，定义一个共用体类型 type：

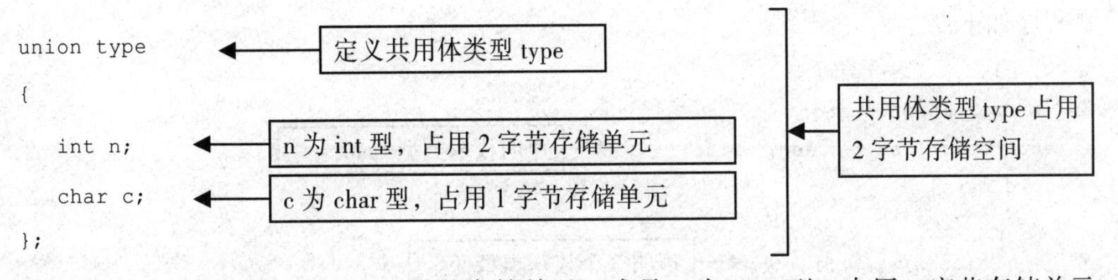

其中成员 n 为 int 型，占用 2 个字节存储单元，成员 c 为 char 型，占用 1 字节存储单元，则共用体类型 type 在内存中的位置按其中最大字节成员存储空间分配存储单元。这样，既可以存放 n 的值，也可以存放 c 的值。type 类型在内存中存放情况如图 4.19 所示。

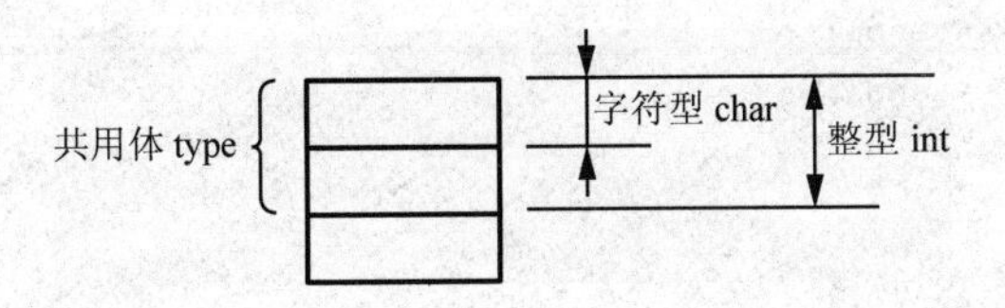

图 4.19　共用体 type 在内存中按最大字节成员的存储空间分配存储单元

【例 4-13】 定义一个名为 type 的共用体类型，并定义该共用体变量 data，以此说明共用体的使用方法。

源程序如下：

```
1  #include <iostream>
2  using namespace std;
3  void main()
4  {
5    union type ◄── 定义共用体类型 type
6    {
7       int n;
8       char c;
9    } data; ◄── 定义共用体类型变量 data
10   data.n = 12;  ◄── 为共用体成员 n 赋值
11   data.c = 'x';  ◄── 为共用体成员 c 赋值
12   cout << data.n << endl;
13   cout << data.c << endl;
14   cout << "sizeof(data) = " << sizeof(data) << endl;
15 }
```

4.4.3 枚举类型

枚举类型的成员由一组常量组成，其格式如下：

```
enum 类型名 {常量1,常量2,常量3,…, 常量n } ;
```

【例 4-14】 现有 red、green、blue 三种颜色，输出其颜色值。

源程序如下：

```
1  #include <iostream>
2  using namespace std;
3  enum Color{red, green, blue};  ◄── 声明枚举类型 Color
4  void main()
5   {
6     Color x, y, z;  ◄── 声明 3 个枚举类型变量
7       x = Color(red);   ┐
8       y = Color(green); ├◄── 给枚举类型变量赋值
9       z = Color(blue);  ┘
10      cout << x << endl;
11      cout << y << endl;
12      cout << z << endl;
13  }
```

程序运行结果如下：

```
0
1
2
```

从运行结果可以看到，枚举类型的值不是字符串，而是对应位置的整数值。

4.5　编译预处理

编译预处理是 C++编译系统的一个组成部分，系统编译器在对 C++源程序编译之前，预处理器会根据预处理命令进行预先处理，然后再进行通常的编译处理，得到目标代码。

C++中主要有三种预处理命令：文件包含、宏定义和条件编译。预处理命令都以符号“#”开头，且不用分号“;”结尾。

4.5.1　“文件包含”预处理

“文件包含”预处理是指把一个源文件的全部程序代码内容都嵌入到另一个源文件中，通常是将一个已开发完成的源文件嵌入到编程者正在开发的源文件之中。这一过程通过#include 命令完成，且嵌入在#include 命令位置。

“文件包含”命令格式为

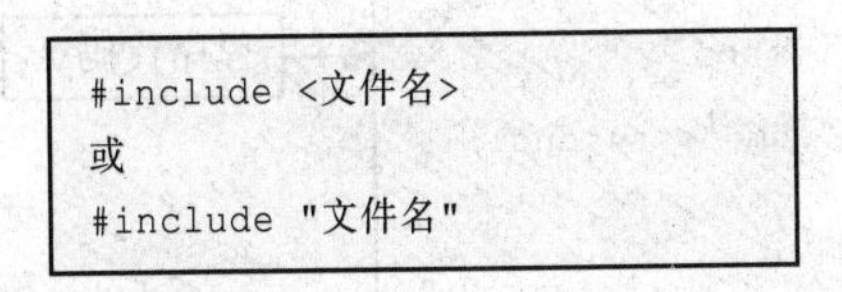

```
#include <文件名>
或
#include "文件名"
```

在编译预处理时，文件名是用尖括号还是用双引号括起来，决定了被包含文件的查找方式。对于第一种使用尖括号 <文件名> 格式，在 C++系统的 include 目录下寻找要包含的头文件，这种方式主要用于包含 C++系统标准库的头文件。例如，本书一开始的示例程序中就使用了包含头文件<iostream>的预处理命令：

```
#include <iostream>
```

对于第二种使用双引号“文件名”格式，一般用于用户自定义文件的场合。在编译预处理时，首先在当前目录下寻找要包含的文件，如果找不到，再到系统标准库中寻找。这种方式通常要指明文件所在路径，如果不指明路径，则包含文件需和要编译的文件放在同一目录中。

在文件 file1.cpp 中使用 #include"file2.cpp"命令，其编译预处理的过程如图 4.20 所示。

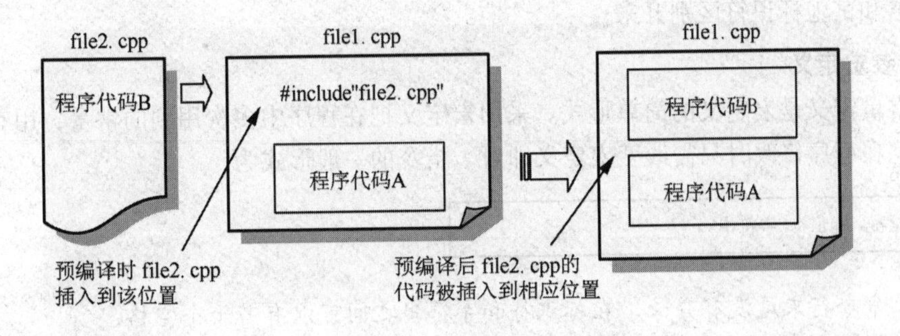

图 4.20　文件包含预处理过程

【例 4-15】 现有两个文件 file1.cpp 和 file2.h，在程序 file1.cpp 中有包含 file2.h 的编译预处理命令，下面是执行编译预处理命令前及执行后的情况。

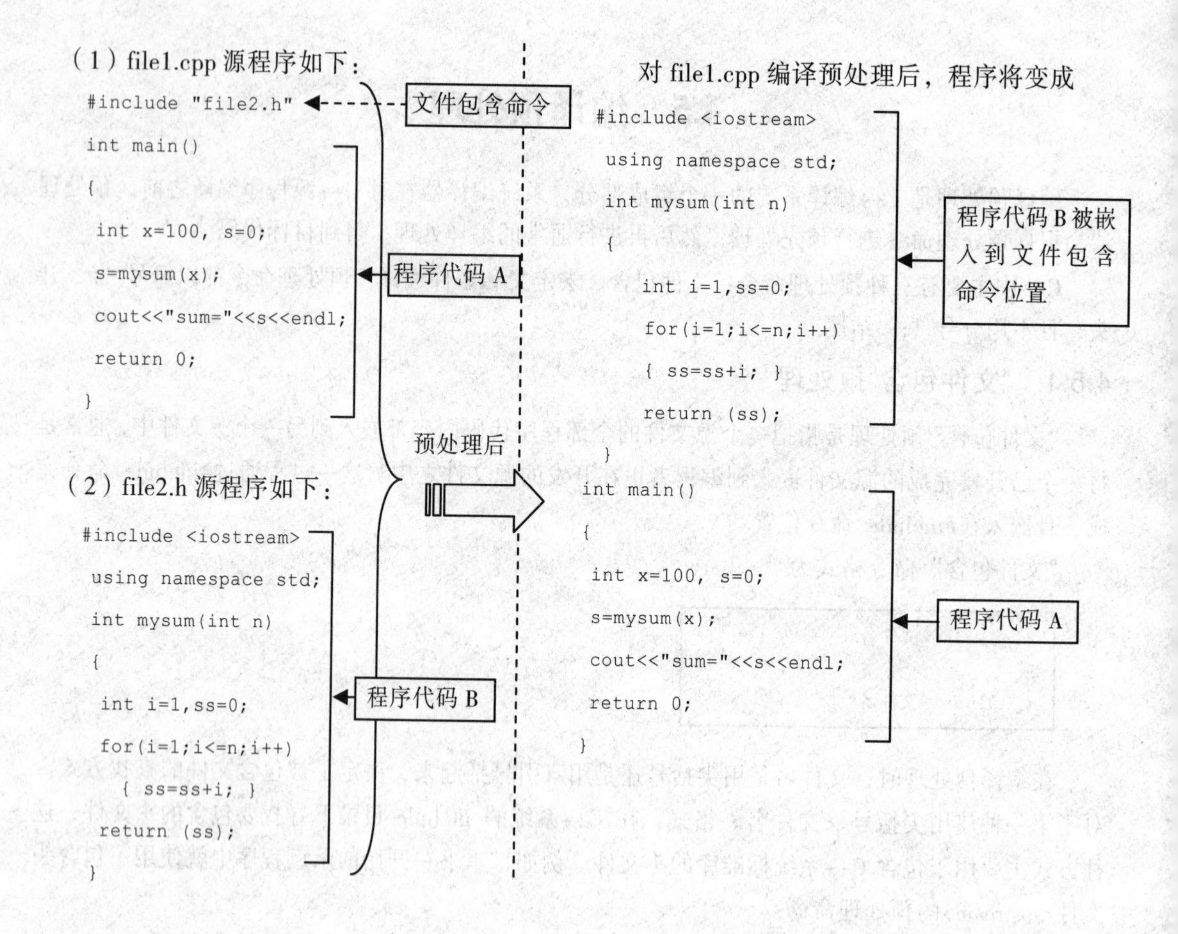
（1）file1.cpp 源程序如下：
#include "file2.h"
int main()
{
int x=100, s=0;
s=mysum(x);
cout<<"sum="<<s<<endl;
return 0;
}
文件包含命令
程序代码 A
预处理后
（2）file2.h 源程序如下：
#include <iostream>
using namespace std;
int mysum(int n)
{
int i=1,ss=0;
for(i=1;i<=n;i++)
{ ss=ss+i; }
return (ss);
}
程序代码 B
对 file1.cpp 编译预处理后，程序将变成
#include <iostream>
using namespace std;
int mysum(int n)
{
int i=1,ss=0;
for(i=1;i<=n;i++)
{ ss=ss+i; }
return (ss);
}
程序代码 B 被嵌入到文件包含命令位置
int main()
{
int x=100, s=0;
s=mysum(x);
cout<<"sum="<<s<<endl;
return 0;
}
程序代码 A

4.5.2 宏定义

在 C++语言中可以用一个标识符为一个字符串命名，这种方式称为“宏定义”，简称为“宏”。宏定义命令为#define，它定义了一个标识符和一个字符序列。在源程序中每次遇到该标识符时，就用定义的字符序列替换它。标识符被称为“宏名”，替换过程称为“宏替换”。 一个#define 只能定义一个宏，若需要定义多个宏就要使用多个#define。宏名习惯上用大写字母，这样易于将程序中的宏名和其他标识符区别开来。

1. 无参宏定义

符号常量定义是宏定义的简单形式。采用宏定义把在程序中多次用到的常量，用有意义的符号来代替，在程序修改时只需改变宏定义即可。指令的一般形式为

```
#define 标识符 字符串
```

注意：命令行末尾没有分号，在标识符和字符串之间可以有若干个空格。

例如，将圆周率 3.1415926 用标识符 PI 来替代：

```
#define PI 3.1415926
```

【例 4-16】 计算圆的面积和周长。

算法分析：根据数学知识，圆的面积是半径的平方乘以圆周率 π，圆的周长等于直径乘以圆

周率 π。由于圆周率 π 是一个常量，因此可用宏来表示圆周率。

源程序如下：

```
1  #include <iostream>
2  using namespace std;
3  #define PI 3.1415926          ◄— 宏定义，标识符为 PI，字符串为圆周率 π
4  #define Output cout <<        ◄— 宏定义，标识符为 Output，字符串为“cout <<”
5  void main()
6  {
7    double A, P, r;
8    cout << "请输入半径：" ;
9    cin >> r;
10   A = PI * r * r;  ┐
11   P = 2 * PI * r;  ┘◄— PI 将被 3.1415926 替换
12   Output "圆的面积 = " << A << endl;  ┐
13   Output "圆的周长 = " << P << endl;  ┘◄— Output 将被字符串“cout <<”替换
14 }
```

程序运行结果如下：

```
请输入半径：5
圆的面积 = 78.5398
圆的周长 = 31.4159
```

2. 带参数的宏定义

在程序设计中，宏定义除了定义符号常量外，还经常用于定义带参数的宏。对于带参数的宏定义，编译预处理时对源程序中出现的宏，不仅要进行字符串替换，而且还要进行参数替换。带参数的宏类似于内联函数，但它不产生任何函数调用。一般形式为

```
#define 标识符(形参表) 表达式
```

其中，宏定义中的形参，在程序中将用实参替换。

例如，

```
#define S(a, b) a * b
```

其中，S(a, b)称为带参数的宏，a、b 是它的两个形参。该宏定义把 S(a,b)定义为 a*b。

在此定义后，S(a, b)可以在程序中代替定义它的运算表达式(a*b)。其形参的使用类似于函数的形参，如图 4.21 所示。

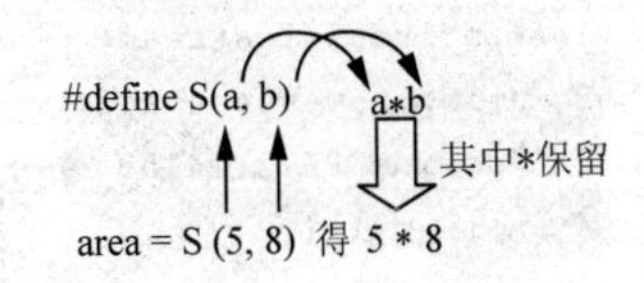

图 4.21 带参数的宏其实参值与形参的传递

【例 4-17】 宏定义的应用，计算两数中的较大数。

源程序如下：

```
1  #include <iostream>
2  using namespace std;
3  #define MAX(a, b) (a) > (b) ? (a) : (b)
4  void main()
5  {
6    int x, y, z;
7    cin >> x >> y;
8    z = MAX(x, y);
```

```
9    cout << "Max is: " << z << endl;
10 }
```

当输入 3　5↙后，程序执行的结果如下：

```
Max is: 5
```

3. 宏定义的解除

在使用#define 定义一个符号常量或者带参数的宏时，在宏定义之后一直到程序结尾都可以使用这个被定义的符号常量或带参数的宏，这样的宏定义具有全局意义。除此之外，还可以限定宏定义的使用范围，称为局部宏定义。这时使用编译预处理命令#undef 来解除已有的宏定义。解除宏定义的一般形式为

```
#undef 标识符
```

其中，标识符是在此之前使用#define 定义过的符号常量或带参数的宏。在此命令之后该宏定义将被解除。

4.5.3　条件编译

一般情况下，C++编译系统会对源程序中所有的语句都进行编译，但有时也希望根据一定的条件去编译程序中不同的部分，这就是条件编译。也就是说，用条件编译语句来指定程序中的一部分内容，当这部分内容满足编译条件时才给予编译，不满足编译条件时不参加编译。条件编译使得同一源程序由于条件不同而得到不同的目标代码。

条件编译命令有 3 种形式，现分别介绍如下。

1. #ifdef 形式

#ifdef 形式的条件编译语句格式为

```
# ifdef <标识符>
    <程序段 1>
# else
    <程序段 2>
#endif
```

其含义是：若标识符已经被“#define”命令定义，则编译程序段 1，程序段 2 不参加编译；若标识符不存在则编译程序段 2，程序段 1 不参加编译。

【例 4-18】 编写程序，若定义了圆周率 π 就计算圆形面积，否则计算矩形面积。

源程序如下：

```
1  #include <iostream>
2  using namespace std;
3  #define PI 3.14159        ← 定义常量 PI，与条件编译配合使用
4  void main()
5  {
6    double x = 5.0, area;
7   #ifdef PI
8      area = PI * x * x;
9    #else                   ← 如果常量 PI 已经定义，仅编译 area = PI * x * x 语句，
10      area = x * x;           否则，仅编译 area = x * x 语句
11    #endif
```

```
12    cout << "面积是: " << area << endl;
13  }
```

2. #ifndef 形式

#ifndef 形式的条件编译语句格式为

```
# ifndef <标识符>
    <程序段 1>
# else
    <程序段 2>
#endif
```

其含义恰好与#ifdef 相反：若标识符未被“#define”命令定义，即标识符不存在，则编译程序段 1；若标识符已经定义，则编译程序段 2。

3. #if 形式

#if 形式的条件编译语句格式为

```
#if <常量表达式>
    <程序段 1>
#else
    <程序段 2>
#endif
```

其含义与 #ifdef 相同：若常量表达式已经被“#define”命令定义，则编译程序段 1；若常量表达式不存在则编译程序段 2。

【例 4-19】 #if 形式的条件编译示例。

源程序如下：

```
1  #include <iostream>
2  using namespace std;
3  #define A -10          ← 定义常量表达式，与条件编译配合使用
4  void main()
5  {
6      #ifdef A > 0       ←
7        cout << "A > 0 " << endl;
8     #else
9        cout << "A <= 0 " << endl;
10     #endif
11  }
```

运行结果如下：

```
A <= 0
```

4.6　类型重定义 typedef

在现实生活中，信息的概念可能是长度、数量和面积等。在 C++语言中，信息被抽象为 int、float 和 double 等基本数据类型。从基本数据类型名称上，不能够看出其所代表的物理属性，并且

int、float 和 double 为系统关键字，不可以修改。为了解决用户自定义数据类型名称的需求，C++语言中引入类型重定义语句 typedef，可以为数据类型定义新的类型名称，从而丰富数据类型所包含的属性信息。

1. typedef 的声明

typedef 声明的语法格式为

```
typedef 类型名称 类型标识符;
```

其中，typedef 为系统保留字，"类型名称"为已知数据类型名称，包括基本数据类型和用户自定义的构造数据类型，"类型标识符"为新的类型名称。

2. typedef 的使用

例如，

```
typedef double LENGTH;
typedef char str[10];
```

分别定义了新的数据类型 LENGTH 和 str，它们实际上分别是双精度浮点型和字符型数组。定义新的类型名称之后，可像基本数据类型那样定义变量。如

```
LENGTH b;    //等价于 double b;
str c;       //等价于 char c[10];
```

typedef 也经常用于重新定义构造数据类型，例如，设有结构体 Point：

```
struct Point
{
  double x;
  double y;
  double z;
};
```

在定义结构体变量的时候需要有保留字 struct，不能直接使用 Point 来定义变量：

```
struct Point oPoint1={100, 100, 0};
struct Point oPoint2;
```

但如果使用 typedef 作如下的定义：

```
typedef struct tagPoint
{
  double x;
  double y;
  double z;
} Point;
```

定义结构体变量的方法可以简化为

```
Point oPoint;
```

3. 使用 typedef 时应注意的问题

在使用 typedef 时，应当注意以下的问题。

（1）typedef 的目的是为已知数据类型增加一个新的名称。因此并没有引入新的数据类型。

（2）typedef 只适用于类型名称定义，不适合变量的定义。

（3）typedef 与#define 具有相似之处，但是实质不同。

#define 为预编译处理命令，主要定义常量，此常量可以为任何字符及其组合，在编译之前，将此常量出现的所有位置，用其代表的字符或字符组合无条件地替换，然后进行编译。typedef 是为已知数据类型增加一个新名称，其原理与使用 int、double 等保留字一致。

本 章 小 结

本章介绍了构造数据类型和编译预处理，构造数据类型是由用户自定义的数据类型。本章介绍了数组、结构体、共用体和枚举类型的概念及其应用。

编译预处理是 C++系统在编译之前对程序进行处理的工作，是 C++语言的一个重要功能。编译预处理不是 C++语言的一部分，它只是使程序书写更加简练清晰，便于阅读和调试。

现将本章的知识点归纳，如图 4.22 所示。

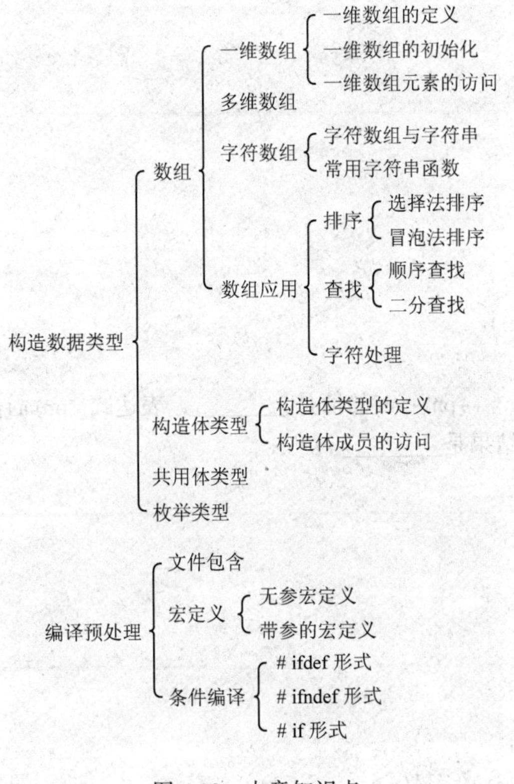

图 4.22　本章知识点

习 题 四

4.1 数组中的元素是否可以有多种不同的数据类型？

4.2 数组下标必须具有什么样的类型和范围？

4.3 当一个数组在声明时未包含初始化表，其元素的值将是什么？

当声明一个数组时，初始化表中的值小于数组元素的个数，其元素的值将是多少？

当数组的初始化表中的值的个数多于数组的大小时，将会发生什么现象？

4.4 以下程序的运行结果是________。

```
struct n
{
    int x;
    char c;
};
main()
{
   struct n a={10, 'x'};
   func(a);
   cout << a.x << a.c
}
func(struct n b)
  {
  b.x=20;
  b.c='y';
  }
```

4.5 若有定义：

```
struct  num
{
    int a;
    int b;
    float  f;
}n = {1, 3, 5.0};
struct num *pn = &n;
```

则表达式 pn -> b / n.a* ++pn -> b 的值是________，表达式(*pn).a+pn->f 的值是________。

4.6 以下程序的运行结果是________。

```
struct ks
{
   int a;
   int *b;
}s[4], *p;
main()
{
   int n = 1;
   cout << endl;
   for(i = 0; i < 4; i++)
   {
     s[i].a = n;
     s[i].b = &s[i].a;
     n = n + 2;
   }
   p = &s[0];
   p++;
```

```
    cout << (++p) -> a << (p++) -> a;
}
```

4.7 结构数组中存有三人的姓名和年龄，以下程序输出三人中最年长者的姓名和年龄。请在_______内填入正确内容。

```
static struct man{
   char name[20];
    int age;
 }person[] = {"li-ming", 18,
             "wang-hua", 19,
              "zhang-ping", 20
           };
main()
{struct man *p, *q;
   int old = 0;
   p = person;
  for(_____ ;p_____; p++)
    if(old < p -> age)
     {q = p;______;}
  cout << ______ << endl;
}
```

4.8 有 10 个数围成一圈，求相邻三个数之和的最小值。

4.9 对数组 A 中的 $N(1 < N < 100)$个整数从小到大进行连续编号，要求不能改变数组 A 中元素的顺序，且相同的整数具有相同的编号。例如，

若 A 数组为{5, 3, 4, 7, 3, 5, 6}，则输出为 3, 1, 2, 5, 1, 3, 4。

4.10 利用结构体类型编制程序，实现输入三个学生的学号，数学、语文、英语成绩，然后计算每位学生的总成绩以及平均成绩，并按总分由大到小输出成绩表。

4.11 定义一个包括年、月、日成员的结构体变量，将其转换成这一年的第几天并输出。注意闰年问题。

4.12 定义枚举类型 money，用枚举元素代表人民币的面值。人民币面值包括 1、2、5 分，1、2、5 角，1、2、5、10、20、50、100 元。

4.13 从键盘输入若干个英文字母，并统计各字母出现的次数（不区分大小写）。

4.14 编写程序，将已按降序排列的两个数组合并到一个数组中，使得新数组中的数据仍按降序排列。例如，若数组 a、b 中的数据分别为“20,18,16,14,12”、“19,15,13,7”，则合并后新的数组 c 中的数据为“20,19,18,16,15,14,13,12,7”。

4.15 从键盘输入两个字符串存放到字符数组 a、b 中，要求交换两数组字符串的内容。

4.16 找出一个二维数组中的鞍点，即该位置上的元素在该行上最大，在该列上最小。也可能没有鞍点。

4.17 有 4 名学生，每人考试两门课程。试编写函数 index()检查总分高于 160 分和任意一科不及格的两类学生，将结果输出到屏幕上，并写出运行结果。

4.18 编写程序，输出 1～12 月份对应的英文月份名称，要求使用枚举类型和二维数组进行处理。

4.19 使用带参的宏从 3 个数中找出最大数。

第5章 指　针

指针是C++语言的一种数据类型，是C++语言具有代表性的特征之一。指针变量可以有效地表示复杂的数据结构，作为参数传递可以改变实参的值，可用于动态分配存储空间，可更简单有效地处理数组等。指针是初学者较难理解和容易出错的地方，必须通过多做编程练习，多上机调试程序来掌握，通过设计实践正确理解其概念。做到了这些，指针也就不难掌握了。

本章介绍指针的概念、指针变量的定义及引用方式、指针变量的运算、利用指针变量构成复杂的数据类型以及指针变量的典型应用等。

5.1 指针和指针变量

5.1.1 指针的概念

指针是C++语言程序设计中不可缺少的重要内容。利用指针可以直接对内存中各种不同数据结构的数据进行快速的处理，并且它为函数间各类数据的传递提供了简捷便利的方法。因此，正确熟练地使用指针可以编写出简洁明快、性能强、质量高的程序。但是指针的不当使用也将产生程序失控的严重错误。因此，充分理解和正确掌握指针的概念和特点，对学习C++程序设计来说是十分重要的。

简单地说，指针就是变量的地址，而变量的地址就是内存的地址。所以，要理解什么是指针，首先要了解内存地址、变量地址及如何访问存储在内存中的数据等基本概念。

1. 内存地址、变量地址及数据访问方式

计算机的内存由连续的存储单元组成，每个存储单元都有唯一的地址编号。内存地址的号码是统一编排的，从0开始到所安装内存的最大值为止。不管在计算机中安装了几块内存条，各内存单元的地址都不重复。在计算机中，内存中任何一个数据（如简单变量、数组、函数等实体）都会占用一定的存储区域，其数据地址是指该存储区域的首地址。按照存储单元的地址就可以访问到该存储区域里的数据内容。

C++源程序中定义的变量，在编译时就要为它们分配相应的存储区域。例如，

```
int x = 10;
```

变量 x 在内存所占用的空间大小可用 sizeof(x)求得，其在内存的存放地址可以通过取址运算“&x”得到（取址运算 &x 在5.1.2节中将详细讲解）。下列程序可以实现这一功能。

【例 5-1】 编程说明变量在存储区域中的存放情况。

源程序如下：

```
1  #include <iostream>
2  using namespace std;
3  void main()
4  {
5    int x = 10;
6    cout << "变量 x 的值为：" << x << endl;
7    cout << "变量 x 占用内存空间大小：" << sizeof(x) << " bytes" << endl;
8    cout << "变量 x 的首地址为：0x" << &x <<endl;
9  }
```

经编译后，运行结果如下：

```
变量 x 的值为：10
变量 x 占用内存空间大小：4 bytes
变量 x 的首地址为：0x0012FF7C
```

从例 5-1 的运行结果可得到变量 x 在存储区域中的存放情况，如图 5.1 所示。

在图 5.1 中，右边的 x 是变量的名称；中间是变量 x 的值，也就是存储区域的内容；而左边 0x0012FF7C 是变量 x 在存储区域中的首地址。

这样，经过编译处理，把程序装入内存后，变量的名称就与存储区域中特定存储单元的地址联系在一起。

在执行程序时，CPU 并不能直接识别变量的名称，但它知道各变量在存储区域的地址。所以，在机器内部对变量值的存取操作是通过对其地址进行的。

例如，语句“x = 10;”的其执行过程是：根据变量名与存储单元地址的映射关系，找到变量 x 的首地址 0x0012FF7C，然后把整数 10 存放到首地址为 0x0012FF7C 的存储区域中。因而，变量的值就是相应存储区域的内容。这种在编程时直接按变量名来取变量值的方式称为“直接访问”方式。

对变量的访问还有“间接访问”方式，即把一个变量（如 x）的地址存放在另一个存储区域（设地址为 0x0012FF78，记作变量 p），那么，就可以通过访问变量 p 的地址 0x0012FF78，得到 x 的地址（即 0x0012FF7C），再按地址 0x0012FF7C 存取其中内容，从而得到 x 的值，如图 5.2 所示。

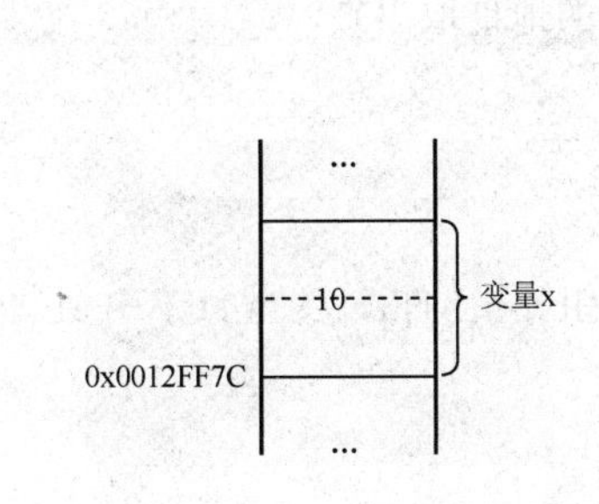

图 5.1　变量在存储区域中的存放情况

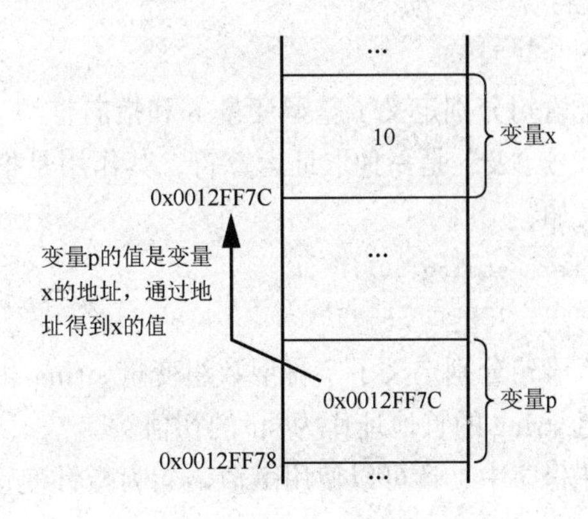

图 5.2　变量 p 间接访问变量 x

2．指针和指针变量

在间接访问数据方式中，变量 p 的值是另一个变量 x 在存储区域中的地址。具有这种性质的数据类型就称为指针。所以，指针是 C++语言中的一种数据类型，它表示另一个变量在存储区域的地址。简言之，指针是存储区域地址的别名，是存放变量的地址。

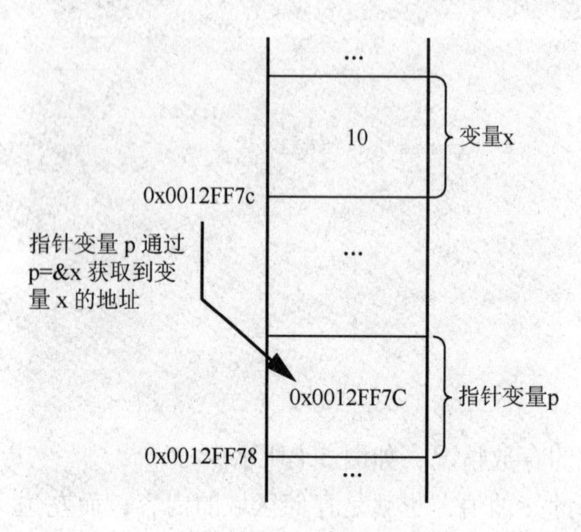

图 5.3 指针 p 通过 p=&x 获得变量 x 地址

指针也是一个值，也可以存放在变量中，存放指针的变量称为指针变量。因此，一个指针变量里面所存放的数据就是某个内存单元的地址。

例如，假设定义指针变量 p，用来存放整型变量的地址，系统为变量 p 分配的内存单元首地址为 0x0012FF78。通过赋值语句 p = &x 给 p 赋值，此时，指针变量 p 的值就是变量 x 的内存起始地址 0x0012FF7C，也称 p 指向变量 x，如图 5.3 所示。

指针也有类型，它就是指针所指向的数据的类型，"指针"表达了两层含义：一个地址以及存储于该地址处的数据的类型，因此在概念上与"地址"还是有区别的。

指针变量是指向其他变量地址的变量，通过指针变量就可以实现对其他变量的访问。例如，将变量 x 的地址存放在另一个变量 p 中，通过访问变量 p 就能实现对变量 x 的访问。

如果一个指针不指向任何数据，则称为空指针，其地址值就是 0。空指针的地址值 0 可以用符号常量 NULL 表示。NULL（或 0）是 C++中经常用到的指针常量。

3．指针变量的定义

指针变量就是存放地址的变量，指针变量的类型就是存放于其中的指针（地址）所指向的数据的类型。定义指针变量与定义普通变量类似，其一般格式为

```
数据类型  *指针变量名;
```

例如，

```
int n;
int *p = &n;
```

这两个语句分别定义了整型变量 n 和指向整型变量的指针变量 p，并将变量 n 的地址作为 p 的初值。符号"&"是一种取址运算符，其作用是把符号后面变量的地址取出来。

又如，

```
char  string[20];
char  *str=string;
```

这两个语句分别定义了字符型数组变量 string 和指向字符型数组变量的指针变量 str，并且将字符型数组 string 的首地址作为 str 的初值。

在程序中，还可以使用赋值语句为指针变量赋值，例如，

```
int  x = 10;
int  *p, *q;
p = &x;      ← 将变量 x 的地址取出来赋值给指针变量 p
```

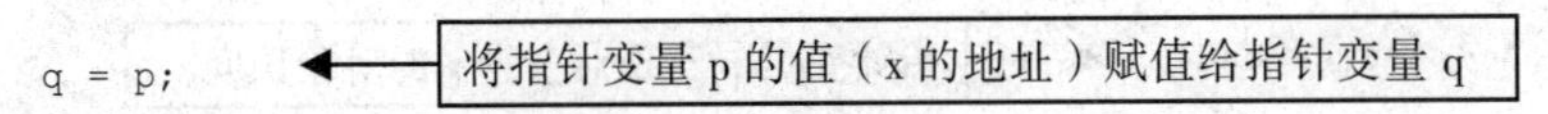

赋值后指针 p、q 都指向变量 x，如图 5.4 所示。

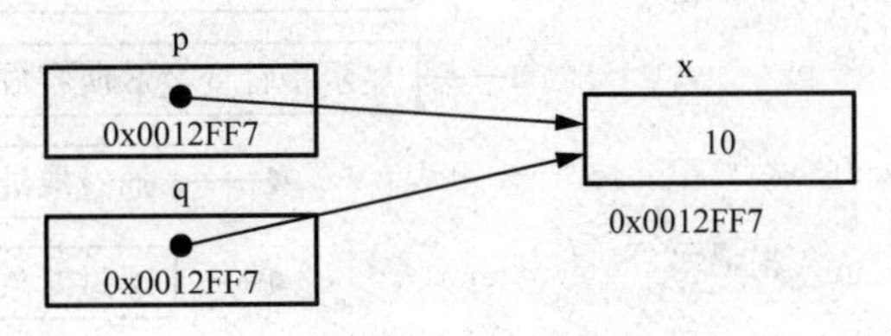

图 5.4 指针 p、q 指向变量 x

5.1.2 指针的运算

C++语言中提供了两个指针运算符，即取变量地址运算符“&”和对象访问运算符“*”。指针的对象访问运算也称为间接访问运算。指针 p 的取址运算&x 及对象访问运算*p 如图 5.5 所示。

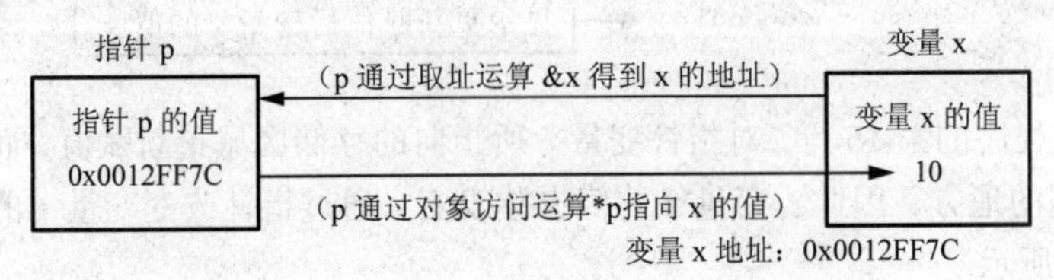

图 5.5 指针 p 的取址运算&x 及对象访问运算 *p

例如，

```
int x = 10;
int *p;
p = &x;
```

通过赋值语句 p = &x，指针变量 p 得到变量 x 的地址，设 x 的地址为 0x0012FF7C，即

```
p = 0x0012FF7C
```

这时，若进行对象访问运算符“*”运算，*p 的值就是指针所指向的变量 x 的值 10，即

```
*p = 10
```

在程序中使用指针变量进行对象访问运算之前，必须给它们赋初值，使它们指向相应的变量。不要误认为指针变量一经定义就与某个同类型的变量建立了“指向”关系。例如，在上面的例子中，若没有 p = &x，指针变量 p 与变量 x 没有任何联系。

【例 5-2】 指针的取址与对象访问运算。

源程序如下：

```
1  #include <iostream>
2  using namespace std;
3  void main()
4  {
5    int x = 10;        ←  定义整型变量 x
6    int *p;            ←  定义整型指针变量 p
7    p = &x;            ←  通过取址运算，将变量 x 的地址赋值给指针变量 p
8    cout << " x = " << x << endl;
```

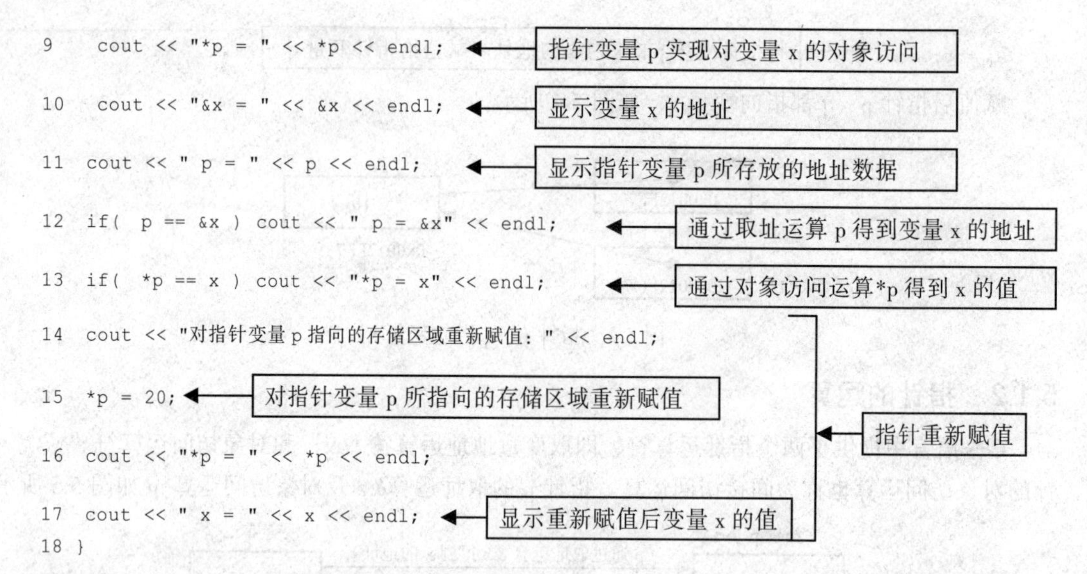

程序说明：在程序的第15行，对指针变量p所指向的存储区域重新赋值，而这个存储区域正是变量x存放数据的地方，因此，变量x的值也被改变。通过指针改变变量x的值，这就是指针的作用，如图5.6所示。

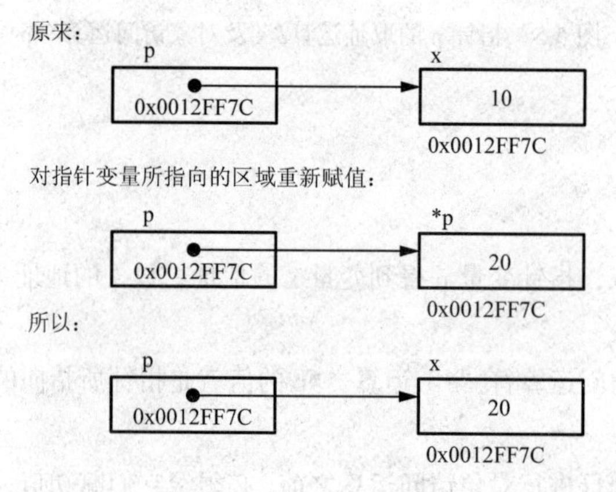

图5.6　对指针p所指向的存储区域重新赋值

程序运行结果如下：

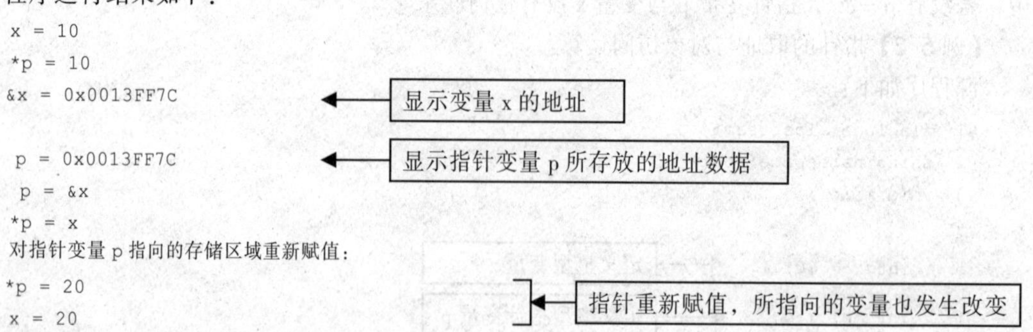

【例5-3】　利用指针运算交换两个变量的值。

源程序如下：

```
1  #include <iostream>
2  using namespace std;
3  void swap(int *x, int *y);           ← 函数声明
4  void main()
5  {
6    int a, b;
7    cout << "请输入两个整数：" << endl;
8    cout << "a = " ;
9    cin >> a ;
10   cout << "b = " ;
11   cin >> b;
12   swap(&a, &b);                      ← 调用交换两个变量值的函数
13   cout << "a = " << a << "   b = " << b << endl;
14 }                                    ← 将两个实参值的地址传递给相应的指针类型形参

15  /*  交换两个变量的值 */

16  void swap(int *x, int *y)           ← 通过参数传递，x=&a, y=&b
17  {
18   int temp;
19   temp = *x;     ← 由于*x=a，得到 temp=a，即把 a 的值赋值给 temp
20   *x = *y;       ← 由于 *y=b，得到 *x=b，即把 b 的值赋值给指针 x 所指向的区域
21   *y = temp;     ← *y=a，即把 a 的值赋值到指针 y 所指向的区域
22  }
    (19～21行) ← 交换*x 和*y 的值，就是交换两指针变量所指向的区域的值，实际上交换的是主调函数中 a、b 的值
```

程序说明：在程序第 12 行，将参数 a 和 b 的地址分别赋值给指针变量 x 和 y，使 x 指向 a 的地址，y 指向 b 的地址。

在程序第 19 行，把指针变量 x 所指向区域的值（参数 a 的值）暂存到中间变量 temp 中。

在程序的第 20 行，把指针变量 y 所指向区域的值（参数 b 的值）复制到指针变量 x 所指向的区域，这时，指针变量 x 所指向的区域的值为参数 b 的值。

在程序的第 21 行，把中间变量 temp 中的参数 a 的值赋值给指针变量 y。这样一来，指针 x 指向的是原 b 的值，指针 y 指向的是原 a 的值，即*x 是原 b 的值，*y 是原 a 的值，从而实现两个变量值的交换，如图 5.7 所示。

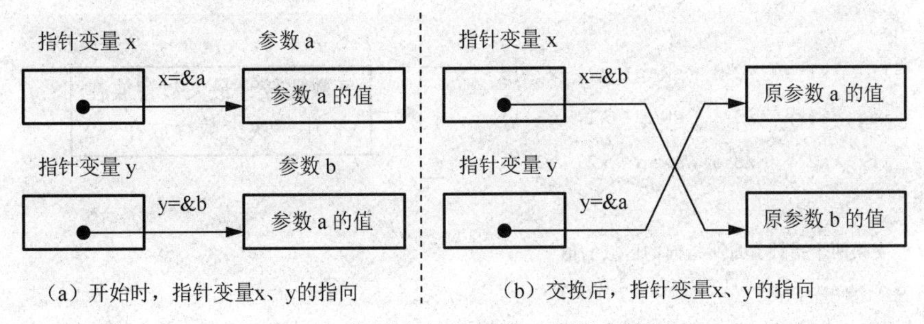

图 5.7　指针变量交换前后的指向情况

假设用户通过键盘输入两个整数 3 和 5，程序运行结果如下：

```
请输入两个整数：
a = 3 ↙
b = 5 ↙
a = 5   b = 3
```

注意：若程序修改为

```
void swap( int *x, int *y )
{
    int *temp;
    temp = x;
    x = y;
    y = temp;
}
```

交换两个指针的值（即地址），而不是交换它们所指向的区域的值

这时，交换的是两个指针的值，即指针 x 指向 b 的地址，指针 y 指向 a 的地址，但主函数中两变量 a、b 的值并没有交换，变量 a、b 中的值还是原来的值。

【例 5-4】 利用指针运算设计一个排序程序，将任意 3 个数按从小到大的顺序排序。

源程序如下：

```
1  #include <iostream>
2  using namespace std;
3  void sort(int *x1, int *x2, int *x3);
4  void swap(int *x, int *y);
5  void main()
6  {
7     int a, b, c;
8     cout << "请输入三个整数：" << endl;
9     cout << "a = " ;
10    cin >> a ;
11    cout << "b = " ;
12    cin >> b;
13    cout << "c = " ;
14    cin >> c;
15    sort( &a, &b, &c );
16    cout << "a = " << a << "  b = " << b << "  c = " << c << endl;
17 }
18 //三个数排序
19 void sort(int *x1, int *x2, int *x3)
20 {
21    if( *x1 > *x2 )  swap( x1, x2 );
22    if( *x1 > *x3 )  swap( x1, x3 );
23    if( *x2 > *x3 )  swap( x2, x3 );
24 }
25 /* 交换两个指针变量所指向的区域的值 */
26 void swap( int *x, int *y )
27 {
```

函数声明

调用排序函数

将三个实参值的地址传递给相应的指针类型形参

三数比较，最大数存放在 x1 中，次大数存放在 x2

```
28      int temp;
29      temp = *x;   ┐
30      *x = *y;     ├← 交换两个指针所指向的区域的值
31      *y = temp;   ┘
32  }
```

假设用户通过键盘输入三个整数 9、6、4，程序运行结果如下：

```
请输入三个整数：
a = 9↙
b = 6↙
c = 4↙
a = 4   b = 6   c = 9
```

5.2 指针与数组

5.2.1 指向数组的指针变量

一个数组包含若干个元素，并被存放在一块连续的内存单元中。数组的各个元素都占用存储单元，它们都有相应的地址。可以用一个类型与数组相同的指针来指向数组，该指针的值是数组的第一个元素的首地址。

定义指向数组的指针的一般格式为

```
数据类型  *指针变量 = 数组名;
或:
数据类型  指针变量 = &数组名[首地址];
```

数组的首地址也称为数组的指针，指向数组的指针变量称为数组指针变量。可以通过改变数组指针的值访问数组的每个元素。

设有一维整型数组：

int a[6] = { 10, 20, 30, 40, 50, 60 };

该数组包含 6 个数组元素，系统在内存中为数组 a 分配存放 int 数据的 6 个连续的存储单元，分别为：a[0]、a[1]、a[2]、a[3]、a[4]、a[5]。

再定义数组指针变量 p：

```
int  *p = a;
```

并进行如下的指针运算：

```
p = a;
```

或

```
p = &a[0];
```

则数组指针 p 就指向了数组 a 的首地址，根据上面的介绍，可以知道，此时数组指针 p 的间接访问*p 的值就是 a[0]的值，如图 5.8 所示。

注意：指针运算 p = a 的作用是把数组 a 的首地址赋值给指针变量 p，而不是把数组的各个元素的值赋给 p。

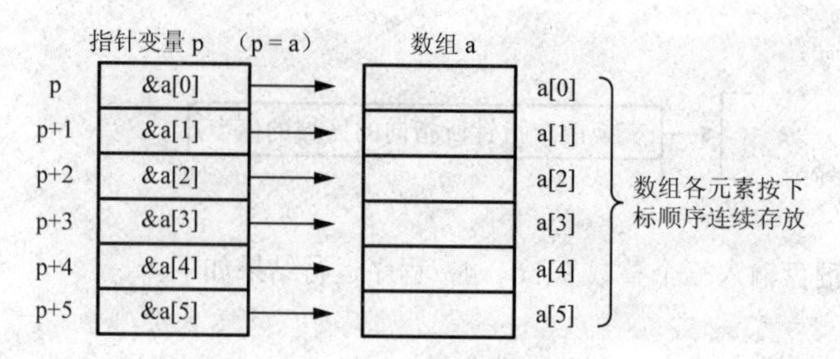

图 5.8 指向数组 a 的数组指针变量

由于数组的各元素在内存中是按下标顺序连续存放的，根据指针变量的定义，指针变量 p 指向 a[0] 的地址，则 p+1 指向的是下一个数组元素 a[1] 的地址，*(p+1) 的值就是 a[1] 的值。依此类推，p+i 指向的是数组元素 a[i] 的地址，*(p+i) 的值就是 a[i] 的值。当 i 变化时，通过指针运算 *(p+i) 就可以依次间接访问数组 a 的各个元素。

对于数组元素 a[i]，其地址可以表示为 &a[i]、p+i、a+i。

【例 5-5】 分别使用数组下标及指针访问数组，数组的元素为 20 以内的偶数。

源程序如下：

```
1 #include <iostream>
2 using namespace std;
3 void main()
4 {
5   int a[10];
6   int i;
7   /* (1)使用数组下标运算    */
8   for( i = 0; i < 10; i++)
9      a[i] = 2 * (i + 1);
10  for( i = 0; i < 10; i++)
11     cout << "  " << a[i];
12  cout << endl;
13
14  /* (2)使用指针变量指向数组元素    */
15  int *p;
16  p = a;
17  for( i = 0; i < 10; i++)
18  {
19    *(p + i) = 2 * (i + 1);
20    cout << "  " << *(p+i);
21  }
22  cout << endl;
23 }
```

注释：第 8～9 行——通过数组下标，给元素赋值；第 10～11 行——通过数组下标，输出数组元素；第 16 行——如果没有本语句，指针与数组毫不相干。也可以写成 p = &a[0]; 第 19～20 行——指针变量访问数组，即通过指针操作数组元素：给数组元素赋值及输出指针所指向的数组元素值；第 17～22 行——循环时，指针 p 始终指向数组的首地址，没有改变

程序说明：在程序第 15 行定义一个指针变量 p，在第 16 行将数组名（数组的首地址，即 a[0]）赋值给指针变量 a，该语句建立了指针与数组的联系，如果没有该语句，指针与数组毫不相干。这时 p 指向了数组的首地址 a[0]，那么 (p+i) 就表示第 i 个元素 a[i]的地址，*(p+i) 就表示第 i 个元素，即 *(p+i) 相当于数组第 i 个元素 a[i]。

程序运行结果如下：

```
2  4  6  8  10  12  14  16  18  20
```

数组下标访问数组的结果

```
2  4  6  8  10  12  14  16  18  20
```
← 指针访问数组的结果

【例 5-6】使用指针求一维数组各元素之和。

方法一，不改变指针的指向，指针变量始终指向数组的首地址。

源程序如下：

```
1  #include <iostream>
2  using namespace std;
3  void main()
4  {
5    int sum = 0, i ;
6    int a[5] = { 4, 5, 6, 7, 8 };
7    int *p = a;
8    for ( i = 0; i < 5; i++ )
9       sum += *(p + i);
10   cout << "sum =" << sum << endl;
11 }
```

第 7 行：定义指针变量 p，并指向数组 a 的首地址

第 8～9 行：循环过程中，指针 p 始终指向数组 a 的首地址

方法二，改变指针的指向，使指针指向下一个数组元素。

源程序如下：

```
1  #include <iostream>
2  using namespace std;
3  void main()
4  {
5    int sum = 0, i ;
6    int a[5] = { 4, 5, 6, 7, 8 };
7    int *p = a;
8    for ( i = 0; i < 5; i++, p++ )
9       sum += *p ;
10   cout << "sum =" << sum << endl;
11 }
```

第 7 行：定义指针变量 p，并指向数组 a 的首地址

第 8～9 行：循环过程中，指针 p 自加，指向数组下一个元素

程序说明：

（1）在方法二的循环过程中，指针变量 p 进行自加运算，不断指向数组下一个元素。循环一开始 p 指向 a[0]，这时 *p 表示 a[0]，将 a[0]累加到 sum 中。第二轮循环时 p++，p 就指向了 a[1]，又把 a[1]累加到 sum 中，依此类推，将数组所有元素累加求和。

（2）方法二的循环语句 for (i = 0; i < 5; i++, p++)，也可以写成

```
for ( i = 0; i < 5; i++ )
{
   sum += *p ;
   p++ ;
}
```

（3）方法二的 for 循环语句也可以直接用指针 p 作循环变量，从指向数组元素 a[0]的地址开始，p = &a[0]，到指向数组元素 a[4]的地址结束，p <= &a[4]，每循环一次移动一次指针。循环语句部分为

```
for(p = &a[0]; p <= &a[4]; p++)
    sum += *p ;
```
← 指针 p 作循环变量

以上方法的程序运行结果均为

```
sum = 30
```

5.2.2 指针与二维数组

与指向一维数组类似，也可以用指针变量指向二维数组。但在使用方法上，二维数组的指针要比一维数组的指针复杂。

1. 二维数组的存储方式

为了说清楚二维数组的指针，先回顾一下二维数组的存储方式。设有一个 2×3 的二维数组 a[2][3]，其在内存中存放的情况如图 5.9 所示。

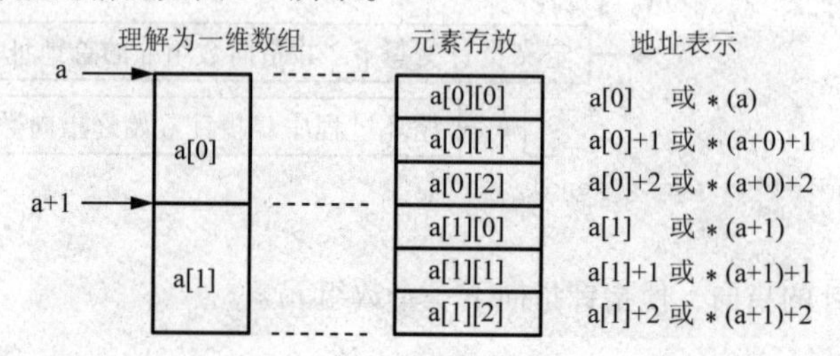

图 5.9 二维数组 a[2][3]在内存中存放的情况

可以把 a[2][3]理解为由 2 个元素 a[0]、a[1]组成的“一维数组”，而每个元素又分别是一个由 3 个元素组成的“一维数组”，即

```
a[0][0]、a[0][1]、a[0][2]
```

◄── a[0]指向数组一行元素

和

```
a[1][0]、a[1][1]、a[1][2]
```

◄── a[1]指向数组另一行元素

由于 a[0]、a[1]分别代表两个一维数组，因此 a[0]、a[1]是地址值，它们分别表示了两个一维数组的首地址。

由于 a[0]、a[1]分别代表二维数组的每一行，即它们是二维数组每一行的首地址，也就是

```
a[0] = & a[0][0]
a[1] = & a[1][0]
```

a、a[0]、*(a+0)、*a、&a[0][0] 的值都是相等的，都是二维数组第一行的首地址。

同理，a + 1、a[1]、*(a + 1)、&a[1][0] 的值也都是相等的，都是二维数组第二行的首地址。

由此可得出：a + i、a[i]、*(a + i)、&a[i][0] 的值也都是相等的，都是二维数组第 i 行的首地址。

2. 指向二维数组的指针变量

二维数组指针变量定义的一般形式为

```
数组的数据类型 (*指针变量名)[列数];
```

其中，“列数”表示二维数组分解为多个一维数组时，其一维数组元素的个数。

例如，设 p 为指向二维数组 a[2][3]的指针变量，把二维数组 a[2][3]分解为一维数组 a[0]、a[1]之后，其指针变量 p 可定义为

```
int (*p)[3];
```

下面还有几种指针变量的定义方式。

设整型二维数组 a[2][3]，则

int *p；

（1）指向数组的元素：

p = &a[0][0]；或　p = a[0]；

（2）指向数组的行：

p = a；或　p = &a[0]；

【例 5-7】 使用指针变量处理二维数组。

根据前面的分析，指针处理数组可以用指向数组元素的指针变量处理二维数组，也可以用指向数组行的指针变量处理二维数组。下面分别说明其使用方法。

1）用指向数组元素的指针变量处理二维数组

源程序如下：

```
1  #include <iostream>
2  using namespace std;
3  void main()
4  {
5    int a[2][3];
6    int *p, i, j;
7    p = &a[0][0];
8    for(i = 0; i < 2; i++)
9    {
10     for(j = 0; j < 3; j++, p++)
11     {
12         *p = 2 * i + j;
13         cout << "p=" << p << "  " ;
14       cout << "a[" << i << "][" << j << "]=" << a[i][j] <<" ";
15     }
16    cout << endl;
17   }
18 }
```

定义指针变量 p，并指向数组 a 的首地址

循环中指针 p 自加，指向数组下一个元素

用指针变量设置 a[i][j]的值

用二重循环处理二维数组

2）用指向数组行的指针变量处理二维数组

分析：对于指向数组行的指针变量，由于

```
p + i = &a[i];
```

则有

```
*(p + i) = a[i];
```

在等式的两边加 j，得到

```
*(p + i) + j = a[i] + j;
```

由于 a[i]是二维数组的第 i 行，从而 a[i] + j 是 a[i][j]的地址，即

```
a[i] + j = &a[i][j];
```

从而有

```
*(p + i) + j = &a[i][j];
```

即指针变量间接访问二维数组第 i 行第 j 列的元素 a[i][j]的表达式为

```
*(*( p + i) + j) = a[i][j];
```

源程序如下：

```
1  #include <iostream>
2  using namespace std;
3  void main()
4  {
5    int a[2][3], i, j;
6    int (*p)[3];
7    p = &a[0];
8    for(i = 0; i < 2; i++)
9    {
10     for(j = 0; j < 3; j++)
11     {
12         *(* (p + i) + j) = 2 * i + j;
13         cout << "p["<< i << "]=" << p[i] << "  ";
14         cout << "a[" <<i << "][" << j << "]=" << a[i][j] <<"  ";
15      }
16     cout << endl;
17    }
18  }
```

定义一维数组指针并赋初值（数组行的首地址）

用指针变量设置 a[i][j]的值

二重循环处理二维数组

对于方法一，其程序运行结果如下：

```
p=0012FF68  a[0][0]=0  p=0012FF6C  a[0][1]=1  p=0012FF70  a[0][2]=2
p=0012FF74  a[1][0]=2  p=0012FF78  a[1][1]=3  p=0012FF7C  a[1][2]=4
```

元素指针逐个移动

对于方法二，其程序运行结果如下：

```
p[0]=0012FF68 a[0][0]=0 p[0]=0012FF68 a[0][1]=1 p[0]=0012FF68 a[0][2]=2
p[1]=0012FF74 a[1][0]=2 p[1]=0012FF74 a[1][1]=3 p[1]=0012FF74 a[1][2]=4
```

数组指针逐行移动

5.2.3 指针和字符串

字符串在内存中占据一块连续的地址空间，通常使用字符数组来存取字符串。实际上，在 C++程序中，实现一个字符串有两种方法：一是用字符数组表示字符串，二是用字符指针表示字符串。下面分别介绍这两种实现方法。

【例 5-8】 使用字符数组存取字符串。

源程序如下：

```
1  #include <iostream>
2  using namespace std;
3  void main()
4  {
5    char str[ ] = "Welcome to study C++ ! ";
6    int i = 0;
7    while ( str [i] != ' \0 ' )
8       cout << str[i++] << endl;
9  }
```

字符串以 '/0' 结尾

在本程序中，使用字符数组 str[ ]存放一个字符串，以 '\0' 结尾。使用字符数组下标逐个访问数组元素。

【例 5-9】 用字符指针指向一个字符串，计算其长度并输出该字符串。

源程序如下：

```
1  #include <iostream>
2  using namespace std;
3  void main()
4  {
5    char str[ ] = "Welcome to study C++ ! ";
6    char *pstr;
7    pstr = str;
8    cout << pstr << endl;
9    cout << "Length=" << strlen(pstr) << endl;
10 }
```

定义字符型指针 pstr，并指向字符数组 str 首地址

输出字符指针 pstr 所指向区域的值。若改为*pstr，则仅输出首地址的值

程序说明：

（1）程序第 6、7 行定义了一个字符型指针 pstr 指向字符数组 str 首地址。

（2）第 8 行输出字符指针 pstr 所指向的区域的值，即输出整个字符数组的值。第 8 行若改成："cout << *pstr; "，则输出的仅仅是首地址的值，而不是整个字符数组的值。

（3）由于"Welcome to study C++ ! "是一个字符串常量。在 C++中，对字符串常量按照字符数组处理，在内存中开辟一块连续的存储区域存放字符串常量。因此，可用语句 pstr = "Welcome to study C++ ! "将字符串的首地址赋值给字符型指针 pstr。也就是让指针 pstr 指向该字符串。赋值后就可以通过指针变量 pstr 存取它所指向的字符串了。综上所述，可以用下列两条语句替换程序第 5 ~ 8 行语句：

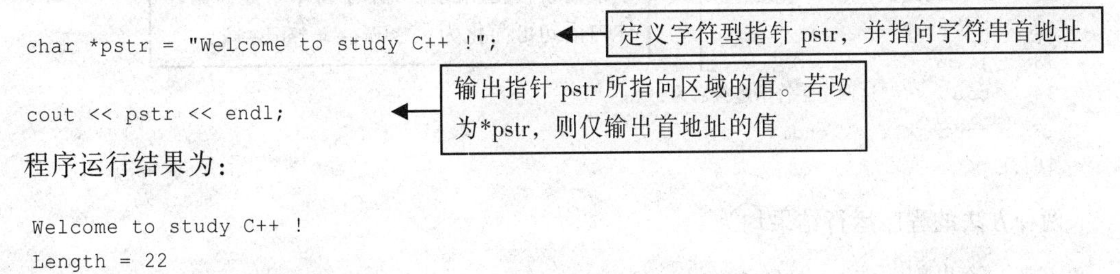
定义字符型指针 pstr，并指向字符串首地址
输出指针 pstr 所指向区域的值。若改为*pstr，则仅输出首地址的值

```
char *pstr = "Welcome to study C++ !";

cout << pstr << endl;
```

程序运行结果为：

```
Welcome to study C++ !
Length = 22
```

【例 5-10】 连接两个字符串。

方法一：使用字符数组下标。

算法分析：先定义两个字符数组，由于字符串构成的字符数组最后一个字符是 '\0'，把它当作循环的终止条件，先把第一个字符串数组下标移到最后一个字符，然后依次把第二个字符串中的字符复制到第一个字符串中即可。如果不把第一个字符串数组下标移到末尾，第二个字符串的内容将覆盖其内容，而不是连接。

源程序如下：

```
1  #include <iostream>
2  using namespace std;
3  void main()
4  {
5     char a[20]="aaa", b[10]="bbb";
6     int i = 0; int j = 0;
7     while(a[i] != '\0') i++;
8     while((a[i] = b[j]) != '\0')
9      {
10       i++;
11       j++;
```

将字符串数组下标移到最后一个元素，否则原内容将被覆盖

两数组的下标同时移动，依次把第二个字符串中的字符复制到第一个字符串末尾

```
12      }
13     cout << "这两个字符串连接后为:" ;
14     cout << a << endl;
15  }
```

方法二：使用字符指针。

算法分析：定义两个字符指针变量，分别指向两个数组的首地址。先把第一个字符串数组的指针指向最后一个字符，然后依次把第二个字符串中的字符复制到第一个字符串中即可。如果不把第一个字符串数组指针移到末尾，第二个字符串的内容将覆盖其内容，而不是连接。

源程序如下：

```
1  #include <iostream>
2  using namespace std;
3  void main()
4  {
5    char a[20]="aaa", b[10]="bbb";
6    char *stra = a,  *strb = b;      ◄— 定义两个字符指针，并分别指向两个字符数组的首地址
7    while (*stra != '\0') stra++;    ◄— 将字符指针指向最后一个元素，否则原内容将被覆盖
8    while (*strb != '\0')
9    {
10       *stra = *strb;
11       strb++;
12       stra++;
13   }
14   cout << "这两个字符串连接后为:" ;
15   cout << a << endl;
16 }
```

（第8～13行注释：两数组的指针同时移动，依次把第二个字符串中的字符复制到第一个字符串末尾。循环体内语句可简化为：*stra++ = *strb++；）

两种方法的程序运行结果均为

```
这两个字符串连接后为：aaabbb
```

【例 5-11】 将一行字符串进行加密和解密。加密规则：将每个字符依次与 key 值（“12345”的一个数字）进行异或运算。解密的过程与加密过程相同，再与 key 值进行一次异或运算。

源程序如下：

```
1  #include <iostream>
2  using namespace std;
3  void Makecode(char *pstr, int *pkey);     ┐◄— 声明加密函数和解密函数
4  void Cutcode(char *pstr, int *pkey);      ┘
5  void main()
6  {
7     int pkey[] = {1, 2, 3, 4, 5};
8     char str[250] = " http://www.zsm8.com ";
9     cout << "原文为: " << str << endl;
10    Makecode(str, pkey);         ◄— 调用加密函数
11    cout << "加密后: " << str << endl;
12    Cutcode(str, pkey);          ◄— 调用解密函数
13    cout << "解密为: " << str << endl;
14 }
15  /* 加密一个字符 */
```

```
16 char MakecodeChar(char c, int key)
17 {
18   return c = c ^ key;        ← 字符与 key 进行异或运算，达到加密目的
19 }
20 /* 对字符串进行加密 */
21 void Makecode(char *pstr, int *pkey)
22 {
23   int len = strlen(pstr);    ← 取得字符串长度
24   for(int i = 0; i < len; i++)
25      *(pstr + i) = MakecodeChar( *(pstr + i), pkey[i % 5]);   ← 通过循环移动指针,逐个字符加密
26 }
27 /* 对一个字符进行解密 */
28 char CutcodeChar(char c, int key)
29 {
30 int a ;
31 return a = c ^ key;        ← 对字符与 key 再进行一次异或运算，达到解密目的
32 }
33 /* 对字符串进行解密 */
34 void Cutcode(char *pstr, int *pkey)
35 {
36   int len = strlen(pstr);
37   for(int i = 0; i < len; i++)
38       *(pstr + i) = CutcodeChar( *(pstr + i), pkey[i % 5]);   ← 通过循环移动指针,逐个字符解密
39 }
```

程序说明：异或运算有一个特性：用同一个数 b 对数 a 进行二次异或运算的结果仍是数 a，即

```
a = (a ^ b) ^ b
```

本例利用异或运算的这个特性对字符串进行加密，加密过程是，用另一个字符 key 对字符串中的每个字符逐个进行异或运算。解密过程与加密过程类似，再用同一字符 key 对字符串中的每个字符逐个再进行一次异或运算，则加密的字符得到还原。

程序运行结果如下：

```
原文为：http://www.zsm8.com
加密后：ivwt?.-tsr/xpi=/ali
解密为：http://www.zsm8.com
```

5.3 指针与函数

5.3.1 函数指针

指针变量不仅可以指向普通变量、数组及字符串，也可以指向函数。一个函数在内存中总是占据一块连续的存储区域，而函数名就代表了该存储区域的首地址。这个地址被称为函数的入口地址。可以定义一个指针变量，它可以存放此函数的入口地址，使该指针变量指向此函数。只要把函数的入口地址赋值给该指针变量，就可以通过该指针变量调用此函数。通常把这种指向函数的指针变量称为“函数指针变量”，简称“函数指针”。

函数指针变量定义的一般形式为

```
函数返回值类型  （ *函数指针变量名）（参数的数据类型列表  ）；
```

其中，“(*函数指针变量名)” 表示 * 号后面的变量是定义的指针变量，两边的括号不能少。最后的括号表示指针变量所指向的是一个函数，括号中为该函数所带参数的数据类型。

例如，设有一个函数

```
double max( int a, int b );
```

则可以定义其函数指针为

```
double ( *p )( int, int );
```

函数及函数指针的对应关系如图 5.10 所示。

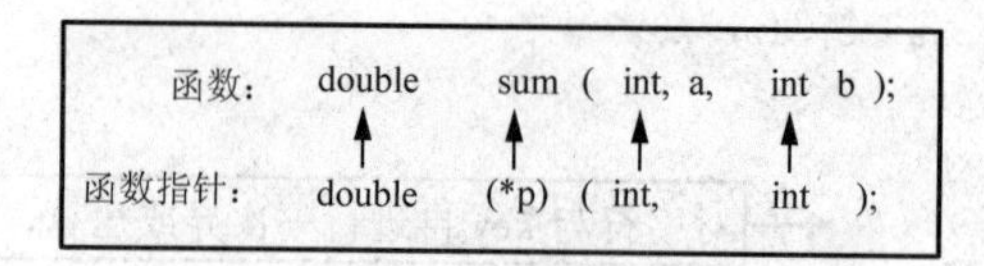

图 5.10 函数及函数指针的对应关系

【例 5-12】 编写程序，用函数指针实现函数调用的方法求直角三角形的斜边。

算法分析：根据勾股弦定理，设已知直角三角形的两直角边长为 a、b，则斜边 $c = \sqrt{a^2 + b^2}$，即 c = sqrt(a * a + b * b) 。

源程序如下：

```
1  #include <iostream>
2  #include <cmath>
3  using namespace std;
4  double sum(double a, double b );
5  double ( *p )( double, double );
6  void main()
7  {
8    double x = 3, y = 4;
9    p = sum ;
10   double z = ( *p )( x, y ) ;
11   cout << z << endl;
12 }
13 double sum(double a, double b )
14 {
15    double c = sqrt(a * a + b * b);
16    return c;
17 }
```

函数声明

通过赋值，指针 p 获得函数 sum 的入口地址，指向该函数

使用函数指针调用函数，作用与调用 sum(x,y)相同

程序说明：在程序第 5 行定义了指向函数的指针 p，注意定义函数指针时，其参数的类型要与函数的参数类型相同。

第 9 行通过 p=sum 赋值，使得 p 获得 sum( )函数的首地址（即被调函数的入口地址），这样在程序中就可以使用指针 p 调用函数 sum( )。如果没有 p= sum 赋值，指针 p 与函数 sum( )没有一点关系。

程序中的第 10 行(*p)(x, y)就是通过指针 p 调用函数，其作用与直接用函数名 sum(x,y)调用相同。

5.3.2　指针做函数的参数

指针做函数的参数，即一个函数的形参是指针变量。当一个函数的形参为指针变量时，对应的实参也一定是一个指针，其数据类型与形参相同，其值为某存储单元的地址。这时，函数的形参与实参之间采用“传递地址”方式来传递参数。

1．形参是指针变量，实参是变量的地址

【例5-13】 用指针变量作参数，交换两个变量的值。

源程序如下：

```
1  #include <iostream>
2  using namespace std;
3  void swap( int *x, int *y );
4  void main()
5  {
6     int a = 3, b = 6;
7     int *pa, *pb;          ← 定义指针变量
8     cout << "交换前, a = " << a << ", b = " << b << endl;
9     pa = &a;     ┐
10    pb = &b;     ┘ ← 通过取址运算，将变量的地址赋值给指针变量，使指针指向变量地址
11    swap(pa, pb);  ← 指针变量作函数实参
12    cout << "交换后, a = " << a << ", b = " << b << endl;
13  }                               ← 函数的实参、形参都是指针变量，把实参的地址传递给形参，实现地址传递
14  void swap( int *x, int *y )
15  {
16     int temp;
17     temp = *x;  ┐
18     *x = *y;    │ ← 交换两指针所指向区域的值，即交换主函数变量a、b的值
19     *y = temp;  ┘
20  }
```

程序说明：函数调用时，实参将变量a、b的地址分别传递给形参x、y，在函数swap内部对*x和*y进行交换，也就是对指针变量所指向的区域内的值进行交换，实际上就是对主函数中的变量a和b的值进行交换。

程序运行结果如下：

```
交换前, a = 3, b = 6
交换后, a = 6, b = 3
```

2．形参是指针变量，实参是数组的首地址

【例5-14】 在例5-11中，对字符串进行加密和解密，其加密和解密函数的形参是指针变量，而调用函数的实际参数是数组的首地址。

源程序如下：

```
1  #include <iostream>
2  using namespace std;
3  void Makecode(char *pstr, int *pkey);
4  void Cutcode(char *pstr, int *pkey);
5  void main()
6  {
7     int key[] = {1, 2, 3, 4, 5};
```

```
8     char str[250] = "http://www.zsm8.com";
9     int *pkey;
10    char *pstr;
11    pkey = &key[0];
12    pstr = &str[0];
13    cout << "原文为: " << str << endl;
14    Makecode(pstr, pkey);
15    cout << "加密后: " << pstr << endl;
16    Cutcode(pstr, pkey);
17    cout << "解密为: " << pstr << endl;
18 }
19 void Makecode(char *pa, int *pk)
20 {
21   int len = strlen(pa);
22    for(int i = 0; i < len; i++)
23      *(pa + i) = *(pa + i) ^ pk[i % 5] ;
24 }
25 void Cutcode(char *pa, int *pk)
26 {
27   int len = strlen(pa);
28    for(int i = 0; i < len; i++)
29       *(pa + i) = *(pa + i) ^ pk[i % 5] ;
30 }
```

程序运行结果如下：

```
原文为: http://www.zsm8.com
加密后: ivwt?.-tsr/xpi=/ali
解密为: http://www.zsm8.com
```

5.3.3 指针型函数

在C++语言中，一个函数的返回值不仅可以是int型、char型等，同样也允许一个函数的返回值是一个指针类型（即返回值是一个地址），这种返回指针值的函数称为指针型函数。

指针型函数定义的一般形式为

```
函数返回值类型  *函数名( 形参表 )
{
   …   // 函数体
}
```

其中，函数名前面有*号表示这是定义一个指针型函数，即返回值是一个指针。其数据类型表示返回的指针值所指向的数据类型。

【例5-15】 应用指针型函数实现连接两个字符串。

源程序如下：

```
1  #include <iostream>
2  using namespace std;
3  char *strcat( char *s1, char *s2 );
4  void main()
```

```
5 {
6   char a[50] = " 我已逐渐";
7   char b[20] = "喜欢 C++ . ";
8   char *stra = a;
9   char *strb = b;
10  stra = strcat( stra, strb );   ← 调用指针型函数,将其返回值 s1 所指向的地址赋值给指针变量 stra
11  cout << a << endl;
12 }
13 char *strcat( char *s1, char *s2 )   ← 指针型函数，其返回值为指针
14 {
15   char *p = s1;   ← 把 s1 所指向的地址赋值给指针变量 p
16   while ( *p != '\0' )
17        p++;   ← 把指针 p 移到字符串末尾，避免覆盖原有内容
18   while ( *s2 != '\0' )
19   {
20        *p++ = *s2++ ;   ← 把 s2 所指字符串连接到 s1 所指字符串之后
21   }
22   return s1;   ← 返回值为指针变量
23 }
```

程序说明：在 strcat ( )函数中，程序第 20 行使 s2 指向的字符串连接到 s1 指向的字符串之后，指针 p 指向 s1 的最后一个元素，而 s1 指针没有发生变化，返回 s1 指针值。

在程序第 10 行，调用 strcat( )函数后，返回值 s1 与 stra 指针指向同一地址，即数组 a 的首地址。

程序运行结果如下：

```
我已逐渐喜欢 C++ .
```

注意：指针型函数与函数指针是两个完全不同的概念，它们在意义和写法上是不同的。指针型函数指向函数返回值的指针，即指向函数运算结果的地址；而函数指针是指向函数入口地址的指针。在写法上，指针型函数为*p，两边没有括号，而函数指针为(*p)，函数指针两边的括号不能少。

5.3.4　带参数的 main( )函数

在前面所有的例题中，main( )函数都是不带参数的。实际上，main( )函数也可以带参数。Main( )函数的原形格式为

```
int main( int argc,  char *argv[ ] )
```

其中，第一个参数 argc 为以命令行方式执行程序时所带的参数个数（包括该程序的程序名），第二个参数为一个字符型指针数组，用来存放执行程序时命令行的命令及命令所带的字符串参数。该字符型指针数组的第一个元素 argv[0]指向程序名，argv[1]、argv[2]……分别指向命令行传递给程序的各个参数。

【例 5-16】

源程序如下：

```
1 #include <iostream>
2 using namespace std;
3 int main(int argc, char *argv[])
4 {
5   cout << "运行程序名：  " << argv[0] << endl;
```

```
6   cout << "所带的参数：  " << argv[1] << endl;
7   return 0;
8 }
```

设程序编译后，执行程序名为t5_16.exe，则在命令行输入：

```
t5_16 aabbcc ↙
```

程序运行结果如下：

```
运行程序名： t5_16
所带的参数： aabbcc
```

5.4 指向结构体的指针

5.4.1 结构体指针

1. 结构体指针变量的定义

指针变量使用非常灵活和方便，可以指向任一类型的变量。若定义指针变量指向结构体类型的变量，则称该指针变量为结构体指针变量。

结构体指针变量的值应指向结构变量的首地址。通过结构体指针即可访问该结构体变量，这与数组指针和函数指针的情况是相同的。

结构体指针变量定义的一般形式为

```
struct 结构体类型名 *结构体指针变量名 ;
```

例如，定义一个指向student结构体的结构体指针变量stu：

```
struct student
{
   int id;             // id代表学号
   char name[10];      // name代表姓名
   char class[20];     //class代表班级
};
struct student *stu;
```

也可以与结构体同时定义结构体指针变量：

```
struct student
{
   int id;             //学号
   char name[20];      //姓名
   char zhuanye[20];   //专业
} *stu;
```

2. 通过结构体指针访问结构体成员

通过结构体指针访问结构体成员有两种形式。

（1）语法格式1：

```
(*结构体指针变量名). 结构体成员;
```

与普通的指针变量访问形式相同，需要注意*号前后的括号是不可缺少的。

（2）语法格式 2：

```
结构体指针变量名 -> 结构体成员;
```

其中，“->”是两个符号“-”和“>”的组合。

【例 5-17】 编写程序，应用结构体指针处理学生信息。

源程序如下：

```
1  #include <iostream>
2  using namespace std;
3  struct chengji                          //入学成绩
4  {
5      int yuwen, shuxue, yingyu;          //语文、数学、英语成绩
6  };
7  struct student
8  {
9      int id;
10     char name[20];
11     struct chengji cj;                       // 嵌套的结构体类型成员
12 };
13  void main()
14  {
15    struct student *p;
16    struct student stu = { 1001, "陈红", 82, 75, 95 };
17    p = &stu;
18    cout << " 学号   " << "姓名   " << "语文  " << "数学  " << "英语" << endl;
19    cout << stu.id << "  " << (*p).name << "  " << p -> cj.yuwen << "   "
20         << p -> cj.shuxue << "    " << stu.cj.yingyu <<endl;
21   }
```

程序运行结果如下：

```
学号   姓名   语文  数学  英语
1001   陈红   82    75    95
```

由于结构体指针所指向的是结构体中第一个成员的首地址，因此要对结构体指针初始化或赋值。在程序的第 17 行：p = &stu，即对指针 p 赋值。

需要指出的是，使用结构体指针时，应将结构体变量的首地址赋值给该指针变量，而不能把结构体名赋值给该指针变量。如本例中，p = &stu 是正确的，而 p = &student 是错误的。也就是说，通过结构体指针访问的是结构体中的成员，而不能直接访问结构体本身。

结构体指针的内存指向关系如图 5.11 所示。

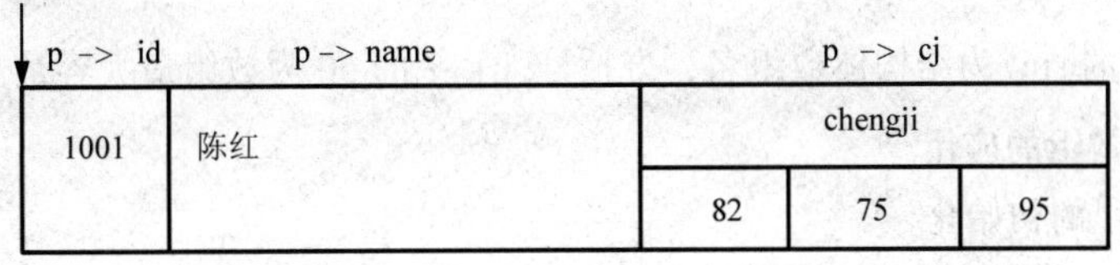

图 5.11　结构体指针的内存指向关系

从程序第 19、20 行可以看出，指针所指向结构体成员的表示形式有 3 种：

```
结构体变量.结构体成员；
(*结构体指针变量). 结构体成员；
结构体指针变量 -> 结构体成员；
```

这 3 种表示结构体成员的形式是完全等效的，即

```
stu.id  或 (*p).id  或 p -> id
stu. name  或 (*p). name  或 p -> name
stu.cj.yuwen  或 (*p).cj.yuwen  或 p -> cj.yuwen
stu.cj.shuxue  或 (*p).cj.shuxue  或 p -> cj.shuxue
stu.cj.yingyu  或 (*p).cj.yingyu  或 p -> cj.yingyu
```

都是等效的。

5.4.2 指向结构体数组的指针

1. 结构体数组

在前面应用结构体指针处理学生信息的例题中，一个结构类型变量（struct student stu）只能存储单个学生数据的各个数据项。如果需要处理多名学生的数据，则使用结构体类型数组来处理更为有效。用结构体数组表示的多名学生信息如图 5.12 所示。

学号	姓名	专业	
1001	陈红	计算机应用	stu1
1002	张大山	计算机应用	stu2
2001	赵志勇	信息工程	stu3
2002	李明全	信息工程	stu4
…	…	…	…

n个同类型结构体变量聚合成一个结构体数组 → stu[n]

图 5.12 用结构体数组表示的多名学生信息

结构体数组的定义的语法格式为

```
struct  结构体类型名  数组名[ 数组容量 ];
```

例如，设有学生信息数据结构体

```
struct student
{
    int id;              //学号
    char name[20];       //姓名
    char zhuanye[20];    //专业
};
```

则可定义一个结构体数组

```
struct student stu[50];
```

其中，stu[50]中的 stu 为结构体数组名，方括号 [ ] 中的 50 为数组最大容量。

2. 结构体数组的应用

1）结构数组的初始化

与一般数组一样，在定义结构体数组的同时，可以给其全部或部分元素赋初值。例如，

```
struct student stu[4] = { { 1001,"陈  红", "计算机" } ,
```

```
{ 1002, "张大山", "计算机" } ,
{ 2001, "赵志勇", "信息工程" } ,
{ 2002, "李明全", "信息工程" } };
```

2）对结构体数组元素的引用

结构体数组元素的表示和引用与一般数组元素的表示和引用方法是一样的，即

```
结构体数组名[ 下标表达式 ]  或  *(结构体数组名)
```

例如，stu[2]、*(stu + 2)。

3）对结构体数组元素的成员的引用

由于结构体数组的元素是结构体变量，结构体数组元素的成员就是结构体变量的成员，其引用方法为

```
结构体数组名[ 下标表达式 ].成员名
```

例如，stu[2].name 表示 stu 的第 2 个元素的姓名分量。

【例 5-18】应用结构体数组，显示学生信息结构体中的学生信息。

源程序如下：

```
1   #include <iostream>
2   using namespace std;
3   struct student
4   {
5    int id;              //学号
6    char name[20];      //姓名
7    char zhuanye[20]; //专业
8   };
9   void main()
10  {
11    struct student stu[4] = { { 1001,"陈  红", "计算机" },
12                              { 1002, "张大山", "计算机" },
13                              { 2001, "赵志勇", "信息工程" },
14                              { 2002, "李明全", "信息工程" } };
15    cout << "学号  " << "  姓名  " << "   专业" << endl;
16    int i=0;
17    while (i<4)
18    {
19       cout << stu[i].id << "  " << stu[i].name << "  " << stu[i].zhuanye << endl;
20      i++;
21     }
22  }
```

程序运行结果如下：

```
学号    姓名      专业
1001    陈  红    计算机
1002    张大山    计算机
2001    赵志勇    信息工程
2002    李明全    信息工程
```

3. 指向结构体数组的指针

当定义了一个结构体数组时，其数组名就是数组的首地址。定义一个结构体指针指向结构体数组，也就可以利用该指针间接访问结构体数组的元素。

例如，设有学生信息数据结构体

```
struct student
{
    int id;            //学号
    char name[20];     //姓名
    char zhuanye[20];  //专业
    };
```

则可定义一个指向结构体数组的结构体指针变量：

```
struct student stu[4], *p;
p = stru;
```

这样，指针变量 p 就指向结构体数组 stu，即指向数组中的第一个元素 stu[0]，如图 5.13 所示。

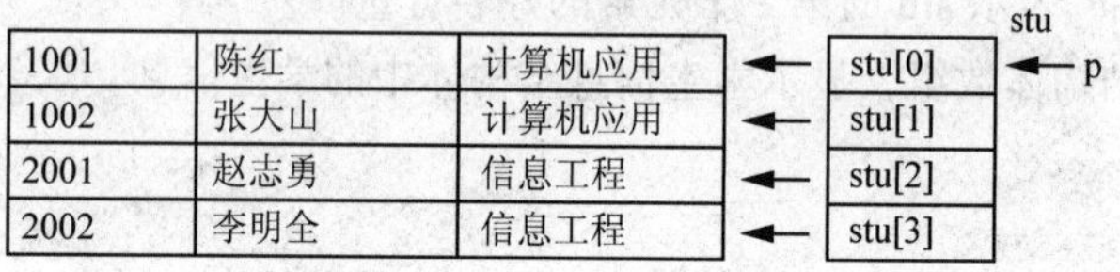

				stu	
1001	陈红	计算机应用	←	stu[0]	← p
1002	张大山	计算机应用	←	stu[1]	
2001	赵志勇	信息工程	←	stu[2]	
2002	李明全	信息工程	←	stu[3]	

图 5.13 指向结构体数组的指针

若有 p -> id 语句，这时，p 的值为数组的第一个元素中的成员 id 的值，即为 1001。

若执行操作

```
p = p + 1,
```

则 p 指向结构体数组中的第二个元素 stu[1]，如图 5.14 所示。

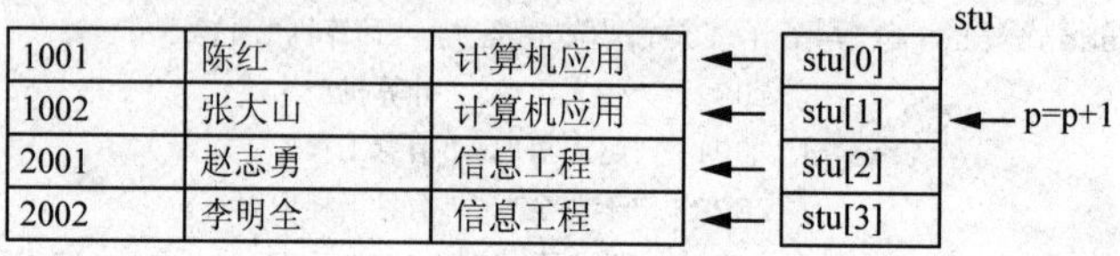

				stu	
1001	陈红	计算机应用	←	stu[0]	
1002	张大山	计算机应用	←	stu[1]	← p=p+1
2001	赵志勇	信息工程	←	stu[2]	
2002	李明全	信息工程	←	stu[3]	

图 5.14 当指针 p = p + 1 后，指针指向数组中的下一个元素

【例 5-19】 利用指向结构体数组的指针，输出各个学生的入学成绩信息及总分。

源程序如下：

```
1  #include <iostream>
2  using namespace std;
3  struct chengji                          //入学成绩
4  {
5     int yuwen, shuxue, yingyu;           //语文、数学、英语成绩
6  };
7  struct student
8  {
9     int id;
10    char name[20];
```

```
11    struct chengji cj;                // 嵌套的结构体类型成员
12  };
13 void main()
14 {
15  struct student *p;
16  struct student stu[4] = { {1001, "陈红", 82, 75, 95},
17                           {1002, "张大山", 66, 85, 88},
18                           {2001, "赵志勇", 74, 78, 93},
19                           {2002, "李明全", 81, 82, 77} };
20  cout << "学号 " << "姓名 " << "语文 " << "数学  " << "英语 " << "总分" << endl;
21  int i = 0;
22  p = &stu[i];                        //把数组首地址赋值给指针变量p
23  while ( i < 4 )
24  {
25    cout << (*p).id << "  " << (*p).name << "  " << p -> cj.yuwen << "   "
26        << p -> cj.shuxue << "    " << p -> cj.yingyu << "   "
27         << p -> cj.yuwen + p -> cj.shuxue + p -> cj.yingyu << endl;
28    i++;
29    p++;  // 向后移动指针
30  }
31 }
```

程序运行结果如下：

```
学号  姓名    语文 数学  英语  总分
1001  陈  红   82  75    95   252
1002  张大山   66  85    88   239
2001  赵志勇   74  78    93   245
2002  李明全   81  82    77   240
```

5.5　应 用 实 例

【例5-20】 设计一个结构体，该结构体的成员为指向结构体自身的指针。再定义一串结构体变量，使前一变量的指针指向后一变量的地址。

1. 算法分析

（1）按题目要求，设结构体为

```
struct Student
{
   int id;
   char *name;
   Student *pS;         ← 依照题意，设一个指向结构体自身的指针为成员
};
```

（2）再定义一串Student的变量：

```
Student  s1, s2, s3;
s1.pS = &s2;   ┐
s2.pS = &s3;   ┘ ← 前一个结构体变量的指针指向后一个结构体变量的
```

2. 程序设计

源程序如下：

```
1    #include <iostream>
2    using namespace std;
3    struct Student
4    {
5       int id;           ┐←定义结构体数据成员
6       char *name;       ┘
7       Student *pS;  ←定义一个指向结构体自己的指针为数据成员
8    };
9    void main()
10   {
11     Student  s0, s1, s2, s3;        ←定义 4 个结构体数据元素
12     s0.id = 0; s1.id = 1; s2.id = 2;    s3.id = 3;
13     s1.name = "张大山";    s2.name = "李长江"; s3.name = "刘丽群";
14     s0.ps = &s1;
15     s1.pS = &s2;   ┐←前一个变量的指针指向后一个变量的
16     s2.pS = &s3;   ┘
17    cout <<s0.pS->id<< "  " << s0.pS->name << endl;     ←输出本变量的数据值
18    cout <<s1.pS->id<< "  " << s1.pS->name << endl;  ┐←输出后一个结构体变量的数据值
19     cout <<s2.pS->id<< "  " << s2.pS->name << endl; ┘
20   }
```

程序运行结果如下：

```
1  张大山
2  李长江
3  刘丽群
```

在本例中，前一个结构体变量的指针指向后一个变量的地址，即各相同结构的数据元素由“指针”串联在一起，如图 5.15 所示。

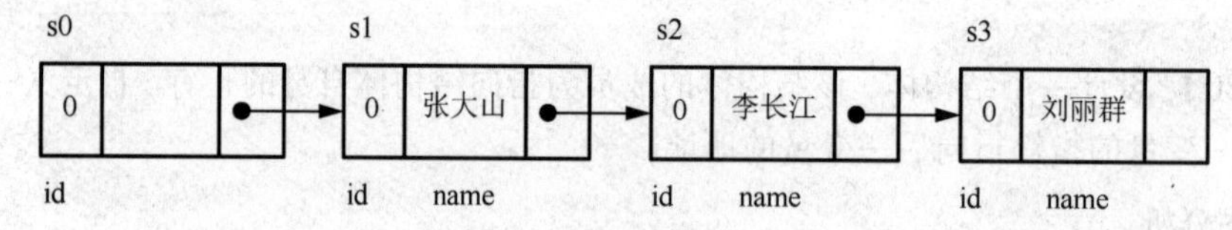

图 5.15　定义一串结构变量，其前一个数据元素的指针指向下一个数据元素的地址

由一个数据元素的指针指向下一个数据元素地址的结构称为“链表”。链表是一个很重要的数据结构。下面简单介绍链表的基本概念。

1）结点

在链表结构中，每个数据元素称为结点。第一个结点又称为头结点，不存储数据，是为了指向下一个数据而设立的一个结点。

定义链表结点的一般格式为

```
struct  结点的结构体类型名
{
  定义数据成员;
  结点结构体类型名 *指针名;
}
```

在例 5-20 中，所定义的结构体 Student 就是一个链表的结点。

2）插入一个新结点

要在链表中插入一个新结点，只需将当前结点的指针指向新结点的地址，而新结点的指针指向下一个结点的地址。如图 5.16 所示，在结点 s1 与 s2 之间插入一个新结点 s_new。

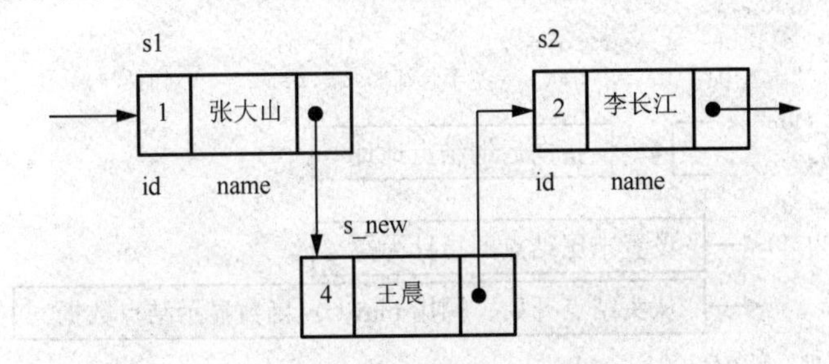

图 5.16　在链表中插入新结点

3）删除一个结点

要在链表中删除一个结点，只需改变指向此结点的前驱结点的指针指向，将前驱结点的指针指向其后继结点。如图 5.17 所示，在链表中改变结点 s2 的前驱结点 s1 的指向，将结点 s2 删除。

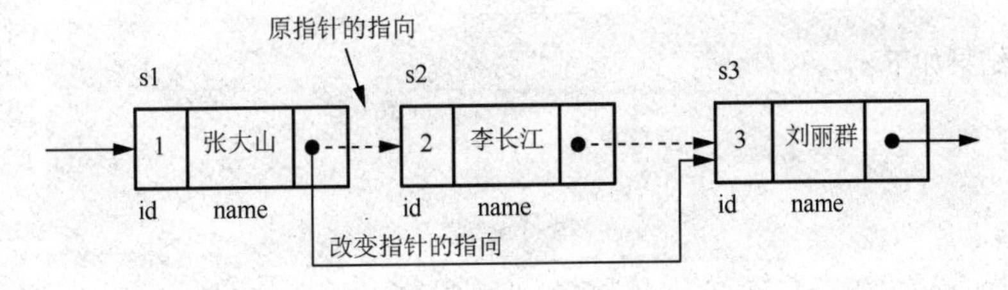

图 5.17　在链表中删除结点 s2

【例 5-21】 设有一个链表 Student，在结点 s1 后面插入一个新结点。

源程序如下：

```
1   #include <iostream>
2   using namespace std;
3   struct Student
4   {
5       int id;
6       char *name;
7       Student *pS;
8   };
9   void insert(Student *s, Student *new_s)
10  {
11     new_s->pS = s->pS;
12     s->pS = new_s;
13   }
14  void play(Student *s)
15  {
16    while(s->pS !=NULL)
17     {
18     cout <<s->pS->id<< "  " << s->pS->name << endl;
```

定义链表结点的结构（第 3～8 行）

插入新结点（第 9～13 行）

新结点指向后继结点（第 11 行）

当前结点指向新结点（第 12 行）

末尾结点的指针为空（第 16 行）

显示结点数据（第 18 行）

```
19        s = s->pS;              ◄── 当前结点指向后继结点
20      }
21  }
22  void main()
23  {
24    Student  s0,s1, s2, s3;
25    s0.id = 0; s1.id = 1; s2.id = 2;    s3.id = 3;
26    s1.name = "张大山";    s2.name = "李长江"; s3.name = "刘丽群";
27    s0.pS = &s1;  ┐
28    s1.pS = &s2;  ┘◄── 指向后继结点地址
29    s2.pS = &s3;
30    s3.pS = NULL;◄── 设置末尾结点的指针为空
31    play(&s0);   ◄── 从头结点开始，调用 play( ) 函数显示结点数据
32    cout << "插入新结点：" << endl;
33    Student new_s;
34    new_s.id = 4;
35    new_s.name = "令狐冲";
36    insert(&s1, &new_s);   ◄── 在结点 s1 后面插入新结点 new_s
37    play(&s0);
38  }
```

程序运行结果如下：

```
1   张大山
2   李长江
3   刘丽群
插入新结点：
1   张大山
4   令狐冲
2   李长江
3   刘丽群
```

本 章 小 结

指针是 C++语言最重要的特征之一，也是学习 C++的主要难点。因此，必须深刻理解指针的概念，正确而有效地掌握指针的用法。

现将本章知识点归纳如图 5.18 所示。

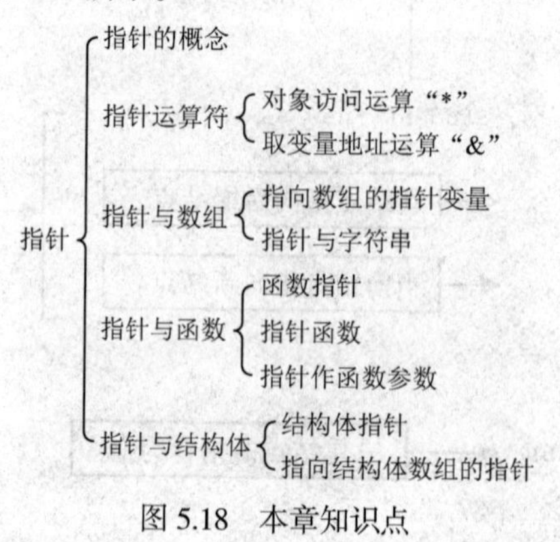

图 5.18　本章知识点

习 题 五

5.1 如何取得一个变量的内存地址？如何访问地址存放在一个指针变量中的内存单元的内容？

5.2 说明下面两个运算符“&”的不同用法。

```
int &r = n;
p = &n;
```

5.3 说明下面两个运算符“*”的不同用法。

```
int *q = p;
n = *p;
```

5.4 判断以下代码执行后每个指定的变量的值。假设每个整型变量占用4字节，并且m在内存中的地址为0x3fffd00。

```
int m = 44;
int *p = &m;
int &r = m;
int n = (*p)++;
int *q = p - 1;
++*q;
```

（1）m （2）n （3）&m （4）*p （5）r （6）*q

5.5 如果p和q分别为指向int型的指针，n为一个int型数，则以下代码中哪个是非法的？

（1）p + q （2）p − q （3）p + n （4）p − n （5）n + p （6）n − p

5.6 当只把数组第一个元素的地址传递给函数时，为什么函数可以访问这个数组的所有元素？

5.7 说明下面两个声明的区别。

double *f(); double (*f)();

5.8 输入10个整数存入数组a中，然后分别实现以下功能。

（1）输出数组元素的平均值。

（2）输出数组元素中的最大值与次最大值。

（3）将最大值与最小值的位置互换后输出。

（4）输入x，按从小到大的次序输出x在数组a中的位置，若数组a中没有值为x的元素，则输出“no found”。

5.9 输入字符串s1、s2，然后将s2插入到s1的第i个位置。

5.10 输入字符串s1、s2，判断s2是否为s1的子串。

5.11 输入一个4×4的矩阵，然后实现以下功能。

（1）输出各行元素中的最大值及其所在的位置。

（2）输出所有元素中的最小值。

（3）分别输出主对角线和副对角线上元素的和。

5.12 利用结构类型分别写出复数的加、减、乘、除运算，并在主函数中调用这些函数，求任意两复数的和、差、积、商。

5.13 用指向指针的指针的方法对n个整数排序并输出。要求将排序单独写成一个函数。整数和n在主函数中输入。最后在主函数中输出。

5.14 编程实现删除链表的一个结点。

第6章 面向对象程序设计

在前面的章节内容中，所学习的都是面向过程的编程方法。所谓“面向过程”，就是在编写程序时从解决问题的步骤出发，按照解决问题的过程设计程序。结构化程序设计“自顶向下”的思想已经渗透在解决问题的“过程”中。从本章开始，将要学习一种程序设计思想——面向对象程序设计思想，将“过程”融入到“对象”的描述——“类”中去。

本章主要介绍面向对象程序设计的概念和面向对象编程思想。

6.1 面向对象的基本概念

面向对象是一种程序设计方法，或者说是一种程序设计规范，其基本思想是使用对象、类、继承、封装、消息等基本概念来进行程序设计。所谓“面向对象”就是以对象及其行为为中心，来考虑、处理问题的思想体系和方法。采用面向对象的方法设计的软件，不仅易于理解，而且易于维护和修改，从而提高了软件的可靠性和可维护性，同时也提高了软件的模块化和可重用化的程度。

6.1.1 面向对象程序设计的基本特点

1. 抽象

抽象是人类认识问题的最基本的手段之一。面向对象方法中的抽象是指对具体问题进行概括，抽出一类对象的公共性质并加以描述的过程。抽象的过程，就是对问题进行分析和认识的过程。一般来讲，对一个问题的抽象应该包括两个方面——形态抽象和行为抽象。形态抽象是对某类对象的属性或状态的描述。这些属性或状态也就是此类对象区别于彼类对象的特征物理量。行为抽象是对某类对象的共同行为特征或具有的共同功能的描述。对一个具体问题进行抽象分析的结果，是通过类来描述和实现的。

例如，日常生活中的“车”这个概念，表示了一个抽象的信息，具体的车辆有汽车、摩托车、马车、自行车、手推车等。它们具有一些共同特性：有轮子、可以载物等。但它们的形态结构、驱动动力等属性是各不相同的。

2. 封装

将抽象得到的形态和行为相结合，形成一个有机的整体，也就是将形态与行为作为一个整体的成员，这就是封装。在面向对象程序设计中，可以通过封装，将一部分成员作为与外部交互的接口，将其他的成员相对于外部隐藏起来，以实现对数据访问权限的合理控制，使程序中不同部分之间的相互影响减小到最低限度，这样就可以达到增强程序的安全性和简化程序编写工作的目的。

在程序设计过程中，行为用函数来实现。将数据和代码封装为一个可重用的程序模块，在编写程序时就可以有效地利用已有的成果。因为只需要通过外部接口，依据特定的访问规则，就可以使用封装好的模块。

3. 继承

人类对问题的认识有一个逐步深入的过程。对于一个特定的问题，要进行更深入的研究，怎样利用以前研究的成果？继承提供了解决这个问题的途径。只有继承，才可以在别人认识的基础之上有所发展，有所突破，摆脱重复分析、研究和开发的困境。继承也符合世界万物发展的规律和人类认识世界的发展规律。

C++语言中提供了类的继承机制，允许程序员在保持原有类特性的基础上，加入新的属性和行为，用简单类组合成复杂类或者从原来的类派生出新类，从而对类进行更具体、更详细的说明。

4. 多态

多态是指类中具有相似功能的不同函数使用同一个名称来实现。这也是人类思维方式的一种直接模拟。在日常生活中常常有类似的用法，例如，“车”表示了一个抽象的信息，具体的车辆有汽车、摩托车、马车、自行车、手推车等。一个动作名“坐车”，对于不同的对象有不同的操作实现方法，并且各种操作可以相去甚远。这体现了“坐车”的多态。

在程序设计中，多态是通过重载函数和虚函数等技术实现的。

6.1.2　对象和类的概念

1. 对象的基本概念

对象是系统中用来描述客观事物的一个实体，它是构成系统的基本单位。一个对象由一组属性和对这组属性进行操作的一组服务组成。从更抽象的角度来说，对象是问题域或实现域中某些事物的一个抽象，它反映该事物在系统中需要保存的信息和发挥的作用；它是一组属性和有权对这些属性进行操作的一组服务的封装体。客观世界是由对象和对象之间的联系组成的。

在面向对象的程序设计方法中，对象是一些相关的变量和方法的软件集，是可以保存状态（信息）和一组操作（行为）的整体。软件对象经常用于模仿现实世界中的一些对象，如桌子、电视机、自行车等。

现实世界中的对象有两个共同特征：形态和行为。

例如，把汽车作为对象，汽车的形态有车的类型、款式、挂挡方式、排量大小等，其行为有：刹车、加速、减速以及改变挡位等，如图6.1所示。

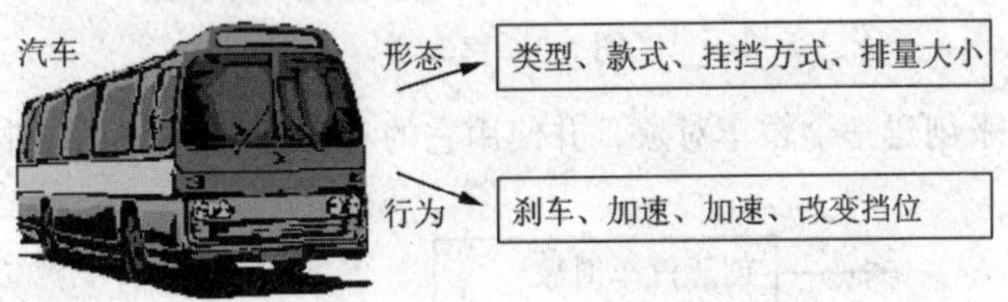

图6.1　汽车对象的形态和行为

软件对象实际上是现实世界对象的模拟和抽象，同样也有形态和行为。一个软件对象利用一个或者多个变量来体现其形态。变量是由用户标识符来命名的数据项。软件对象用方法来实现行为，它是跟对象有关联的函数。在面向对象设计的过程中，可以利用软件对象来代表现实世界中的对象，也可以用软件对象来模拟抽象的概念，例如，事件是一个 GUI（图形用户界面）窗口系统的对象，它可以代表用户按下鼠标或者键盘上的按键所产生的反应。

例如，用软件对象模拟汽车对象，汽车的形态就是汽车对象的变量，汽车的行为就是汽车对象的函数，如图 6.2（a）所示。

再如，用软件计算圆的面积，描述圆面积的形态是圆的半径和圆的面积，计算圆面积的行为是圆的面积公式，因此，圆面积对象的变量是圆的半径和圆的面积，圆面积对象的函数是计算圆面积的公式及输出计算结果，如图 6.2（b）所示。

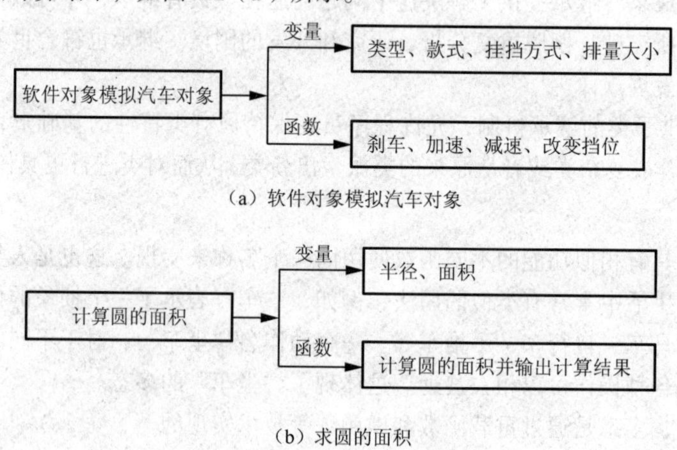

图 6.2　软件对象的变量和函数

2．类的基本概念

对象是指具体的事物，而类是指一类事物。

把众多的事物进行归纳、分类是人类在认识客观世界时经常采用的思维方法。分类的原则是按某种共性进行划分。例如，客车、卡车、小轿车等具体机车都有相同的属性：有内燃发动机、有车身、有橡胶车轮、有方向盘等，把它们的共性抽象出来，就形成了“汽车”的概念。但当说到某辆车时，光有汽车这个概念是不够的，还需说明究竟是小轿车还是大卡车。因此，汽车是抽象的、不具体的一个类的概念，而具体的某辆汽车则是“汽车”这个类的对象。

类用 class 作为关键字，例如，要创建一个汽车类，则可表示为如图 6.3 所示的形式。

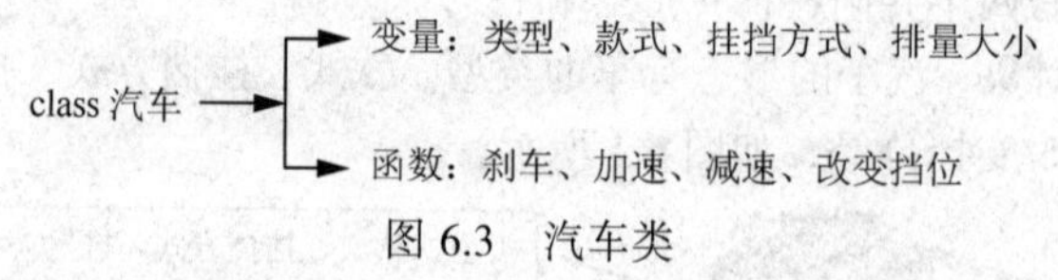

图 6.3　汽车类

当要通过汽车类来创建一个轿车对象，并使用它的刹车行为函数时，则要用下面的格式进行实例化：

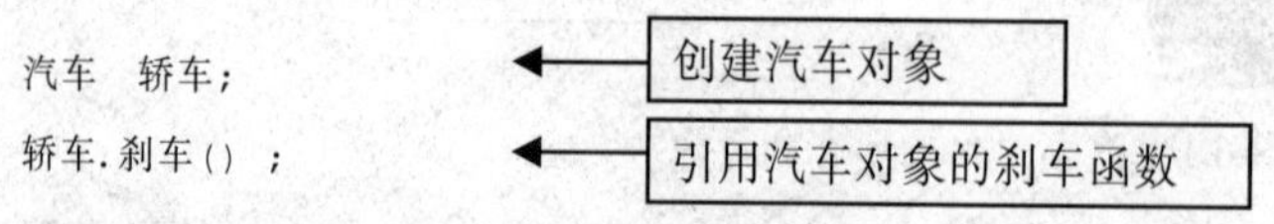

这里只是粗略地介绍了类和对象的概念，在后面的内容中将详细介绍类和对象的设计方法。

6.2 类与对象

类是面向对象程序设计的基础和核心，也是实现数据抽象的工具。类中的数据具有隐藏性和封装性，类是实现 C++许多高级特性的基础。可以声明属于某个类的变量，这种变量称为类的对象。在 C++中，类和对象的关系实际上是数据类型和具体变量的关系。在程序中可以通过类定义提供的函数访问该类对象的数据。

6.2.1 类的定义

在 C++中，类是一种新的数据类型，与结构体有很多相同之处，类可以看作是在传统意义上的结构体中增加了成员函数的一种数据类型。

类由类声明和类体两部分组成，而类体又由数据成员和成员函数组成。类的组成结构与结构体的组成结构比较如图 6.4 所示。

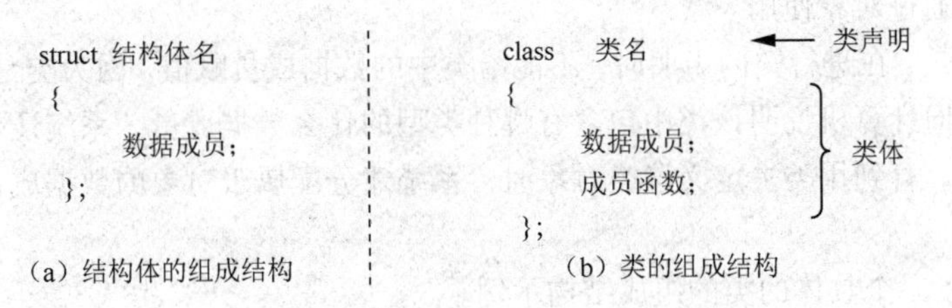

(a) 结构体的组成结构　　(b) 类的组成结构

图 6.4　类与结构体的组成结构比较

从图 6.4 可以看出，类的结构就是在结构体类型的基础上增加了成员函数。既然类和结构体区别这么小，为什么还要有两种不同的构造呢？这是因为早期 C++语言的类是从 C 语言的结构演变而来的，它还必须支持 C 语言的结构，以保留两者的兼容性。

那么到底应该在什么时候使用结构体类型呢？许多程序员遵循以下原则：仅有数据成员而没有成员函数时，则使用结构体类型，否则使用类。

类的数据成员和成员函数根据其访问权限分为私有、公有和保护型三种属性。因此，类的一般语法形式如下：

```
class 类名
{
    private:
     < 私有数据成员，私有成员函数> ;
    public:
     <公有数据成员，公有成员函数> ;
    protected:
     <保护型数据成员，保护型成员函数> ;
};
```

类定义的各组成部分说明如下。

1. 类声明

类声明由 class 和类名构成。class 是定义类的关键字，类名是一种标识符，类名的首字符通常大写。

2. 类体

一对大括号“{ }”之间的内容称为类体，是类的说明部分，用来说明该类的成员。与结构体类型一样，类的定义要以分号“;”结尾。

3. 类的成员

类的定义与结构体的定义很相似，但结构体的成员只有数据成员，而类的成员包含数据成员和成员函数两部分。另外，类的成员是有访问权限的，类的成员根据访问权限分为私有成员（private）、公有成员（public）和保护型成员（protected）三类。关键字 private、public、protected 被称为访问权限修饰符或访问控制修饰符。

私有成员用 private 来说明，私有成员数据只能在类中的成员函数中使用，私有成员函数只能被类中的其他成员函数调用，私有成员不能通过对象使用。类的成员缺省访问权限为 private。

公有成员用 public 来说明，公有成员可以在类体中使用，也可以通过对象直接访问。

保护型成员用 protected 来说明，保护型成员可以在类体中使用，也可以在派生类中使用，但不能在其他类外通过对象使用。

需要注意的是，在进行类的声明时，不能给类中的数据成员赋值。因为类是一个抽象的概念，这里的声明只是向计算机说明该类中包含有哪种类型的什么数据成员，系统还没有为这些数据成员分配存储空间。直到用类去定义该类对象时，系统才分配属于对象的数据成员存储空间，来存储对象的数据值。

图 6.5 说明了一个具体的类的组成结构示例。

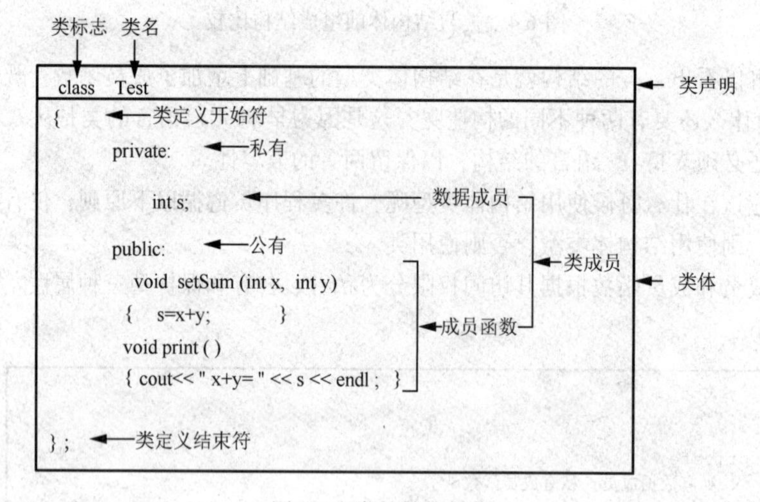

图 6.5 类的结构示例

【例 6-1】 一个简单类定义的示例。

源程序如下：

```
1  #include <iostream>
2  using namespace std;
3  class Test
4  {
5    private:
6        int s;
```

私有成员拒绝类外代码的直接访问

```
7     public:
8        void setSum(int x, int y)
9         {  s=x+y;    }
10       void print()
11         { cout<<"x+y="<<s<<endl; }
12    };
13  void main()
14  {
15      Test t;
16      t.setSum(3, 8);
17      t.print();
18  }
```

（第 7～11 行）公有成员能够从类外直接访问，setSum()和 print()都是类的成员函数，可以使用私有变量 s

（第 15 行）定义类的对象

（第 16～17 行）通过对象从外部访问公有成员

程序运行结果如下：

```
x + y = 11
```

程序说明：

（1）本例定义了一个计算两数和的类 Test，该类有一个 private 数据成员 s，用来存放两数相加的和。该类还定义了两个 public 成员函数：setSum( )和 print( )。

（2）在程序的第 15 行，在 main( )函数中，定义了类 Test 的对象 t，对象实际上就是类变量。

（3）在程序的第 16、17 行，通过对象和点运算符访问类的成员函数。

（4）结构体和类的比较。

相似之处：它们的体内均可包含不同数据类型的数据成员。且使用前结构体要声明结构体变量，而类要声明类变量（类的对象）。

不同之处：结构体内通常没有函数，类体内包含了函数。结构体的成员都是公有的，而类的成员分为私有的和公有的。

结构体与类的比较见表 6.1。

表 6.1　结构体与类的比较

结构体	类

#include <iostream>
using namespace std;
struct Test {
  int s;
};
Test t; ← 定义结构体
void setSum(int x,int y)
{ t.s=x+y;
   cout<<"x+y="<<t.s<<endl;
}
void main()
{
   setSum(3,8);
   cout <<"s="<<t.s<<endl;
}
（setSum 函数：函数在结构体之外）
（t.s：通过结构体变量访问结构体成员）
	#include <iostream>
	using namespace std;
	class Test {
	 private:
	   int s;
	 public:
	  void setSum(int x, int y)
	  { s=x+y;
	     cout<<"x+y="<< s <<endl;
	  }
	};
	void main(){
	   Test t; ← 定义类对象
	   t.setSum(3,8); ← 通过对象访问类成员
	};
	（setSum 函数：函数在类体之中）

6.2.2 类的成员函数

1. 在类体之外定义成员函数

在例 6-1 中，类的成员函数是放在类体中定义的。为了提高类的可读性，常常把成员函数放在类体之外定义，而类体中只保留成员函数的原型声明。在类体之外定义的成员函数有时被称为外联函数。

类的成员函数在类体之外定义时，函数名前要加上所属的类名和类区分符“::”，表示该函数不是一个普通函数，而是属于某个类的成员函数。

类的成员函数在类体之外定义时格式如下：

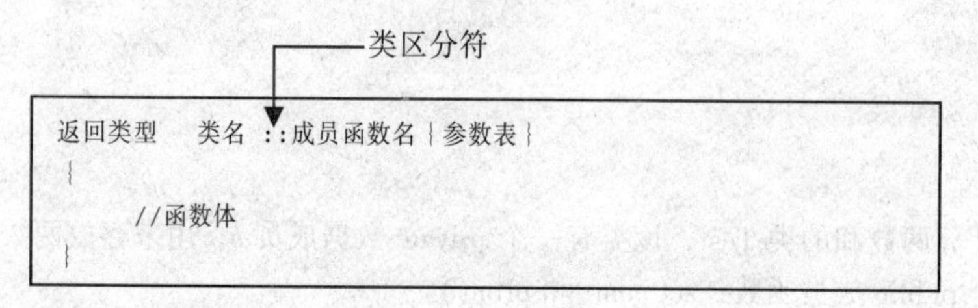

注意：定义在类体外的外联函数可以访问私有成员数据，也可以给私有成员赋值。下面改写计算两数和类的示例，将类的成员函数改写为外联函数。

【例 6-2】 使用外联函数编写计算 1 + 2 + 3 + … + 100 的程序。

源程序如下：

```
1  #include <iostream>
2  using namespace std;
3  /* 类定义 */
4  class Sum
5  {
6    private:
7      int s;
8    public:
9      void setSum(int x);
10     void print();
11 };
12 /* 类体之外成员函数 */
13 void Sum :: setSum(int x)
14 {
15   s = 0;
16   for(int i = 1; i <= x; i++)
17     s = s + i; //加法器
18 }
19 void Sum :: print()
20 {
21   cout << "1 + 2 + 3 + … + 100 = " << s << endl;
22 }
23 /* 主函数 */
```

函数体移到类体之外，类体之内保留成员函数的原型

定义外联函数，用::表示属于 Sum 类

定义外联函数，用：:表示属于 Sum 类

```
24  void main()
25  {
26      Sum a;
27      a.setSum(100);
28      a.print();
29  }
```

定义类对象

通过对象从外部访问公有成员函数

程序运行结果如下：

```
1 + 2 + 3 + … + 100 = 5050
```

2. 内联函数

内联函数是指程序在编译时将函数的代码插入在函数的调用处，作为函数体的内部扩展，以避免函数调用机制所带来的开销，提高程序的执行效率。

内联函数有两种定义方法，一种方法是在类体内定义成员函数，另一种方法是使用 inline 关键字。

1）在类体内定义内联函数

在类体内定义函数体的成员函数默认为内联函数。

例如，例 6-1 Test 类中所定义的两个成员函数 setSum(int x, int y)和 print()都是默认的内联函数。它们不需要用关键字 inline 修饰。

2）使用 inline 关键字定义内联函数

对于在类体之外定义函数体的成员函数，需要将其定义为内联函数，则必须加上关键字 inline 修饰。也就是说，如果要在类体外定义一个成员函数，又希望将它定义成内联函数，则在定义时用关键字 inline 进行修饰。并且这个体外定义的内联函数要和类定义一起写到同一个头文件中。

例如，在例 6-2 中，将 Sum 类的成员函数 print()改写为内联函数：

```
inline  void Sum::print()
{
   cout << "1 + 2 + 3 + … + 100 = " << s << endl;
}
```

内联函数与普通函数的区别在于函数调用的处理方式不同。普通函数进行调用时，要将程序执行权转到被调用函数中，执行完被调用函数功能后，再返回到调用它的函数中。而内联函数在调用时，是将函数体插入到调用它的位置，这样就大大提高了程序运行效率，同时保证了程序的结构清晰，如图 6.6 所示。

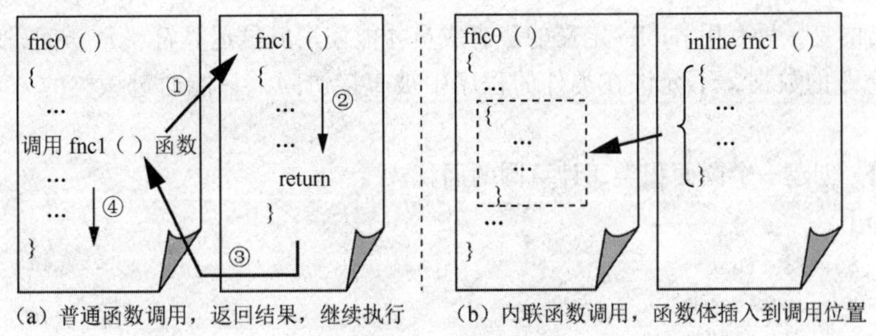

图 6.6　普通函数调用与内联函数调用的区别

6.2.3　对象

类和对象的关系相当于普通数据类型与其变量的关系。类是一种逻辑抽象概念，声明一个类只是定义了一种新的数据类型，对象说明才真正创建了这种数据类型的物理实体。由同一个类创建的各个对象具有完全相同的数据结构，但它们的数据值可能不同。

1. 对象的创建

定义一个类的对象很简单，与声明普通数据类型的变量相同，其格式如下：

```
类名  对象名;
```

当声明同一个类的多个对象时，多个对象之间用逗号分隔。

例如，在例 6-2 的主函数文件 t6-2.cpp 中，定义类 Sum 的对象 a 为

```
Sum a;
```

2. 类成员的访问

对于类成员的访问，如果在该类的内部访问类成员，只要简单地指出它的名字就可以直接使用。如果在类的外部使用类成员，则要通过类的对象来访问其公有成员。

一旦创建了一个类的对象，程序就可以用成员运算符“.”来访问类的公有成员，其一般形式为

```
    对象名. 公有数据成员名;
或
    对象名. 公有成员函数名(实参表) ;
```

例如，在例 6-2 中，在头文件中定义一个 Sum 类，并在主函数中定义一个 Sum 的对象 a，通过对象 a 完成对成员函数 setSum ( )的调用。

```
Sum a;
a.setSum(100);
```

对象调用成员函数如图 6.7 所示。

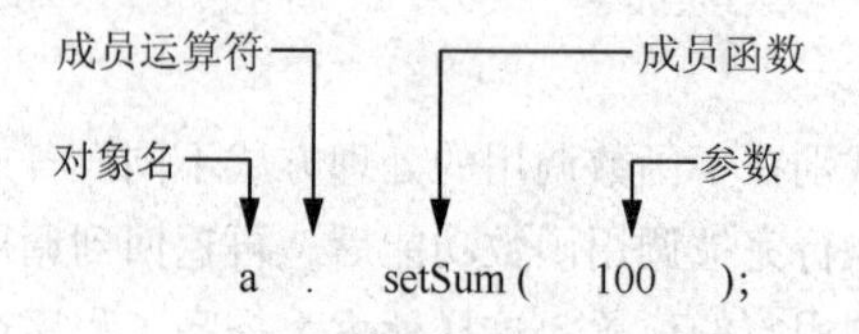

图 6.7 对象成员的表示方法

需要指出的是，只有用 public 定义的公有成员才能使用成员运算符“.”访问，对象中的私有成员是类中隐藏的数据，不允许在类外的程序中被直接访问，只能通过该类的公有成员函数来访问。

【例 6-3】 创建一个圆面积类，计算圆的面积。

源程序如下：

```
1  #include <iostream>
2  using namespace std;
3  #define PI 3.14159
4  class Circle
5  {
6    private:
7       double radius;
```

```
8   public:
9       void setRadius(double r);
10      double cirArea();
11  };
12  void Circle :: setRadius(double r)
13  {
14     radius = r;
15  }
16  double Circle :: cirArea()
17  {
18    double area = 0;
19    area = PI * radius * radius;
20    return area;
21  }
22  void main()
23  {
24    double s, r = 3;
25    Circle cir;
26    cir.setRadius(r);
27    s = cir.cirArea();
28    cout << "圆的面积 = " << s << endl;
29  }
```

- 第 9 行：由于半径 radius 为私有成员，不能从外部赋值，因此，定义一个公有函数接收从外部设置的半径的值
- 第 14 行：将外部设置的半径值传递给私有成员 radius
- 第 19 行：radius 已在 setRadius( )中由实参赋值
- 第 25 行：定义对象 cir
- 第 26 行：将实参值传递给成员函数的形参，进而传递给私有成员变量 radius
- 第 27 行：通过对象 cir 调用类的成员函数

6.3　构造函数和析构函数

类与对象的关系，同简单数据类型与其变量的关系是一样的。在 C++中，声明一个简单类型的变量时可以同时给它赋初值，称之为变量的初始化。同样，C++允许对对象进行初始化操作，即在声明一个对象的同时给它的数据成员赋初值。在面向对象的程序设计中，这种初始化用得非常频繁。实际上，凡是实用程序创建的对象都需要做某种形式的初始化。C++在类说明中引进了构造函数，构造函数在对象被创建时自动调用，对象所要执行的所有初始化工作都由构造函数自动完成。

与构造函数相对应的是析构函数。创建一个对象时，需要给该对象分配内存空间；当这个对象使用完后，就应释放这些空间。析构函数完成当一个对象使用结束时所要进行的清理工作，当一个对象消失时，析构函数被自动调用，释放被对象占用的资源。

6.3.1　构造函数

构造函数是在类中声明的一种特殊的成员函数，作用是在对象被创建时使用特定的值构造对象，将对象初始化为一个特定的状态。

构造函数定义规则：构造函数的名字必须与其所属的类名相同，并声明为公有成员函数，且没有任何类型的返回值。

构造函数作为类的一个成员函数，具有一般成员函数所有的特性，它可以访问类的所有数据成员，可以是内联函数，可以带有参数，还可以带默认的形参值。构造函数也可以重载，以提供

初始化类对象的不同方法。

构造函数在创建对象时将被自动调用。

【例 6-4】 计算圆的面积，要求使用构造函数。

源程序如下：

```
1  #include <iostream>
2  using namespace std;
3  #define PI 3.14          ◄── 宏定义
4  class Circle
5  {
6    private:
7      double radius;     ◄── 圆的半径
8    public:
9       Circle();         ◄── 说明构造函数：函数名与类名相同、无返回值、公有成员函数
10 };
11  Circle::Circle()                                        ┐
12   {                                                      │
13   radius = 8;                                            │
14   cout << "构造函数被自动调用" << endl;                  │◄── 定义构造函数
15   cout << "圆的半径：r = 8" << endl;                     │
16       double s = PI*radius*radius ;                      │
17     cout << "圆的面积：s = " << s << endl;               │
18  }                                                       ┘
19
20  void main()
21  {
22    Circle cir;       ◄── 构造函数在创建对象时自动调用
23  }
```

程序运行结果如下：

```
构造函数被自动调用
圆的半径：r = 8
圆的面积：s = 200.96
```

【例 6-5】 带参构造函数与不带参数的构造函数的定义和使用示例。

源程序如下：

```
1  #include <iostream>
2  using namespace std;
3  class Sum
4  {
5    private:
6       int num;
7    public:
8       Sum();                 ◄── 定义不带参数的构造函数：与类同名、无返回值
9       Sum(int a, int b);     ◄── 定义带参数的构造函数：与类同名、无返回值
10   void prnt();              ◄── 定义普通成员函数
11   };
12   Sum::Sum ()
```

```
13 {
14   num = 15;
15   cout << "调用默认的构造函数, num= " << num << endl;
16 }
17 Sum::Sum (int a, int b)
18 {
19   num = a + b;
20   cout << "调用带参数构造函数计算 a+b=" << num << endl;
21 }
22 void Sum::prnt()
23 {
24   cout << "调用一般成员函数" << endl;
25 }
26 void main()
27 {
28     Sum s;
29     Sum();
30     Sum(3,5);
31     s.prnt();
32 }
```

定义不带参构造函数（第 13～16 行）

定义带参构造函数（第 18～21 行）

定义一般成员函数（第 23～25 行）

创建对象时将自动调用不带参数的构造函数（第 28 行）

显式调用构造函数，不需要对象（第 29～30 行）

由对象调用一般函数（第 31 行）

程序运行结果如下：

```
调用默认的构造函数, num = 15
调用默认的构造函数, num = 15
调用带参数构造函数计算 a + b = 8
调用一般成员函数
```

默认构造函数二次被调用，第 28 行创建对象时自动调用一次，第 29 行显式调用一次。

程序说明：从程序运行结果可以看到，不带参数的构造函数 Sum()被执行了两次。这是因为不带参数的构造函数在定义类对象时将由系统自动调用。因此，在程序的第 28 行创建类 Sum 的对象 s 时，系统自动调用了构造函数 Sum()，在程序的第 29 行，又显式地调用了构造函数 Sum()。从而，不带参数的构造函数 Sum()被执行了两次。

不带参数的构造函数又称为默认构造函数。

通过上述例子，可以看到构造函数有如下特点。

（1）构造函数是与所在类同名的成员函数，且一般为 public 成员。

（2）构造函数无返回值。

（3）构造函数可以重载。

（4）构造函数的作用是为类对象的数据成员赋初值。

（5）默认构造函数在定义类对象时由系统自动调用。

（6）C++语言规定，任何一个类都必须有构造函数，如果没有定义构造函数，则系统会提供一个默认的无参数的构造函数，它只负责对象的创建，不做任何初始化工作。

6.3.2　重载构造函数

构造函数具有一般类成员函数的特性，因此，它也和一般的类成员函数一样，可以被重载，那些重载的构造函数之间以所带参数的个数或类型的不同而区分。也就是说，在为拥有多个重载构造函数的类创建对象时，可以根据提供的不同参数及参数类型，调用不同的构造函数来初始化对象。其实，在例 6-5 中已经用到了构造函数重载。

```
Sum();
Sum(int a, int b) ;
```

这两个函数的名字都和类名相同，只是参数的个数或数据类型有所不同：第一个函数没有参数，是默认构造函数；第二个函数有两个参数。

【例 6-6】 重载构造函数，日期类同时声明了 4 个构造函数。

源程序如下：

```
1  #include <iostream>
2  using namespace std;
3  class Tdate
4  {
5     public:
6       Tdate();
7       Tdate(int d);
8       Tdate(int m,int d);
9       Tdate(int m,int d,int y);
10    protected:
11       int month;
12       int day;
13       int year;
14  };
15  Tdate::Tdate()
16  {
17     year = 2010;
18     month = 4;
19     day = 15 ;
20     cout << year << "/" << month << "/" << day << endl;
21  }
22  Tdate::Tdate(int d)
23  {
24      year = 2010;
25  month = 4;
26  day = d;
27      cout << year << "/" << month << "/" << day << endl;
28  }
29  Tdate::Tdate(int m, int d)
30  {
31      year=2010;
32  month=m;
33  day=d;
34      cout << year << "/" << month << "/" << day << endl;
35  }
36  Tdate::Tdate(int m, int d, int y)
37  {
38      year = y;
39  month = m;
40  day = d;
41     cout << year << "/" << month << "/" << day << endl;
42  }
43  void main()
```

声明 4 个构造函数的原型，其参数个数不同

定义无参构造函数

定义一个参数构造函

定义两个参数构造函

定义 3 个参数构造函数

```
44 {
45   Tdate d1;
46   Tdate d2(10);
47   Tdate d3(2, 12);
48   Tdate d4(10, 1, 2010);
49 }
```

在主函数中实现构造函数重载

程序运行结果如下：

```
2010/4/15
2010/4/10
2010/2/12
2010/10/1
```

结果显示，系统根据参数个数不同，分别调用不同的构造函数，即实现了构造函数重载

6.3.3 析构函数

构造函数的主要作用是为对象分配空间，对数据成员进行初始化。那么，由构造函数所分配的系统资源如何释放呢？在程序运行的过程中占用了系统资源而不进行释放，可能会导致意想不到的错误，为了避免这种情况发生，就需要使用析构函数。

析构函数与构造函数一样，也是特殊的类成员函数，它的主要作用是在类对象生命期结束时，清理和释放类对象所占用的系统资源。析构函数与所属的类同名，其函数名前加一个逻辑非运算符“~”，表示构造函数的逆。一个类中只可以定义一个析构函数。

【例 6-7】 析构函数应用示例。

源程序如下：

```
1  #include <iostream>
2  using namespace std;
3  class Sum
4  {
5   private:
6   int num;
7  public:
8     Sum();              // 声明构造函数原型
9     void prnt();        // 声明成员函数原型
10    ~Sum();             // 声明析构函数原型
11 } ;
12 Sum::Sum()
13 {
14  num = 15;
15        cout << "调用默认的构造函数, num = " << num << endl;
16 }
17 Sum::~Sum()
18 {
19  cout << " 析构函数被调用 " << endl;
20 }
21 void Sum::prnt()
22 {
23    cout << "调用一般成员函数" << endl;
24 }
```

定义析构函数

```
25  void main()
26  {
27   Sum s;
28      s.prnt();
29  }
```

主函数中没有显式调用析构函数

程序运行结果如下：

```
调用默认的构造函数，num=15
调用一般成员函数
析构函数被调用
```

运行结果表明，类在生命期结束时，系统自动调用析构函数

通过上述例子，可以看到析构函数有如下特点。

（1）析构函数与构造函数名字相同，但它前面必须加一个“~”号。

（2）析构函数不具有返回类型，同时不能有参数，也不能重载，一个类只能拥有一个析构函数，这与构造函数不同。

（3）析构函数不能显式调用，它在类的生命期结束时会被系统自动调用。

（4）C++语言规定，任何一个类都必须有析构函数。如果没有定义析构函数，则系统会提供一个默认的析构函数，该默认的析构函数没有任何具体操作。只要类中提供了一个显式的析构函数，那么系统就不再自动提供默认析构函数。

【例 6-8】 定义多个重载的构造函数和析构函数，考察析构函数的调用顺序。

源程序如下：

```
1  #include <iostream>
2  using namespace std;
3  class Tdate
4  {
5    public:
6      Tdate();
7      Tdate(int d);
8      Tdate(int m,int d);
9      Tdate(int m,int d,int y);
10      ~Tdate();
11   protected:
12      int month;
13      int day;
14      int year;
15      int x;
16  };
17  Tdate::Tdate()
18  {
19   x = 1;
20   year = 2010;
21   month = 4;
22   day = 15 ;
23   cout << year << "/" << month << "/" << day << endl;
24  }
25  Tdate::Tdate(int d)
26  {
27   x = 2;
28   year = 2010;
29   month = 4;
30   day = d;
31   cout << year << "/" << month << "/" << day << endl;
```

声明 4 个参数个数不同的构造函数的原型

声明一个析构函数

定义默认构造函数

定义带参构造函数

```
32 }
33 Tdate::Tdate(int m, int d)
34 {
35     x = 3;
36  year=2010;
37  month=m;
38  day=d;
39     cout << year << "/" << month << "/" << day << endl;
40 }
41 Tdate::Tdate(int m, int d, int y)
42 {
43  x = 4;
44  year = y;
45  month = m;
46  day = d;
47     cout << year << "/" << month << "/" << day << endl;
48 }
49 Tdate::~Tdate()
50 {
51   cout << "析构函数 d" << x << endl;
52 }
53 void main()
54 {
55     Tdate d1;
56     Tdate d2(10);
57     Tdate d3(2, 12);
58     Tdate d4(10, 1, 2010);
59 }
```

定义带两个参数的构造函数

定义带 3 个参数的构造函数

在析构函数中标记释放对象

创建 4 个对象，重载 4 个构造函数

在程序的第 5～10 行，定义了 4 个重载的构造函数和一个析构函数。在程序第 53～59 行的 main( )函数中创建了 4 个对象 d1、d2、d3、d4，分别调用 4 个构造函数。当程序结束时，析构函数是怎样自动调用的呢？由于要释放 4 个对象，必须调用析构函数 4 次，并且先创建的对象后释放，而后创建的对象先释放。

程序运行结果如下：

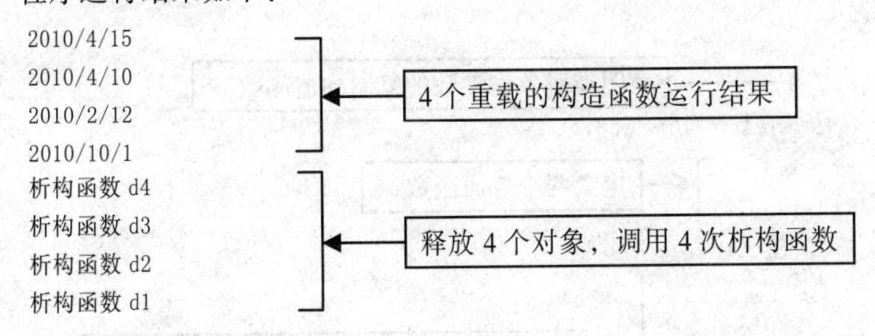
2010/4/15
2010/4/10
2010/2/12
2010/10/1
析构函数 d4
析构函数 d3
析构函数 d2
析构函数 d1
4 个重载的构造函数运行结果
释放 4 个对象，调用 4 次析构函数

6.3.4　复制构造函数

有时在生成新的对象时，希望新对象与原来已经存在的一个对象完全一致，就像配钥匙或者复印材料一样，克隆生成原来对象的副本。为了有效地用原来的对象克隆出新的对象，C++语言提供了一种特殊的构造函数——复制构造函数。

复制初始化构造函数是一种特殊的构造函数，具有一般构造函数的所有特性，它在创建新的对象时才被调用，但其形参是本类的对象的引用，其作用是用一个存在的对象初始化另一个正创建的同类的对象，将一个已知对象的数据成员的值复制给正在创建的另一个同类的对象。

复制构造函数的特点如下。

（1）该函数名与类名相同，因为它也是一种构造函数，并且该函数不被指定返回类型。

（2）该函数只有一个参数，并且是对某个对象的引用。

（3）每个类都必须有一个复制初始化构造函数。

复制构造函数的一般形式为

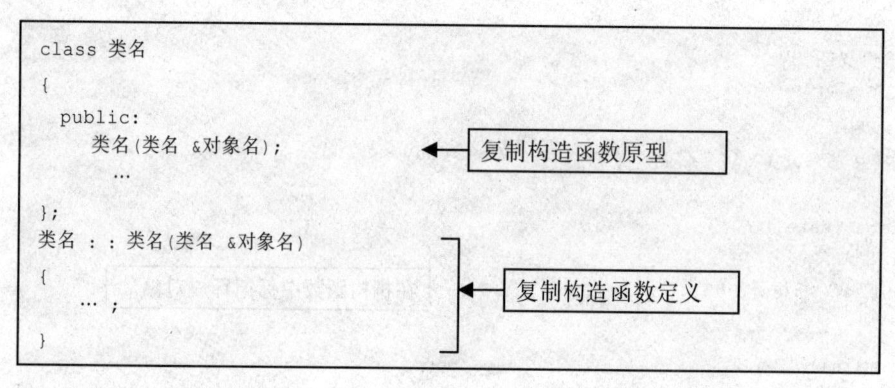

class 类名
{
public:
类名(类名 &对象名);
…
};
类名 : : 类名(类名 &对象名)
{
… ;
}
复制构造函数原型
复制构造函数定义

如果类中没有说明复制构造函数，则编译系统自动生成一个具有上述形式的默认复制构造函数，作为该类的公有成员。

【例 6-9】 复制初始化构造函数应用举例。

源程序如下：

```
1  #include <iostream>
2  using namespace std;
3  class TPoint
4  {
5    private:
6       int x, y;
7    public:
8      TPoint(int a, int b)
9      {x = a; y = b;}
10     TPoint(TPoint &p);
11     ~TPoint() { cout<<"析构函数被调用。\n"; }
12     int Xcoord() {return x;}
13     int Ycoord() {return y;}
14 };
15 TPoint::TPoint(TPoint &p)
16 {
17   x = 2 * p.x;
18   y = 2 * p.y;
19   cout<<"复制构造函数被调用。\n";
20 }
21 void main()
```

声明类对象作参数的复制构造函数（第10行）

定义两个普通函数（第12～13行）

由 TPoint 类对象 p 定义复制构造函数（第15～20行）

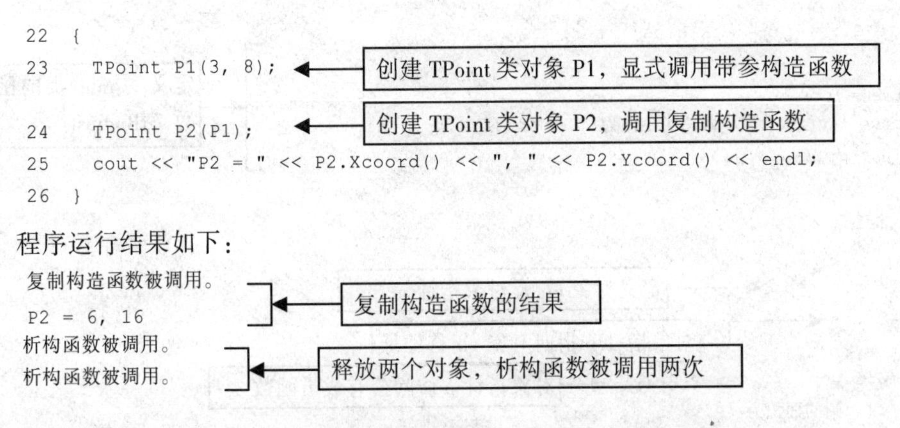

22 {
23 TPoint P1(3, 8);
创建 TPoint 类对象 P1，显式调用带参构造函数
24 TPoint P2(P1);
创建 TPoint 类对象 P2，调用复制构造函数
25 cout << "P2 = " << P2.Xcoord() << ", " << P2.Ycoord() << endl;
26 }
程序运行结果如下：
复制构造函数被调用。
P2 = 6, 16
复制构造函数的结果
析构函数被调用。
析构函数被调用。
释放两个对象，析构函数被调用两次

6.4　对象指针和静态类成员

6.4.1　对象指针

与普通变量类似，对象初始化后在内存中会占用一块连续的存储区域。因此，可以用一个指向对象的指针来访问对象。把指向对象的指针称为对象指针，对象指针就是存放该对象地址的变量。声明对象指针的一般形式为

```
类名    *对象指针名;
```

例如，设有类 Sum，则

```
Sum *s;
```

建立了一个指向 Sum 对象的指针 s。

需要指出的是，建立了一个对象指针，并没有建立对象，所以此时不会调用构造函数。使用对象指针时，首先要把它指向一个已声明的对象，然后才能通过该指针访问对象的公有成员。

如果一个指针指向了一个对象，则可以通过该指针来访问它所指向的对象成员。

通过对象名访问对象的成员使用的是“.”运算符。当用指针访问对象的成员时，需要使用“->”运算符，一般格式为

```
    对象指针名 -> 类成员名 ;
或：
    (*对象指针名).类成员名;
```

【例 6-10】　对象指针的应用示例，计算圆的面积。

源程序如下：

```
1  #include <iostream>
2  using namespace std;
3  #define PI 3.14
4  class Circle
5  {
6    private:
7        double radius;
8    public:
9        double setRadius(int r);
10 };
```

定义类 Circle

```
11 double Circle :: setRadius(int r)
12 {
13  radius = r ;
14  cout << "经参数传递，圆的半径设为:" << radius << endl;
15  return  PI * radius * radius ;
16 }
17 void main()
18 {
19 Circle cir, *p;
20 p = &cir;
21 int r = 8;
22 double s = p -> setRadius(8);
23 cout << "圆的面积为: " << s << endl;
24 }
```

定义 Circle 类的函数 setRadius()

定义对象 cir 及对象指针 p

对象指针 p 指向对象 cir 首地址

对象指针 p 访问公有成员函数

【例 6-11】 处理平面上点的坐标。

算法分析：设平面上点的坐标为 P(x, y)，创建一个点的坐标类 Point，其中，坐标位置 x、y 为私有数据成员，设置坐标位置函数 set_point()及获取坐标点位置函数 get_x()、get_y()为成员函数。可以通过对象 t 设置点的坐标位置，再通过对象指针读取点的坐标数据。

源程序如下：

```
1  #include <iostream>
2  using namespace std;
3  class Point
4  {
5   private:
6      int x, y;
7   public:
8      void set_point(int x1, int y1);
9      int get_x();
10     int get_y();
11 };
12 void Point :: set_point(int x1, int y1)
13 {
14      x = x1;
15      y = y1;
16 }
17 int  Point :: get_x()
18  {
19      return x;
20  }
21 int  Point :: get_y()
22  {
23      return y;
24  }
25 void main()
26 {
27   Point t;
28   Point *p;
```

设置点的坐标位置

读取点的坐标数据

先创建对象 t，再创建对象指针 p

```
29    p = &t;                          ← 通过地址赋值，使指针 p 指向对象 t
30    t.set_point(20, 50);
31    cout << "点 x 的坐标为：" << p -> get_x() << endl;   ← 对象指针 p 获取坐标数据
32    cout << "点 y 的坐标为：" << p -> get_y() << endl;
33  }
```

程序运行结果如下：

```
点 x 的坐标为：20
点 y 的坐标为：50
```

6.4.2　this 指针

在设计成员函数时，为了给成员函数参数取名时可读性好，经常会遇到成员函数参数和成员变量同名的问题。例如，某个类的成员变量为 x，而该类的成员函数参数也为 x，当调用成员函数时，怎样才会不引起混乱呢？

解决方法是：若要表示当前类的成员，使用一个特殊的对象指针，即在其前面加"this ->"。

在 C++中，关键字 this 是系统自动定义的、指向调用成员函数对象的一个特殊指针，当成员函数被调用时，都向调用它的对象传递一个 this 指针。this 指针对所有成员函数来说是一个显式参数。因此，在成员函数内，this 用来表示调用对象。

【例 6-12】 编写程序，说明当类的成员变量与该类成员函数的参数同名时，用 this 指针区分哪一个是成员变量。

源程序如下：

```
1  #include <iostream>
2  using namespace std;
3  class Test
4  {
5    private:
6      int x;                 ← 类成员变量 x 与成员函数中的局部变量 x 同名，需要使用 this 指针区分哪个是成员变量
7    public:
8      void set_x(int x);
9      int get_x();
10   };
11   void Test :: set_x(int x)
12   {
13     this -> x = x;         ← 成员变量 x 与局部变量 x 同名，"="左边的 this -> x 表示对象中的成员变量 x，而"="右边的 x 是局部变量
14   }
15   int Test :: get_x()
16   {
17     return this -> x;      ← this -> x 等同于类成员变量 x
18   }
19   void main()
20   {
21     Test t;                ← 声明类 Test 的对象 t
22     t.set_x(100);
23     cout << t.get_x() << endl;   ← 通过对象调用成员函数
24   }
```

程序运行结果如下：

```
100
```

当调用某个对象的成员函数时，系统先把该对象的地址赋给 this 指针，然后调用成员函数。this 是调用成员函数的地址，而是调用成员函数的对象。

6.4.3 静态类成员

对象是类的一个具体的实例。在每个对象生成时，它的成员变量都分配了各自的内存空间。但是在某些情况下，如果类的所有对象的某个特殊变量能共享相同的内存，这将给实际应用带来极大的方便。

静态成员用于解决同一个类的不同对象之间的数据和函数的共享问题。例如，设计一个学生类，每个学生都有自己的学号、姓名和成绩等数据项，但班级学生人数、总成绩和平均分等数据项则是大家共有的，不属于某个学生。

如果需要统计学生总数，这个数据应存放在什么地方呢？若以类外的全局变量来存储总数，不能实现数据的隐藏。若在类中增加一个数据成员用以存放总数，必然在每一个对象中都存储一个副本，不仅冗余，而且每个对象分别维护一个“总数”，势必造成数据的不一致性。因此，比较理想的方案是类的所有对象共同拥有一个用于存放总数的数据成员，这就是下面要介绍的静态数据成员。

通常，一个类的两个对象会拥有不同的内存空间来存放它们的数据成员，每个对象的数据成员互不干扰。而静态成员则不同，该类的所有对象的静态数据成员都共用同一个存储空间，即静态数据成员被类的所有对象共享。也就是说，不管这个类创建了多少个对象，其静态成员只是一个副本，该副本被这个类的所有对象共享。

静态成员分为静态数据成员和静态成员函数。在类的定义中，它的数据成员和成员函数可以用关键字 static 声明成静态成员。

用 static 声明的静态成员和非 static 成员的区别主要有两点。

（1）static 静态成员是在编译时分配存储空间，直到整个程序执行完才撤销。

（2）static 静态成员的初始化是在编译时进行的，一般在定义 static 静态成员时要给出初始值。

1. 静态数据成员

类的普通数据成员在类的每一个对象中都拥有一个副本，也就是说，每个对象的同名数据成员可以分别存储不同的数值，这也是每个对象拥有自身特征的保证。而静态数据成员是类的数据成员的一种特例，每个类只有一个静态数据成员副本，它由该类的所有对象共同维护和使用，从而实现了同一个类的不同对象之间的数据共享。静态数据成员具有静态生存期。

静态数据成员声明和使用时应注意以下几点。

（1） 静态数据成员声明时，应在前面加 static 关键字来说明，其格式为

```
static 数据类型 静态数据成员名;
```

例如，在类定义中声明一个类成员变量为静态变量 count：

```
static int count;
```

（2）静态数据成员必须初始化，并且一定要在类外进行，初始化的形式为

```
数据类型 类名 : : 静态数据成员名 = 初始值;
```

例如，在类 Point 外初始化静态变量 count：

```
int Point :: count = 0;
```

（3）静态数据成员的访问。由于静态数据成员属于类，而不属于任何一个对象，所以在类外只能通过类名对它进行访问，一般的访问形式为

```
类名 : : 静态数据成员名;
```

静态数据成员同普通数据成员一样要服从访问控制限制，当静态数据成员被声明为私有成员时，只能在类内直接引用它，在类外无法引用。但当静态数据成员被声明为公有成员或保护成员时，可以在类外通过类名对它进行引用。

【例 6-13】 设计一个学生类。这个学生类中应包括学号、姓名和成绩，并能根据学生人数的增减计算平均分。

算法分析：学生类 Student 的成员变量应该包括学生的学号、姓名和成绩。另外，所有学生的成绩总分应该设计成类的静态成员变量，即 static 成员变量，从而所有学生类对象均能使用成绩总分变量。在主函数中，声明若干个对象，分别给出学号和成绩，求出平均分和学生数。

源程序如下：

```
1  #include <iostream>
2  using namespace std;
3  class Student
4  {
5   private:
6     static int count, sum;
7     int id, score;
8     char *name;
9   public:
10    Student(int id, char *name, int score);
11    void prntid();
12    void printCA();
13 };
14 Student :: Student(int id, char *name, int score)
15 {
16     this -> score = score;
17    this -> id = id;
18    this -> name = name;
19    count++;
20    sum += this -> score;
21 }
22 void Student :: prntid()
23 {
24    cout << "学号: " << id << " ";
25    cout << "姓名: " << name << " ";
26    cout << "成绩: " << score << endl;
27 }
28 void Student :: printCA()
29 {
30   cout << "平均分: " << sum / 4 << endl;
31   cout << "学生数: " << count << endl;
```

声明两个静态数据成员和两个普通数据成员（第 6～7 行）

声明成员函数（第 10～12 行）

定义学生类（第 3～13 行）

构造函数，类成员变量与函数局部变量同名，在类成员变量前用 this 标示（第 14～21 行）

输出学生的学号及成绩（第 22～27 行）

输出平均分及学生数（第 28～31 行）

```
32 }
33 int Student :: count = 0;
34 int Student :: sum = 0;
35 void main()
36 {
37   Student stu1(1001, "陈  红",89), stu2(1002, "张大山",78),
38           stu3(2001, "赵志勇",97), stu4(2002, "李明全",91);
39   stu1.printid();
40   stu2.printid();
41   stu3.printid();
42   stu4.printid();
43   stu1.printCA();
44 }
```

在类外初始化静态变量（第33～34行）

创建4个学生对象（第37～38行）

输出4名学生的学号和成绩（第39～42行）

输出平均分及学生数（第43行）

程序的运行结果如下：

```
学号：1001 姓名：陈  红 成绩：89
学号：1002 姓名：张大山 成绩：78
学号：2001 姓名：赵志勇 成绩：97
学号：2002 姓名：李明全 成绩：91
平均分：88
学生数：4
```

程序说明：在程序中，静态数据成员 count 和 sum 是所有对象共享的。当创建第一个对象时，调用构造函数，count 值加 1 后为 1，同时 sum 累加第一个对象的成绩，创建第二个对象时再调用构造函数，count 值再加 1 后为 2，sum 累加第二个对象的成绩，即每创建一个对象，就调用构造函数一次，count 值即自增 1，sum 即累加该对象的成绩，原因在于它们是共享的静态变量，在函数的本次调用和下次调用之间变量仍然有效，其值可以记忆，如图 6.8 所示。

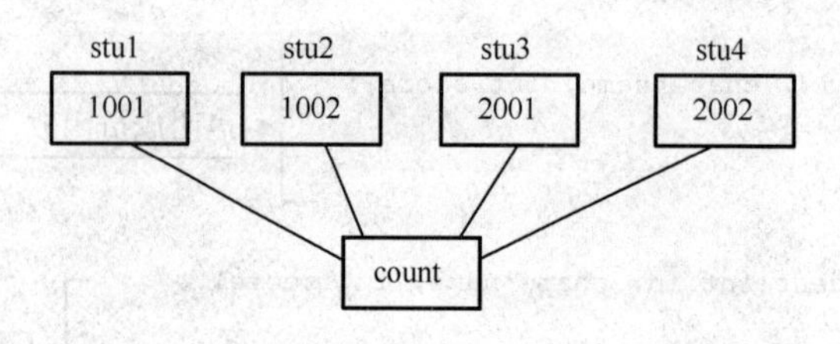

图 6.8　静态成员 count 与多个对象之间的关系

【例 6-14】 累乘计算：$1\times2\times3\times\cdots\times n$。

源程序如下：

```
1  #include <iostream>
2  using namespace std;
3  class Product
4  {
5    private:
6     int x;
7     static long P;
8    public:
9     Product(int a);
10    void getdata();
11  };
```

静态数据成员，存放累乘积（第7行）

```
12 long Product :: P = 1;          ← 静态数据成员初始化
13 Product :: Product(int a)
14 {
15    x = a;                       ← 构造函数，完成累乘
16    P *= x;
17 }
18 void Product :: getdata()
19 {
20   cout << "P = " << P << endl;
21 }
22 void main()
23 {
24   Product t(1);                 ← 定义对象并初始化
25   for(int i = 1; i< 10; i++)
26   {
27     t = i;
28     cout << "i = " << i << "  ";
29     t.getdata();
30   }
31 }
```

程序说明：本例用静态数据成员 Product 存放累乘积，在构造函数中完成累乘计算。对象 t 每次进行初始化时都调用构造函数累乘一次，由于 Product 是静态数据成员，Product 就更新一次累乘积。本例循环 9 次。最终实现 1 至 9 的阶乘运算。

程序运行结果如下：

```
i = 1  P = 1
i = 2  P = 2
i = 3  P = 6
i = 4  P = 24
i = 5  P = 120
i = 6  P = 720
i = 7  P = 5040
i = 8  P = 40320
i = 9  P = 362880
```

2. 静态成员函数

类似于静态数据成员，静态成员函数，就是使用 static 关键字声明的成员函数。与静态数据成员一样，静态成员函数也属于整个类，由同一个类的所有对象共同维护，为这些对象所共享。

静态成员函数可以直接引用该类的静态数据和成员函数，而不能直接引用非静态数据成员，如果要引用，必须通过参数传递的方式得到对象名，然后再通过对象名来引用。

作为成员函数，静态函数成员的访问属性可以受到类的严格控制。对于公有的静态函数成员，可以通过类名或对象名来调用，而一般的非静态函数成员只能通过对象名来调用。

定义静态成员函数的格式如下：

```
static 返回类型 函数名(参数表)
    { 函数体 }
```

与使用公有的静态数据成员类似，调用公有的静态成员函数的格式为

```
    类名:: 静态成员函数名(实参表)
或
    对象名 . 静态成员函数名(实参表)
```

静态成员函数具有以下特点。

（1）静态成员函数无 this 指针，它是该类的所有对象共享的资源，只有一个共用的副本。而一般的成员函数中都含有一个 this 指针，指向对象自身。

（2）在静态成员函数中访问的基本上是静态数据成员或全局变量。

（3）在调用静态成员函数的前面，必须有对象名或类名。

在静态成员函数的实现中，可以直接引用静态数据成员，但不能直接引用非静态数据成员。原因在于，当调用一个对象的成员函数（非静态成员函数）时，系统会把该对象的起始地址赋给成员函数的 this 指针。而静态成员函数并不属于某一个对象，因此静态成员函数没有 this 指针。既然它没有指向某一个对象，因此就无法对一个对象中的非静态数据成员进行直接访问（即在引用数据成员时不指定对象名）；又由于静态数据成员和静态成员函数同样是属于类的，因此静态成员函数可以直接引用本类中的静态数据成员。

如果要在静态成员函数中引用非静态成员，可通过对象来引用。

【例 6-15】 修改例 6-13，应用静态成员函数设计学生类。本例仅是把 printCA()声明为 static，其余均与例 6-13 相同。

源程序如下：

```
1  #include <iostream>
2  using namespace std;
3  class Student
4  {
5    private:
6      static int count, sum;       // 声明两个静态数据成员
7      int id, score;               // 和两个普通数据成员
8      char *name;
9    public:
10     Student(int id, char *name, int score);
11     void prntid();
12     void static printCA();       // 声明静态成员函数
13 };                               // (1-13: 定义学生类)
14 Student :: Student(int id, char *name, int score)
15 {
16     this -> score = score;
17     this -> id = id;
18     this -> name = name;
19     count++;
20     sum += this -> score;
21 }                                // (14-20: 构造函数，类成员变量与函数局部变量同名，在类成员变量前用 this 标示)
22 void Student :: prntid()
23 {
24    cout << "学号：" << id << " ";
25    cout << "姓名：" << name << " ";
26    cout << "成绩：" << score << endl;   // (22-26: 输出学生的学号及成绩)
```

```
27  }
28  void Student :: printCA()
29  {
30    cout << "平均分: " << sum / 4 << endl;
31    cout << "学生数: " << count << endl;
32  }
33  int Student :: count = 0;
34  int Student :: sum = 0;
35  void main()
36  {
37    Student stu1(1001, "陈  红",89), stu2(1002, "张大山",78),
38            stu3(2001, "赵志勇",97), stu4(2002, "李明全",91);
39    stu1.printid();
40    stu2.printid();
41    stu3.printid();
42    stu4.printid();
43    stu1.printCA();
44  }
```

构造静态函数，sum 和 count 为静态变量

在类外初始化静态变量

创建 4 个学生对象

输出 4 名学生的学号和成绩

输出平均分及学生数

程序的执行结果如下：

```
学号: 1001 姓名: 陈  红 成绩: 89
学号: 1002 姓名: 张大山 成绩: 78
学号: 2001 姓名: 赵志勇 成绩: 97
学号: 2002 姓名: 李明全 成绩: 91
平均分: 88
学生数: 4
```

6.5　动态内存分配

在前面所学习的各种数据类型，如 int、double、char、bool 等基本数据类型，以及指针、数组、函数等自定义数据类型，在编译时都已经由系统分配好将来程序运行时要占用的内存大小和地址。

为了在程序执行过程中自由调配内存的空间和大小，以更合理地使用内存资源，在 C++中引入了动态内存分配的概念。动态内存分配就是在程序运行过程中根据实际需要申请适量的内存空间，使用结束后还可以将其占用的内存空间释放。C++通过 new 运算来实现动态内存分配。

1. new 运算创建指针对象并为类对象分配内存区域

运算符 new 的功能是动态分配内存。由于 new 是分配一块内存区域，由其创建的对象是一个指向该区域的地址指针变量。new 创建指针对象的基本语法形式如下：

```
类名  指针对象名;
指针对象名 = new  构造函数（参数列表）;
```

在内存空间中，允许动态分配的存储区域称为堆，这是一块由操作系统在内存中预先划分出来的特殊区域，因此，由 new 建立的指针对象又称为动态创建堆对象。

运算符 delete 用来删除由 new 建立的对象，释放指针所指向的内存空间，格式如下：

```
delete  指针对象名;
```

这时，该对象的析构函数将被调用。

【例 6-16】 设有矩形类，动态创建一个矩形类对象。

算法分析：首先创建一个封装了矩形的高和宽的矩形类 Rectangle，由于动态创建一个对象需要调用构造函数，因此在创建类时要编写其构造函数。然后，使用 new 操作符动态创建一个对象，给对象动态分配内存，这相当于返回一个指向该对象的指针。释放对象时使用 delete 运算符来执行它的析构函数。

源程序如下：

```
1  #include <iostream>
2  using namespace std;
3  class Rectangle
4  {
5    int width, height;
6    public:
7      Rectangle(int w, int h)          ◀— 构造函数
8     {
9       width = w; height = h;
10      cout << "构造宽" << width << "高" << height << "的矩形\n";
11   }
12   ~Rectangle()                        ◀— 析构函数
13   {
14     cout<< "销毁矩形对象\n";
15   }
16   int area()                          ◀— 普通成员函数
17   {
18     return width * height;
19   }
20 };
21 void main()
22 {
23     Rectangle *p;                     ◀— 声明指针对象
24     p = new Rectangle(4, 5);          ◀— 给矩形类对象分配内存，调用构造函数
25     cout << "矩形面积:  "<< p -> area() << endl;  ◀— 指针对象调用成员函数 area()
26     delete p;                         ◀— 释放对象，调用析构函数
27 }
```

程序运行结果如下：

```
构造宽 4 高 5 的矩形        ◀— 创建对象时，调用构造函数的结果
矩形面积:   20
销毁矩形对象               ◀— 销毁对象时，调用析构函数的结果
```

2. 为基本数据类型动态分配内存区域

使用运算符 new 也可以动态地为基本数据类型变量分配内存区域，其语法形式如下：

```
指针变量 = new  数据类型 (初值列表);
```

释放指针变量时，使用 delete 运算符，其语法形式如下：

```
delete  指针变量;
```

【例 6-17】 基本数据类型变量动态分配内存。

源程序如下：

```
1  void main()
2  {
3    int *pi;
4    pi = new int;
5    *pi = 3;
6    cout << "pi=" << pi << "  *pi=" << *pi << endl;
7    float *pf;
8    pf = new float;
9    *pf = 3.5f;
10   cout << "pf=" << pf << "  *pf=" << *pf << endl;
11    double *pd;
12    pd = new double(4.2);
13     cout << "pd=" << pd << "  *pd=" << *pd << endl;
14    char *pc;
15    pc = new char[];
16    strcpy(pc,"ookk");
17     cout << "pc=" << pc << endl;
18    delete pi;
19    delete pf;
20    delete pd;
21  }
```

（第 4～5 行）根据 int 类型的大小开辟一个内存单元，然后在指定的内存区域中赋值

（第 8～9 行）根据 float 类型的大小开辟一个内存单元，然后在指定的内存区域中赋值

（第 12 行）动态分配一块内存区域并赋值

（第 15～16 行）动态分配一块内存区域，将字符串复制到 pc 所指向的区域

（第 18～20 行）用 new 分配的内存空间必须用 delete 释放

程序运行结果如下：

```
pi=0013FF78  *pi=3
pf=00481A10  *pf=3.5
pd=004819D0  *pd=4.2
pc=ookk
```

3. 为数组对象动态分配内存区域

使用运算符 new 也可以创建数组对象，这时需要给出数组的结构说明。用 new 运算符动态创建一维数组的语法形式如下：

```
指针变量 = new  对象类型名[数组容量];
```

其中，数组容量指出数组元素的个数，动态为数组分配内存时不能指定数组元素的初值。另外需要注意，如果是用 new 建立的数组，用 delete 删除时在指针名前面要加“[ ]”。

【例 6-18】 动态创建数组对象。

源程序如下：

```
1  #include <iostream>
2  using namespace std;
3  class Rectangle
4  {
5    int width, height;
```

```
6   public:
7     Rectangle()     ←— 需要创建一个无参数的构造函数
8     {
9       width = height = 0;
10      cout << "构造矩形对象\n";
11    }
12    ~Rectangle()
13    {
14      cout<< "销毁矩形对象: " << width << "和" << height << endl;
15    }
16   void set(int w, int h)
17   {
18     width = w; height = h;
19   }
20  int area()
21  {
22    return width * height;
23  }
24 };
25 void main()
26 {
27   Rectangle *p;
28   p = new Rectangle[3];     ←— 动态创建对象数组
29   p[0].set(1, 2);
30   p[1].set(3, 4);           ←— 设置矩形对象的高和宽
31   p[2].set(5, 6);
32   for( int i=0; i < 3; i++)
33     cout << "Area is:  " << p[i].area() << endl;
34   delete[] p;               ←— 释放数组对象
35 }
```

程序运行结果如下：

```
构造矩形对象
构造矩形对象
构造矩形对象
Area is:  2
Area is:  12
Area is:  30
销毁矩形对象: 5和6
销毁矩形对象: 3和4
销毁矩形对象: 1和2
```

6.6 友　元

由于类具有封装性和隐蔽性，只有该类的成员函数才能访问类的私有成员，程序中的其他函数是无法直接访问类的私有成员的。也就是说，声明为 private 的成员函数和数据成员是不能够被类外普通函数或另一个类的成员函数直接访问的，只能通过调用该类的公有成员函数来实现访问。类的这种特性，就像有一堵不透明的墙把类的成员与外界隔开。但有时候，类的这种特性给程序设计增加了麻烦。有时需要定义一些函数，这些函数不是类的一部分，但又需要频繁地访问该类的所有数据成员，由于函数参数的传递、系统的类型检查和安全性检查都需要时间及资源的开销，从而影响程序的运行效率。

为了解决类外一般函数或其他类的成员函数与类的私有成员之间进行属性共享的障碍，提高访问效率，可以把这些函数定义为该类的友元函数。除了友元函数外，还有友元类。友元函数和友元类统称为友元。

友元为类的封装隐蔽性的隔离墙开了一扇小窗，外界可以通过小窗窥视类内部的一些属性。友元不是类的成员，但它可以访问类的任何成员。使用友元是为了提高程序的运行效率，但也使得数据封装性受到削弱，导致程序的可维护性和安全性变差，因此使用友元要慎重。

1. 友元函数

友元函数是在类定义中用关键字 friend 声明的非成员函数。其定义格式如下：

```
friend  函数类型  友元函数名(参数表)
{
   …   // 函数体
}
```

友元函数可以放在类中的任何位置，既可以在 public 部分，也可以在 private 部分，与访问权限无关。

【例 6-19】 使用友元函数改变类的私有成员数据值。

源程序如下：

```
1  #include <iostream>
2  using namespace std;
3  class Count
4  {
5   private:
6       int    x;                          ← 定义类的私有数据成员 x
7       friend void set_x(Count &, int);   ← 声明类外非成员函数 set_x()为友元函数
8   public:
9       Count(){ x = 0; }                  ┐
10      void print() { cout << x << endl; }┘← 定义类的构造函数和普通成员函数
11 };
12 void set_x(Count &c, int a)   ┐
13 {                             │← 定义类外普通函数 set_x()，赋值语
14     c.x = a;                  │   句 c.x=a 改变私有成员 x 的值
15 }                             ┘
16 int main ()
17 {
18    Count  counter;
19    cout<<"私有数据成员的初始值：counter.x = ";
20    counter.print ();
21    cout<<"通过友元函数 set_x()改变私有成员数值：counter.x = ";
22    set_x(counter, 8);    ← 友元函数 set_x()重新设置私有成员 x 的值
23    counter.print();
24    return 0;
25 }
```

程序运行结果如下：

```
私有数据成员的初始值：counter.x = 0  ← 构造函数初始化的结果
```

```
通过友元函数 set_x()改变私有成员数值: counter.x = 8
```

← 友元函数修改私有成员 x 的结果

友元函数访问类私有成员如图 6.9 所示。

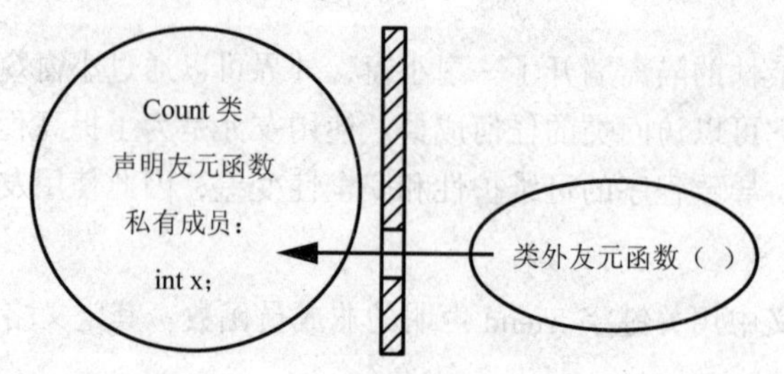

图 6.9　友元函数访问类私有成员

2. 友元类

同函数一样，某一个类可以声明为另一个类的友元，这样作为友元的类中的所有成员函数都可以访问另一个类中的私有成员。若类 B 是类 A 的友元类，则其声明的格式如下：

```
class  A
{
      …
      friend  class  B;
      …
} ;
```

← 声明友元类 B

从友元类的声明可以看出，若要把类 B 声明为类 A 的友元类，类 B 必须已经存在。当类 B 声明为类 A 的友元类之后，类 B 的所有成员函数都是类 A 的友元函数。

【例 6-20】 设计一个学生类和一个教师类，学生类的数据项有学号、姓名和成绩，教师类能修改并显示学生的成绩。

算法分析：由于要用教师类来操作学生类中的数据项，因此，把教师类声明为学生类的友元类，教师类的成员函数就可以修改和显示学生类的数据了，如图 6.10 所示。

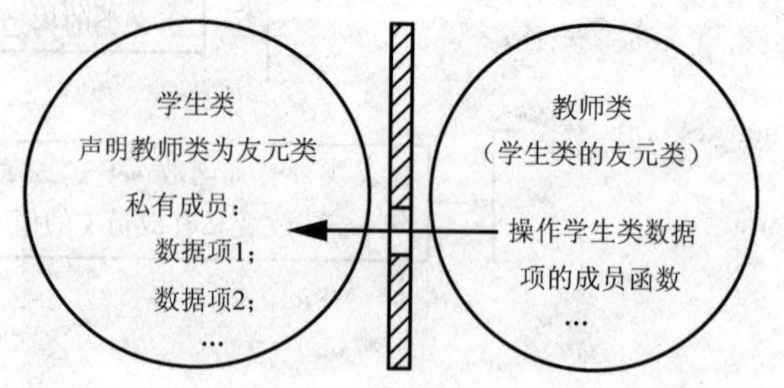

图 6.10　友元类的成员函数操作学生类中的数据项

源程序如下：

```
1  #include <iostream>
2  using namespace std;
3  class Student
4  {
5    private:
6     int id, score;
7      char *name;
8      friend class Teacher;
```

← 定义学生类（第 3～8 行）

← 声明友元类 Teacher（第 8 行）

```
9   };
10  class Teacher
11  {
12    private:
13    public:
14      void set_score(Student &stu, int id, char *name, int x);
15      void play_score(Student &stu);
16  };
17  void Teacher :: set_score(Student &stu, int id, char *name, int x)
18  {
19    stu.id = id;
20    stu.name = name;
21    stu.score = x;
22  }
23  void Teacher :: play_score(Student &stu)
24  {
25    cout<<"学号 "<< " 姓名 "<<"  成绩 "<< endl;
26    cout << stu.id << " "<< stu.name << "   " << stu.score << endl;
27  }
28  void main()
29  {
30    Student  stu;
31    Teacher  t;
32    t.set_score(stu, 1001, "陈 红", 89 );
33    t.play_score(stu);
34  }
```

定义教师类

修改学生类的数据

输出学生的学号、姓名及成绩

教师类的成员函数操作学生类的数据项

程序运行结果如下：

```
学号  姓名    成绩
1001 陈  红   89
```

6.7　继承与派生

类具有继承性。继承就是一个新的类拥有全部被继承类的属性和方法。通过继承，可以以已有的类为基础创建一个新的类，而不需要从零开始设计，这个新类可以从已有类继承其资源、特性。这个新类称为派生类或子类，而已有的类称为基类，也称为超类或父类。子类对父类的继承关系体现了现实世界中特殊和一般的关系。继承可以大大简化程序的代码设计。

6.7.1　继承

继承就是一个派生类拥有全部基类的成员变量和成员函数。派生类的对象不仅可以调用派生类中定义的公有成员，而且可以调用基类中定义的公有成员。

1. 基类和派生类

在 C++语言中，继承就是一个新的类拥有全部被继承类的成员变量和成员函数。这样，新产生的继承类不仅有自己特有的成员变量和成员函数，而且有被继承类的全部成员变量和成员函数。C++语言中把产生新类的被继承类称为基类（或父类），把由基类通过继承方式产生的新类称为派生类（或子类）。

从基类产生派生类的方法一般分成两种：如果一个派生类只从一个基类继承产生则称为单继承；如果允许一个派生类从两个或两个以上的基类继承产生则称为多继承，如图 6.11 所示。

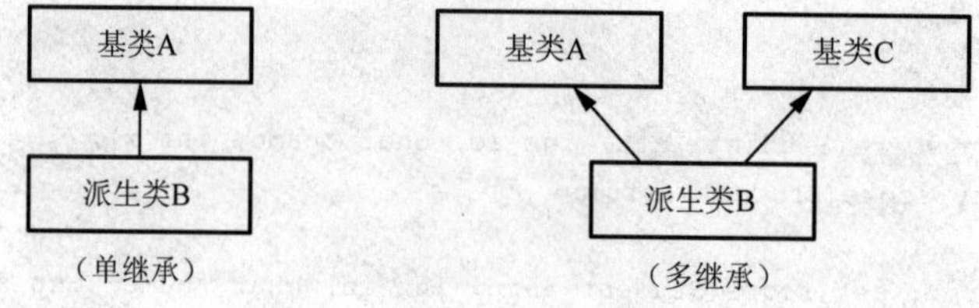

图 6.11　单继承与多继承的示意

2．派生类的定义

C++语言派生类的定义格式如下：

```
class 派生类名 : 继承属性 基类名
{
    派生类成员变量和成员函数定义
};
```

其中，继承属性为 public、private 或 protected：使用继承属性 public 的继承方式称为公有继承；使用继承属性 private 的继承方式称为私有继承；使用继承属性 protected 的继承方式称为保护继承。在用继承方法产生派生类时，上述三种继承方式的关键字必须选择一个，也只能选择一个。如果一个继承方式关键字都没有选择，则默认继承方式是 private。

【例 6-21】 设已有类 A，创建一个派生类 B，以公有继承方式继承类 A。

源程序如下：

```
1  #include <iostream>
2  using namespace std;
3  class A
4  {                                          ┐
5    private:                                 │
6      int x;                                 │
7    public:                                  ├◄ 定义基类 A
8      void set_x(int s) { x = s; }           │
9      int get_x() {  return x; }             │
10 };                                         ┘
11 class B : public A                 ┐
12 {                                  │
13   public:                          ├◄ 定义继承基类 A 的派生类 B
14   void prnt();                     │
15 };                                 ┘
16 void B::prnt()
17 { cout << get_x() << endl;   }  ◄ 调用父类 A 的 get_x()方法
18 void main()
19 {
20   B  b;
21   b.set_x(10); ◄ 调用继承于父类 A 的 set_x()方法
22   b.prnt();
23 }
```

程序说明：

（1）在程序第 3 行定义类 A 有三个成员：一个数据成员 x 和两个成员函数 set_x()、get_x()。

（2）在第 11 行定义派生类 B，继承于父类 A。此时，类 B 有 3 个成员。派生类 B 的成员构成见表 6.2。

表 6.2　派生类 B 的成员构成

类　名	成　员	
B	继承基类 A 的成员	set_x()
		get_x()
	添加的自有成员	prnt()

6.7.2　派生类的继承方式

在定义派生类时，C++语言有三种不同的继承方式。继承方式关键字 public、private 和 protected 分别称为公有继承、私有继承和保护继承。其中，公有继承是使用最多的一种继承方法。下面分别介绍这三种继承方式。

1）公有继承

公有继承的特点，是基类的公有成员和保护成员将分别成为派生类的公有成员和保护成员，即派生类将共享基类中的公有成员和保护成员。派生类对基类的公有继承，可以使派生类拥有基类中的公有成员和保护成员，从而既简化了软件设计，又重用了已有的类模块资源。在软件设计中，大部分的继承方式都是公有继承方式。

2）私有继承

私有继承的特点，是基类中的公有成员和保护成员将成为派生类的私有成员，即基类中的公有成员和保护成员对这个派生类的子派生类和外部程序私有。私有继承方式主要用于基类中的成员变量和派生类中的成员变量类同，基类中的成员函数的实现方法和派生类中的成员函数的实现方法相似的情况。派生类对基类的私有继承，可以使在设计派生类的成员函数时，调用基类中类似的成员函数，从而简化派生类成员函数的设计。

3）保护继承

保护继承的特点，是基类中的公有成员和保护成员将成为派生类的保护成员，即基类中的公有成员和保护成员可以作为派生类的保护成员在类继承层次中不间断地被继承使用。保护继承方式主要用于基类中的成员变量和派生类中的成员变量类同，基类中成员函数的实现方法和派生类中成员函数的实现方法以及派生类的子派生类中成员函数的实现方法相似的情况。派生类对基类的保护继承，可以在设计派生类的成员函数以及派生类的子派生类的成员函数时，调用基类中类似的成员函数，从而简化派生类成员函数以及派生类的子派生类成员函数的设计。

上述三种继承方式中，基类成员存取权限和派生类成员存取权限的关系见表 6.3。

表 6.3　三种继承方式存取权限的关系

继承方式 / 成员类型	public 方式		private 方式		protected 方式	
	类内	类外	类内	类外	类内	类外
private	不可见	不可见	不可见	不可见	不可见	不可见
protected	protected	不可见	private	不可见	protected	不可见
public	public	public	private	不可见	protected	不可见

要说明的是，表 6-3 中的类内指的是派生类内的成员函数，类外指的是其他类或外部程序中定义的派生类的对象。

【例 6-22】 设计一个公司的职工信息管理系统，其中，经理固定月薪 8000 元，销售人员按当月销售额的 20%提成计算工资。

算法分析：设计一个基类，可以进行基本的人员信息注册。再分别设计派生经理类和派生销售人员类，按其职务计算工资。由于派生类需要用到基类数据成员的数据项，因此，把基类的数据成员定义为保护成员。派生类的继承方式定义为保护继承方式。

具体设计如下。

（1）基类员工类 Temployee。

保护成员有：员工编号 ID、员工姓名 Name。

成员函数有：人员基本信息注册函数 regist( )、显示员工信息函数 display( )。

（2）由基类 Temployee 按保护继承方式派生的经理类 Tmanager。

继承基类的所有成员：ID、Name、regist( )、display( )。

私有成员有：固定月薪 Accum、职务 Grade。

成员函数有：设置信息函数 set_pay ( )、显示信息函数 display( )。派生类的 display( )函数将覆盖基类同名的 display( )函数。

（3）由基类 Temployee 按保护继承方式派生的销售人员类 Tsale。

继承基类的所有成员：ID、Name、regist( )、display( )。

私有成员有：职务 Grade、按销售额提成百分比 commrate、当月销售额 sales、计算工资 Accum。

成员函数有：设置信息函数 set_pay ( )、显示信息函数 display( )。派生类的 display( )函数将覆盖基类同名的 display( )函数。

职工信息管理系统基类及派生类的构成见表 6.4。

表 6.4 职工信息管理系统基类及派生类的构成

<table>
<tr><th>类 名</th><th colspan="2">成 员</th></tr>
<tr><td rowspan="8">派生经理类
Tmanager</td><td rowspan="4">继承基类 Temployee 的成员</td><td>ID 员工编号</td></tr>
<tr><td>Name 姓名</td></tr>
<tr><td>regist( ) 人员注册</td></tr>
<tr><td>display( ) 显示信息</td></tr>
<tr><td rowspan="4">添加的自有成员</td><td>Accum 固定月薪</td></tr>
<tr><td>Grade 职务</td></tr>
<tr><td>set_pay( ) 设置信息</td></tr>
<tr><td>display( ) 显示信息</td></tr>
<tr><td rowspan="10">派生推销类
Tsale</td><td rowspan="4">继承基类 Temployee 的成员</td><td>ID 员工编号</td></tr>
<tr><td>Name 姓名</td></tr>
<tr><td>regist( ) 人员注册</td></tr>
<tr><td>display( ) 显示信息</td></tr>
<tr><td rowspan="6">添加的自有成员</td><td>Grade 职务</td></tr>
<tr><td>commrate 按销售额提成百分比</td></tr>
<tr><td>sales 当月销售额</td></tr>
<tr><td>Accum 计算工资</td></tr>
<tr><td>set_pay( ) 设置信息</td></tr>
<tr><td>display( ) 显示信息</td></tr>
</table>

源程序如下：

```
1  #include <iostream>
2  using namespace std;
3  /*  定义基类员工类 Temployee */
4  class Temployee             //基类声明
5  {
6    protected:                //保护成员
7         int ID;              //编号
8       char *Name;                 //姓名
9    public:                        //公有函数成员
10     void regist(int id, char *name);
11     void display( );             //显示员工信息
12  };
13  void Temployee :: regist(int id, char *name)
14  {
15    ID = id;
16    Name = name;
17  }
18  void Temployee :: display()
19  {
20    cout << " 编号 " << " 姓 名 " << endl;
21    cout << ID << " " << Name << endl;
22  }
23  /*  定义派生经理类 Tmanager  */
24  class Tmanager : protected Temployee          声明保护继承方式的派生类
25  {
26    private:
27     float Accum;            //固定月薪
28     char *Grade;            //职务          新增数据成员
29    public:
30     void set_pay(int id, char *name, char *grade, float monthpay);
31     void display();         //显示员工信息                        新增成员函数
32  };
33  void Tmanager :: set_pay(int id, char *name, char *grade, float monthpay)
34  {
35    regist(id, name);
36    Grade = grade;
37    Accum = monthpay;
38  }
39  void Tmanager :: display()
40  {
41    cout << " 编号 " << " 姓 名 " << " 职务 " << " 工资 " << endl;
42    cout << ID << " " << Name << " " << Grade << " " << Accum << endl;
43  }
44  /*  定义派生销售人员类 Tsale  */
45  class Tsale : protected Temployee          声明保护继承方式的派生类
46  {
47    private:
48     char *Grade;            //职务
49     double commrate;        //按销售额提成百分比          新增数据成员
50     double sales;           //当月销售额
51     float Accum;            //计算工资
```

```
52  public:                                               ← 新增成员函数
53    void set_pay(int id, char *name, char *grade, double commrate, double sales);
54    void display();        //显示员工信息
55  };
56  void Tsale :: set_pay(int id, char *name, char *grade,
57                        double commrate, double sales)
58  {
59    regist(id, name);
60    Grade = grade;
61    this->commrate = commrate;
62    this->sales = sales;
63    Accum = commrate * sales;
64  }
65  void Tsale :: display()
66  {
67    cout << " 编号 " << " 姓 名 " << " 职务 " << " 销售提成 "
68         << " 销售额 " << " 工资 " << endl;
69    cout << ID << " " << Name << " " << Grade << " " << commrate
70         << " " << sales << " " << Accum << endl;
71  }
72  void main()
73  {
74    Temployee epy1;
75    Temployee epy2;
76    epy1.regist(1001, "张大山");
77    epy2.regist(1002, "李明全");                          ← 基类对象
78    epy1.display();
79    epy2.display();
80    Tmanager mana1;
81    mana1.set_pay(1001, "张大山", "经理", 8000);          ← 派生经理类对象
82    mana1.display();
83    Tsale sale1;
84    sale1.set_pay(1002, "李明全", "销售员", 0.20, 30000);  ← 派生销售人员类对象
85    sale1.display();
86  }
```

程序运行结果如下：

```
编号   姓 名
1001   张大山
编号   姓 名
1002   李明全
编号   姓 名    职务    工资
1001   张大山   经理    8000
编号   姓 名    职务    销售提成   销售额   工资
1002   李明全   销售员   0.20     30000   6000
```

6.7.3 多继承

在定义派生类时，如果基类有多个，则称为多继承。多继承的派生类同时得到了多个已有类的特征。

多重继承的例子有很多，常见的例子是 Windows 风格用户界面程序的设计。用户界面包括窗口、编辑框、按钮、滚动条以及各种类型的组件。可以先分别设计出用户界面类和应用软件基本

处理方法类，再通过多重继承产生各种各样的应用软件用户界面类。

C++语言派生类多继承的定义格式如下：

```
class  派生类名 : 继承方式 1 基类名 1,继承方式 2 基类名 2,…
{
    …        //派生类新增的成员变量和成员函数定义
};
```

在多继承的定义中，各个基类名之间用逗号隔开。通常，在定义多继承时，继承方式设计成一致的形式。如继承方式均设计为 public，或均设计为 private。

【例 6-23】 多继承示例。设有两个基类 Temployee 和 Tgrade，由它们派生出 Tsale。其继承关系如图 6.12 所示。

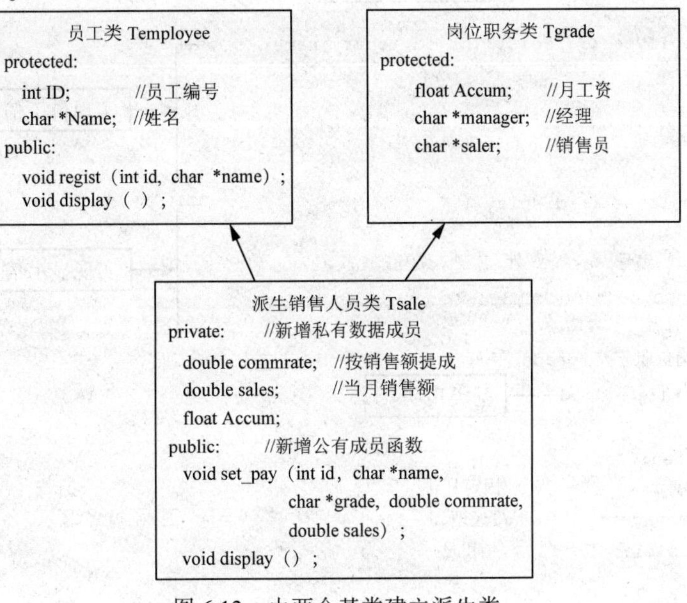

图 6.12　由两个基类建立派生类

派生推销员类 Tsale 的成员构成情况见表 6.5。

表 6.5　销售人员类的成员构成

类　名	成　员	
派生推销员类 Tsale	继承基类 Temployee 的成员	ID　员工编号
		Name　姓名
		regist()　人员注册
		display() 显示信息
	继承基类 Tgrade 的成员	Accum　固定月薪
		manager　经理
		saler　销售员
派生推销员类 Tsale	添加的自有成员	commrate　按销售额提成百分比
		sales　当月销售额
		Accum　计算工资
		set_pay() 设置信息
		display() 显示信息

源程序如下：

```
1  #include <iostream>
2  using namespace std;
3  /*  定义基类员工类 Temployee */
4  class Temployee                基类声明
5  {
6   protected:                    声明私有变量，ID 为编号，Name 为姓名
7       int ID;
8     char *Name;
9   public:                       声明公有成员函数
10    void regist(int id, char *name);       员工信息
11   void display();              显示员工信息
12 };
13 void Temployee :: regist(int id, char *name)
14 {
15  ID = id;                                   实现员工信息函数
16  Name = name;
17 }
18 void Temployee :: display()
19 {
20  cout << " 编号 " << " 姓 名 " << endl;      实现显示信息函数
21  cout << ID << " " << Name << endl;
22 }
23 /*  定义岗位职务类 Tgrade  */
24 class Tgrade                   基类声明
25 {
26   protected:
27  float Accum;            //固定月薪
28   char *manager;          //经理
29   char *saler;            //销售员
30 };
31 /*  定义派生销售人员类 Tsale  */
32 class Tsale : public Temployee, public Tgrade      声明多继承派生类，其基类为 Temployee 和 Tgrade
33 {
34    private:
35        double commrate;    //按销售额提成百分比
36     double sales;        //当月销售额              新增私有数据成员
37     float Accum;
38    public:
39    void set_pay(int id, char *name, char *grade,    新增公有成员函数
40                double commrate, double sales);
41     void display();    //显示员工信息
42 };
43 void Tsale :: set_pay(int id, char *name, char *grade,
                  double commrate, double sales)
44 {
45  regist(id, name);                                  定义员工信息
46  saler = grade;
47  this->commrate = commrate;
48  this->sales = sales;
```

```
49  Accum = commrate * sales;
50 }
51 void Tsale :: display()
52 {
53   cout << "编号" << "姓 名" << "职务" << "销售提成"
54        << "销售额" << "工资" << endl;
55   cout << ID << " " << Name << " " << saler << " "
56  << commrate << " " << sales << " " << Accum << endl;
57 }
58 void main()
59  {
60    Templovee epy1; epy1.regist(1001, "张大山");
61    Templovee epy2; epy2.regist(1002, "李明全");
62    epy1.display();
63    epy2.display();
64    Tsale sale1;
65    sale1.set_pay(1002, "李明全", "销售员", 0.20, 30000);
66    sale1.display();
67  }
```

显示员工信息

6.7.4　派生类的构造函数和析构函数

派生类的成员由从基类继承过来的成员和新增加的自己特有的成员组成。由于基类的构造函数和析构函数不能被继承，在派生类中，如果要对派生类新增的成员进行初始化，就必须定义派生类自己的构造函数。

而所有从基类继承来的成员的初始化，是由基类的构造函数完成的，因此，在定义派生类自己的构造函数时，应对基类的构造函数需要的参数进行初始化。如果派生类中还有子对象，还要对子对象进行初始化。

1．派生类构造函数的定义

```
派生类构造函数名(参数)：基类构造函数名(基类参数),子对象数据成员初始化
{
    派生类新增成员的初始化语句;
}
```

2．构造函数的执行顺序

程序在运行过程中，按以下顺序执行构造函数：首先执行基类的构造函数，再执行派生类中子对象成员的构造函数（如果派生类中有子对象），最后执行派生类自身的构造函数。

3．派生类的析构函数

析构函数的作用是在类对象使用完毕时释放占用资源。派生类析构函数执行过程与构造函数执行过程相反，即当派生类对象的生存周期结束时，首先调用派生类的析构函数，然后调用子对象的析构函数，再调用基类的析构函数。

【例 6-24】 验证派生类构造函数的执行顺序。

源程序如下：

```
1  #include<iostream.h>
2  class Tdate
3  { public:
4     int year,month,day;
5     Tdate(int y, int m, int d)
6      {
7        year=y;  month=m;  day=d;
8        cout<<"执行 Tdate 构造函数:   ";
9        cout<<year<<"年"<<month<<"月"<<day<<"日"<<endl;
10     }
11  };
12  class Ttime
13  {  public:
14     int hour, minute, second;
15     Ttime(int h, int mi, int s)
16      {
17       hour=h;  minute=mi;  second=s;
18       cout<<"执行 Ttime 构造函数:   ";
19       cout<<hour<<":"<<minute<<":"<<second<<"."<<endl;
20      }
21  };
22  class Tdatetime: public Tdate
23  { public:
24    int year;
25    Ttime time;
26    Tdatetime(int yy):Tdate(2010, 10, 1),time(8, 0, 0)
27     {
28       year=yy;
29       cout<<"执行派生类构造函数:  ";
30       cout<<year<<"-"<<month<<"-"<<day<<" " ;
31     cout<<time.hour<<":"<<time.minute<<":"
32        <<time.second<<"."<<endl;
33     }
34  };
35  void main()
36  {
37    Tdatetime  dt(2011);
38  }
```

创建基类 Tdate

创建基类 Ttime

定义派生类的同名成员屏蔽基类成员

定义子对象 time

定义派生类构造函数

创建 Tdate 的派生类

程序运行结果如下：

```
执行 Tdate 构造函数: 2010 年 10 月 1 日
执行 Ttime 构造函数: 8:0:0.
执行派生类构造函数: 2011-10-1 8:0:0.
```

6.8 运算符重载

C++系统定义的运算符的操作对象只能是基本数据类型。但在实际应用中，有许多用户自定义的类型也需要做类似的运算。这就需要重新定义这些运算符，增加一些新的功能，使它们能够用于特定类型执行特定的操作。为此，C++语言提供了一种方法——运算符重载。运算符重载就是编写一个函数，在函数体中重新定义该运算符，对该运算符赋予多重含义，使同一个运算符作用于不同类型的数据产生不同的行为。也就是说，运算符重载的实质就是函数重载。

运算符重载是 C++语言多态性的重要特性。C++中预定义的运算符的操作对象只能是基本数据类型，实际上，对于很多用户自定义的类型（如类），也需要有类似的运算操作。例如，下面的程序声明了一个平面上的点类 point：

```
class point              ← point 类声明
{
  private:
    int x,y;
  public:
       point(int a , int b)
         { x = a; y = b;}   ← 构造函数
       …
  };
```

于是可以这样声明点类的对象：

```
point p1(3, 4), p2(2, 6)
```

如果需要对 p1 和 p2 进行加法运算，该如何实现呢？当然希望能使用“+”运算符，如图 6.13 所示。写出表达式“p1+p2”，但是编译的时候却会出错，因为编译器不知道该如何完成这个加法。这时候就需要自己编写程序来说明“+”在作用于 point 类对象时，该实现什么样的功能，这就是运算符重载。

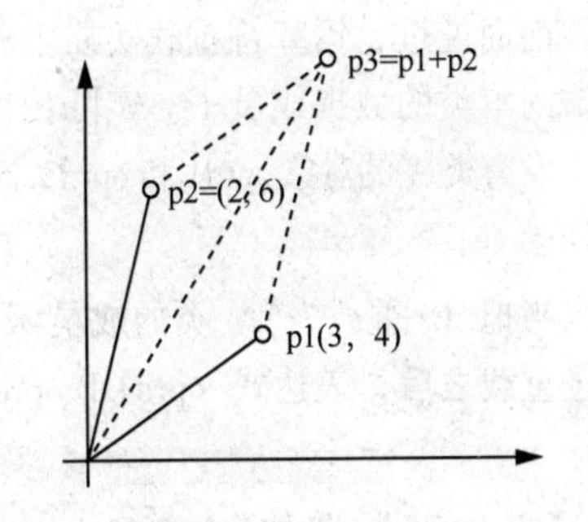

图 6.13　平面上的两个点相加“p1+p2”

运算符重载是对已有的运算符赋予多重含义，使同一个运算符作用于不同类型的数据，产生不同的行为。

运算符重载的实质是函数重载。在运算符重载的实现过程中，首先把指定的运算表达式转化为对运算符函数的调用，运算对象转化为运算符函数的实参，然后根据实参的类型来确定需要调用的函数。这个过程是在编译过程中完成的。

1. 运算符重载的规则

运算符是在 C++系统内部定义的，它们具有特定的语法规则，如参数说明、运算顺序、优先级别等。因此，运算符重载时必须要遵守一定的规则。

（1）C++中的运算符除了少数几个（类属关系运算符“.”、作用域分辨符“::”、成员指针运算符“*”、sizeof 运算符和三目运算符“?:”）之外，全部可以重载，而且只能重载 C++中已有的运算符，不能臆造新的运算符。

（2）重载之后运算符的优先级和结合性都不能改变，也不能改变运算符的语法结构，即单目运算符只能重载为单目运算符，双目运算符只能重载为双目运算符。

（3）运算符重载后的功能应当与原有功能相类似。

（4）重载运算符含义必须清楚，不能有二义性。

运算符的重载形式有两种：重载为类的成员函数和重载为类的友元函数。

2. 运算符重载为类的成员函数

运算符重载为类的成员函数的一般语法形式为

```
返回值类型 operator 运算符(形参表)
{
    函数体;
}
```

(1) 返回值类型：指定了重载运算符的函数返回值类型，也就是运算结果类型。

(2) operator：定义运算符重载函数的关键字。

(3) 运算符：要重载的运算符名称。

(4) 形参表：给出重载运算符所需要的参数和类型。

特别需要注意的是，当运算符重载为类的成员函数时，函数的参数个数比原来的操作数个数要少一个（后置"++"、"--"除外）；当重载为类的友元函数时，参数个数与原操作数个数相同。原因是重载为类的成员函数时，如果某个对象使用重载了的成员函数，自身的数据可以直接访问，就不需要再放在参数表中进行传递，少了的操作数就是该对象本身。而重载为友元函数时，友元函数对某个对象的数据进行操作，就必须通过该对象的名称来进行，因此，使用到的参数都要进行传递，操作数的个数就不会有变化。

前面说过，运算符重载实质上就是函数重载。当运算符重载为成员函数之后，它就可以自由地访问本类的数据成员了。实际使用时，总是通过该类的某个对象来访问重载的运算符。

设有类A的对象oprd1和oprd2，有运算符B，如果要重载B为类的成员函数，使之能够实现表达式

```
oprd1 B oprd2
```

则应当把 B 重载为 A 类的成员函数，该函数只有一个形参，形参的类型是 oprd2 所属的类型。经过重载之后，表达式 oprd1 B oprd2 就相当于函数调用

```
oprd1.operator B(oprd2)
```

【例6-25】 将加法运算符(+)重载为类的成员函数，该运算符实现两个点坐标之间的加法运算。

源程序如下：

```
1  #include <iostream>
2  using namespace std;
3  class Point
4  {
5    int x, y;
6    public:
7      Point(){  }
8      Point(int i, int j){ x = i, y = j; }      声明默认构造函数和带参构造函数
9      Point operator + (Point &p)    运算符重载函数，对象的引用作参数
10     {
11         return Point(x + p.x, y + p.y);
12     }
13     void disp()
14     {
15         cout << "(" << x << ',' << y << ")" << endl;
16     }
17 };
```

```
18 void main()
19 {
20   Point p1(3, 4), p2(2, 9);      // 声明 3 个对象
21   Point p3;
22   p3 = p1 + p2;                   // 两个对象相加调用运算符重载函数
23   p3.disp();
24 }
```

程序说明：普通的加法运算符是不能作用于类对象的，在本程序中由于在类中设计了相应的运算符重载函数，所以将 p1 + p2 转化为 p1.operator + (p2)。从这个例题可以看出，双目运算符重载为成员函数时，仅有一个参数，另一个是隐含的。在本例中，p1 隐含，p2 为实参。

【例 6-26】 重载加法运算符（+），使该运算符实现两个字符串相加为拼接的运算。

算法分析：设有两字符串 str1、str2，要实现两个字符串拼接，就是要将字符串 str2 复制到另一个字符串 str1 的末尾。可以创建一个类 CharSum，在该类中重载一个加法运算函数，实现上述的拼接运算。

源程序如下：

```
1  #include <iostream>
2  using namespace std;
3  class CharSum
4  {
5     char x[20];
6    public:
7     CharSum(){ }
8     CharSum(char s[]){  strcpy(x, s);  }
9     CharSum  operator + (CharSum s)        // 定义加法的运算符重载函数（第9~19行）
10    {
11       int i = 0, j = 0;
12       while(x[i] != '\0') i++;
13       while((x[i] = s.x[j]) != '\0')
14       {
15             i++;
16             j++;
17       }
18       return x;
19    }
20    void disp()
21    {
22       cout <<  x << endl;
23    }
24  };
25  void main()
26  {
27    CharSum str1("Hello,"), str2("C++!");
28    CharSum str3;
29    str3 = str1 + str2;                    // 两个字符串相加调用运算符重载函数
30    str3.disp();
31  }
```

程序运行结果如下：

```
Hello, C++!
```

6.9 虚 函 数

虚函数是引入派生概念之后用来表现基类和派生类成员函数之间的一种关系的。虚函数在基类中定义，它也是一种成员函数，而且是非静态的成员函数。

在一般情况下，指向一种类型对象的指针不允许指向另一种类型的对象，然而指向基类对象的指针可以指向该基类的公有派生类对象，反之不成立。指向基类对象的指针指向派生类对象后，可以访问派生类对象中由基类继承下来的成员，但是不能访问那些派生类对象自己新增加的成员。

6.9.1 虚函数的定义

虚函数是基类中的一种特殊的成员函数，就是在基类中用 virtual 声明的成员函数。当基类中的某个成员函数被声明为虚函数后，此虚函数就可以在一个或多个派生类中被重新定义，在派生类中重新定义时，其函数原型，包括返回类型、函数名、参数个数、参数类型以及参数的顺序，都必须与基类中的原型完全相同。

定义虚函数的语法格式为

```
virtual  函数返回值类型  函数名(形参表)
{
   函数体;
}
```

其中，被关键字 virtual 说明的函数为虚函数。特别要注意的是，虚函数的声明只能出现在类声明中的函数原型声明中，而不能出现在成员的函数体实现的时候。

【例 6-27】 以平面点为基类，派生出圆类，并继承其虚函数。

源程序如下：

```
1  #include <iostream>
2  using namespace std;
3  class Point                      ◄── 声明基类
4  {
5       double x, y;
6    public:
7      Point( ){        }
8      Point(double a, double b){ x = a; y = b; }     ◄── 基类的构造函数
9      virtual double area( ){ return 0.0; }          ◄── 定义虚函数
10  };
11  const double Pi = 3.141593;
12  class Circle : public Point      ◄── 声明派生类，公有继承
13  {
14    private:
15      double Radius;
16    public:
17      Circle(double r) { Radius = r; }       ◄── 派生类的构造函数
18      virtual double area( )
19   { return Pi * Radius * Radius; }          ◄── 派生类重定义虚函数，virtual 可以缺省
20  };
```

```
21 void main( )
22 {
23   Point *p;                    ← 声明基类的指针
24   Circle c(5.43);
25   p = &c;                      ← 使指针指向派生类的对象
26   cout << "圆面积为:" << (*p).area( ) << endl;    ← 用指针调用派生类的成员函数
27 }
```

程序运行结果如下：

```
圆面积为:92.6295
```

程序说明：当 area( )函数在派生类中被重新定义时，其函数的原型与基类中的函数原型必须完全相同。在 main( )函数中，定义了一个指向基类类型的指针，它也被允许指向其派生类。

在本程序中，若将“virtual double area( )”中关键字 virtual 去掉，即没有使用虚函数时，则程序的执行结果为 0。此时，编译器对重载函数 area( )进行静态绑定，按照指针 p 声明的类型，决定调用 Point 类中的函数 area( )，结果为 0；将 area( )声明为虚函数时，编译器对其进行动态绑定，按照实际对象 c 调用派生类 Circle 中的函数 area( )，使 Point 类中的 area( )与 Circle 类中的 area( )有一个统一的接口。

虚函数的声明与重定义的一般规则如下。

（1）在基类中，用 virtual 关键字可以将其 public 或 protected 的部分成员函数声明为虚函数。

（2）要求派生类中的虚函数与基类中的虚函数有相同的函数名、参数个数、返回值以及对应的参数类型。若不相同，虚函数的机制将不起作用。

（3）基类中声明的虚函数具有自动向下传递给它的派生类的性质，因此派生类中的虚函数可以省略关键字 virtual。一旦一个函数被声明为虚函数，不管经历了多少次派生，仍保持其虚函数特性，形成“一个接口，多种形态”。

（4）如果派生类中没有对基类中说明的虚函数进行重定义，则它继承基类中的虚函数。

（5）构造函数不能声明为虚函数。

（6）虚函数只能是类的成员函数，不能将虚函数声明为静态的或全局的，也不能把友元函数声明为虚函数。

6.9.2　虚函数的访问

一个虚函数被声明后，对它的访问有两种方式：用基类指针访问虚函数或用对象名访问虚函数。例 6-24 中是用基类指针访问虚函数的，下面继续看一个访问虚函数的例子。

【例 6-28】　通过指针和通过对象访问虚函数。

源程序如下：

```
1  #include <iostream>
2  using namespace std;
3  class Base                     ← 声明基类 Base
4  {
5   public:
6     virtual void who( )         ← 声明虚函数
7    { cout << "这是基类 Base !" << endl;    }
8  };
9  class Decl : public Base       ← 定义派生类 Decl
```

```
10 {
11   public:
12     void who( )                                  ◄── 重新定义虚函数
13     {  cout << "  这是派生类 Dec1 !" << endl;}
14 };
15 class Dec2 : public Base                        ◄── 定义派生类 Dec2
16 {
17   public:
18     void who( )                                  ◄── 重新定义虚函数
19     {  cout << "  这是派生类 Dec2 !" << endl;}
20 };
21 void main()
22 {
23    Base obj, *ptr;
24    Dec1 obj1;
25    Dec2 obj2;
26    cout << "通过指针访问虚函数: " << endl;
27    ptr = &obj;
28    ptr -> who();
29    ptr = &obj1;          ◄── 通过指针指向不同对象，访问其对应的虚函数，实现动态的多态性
30    ptr -> who();
31    ptr = &obj2;
32    ptr -> who();
33    cout << "通过对象访问虚函数: " << endl;
34    obj.who();
35    obj1.who();           ◄── 通过对象访问其对应的虚函数
36    obj2.who();
37 }
```

程序运行结果如下：

```
通过指针访问虚函数:
这是基类 Base !
这是派生类 Dec1 !       ◄── 由指针访问所指不同对象的虚函数
这是派生类 Dec2 !
通过对象访问虚函数:
这是基类 Base !
这是派生类 Dec1 !       ◄── 由对象访问虚函数
这是派生类 Dec2 !
```

程序说明：在基类中对 void who( )进行了虚函数声明 virtual，在其派生类中就可以重新定义它。在派生类 Dec1 和 Dec2 中分别重新定义 void who( )函数，此虚函数在派生类中重新定义时不再需要 virtual 声明，此声明只在其基类中出现一次。当 void who( )函数被重新定义时，其函数的原型与基类中的函数原型必须完全相同。

在程序 main( )函数中，定义了一个指向基类类型的指针，它也被允许指向其派生类。在执行过程中，不断改变它所指向的对象，ptr->who( )就能调用不同的版本，虽然都是 ptr -> who( )语句，但是，当 ptr 指向不同的对象时，所对应的执行动作就不同。由此可见，用虚函数充分体现了多态性，并且，因为 ptr 指针指向哪个对象是在执行过程中确定的，所以体现的又是一种动态的多态性。

另外，程序还定义了 3 个对象，根据对象调用相应的虚函数 who( )，当用基类对象 obj 调用时，它调用基类的 who( )。当用派生类 obj1、obj2 对象调用时，它调用派生类相应的虚函数 who( )。多

态函数行为的典型功能就是根据调用函数的不同类型的对象来选择不同的函数。

6.9.3　虚函数与重载的关系及虚函数的限制

1. 虚函数与重载的关系

在一个派生类中重新定义基类的虚函数是函数重载的另一种特殊形式，但它不同于一般的函数重载。一般的函数重载，只要函数名相同即可，函数的返回类型及所带的参数可以不同。但当重载一个虚函数时，也就是说，在派生类中重新定义此虚函数时，则要求函数名、返回类型、参数个数、参数类型以及参数的顺序都与基类中原型完全相同，不能有任何的不同。

另外，在多继承中由于派生类是由多个基类派生而来的，因此，虚函数的使用就不像单继承那样简单。若一个派生类，它的多个基类中有公共的基类，在公共基类中定义一个虚函数，则多重派生以后仍可以重新定义虚函数，即虚特性是可以传递的。

2. 虚函数的限制

如果将所有的成员函数都设置为虚函数当然是很有益的。它除了会增加一些额外的资源开销，没有什么坏处。但设置虚函数须注意以下几点。

（1）只有成员函数才能声明为虚函数。因为虚函数仅适用于有继承关系的类对象，所以普通函数不能声明为虚函数。

（2）虚函数必须是非静态成员函数。这是因为静态成员函数不受限于某个对象。

（3）内联函数不能声明为虚函数。因为内联函数不能在运行中动态确定其位置。

（4）构造函数不能声明为虚函数。多态是指不同的对象对同一消息有不同的行为特性。虚函数作为运行过程中多态的基础，主要是针对对象的，而构造函数是在对象产生之前运行的，因此，虚构造函数是没有意义的。

（5）析构函数可以声明为虚函数。析构函数的功能是在该类对象消亡之前进行一些必要的清理工作，析构函数没有类型，也没有参数，和普通成员函数相比，虚析构函数情况略为简单。

虚析构函数的声明语法为

```
virtual ~ 类名;
```

6.9.4　纯虚函数与抽象类

1. 纯虚函数

程序设计时，在有些情况下，在基类中不能对虚函数给出有意义的定义，而把它说明为纯虚函数，它的定义留给派生类来完成。所以，纯虚函数是一种特殊的虚函数。

声明纯虚函数的格式为

```
virtual 类型 函数名(参数表) = 0
```

纯虚函数不能直接被调用，它仅提供一个与派生类相一致的接口，是派生类中具有相同名字的函数的存放处。

2. 抽象类

在面向对象程序设计中，经常把一些性质相似的对象类中的共同成员抽取出来，作为一个它们共同的新基类。由于新基类是一些对象类的共同成员，没有具体对象，因此，其成员函数为纯虚函数。没有具体对象存在的类称为抽象类，也就是把包含纯虚函数的类称为抽象类。

一个抽象类只能作为基类来派生新类，不能生成抽象类的对象。纯虚函数不可以被继承。当基类是抽象类时，在派生类中必须给出基类中纯虚函数的定义，或在该派生类中再定义为纯虚函数。只有在派生类中给出了基类中所有纯虚函数的实现时，该派生类才不再是抽象类。抽象类仅充当一个统一接口。

【例 6-29】 计算由多个不同形状的几何图形组成的总面积。

算法分析：显然，几何图形是圆形、矩形或三角形等具体图形的一个抽象概念，可以将其定义为一个抽象类 figure。

源程序如下：

```
1  #include <iostream>
2  using namespace std;
3  class figure                                ← 定义抽象类 figure
4  {
5   public:
6     virtual float area( )=0;                 ← 定义纯虚函数
7  };
8  const double Pi=3.141593;
9  class circle:public figure                  ← 定义圆类
10 {
11  private:
12   float radius;
13  public:
14   circle(float r){ radius = r; }            ← 构造函数
15   float area()
16     { return Pi * radius * radius; }        ← 重定义 area()，计算圆面积
17 };
18 class triangle:public figure                ← 定义三角形类
19 {
20   protected:
21     float high, wide;
22  public:
23    triangle(float h, float w)
24        { high = h; wide = w; }              ← 构造函数
25    float area( )
26        { return high * wide * 0.5; }        ← 重新定义 area()，计算三角形面积
27 };
28 class rectangle : public triangle           ← 定义矩形类
29 {
30   public:
31     rectangle(float h, float w) : triangle(h, w){  }   ← 构造函数
32     float area()
33         { return high * wide; }             ← 重新定义 area()，计算矩形面积
34 };
35 float total(figure *p[], int n)
36 {
37   float sum = 0;
38   for( int i=0; i<n; i++)
39       sum += p[i] -> area();                ← 通过指针指向不同对象，访问其对应的虚函数
```

```
40    return sum;
41  }
42  void main()
43  {
44    figure *pr[3]; ◄── 声明基类的指针
45     triangle   pr0(3.0, 4.0);  ┐
46     rectangle  pr1(2.0, 3.5);  ├◄── 创建派生类的对象
47     circle     pr2(10.0);      ┘
48     pr[0] =  &pr0;  ┐
49     pr[1] =  &pr1;  ├◄── 使指针指向派生类的对象
50     pr[2] =  &pr2;  ┘
51    cout << "总面积为:" << total(pr, 3) << endl;
52  }
```

程序运行结果如下：

```
总面积为：327.159
```

6.10　应 用 实 例

【例 6-30】 设计一个具有录入学生成绩和显示学生成绩功能的学生成绩管理系统。

1．算法设计

在第 2 章例 2-35 中，设计了一个显示菜单的学生成绩管理系统的操作界面，但没有实现具体的录入和显示学生成绩的功能。在这里使用数组来存放数据，实现录入和显示功能。

（1）构造函数：

```
Student();
Student(char *xuehao, char *name, int chengji);
```

（2）添加学生成绩函数：addrStudent(char *xuehao, char *name, int chengji)

实例化对象：

```
stu = new Student(xuehao, name, chengji);
```

添加数组元素：

```
addr[N]=(int)stu;
```

addr[N]中的内容是对象 stu 的指针。

（3）显示学生成绩信息函数：DispAll()。

```
stu=(Student *)addr[i];
```

将数组元素的内容转化 Student 的指针。用循环依次输出数组中指针所指向的所有对象。

2．定义 Student 类的源程序

源程序如下：

```
1  //定义 Student 类的头文件 Student.h
2  #include  <iostream>
3  using  namespace  std;
   using  std:: String;
   using  std:: cout;
   using  std:: endl;
4  class Student
5  {
6    public:
7      String xuehao;
```

```
8      String name;
9      int chengji;
10     int N;
11     int addr[30];
12     Student();
13     ~Student();
14     Student(String xuehao, String name, int chengji);
15    bool AddStudent(String xuehao, String name, int chengji);
16    void DispAll();
17     Student *stu;
18  };
```

3. 应用程序源程序 t6_30.cpp

源程序如下：

```
1  #include "Student.h "
2  Student::Student()          ◄── 默认构造函数
3  {
4    xuehao = "0";
5    name = "0";
6    chengji = 0;
7    for(int i = 0; i <30; i++)
8    {
9      addr[i] = 0;
10   }
11    N = 0;
12  }
13  Student::Student(String xuehao1, String name1, int chengji1)
14  {
15    xuehao = xuehao1;
16    name = name1;
17    chengji = chengji1;
18  }
19  Student :: ~Student()
20  {
21  }
22  bool Student :: AddStudent(String xuehao, String name, int chengji)
23  {
24    stu = new Student(xuehao, name, chengji);
25    addr[N] = (int)stu;
26    N++;
27    cout << "  学生成绩添加成功! " << endl;
28    return true;
29  }
30  void Student :: DispAll()
31  {
32    cout << "学号" << "\t姓名" << "\t成绩" << endl;
33    for(int i = 0; i < N; i++)
34    {
35       stu = (Student *)addr[i];
36       cout << stu -> xuehao << '\t' << stu -> name
37           << '\t' << stu -> chengji << endl;
38    }
```

（第13～18行注释：带参构造函数，添加学生成绩数据时需要使用带参构造函数）

（第22～29行注释：添加学生成绩）

（第30～38行注释：显示学生成绩）

```
39 }
40 void main()
41 {
42  Student stu;
43  int select;
44  select = 1;
45  String  xuehao;
46  String  name;
47  int chengji;
48  cout << endl << endl;
49  cout << "    ----------------------------------------" << endl;
50  cout << "    *                                       *" << endl;
51  cout << "          欢迎进入学生成绩管理系统             " << endl;
52  cout << "    *                                       *" << endl;
53  cout << "    ----------------------------------------" << endl;
54  while(select)   ←— 使用循环，使其具有重复选择菜单的功能
55  {
56   cout << endl << endl;
57    cout << "  请选择您的操作: " << endl << endl;
58    cout << "              1.录入学生成绩信息; " << endl;
59    cout << "              2.显示学生成绩信息; " << endl;
60    cout << "              0.退出; " << endl;
61    cout << "  请选择按键(0-2):  ";
62    cin >> select;
63    cout << endl;
64    if(select> = 0 && select <= 2) //判断输入，退出
65    {
66      switch(select)
67      {
68         case 1:
69          cout << "  请输入学号:";
70         cin >> xuehao;
71         cout << endl;
72         cout << "  请输入学生姓名:";
73         cin >> name;
74         cout << endl;
75          cout << "  请输入成绩:";
76         cin >> chengji;
77         cout << endl;
78         stu.AddStudent(xuehao,name,chengji);
79          break;
80       case 2:
81          cout << "  所有学生成绩信息如下: " << endl;
82          stu.DispAll ();
83          break;
84       case 0:
85          break;   ←— 输入 0，则跳出循环，退出系统
86      }
87    }
88   else
89    {
90     cout << "输入错误，请重新输入! " << endl;
91     break;
```

```
92   }
93  }
94 }
```

【例 6-31】 设计一个字符串类 String。

1．设计要求

（1）字符串类 String 能和字符数组的字符串兼容使用。

（2）字符串操作包括计算字符串长度和获取子串。

（3）重载逻辑等于（==）运算符，使之能适用于字符串比较。

2．算法分析

String 类的成员变量应包括：字符数组字符串的首地址 str 和字符串个数 size。

为方便和字符数组字符串兼容，字符数组字符串中的最后一个字符固定是结束标记符 '\0'（或 NULL）。

对于重载的逻辑等于（==）运算符，要实现 String 类能和字符数组的字符串兼容，则重载的运算符应包括如下两种情况。

（1）两个逻辑操作数都是 String 类。

（2）第一个逻辑操作数是 String 类，第二个逻辑操作数是字符数组字符串。

对于字符数组字符串与 String 类字符串比较，则采用友元函数进行设计。

3．String 类设计的源程序

（1）定义字符类 String，将其保存为头文件“String.h”。

源程序如下：

```
1 #include <iostream>
2 using namespace std;
3 class String
4 {
5   private:
6    int size;
7    char *str;
8   public:
9     String(char *s= "");
10    String(const String &s);
11    ~String(void);
12    int Length(void) const;
13    String SubStr(int pos, int length);
14    //赋值运算符"="重载
15    String& operator= (const String& s);//参数为 String 类类型
16    String& operator= (char *s);  //参数为字符数组的字符串类型
17    //逻辑等于运算符"=="重载
18    int operator== (const String& s)const; //参数为 String 类
19    int operator== (char *s)const; //参数为字符数组的字符串
20    friend int equals(char *strL, const String& strR); //定义为友元函数
21  };
22  String::String(char *s)
23  {
24    size = strlen(s) + 1;
25    str = new char[size];
26    strcpy(str, s);
```

定义字符数组的字符串长度和字符串首地址

定义构造函数
复制构造函数
定义析构函数

定义获取字符串长度函数
定义获取子串函数

重载赋值运算符“=”

重载逻辑等于运算符 “==”

构造函数

```
27  }
28  String::String(const String &s)
29  {
30    size = s.size;
31    str = new char[size];
32    if(str == NULL) exit(0);
33    for(int i = 0; i < size; i++)
34       str[i] = s.str[i];
35  }
36  String::~String(void)
37  {
38    delete []str;
39  }
40  int String::Length(void) const
41  {
42    return size;
43  }
44  String String::SubStr(int pos, int length)
45  {
46    int charsLeft = size-pos-1;
47    String temp;                          //注意默认参数使 temp 为空串
48    char *p, *q;
49    if(length > charsLeft)
50       length = charsLeft;                //长度不能越出范围
51    delete []temp.str;                    //删除默认参数分配的空串空间
52    temp.str = new char[length+1];        //重新分配空间
53    //复制字符串
54    p = temp.str;
55    q = &str[pos];
56    for(int i = 0; i < length; i++)
57       *p++ = *q++;
58    *p = NULL;          //在字符串末尾添加结束标记符 NULL
59    temp.size = length + 1;
60    return temp;
61  }
62  String& String::operator= (const String& s)
63  {
64    if(size != s.size)
65    {
66      delete []str;
67      str = new char[s.size];
68      size = s.size;
69    }
70    for(int i = 0; i < size; i++)
71       str[i] = s.str[i];
72    return *this;
73  }
```

复制构造函数（第 28～35 行）

析构函数（第 36～39 行）

计算字符串长度函数（第 40～43 行）

获取子串函数（第 44 行）

重载 String 类类型的赋值运算符“=”（第 62～73 行）

```
74  String& String::operator= (char *s)
75  {
76    int length = strlen(s);
77    if(size != length)
78    {
79      delete []str;
80      str = new char[length+1];
81      size = length+1;
82    }
83    strcpy(str, s);
84    return *this;
85  }
86  int String::operator== (const String& s)const
87  {
88    return (strcmp(str, s.str) == 0);
89  }
90  int String::operator== (char *s)const
91  {
92    return (strcmp(str, s) == 0);
93  }
94  int equals(char *strL, const String& strR)
95  {
96    return (strcmp(strL, strR.str) == 0);
97  }
```

- 第74～85行：重载字符数组的字符串类型的赋值运算符“=”
- 第86～89行：String 类和 String 类比较
- 第90～93行：String 类和字符数组的字符串比较
- 第94～97行：字符数组的字符串和 String 类比较

（2）用于测试的主函数文件 t6_31.cpp 的设计。

源程序如下：

```
1  #include "String.h"
2  void main(void)
3  {
4    String str1("Hello, C++");
5    String str2("Hello");
6    String str3, str4, str5;
7    cout << "计算 str1 的长度: " << str1.Length() << endl;
8    //取 str1 的子串，并把一个 String 字符串赋给 str3
9    str3 = str1.SubStr(5, 9);
10   str4 = str1.SubStr(5, 9);
11   str5 = "Hello"; //把一个字符串赋给 str5
12   if(str3 == str4)
13      cout << "String 和 String 串比较，相等" << endl;
14   if(str5 == "Hello")
15      cout << "String 和字符数组的字符串比较，相等" << endl;
16   if(equals("Hello", str2))
17      cout << "字符数组的字符串和 String 比较，相等" << endl;
18 }
```

程序运行结果如下：

```
计算 str1 的长度: 11
String 和 String 串比较，相等
String 和字符数组的字符串比较，相等
字符数组的字符串和 String 比较，相等
```

【例 6-32】 设计一个模拟电梯运行的仿真程序。

1. 问题描述

该实例是一个电梯载客问题，为了说明设计方法，这里对电梯运行的问题作了简化，不考虑乘客人数、各个乘客有不同的楼层去向及多部电梯等情形，问题简化后的描述如下。

（1）电梯的运行规则是：可到达每层。

（2）仿真开始时，电梯停在一层楼，且为空梯。

（3）用户随机地在任意一层楼呼叫电梯，并等待电梯到来。

（4）用户设置电梯到达指定楼层。

（5）电梯运行，用指示灯提示当前电梯运行状况。

（6）电梯把用户运载到指定楼层后，停下，并在该楼层等待其他用户呼叫。

电梯运行示意图如图 6.14 所示。

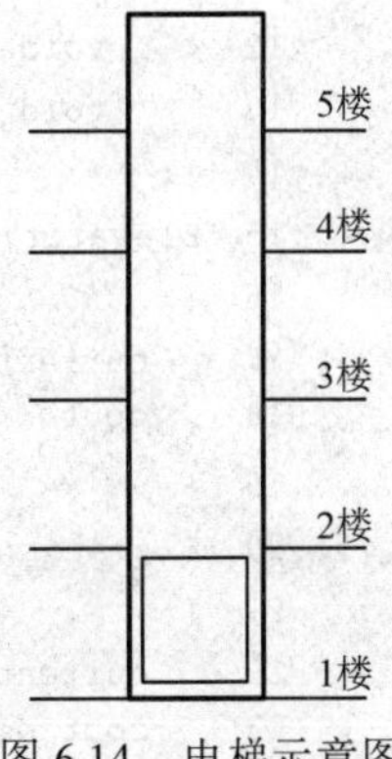

图 6.14　电梯示意图

2. 算法分析与设计

由于问题已经简化，故只需设计一个电梯类 Elevator 即可。

电梯类 Elevator 共有 6 个函数。

（1）默认构造函数 Elevator( )：仿真开始时，默认电梯停在一楼，初始用户使用电梯时，调用该构造函数。

（2）带参构造函数 Elevator(int n)：当其他用户随机地在任意一层楼使用电梯时，调用该构造函数。

（3）呼叫电梯函数 call(int n)：用户随机地在任意一层楼要使用电梯时，调用该函数，将电梯呼叫到当前楼层。

（4）设置目标楼层函数 setFloor(int n)：用户设置电梯到达指定楼层，调用该函数。

（5）电梯运行状况函数 working(int target)：该函数要实现两个功能，一是将空电梯运行到用户所在呼叫楼层位置；二是将载客电梯运行到用户所指定的目标楼层位置。第一个功能由呼叫电梯函数 call( )调用实现，第二个功能由设置目标楼层函数 setFloor( )调用实现。将该函数设置为私有成员函数。

（6）析构函数~Elevator()：结束电梯本次运行，删除电梯对象。

在设计时，将电梯类 Elevator 保存到头文件 Elevator.h 中。而具体对象的实现安排到主函数的程序中。

3. 模拟电梯运行源程序

（1）定义电梯类 Elevator.h。

源程序如下：

```
1  #include <iostream>
2  using namespace std;
3  class  Elevator
4  {
5    private:
6        int currentFloor;
7        void working(int);
8    public:
```

currentFloor 为当前楼层位置
working(int)为电梯运行状态函数

```
9        Elevator();
10       Elevator(int);
11       ~Elevator();
12       void call(int);
13       void setFloor(int);
14   };
15   Elevator::Elevator()
16   {
17     currentFloor = 1;
18     cout << "创建电梯对象" << endl;
19   }
20   Elevator::Elevator(int n)
21   {
22     currentFloor = n;
23     cout << "创建电梯对象" << endl;
24   }
25   Elevator::~Elevator()
26   {
27     cout << "电梯对象已被删除" << endl;
28   }
29   void Elevator::call(int n)
30   {
31     working(n);
32    cout << "电梯到了，请进。" << endl;
33   }
34   void Elevator::setFloor(int n)
25   {
36    cout << "电梯载您到" << n << "楼。\n";
37     if(n > currentFloor) cout << "电梯向上运行。\n";
38    else cout << "电梯向下运行。\n";
39     working(n);
40     cout << "电梯已到" << currentFloor
41        << "楼了，请出电梯。" << endl;
42   }
43   void Elevator::working(int target)
44   {
45     int start = currentFloor;
46    cout << "电梯正在" << currentFloor << "楼。\n";
47     if(target >= currentFloor)
48       {
49          for(currentFloor=start; currentFloor <= target; currentFloor++)
50               cout << "   灯号：" << currentFloor << "楼。\n";
51         currentFloor--;
52       }
53       else
54       {
55          for(currentFloor=start; currentFloor >= target; currentFloor--)
56               cout << "   灯号：" << currentFloor << "楼。\n";
57         currentFloor++;
58       }
59   }
```

定义默认构造函数和带初始值的构造函数

call(int)为呼叫电梯到当前楼层位置函数
setFloor(int)为设置电梯前往楼层位置函数

定义默认构造函数，默认电梯停在 1 楼

定义带参构造函数，指定电梯停靠的楼层

析构函数

定义呼叫电梯到当前楼层的成员函数

定义设置电梯楼层的成员函数

定义电梯运行状态的成员函数

电梯运行在当前楼层之上，向下运行

电梯运行在当前楼层之下，向上运行

（2）主程序 t6_31.cpp。

源程序如下：

```
1  #include "elevator.h"
2  void main()
3  {
4      Elevator A;              ◄── 开始仿真，电梯默认停在1楼
5      cout << "用户在5楼呼叫电梯" << endl;
6      A.call(5);
7      A.setFloor(3);           ◄── 用户到3楼去
8      cout << "\n  另一个用户要用电梯：" << endl;
9      Elevator B(3);           ◄── 电梯当前停在3楼
10     cout << "用户在1楼呼叫电梯" << endl;
11     B.call(1);
12     B.setFloor(8);           ◄── 用户到8楼去
13 }
```

程序运行结果如下：

```
创建电梯对象
用户在5楼呼叫电梯
电梯正在1楼。
    灯号：1楼。
    灯号：2楼。
    灯号：3楼。
    灯号：4楼。
    灯号：5楼。
电梯到了，请进。
电梯载您到3楼。
电梯向下运行。
电梯正在5楼。
    灯号：5楼。
    灯号：4楼。
    灯号：3楼。
电梯已到3楼了，请出电梯。
另一个用户要用电梯：
创建电梯对象
用户在1楼呼叫电梯
电梯正在3楼。
    灯号：3楼。
    灯号：2楼。
    灯号：1楼。
电梯到了，请进。
电梯载您到8楼。
电梯向上运行。
电梯正在1楼。
    灯号：1楼。
    灯号：2楼。
    灯号：3楼。
    灯号：4楼。
    灯号：5楼。
    灯号：6楼。
```

灯号：7 楼。
灯号：8 楼。
电梯已到 8 楼了，请出电梯。
电梯对象已被删除
电梯对象已被删除

本 章 小 结

本章学习了 C++语言面向对象程序设计的基本概念和基本理论，并通过示例说明其应用。本章内容比较多，现将本章知识点归纳如图 6.15 所示。

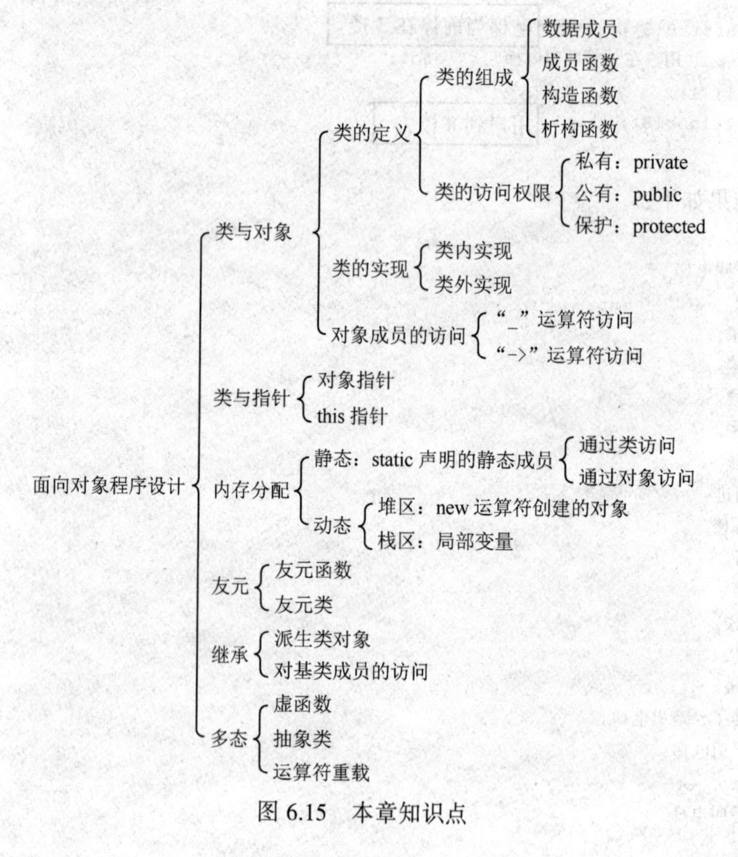

图 6.15 本章知识点

习 题 六

6.1 类声明的一般格式是什么？

6.2 构造函数和析构函数的主要作用是什么？它们各有什么特性？

6.3 重新编写以下程序，将函数 leisure 改成友元。

```
#include<iostream>
using namespace std;
class Car
{
   int size;
```

```
public:
  void setSize(int j) {size=j;}
  int getSize() {return size;}
};
class Boat
{
  int size;
public:
  void setSize(int j) {size=j;}
  int getSize() {return size;}
};
int leisure(int time,Car& aobj,Boat& bobj)
{return time *aobj.getSize *bobj.getSize;}
int main()
{
  Car c1;
  c1.setSize(2);
  Boat b1;
  b1.setSize(3);
  std::cout<<leisure(5,c1,b1);
}
```

6.4　写出下列程序的运行结果。

```
#include<iostream>
using namespace std;
class Myclass
{
  int number;
public:
  Myclass();
  Myclass(int);
  ~Myclass();
  void display();
};
Myclass::Myclass(){cout<<"constructing normally.\n";}
Myclass::Myclass(int m):number(m) {
cout<<"constructing with a number: "<<number<<endl;}
void Myclass::display() {cout<<"display a number:"<<number<<endl;}
Myclass::~Myclass() {cout<<"destructing";}
int main()
{
  Myclass obj1;
  Myclass obj2(20);
  obj1.display();
  obj2.display();
}
```

6.5　写出下列程序的运行结果，请用增加复制构造函数的办法避免存在的问题。

```
#include<iostream>
using namespace std;
class Vector
```

```
{
   int size;
   int* buffer;
 public:
   Vector(int s=100);
   int& elem(int ndx);
   ~Vector();
   void display();
   void set();
};
Vector:: Vector (int s)
{
buffer=new int[size=s];
for(int i=0;i<size;i++)
   buffer[i]=i*i;
}
int& Vector::elem(int ndx)
{
   if(ndx<0||ndx>=size)
   {
      cout<<"error in index"<<endl;
      exit(1);
   }
return buffer[ndx];
}
void Vector::display()
{
  for(int j=0;j<size;j++) cout<<buffer[j]<<endl;
}
void Vector::set()
{
  for(int j=0;j<size;j++) buffer[j]=j+1;
}
Vector::~ Vector () {delete[] buffer;}
int main()
{
   Vector a(10);
   Vector b(a);
   a.set();
   b.display();
}
```

6.6 指出下面程序中的错误，并说明原因。

```
#include<iostream>
#include<stdlib>
using namespace std;
class Student
{
 public:
    Student()
```

```
    {
        ++x;
        cout<<"\nplease input student No.";
        cin>>Sno;
    }
static int get_x()  {return x;}
int get_Sno()    {return Sno;}
private:
    static int x;
    int Sno;
};
int Student::x=0;
void main()
{
   cout<<Student::get_x()<<"student exist\n";
   Student stu1;
   Student *pstu=new Student();
   cout<<Student::get_x()<<"student exist,y="<<get_Sno()<<"\n";
   cout<<Student::get_x()<<"student exist,y="<<get_Sno()<<"\n";
}
```

6.7 指出下面程序中的错误，并说明原因。

```
#include<iostream>
using namespace std;
class CTest
{
 public:
    CTest() { x=20;}
    void use_friend();
private:
    int x;
    friend void friend_f(CTest fri);
};
void friend_f(CTest fri) { fri.x=55;}
void CTest::use_friend()
{
  CTest fri;
  this->friend_f(fri);
  ::friend_f(fri);
}
void main()
{
   CTest fri,fri1;
   fri.friend_f(fri);
   friend_f(fri1);
}
```

6.8 编写一个类，实现简单的栈。栈中有以下操作：元素入栈，读出栈顶元素值，退栈，判断栈顶是否为空。如果栈溢出，程序终止。栈的数据成员由 10 个整型的数组构成。先后做如下操作：创建栈；将 10 入栈；将 12 入栈；将 14 入栈；读出并输出栈顶元素；退栈；读出并输出栈顶元素。

6.9 下面的程序包含了 Time 类和 Date 类的声明，要求设计一个 Birthtime 类，它继承了 Time 类和 Date 类，并且还有一项出生孩子的名字 Childname，同时设计主程序显示一个小孩的出生时间和名字。

```
#include<iostream>
#include<string>
using namespace std;
class Time
{
  public:
    Time(int h,int m,int s)
    {
    hours=h;minutes=m;seconds=s;
    }
  virtual void display()
   {
   cout<<hours<<":"<<minutes<<":"<<seconds<<":"<<endl;
   }
    protected:
   int hours,minutes,seconds;
};
class Date
{
   public:
     Date(int m,int d,int y)
   {
     month=m;day=d;year=y;
   }
   virtual void display()
  {
     cout<<month<<"/"<<day<<"/"<<year<<"/"<<endl;
  }
   protected:
     int month,day,year;
};
```

6.10 建立类 rationalNumber（有理数类），使之具有下述功能。

（1）建立构造函数，它能防止分母为 0、当分数不是最简形式时进行约分以及避免分母为负数等。

（2）重载加法、减法、乘法以及除法运算符。

（3）重载关系运算符和相等测试运算符。

6.11 在例 6-32 中增加一个乘客类，考虑超载报警、有多个用户时用户到不同楼层等情况。

第7章 输入输出流类库

C++语言用流对象来处理数据的输入输出问题。在流中，定义了一些处理数据的基本操作，如读取数据，写入数据等。流不但可以处理文件，还可以处理动态内存、网络数据等多种数据形式。如果读者对流的操作非常熟练，在程序中利用流的方便性，写起程序会大大提高效率的。

本章将介绍流的概念及文件读写操作的基本方法，并介绍异常处理及命名空间的基础知识。

7.1 流的概念

7.1.1 什么是流

程序设计中经常需要在设备之间传送数据。例如，把某些数据从内存输出到显示屏，把某些数据从内存传送到某个文件中，把从键盘输入的数据传送到内存，把从键盘输入的数据传送到某个文件中，把某个文件中的数据传送到内存等，都属于设备之间的数据传送。

在面向对象技术中，任何设备都可以表示为相应类的对象。所以，设备之间的数据传送也可以看做是对象之间的数据传送。数据从数据存放对象到目的对象的传送可以抽象看作一个“流”。

所谓流（Stream），就是字节的序列。通常把从数据存放地向内存传送数据称为输入流，其操作称为“读操作”。由于流是有方向的，所以只能从输入流中读取数据，而不能向它写数据，如图 7.1 所示。

同样，把从内存向数据目的地传送数据称为输出流，其操作称为“写操作”。只能向该流写入数据，而不能从该流中读取数据。如图 7.2 所示。

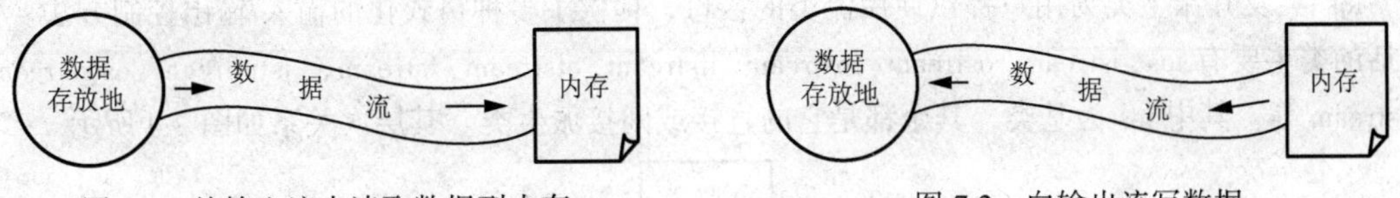

图 7.1　从输入流中读取数据到内存　　　图 7.2　向输出流写数据

流是一个抽象的概念，其职责是在数据的产生者和数据的使用者之间建立联系，并负责管理数据的流动。描述流的类称为流类，若干流类的集合称为流类库。

7.1.2 C++流类库

C++语言中把对流的描述和对流的操作都定义为类，这些类统称为流类。流类主要由两个流类结构组成，一个是以 streambuf 类为基类的类结构层次，另一个是以 ios 类为基类的类结构层次。其他流类都是从这两个基类派生的，流类已经构成了一个庞大的类库。

1．streambuf 类层次结构

streambuf 类及其派生类是用来提供缓冲或处理流的通用方法，主要完成信息通过缓冲区的交换。所谓缓冲区就是内存中数据的一个中转存放地。缓冲区通常比较大，这样，在数据发出地和数据目的地之间附加的缓冲区，就可以解决数据交换设备速度相差过大造成的资源浪费问题，并可方便数据传送时的格式控制。

streambuf 类可以派生出 3 个类：filebuf 类、strstreambuf 类和 conbuf 类。它们都是属于流库的的类，其层次关系如图 7.3 所示。

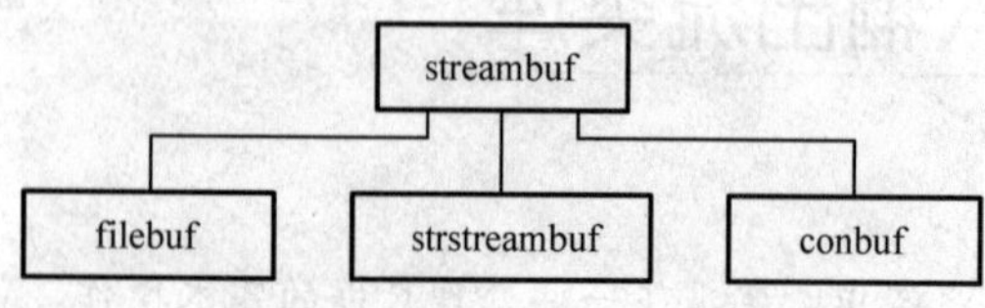

图 7.3 streambuf 类及其派生类的继承层次关系

streambuf 类为所有的 streambuf 类层次对象设置了一个固定的内存缓冲区，该内存缓冲区能动态地划分成用作数据输入的读取区和用作数据输出的存放区，这两个区可以重叠也可以不重叠。读取区定义了一个指示当前读取数据位置的读取指针，存放区定义了一个指示当前存放数据位置的存放指针。

filebuf 类扩展了 streambuf 类的文件处理功能，用于文件流与文件缓冲区相关联，实现对文件缓冲区中的字节序列的读写操作。

（1）写文件：将缓冲区的内容按字节写到指定的文件中，然后刷新缓冲区。

（2）读文件：将指定文件的内容按字节读到缓冲区中。

（3）打开文件：使 filebuf 对象与被读或写的文件相关联。

（4）关闭文件：将 filebuf 对象与被读或写文件的关联解除。

filebuf 类使用文件来保存缓冲区中的字符序列。当写文件时，是把缓冲区中的数据序列写到某个指定文件中；当读文件时，是把某个指定文件中的数据序列读到缓冲区中。

strstreambuf 类扩展了 streambuf 类的动态内存管理功能。提供了将内存作为输入输出设备时，进行提取和插入操作的缓冲区管理。strstreambuf 类实现从内存到缓冲区的信息交换和从缓冲区到内存的信息交换，从而可以在计算机内存之间交换数据信息。

stdiobuf 类主要用做 C++语言对缓冲区的管理和控制，提供光标控制、颜色设置、活动窗口定义、清屏、行清除等屏幕控制功能。

通常情况下，对设备缓冲区的操作一般使用上述三个派生类，很少直接使用 streambuf 基类。

2．ios 类层次结构

ios 类及其派生类为用户提供使用流类的接口，提供了多种格式化的输入/输出控制方法。它包括的类主要有 ios、istream、ostream、iostream、ifstream、ofstream、fstream、 istrstream、ostrstream、strstream 等，其中 ios 为基类，其余都是它的直接或间接派生类。其层次关系如图 7.4 所示。

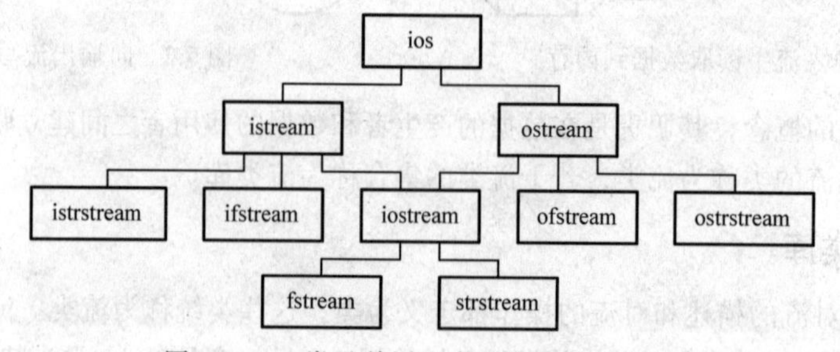

图 7.4 ios 类及其派生类的继承层次关系

ios 类是一个抽象类，但 ios 类的派生类都是对象类。用户通过定义 ios 类层次中某个派生类的对象，就可以使用该对象所属的类，以及这些类的父类、父父类提供的各种公有成员函数，实现各种形式的数据传输。ios 类层次中各类的含义见表 7.1。

表 7.1　IO 流 类 库

类　　名	含　　义
ios	根基类
istream	输入流类
ostream	输出流类
iostream	输入输出流类
ifstream	输入文件流类
ofstream	输出文件流类
fstream	输入输出文件流类
istrstream	输入字符串流类
ostrstream	输出字符串流类
strstream	输入输出字符串流类

ios 类是所有 ios 类层次的基类，ios 类主要完成所有派生类中都需要的流的状态设置、状态报告，以及显示精度、域宽、填充字符的设置、文件流的操作模式定义等。

在 ios 类层次中，istream 类和 ostream 类是最复杂和最重要的类。istream 类提供主要的输入操作，ostream 类提供主要的输出操作。

7.1.3　预定义流对象

大多数 C++程序都包含有头文件 iostream，在这个头文件中声明了所有输入输出操作所需的基本服务，提供了格式化和无格式的输入输出服务。

在 iostream 类中定义了 4 个流对象：cin、cout、cerr、clog。把这 4 个流对象称为预定义的流对象。这 4 个流对象所关联的具体设备如下。

cin 是 istream 的标准输入流对象，用于处理标准输入，与标准输入设备相关联。

cout 是 ostream 的标准输出流对象，用于处理标准输出，与标准输出设备相关联。

cerr 是 ostream 的非缓冲型的标准出错流对象，用于处理标准错误信息，与标准错误输出设备相关联（非缓冲方式）。

clog 是 ostream 的缓冲型标准出错流对象，用于处理标准错误信息，与标准错误输出设备相关联（缓冲方式）。

在默认的情况下，标准输入设备指键盘，标准输出设备指显示器。在任何情况下，标准错误输出设备指显示器。

cerr 和 clog 的区别是：前者没有缓冲，发送给它的任何内容都立即输出；而后者只有当缓冲区满时才输出，也可以通过刷新流的方式强迫刷新缓冲区。

预定义流的含义见表 7.2。

表 7.2　预定义流对象

流	含　义
cin	对应于标准输入设备（键盘）
cout	对应于标准输出设备（显示器）
cerr	对应于标准错误输出设备，它是非缓冲输出
clog	对应于标准错误输出设备，但它与 cerr 不同，它的输出是缓冲输出

7.2 重载提取和插入运算符

C++流通过重载运算符“<<”和“>>”执行输入和输出的操作。

1. 预定义的插入运算符

在C++中，输出操作称为插入，“<<”称为插入运算符。在第2章中已经介绍，“<<”运算符是C++中的逐位左移运算符，在这里，此运算符被重载，用于流的输出操作。当重载输出运算符“<<”用于输出时，相当于创建一个插入符函数。

预定义的插入运算符“<<”作用于流对象cout上，用于输出操作。操作格式为

```
cout << 操作数;
```

【例7-1】 重载插入运算符进行屏幕输出。

源程序如下：

```
1  #include <iostream>
2  using namespace std;
3  void main()
4  {
5      int a = 8;
6      float b = 5.5;
7      double c = 78.9;
8      char *str = "C++确实很神奇!";
9      cout << "a = " << a << endl;
10     cout << "b = " << b << endl;
11     cout << "c = " << c << endl;
12     cout << "str = " << str << endl;
13 }
```

程序运行结果如下：

```
a= 8
b= 5.5
c= 78.9
str= C++确实很神奇!
```

2. 预定义的提取运算符

与预定义的插入运算符相仿，“>>”运算符是C++中的逐位右移运算符。在这里，此运算符被重载，用于流的输入操作，称为“提取运算符”。

提取运算符“>>”作用于流对象cin上，用于输入操作。其操作格式为

```
cin >> 操作数;
```

【例7-2】 重载提取运算符从键盘输入数据。

源程序如下：

```
1  #include <iostream>
2  using namespace std;
```

```
3  void main()
4  {
5     int i;
6     float j;
7     char str[10];
8     cout << "请依次输入一个整数和一个小数： ";
9     cin >> i >> j;
10    cout << "请输入一个字符串： ";
11    cin >> str;
12    cout << "i = " << i << endl;
13    cout << "j = " << j << endl;
14    cout << "str = " << str << endl;
15 }
```

程序运行结果如下：

```
请依次输入一个整数和一个小数： 2   4.5 ↙
请输入一个字符串： 面向对象程序设计   ↙

i = 2
j = 4.5
str = 面向对象程序设计
```

7.3　常用操作输入输出流的成员函数

在 C++语言中，除使用重载运算符“<<”和“>>”执行输入和输出的操作外，还可以使用成员函数执行输入和输出的操作。下面分别介绍几个常用的输入输出操作的成员函数。

1. 输出流的成员函数

在类 ostream 中定义了几个输出流的成员函数。

1）put 函数

该函数把一个字符写到输出流中。这个函数带有一个参数：

```
put(char ch);
```

它把字符 ch 插入到输出流中。

下面两条语句的作用是相同的：

```
cout.put('a');          //向屏幕精确地输出一个字符
cout << 'a';            //向屏幕输出一个字符
```

在具体使用时，还可以在一个语句中连续调用 put 函数。例如，

```
cout.put('a').put('b').put('\n');
```

这个语句在输出字符 a 后，接着输出字符 b，最后输出一个换行符\n。

【例 7-3】 put 函数的使用示例。

源程序如下：

```
1  #include <iostream>
2  using namespace std;
3  void main()
```

```
4 {
5     cout.put('a');
6     cout << 'a';
7     cout.put('a').put('b').put('\n');
8     cout << 'a' << 'b' << endl;
9 }
```

2）write 函数

该函数把内存中的一块内容写到一个输出流中，这个函数带有两个参数：

```
write(char *buffer, int n);
```

它从字符型指针 buffer 所指向的字符存储区首地址开始，取出 n 个字节，输出到屏幕显示。

【例 7-4】 write 函数的使用示例。

源程序如下：

```
1 #include <iostream>
2 using namespace std;
3 void main()
4 {
5   char *s1 = "春花秋月何时了，";
6   char *s2 = "往事知多少？";
7   char *s3 = "\n";
8   cout.write(s1, 16).write(s2, strlen(s2)).write(s3,1);
9 }
```

一个汉字占 2 字节，故 s1 有 16 字节

其中，strlen(s2)为检测字符串 s2 的长度函数。程序运行结果如下：

```
春花秋月何时了，往事知多少？
```

2. 输入流的成员函数

在类 istream 中定义了几个输入流的成员函数。

1）get 函数

该函数的功能与提取运算符“>>”很相似，它们主要区别是 get 函数在读取数据时可以包含空白字符，而提取运算符“>>”是拒绝空白字符的。get 函数的原型有三种方式：

```
get();
或
get(char  ch);
或
get(char *buffer, int n, char ch);
```

get();不带参数，从指定的输入流中提取一个字符。

get(char ch);带有一个参数，从输入流中读取一个字符，并存放到变量 ch 中。

get(char *buffer, int n, char ch);带有三个参数，第一个参数是字符型指针，指向字符串存放区的首地址，第二个参数是字符串的大小，第三个参数为指定的终止符，默认值为'\n'。

【例 7-5】 get 函数的使用示例。

源程序如下：

```
1  #include <iostream>
2  using namespace std;
3  void main()
4  {
5    char ch1, ch2;
6    char buffer[10];
7    cout << "从键盘输入 1 个字符：\n";
8    ch1 = cin.get();  ←— 用不带参数的 get 函数接收一个字符
9    cout << ch1 << endl;
10   cin.get();
11   cout << "从键盘输入 1 个字符：\n";
12   cin.get(ch2);  ←— 用带参数的 get 函数接收一个字符
13   cout << ch2 << endl;
14   cin.get();
15   cout << "从键盘输入不多于 10 个字符，并以 '#' 结束： \n" ;
16   cin.get(buffer,10 ,'#');  ←— 用带三个参数的 get 函数接收字符串，以'#'结束
17   cout << buffer << endl;
18 }
```

2）getline 函数

该函数的功能与 get(char *buffer, int n, char ch)相似，允许从输入流中读取多个字符，并且允许指定终止符(默认值是换行符)，在完成读取数据后，从读取的数据中删除该终止符。

其函数原型为

```
getline(char *buffer, int n, char ch = '\n');
```

【例 7-6】 getline 函数的使用示例。

源程序如下：

```
1  #include <iostream>
2  using namespace std;
3  void main()
4  {
5     char buffer[10];
6     cout<<"从键盘输入不多于 10 个字符，并以回车结束： \n" ;
7     cin.getline(buffer,10);  ←— 换行符是默认的终止符
8     cout<<buffer<<endl;
9  }
```

3）read 函数

该函数可以从输入流中每次读取一行字符，其函数原型为

```
read(char *buffer, int size);
```

其中，第一个参数是字符型指针，指向字符序列存入区的首地址，第二个参数是字符序列的总字符数上限。

【例 7-7】 read 函数的使用示例。

源程序如下：

```
1  #include <iostream>
```

```
 2  using namespace std;
 3  void main()
 4  {
 5     char buffer[10];
 6     cout<<"从键盘输入 10 个字符：\n";
 7     cin.read(buffer,10);
 8     cout.write(buffer,10);
 9     cout<<endl;
10  }
```

7.4 文　件

7.4.1 文件的概念

1．文件

在前面各章进行的所有输入输出操作都是在键盘和显示器上进行的，通过键盘向程序输入待处理的数据，通过显示器输出程序运行过程中需要告诉用户的信息。键盘是 C++系统中的标准输入设备，用 cin 流表示，显示器是 C++系统中的标准输出设备，用 cout 流表示。

数据的输入和输出除了可以在键盘和显示器上进行之外，还可以在磁盘上进行。磁盘是外部存储器，它能够永久保存信息，并能够被重新读写和携带使用。所以若用户需要把信息保存起来，以便下次使用，则必须把它存储到外存磁盘上。

在磁盘上保存的信息是按文件的形式组织的，每个文件都对应一个文件名。一个文件名由文件主名和扩展名两部分组成。文件主名和文件扩展名都是 C++的标识符，通常用文件扩展名来区分文件的类型。

如在 C++系统中，用扩展名.h 表示头文件，用扩展名.cpp 表示程序文件，用.obj 表示程序文件被编译后生成的目标文件，用.exe 表示连接整个程序中所有目标文件后生成的可执行文件。对于用户建立的用于保存数据的文件，经常用.dat 表示扩展名，若是文本文件则也用.txt 作为扩展名。

2．字符文件和字节文件

在 C++程序中使用的保存数据的文件按存储格式分为两种类型：一种为字符文件，另一种为字节文件。

字符文件又称为 ASCII 码文件或文本文件。在字符文件中，每个字节单元的内容为字符的 ASCII 码，被读出后能够直接送到显示器或打印机上显示或打印出对应的字符，供人们直接阅读。

字节文件又称为二进制文件。在字节文件中，文件内容是数据的内部表示，是从内存中直接复制过来的。

所以如果所建立的文件主要是为了进行数据处理，则应该建立为字节文件，若主要是为了输出到显示器或打印机供人们阅读，或者是为了供其他软件使用，则应该建立为字符文件。

3．文件的读写操作和文件流类型

无论是字符文件还是字节文件，在访问它之前都要定义一个文件流类的对象，并用该对象打开它，以后对该对象的访问操作就是对被它打开文件的访问操作。对文件操作结束后，再用该对象关闭它。

对文件的访问操作包括输入和输出两种操作，输入和输出是相对于 CPU 来说的，输入操作是指从外部文件读取数据，输出操作是指把内存变量或表达式的值写入到外部文件中。

对文件的操作是由文件流类完成的。文件流类在流与文件之间建立连接，使用这些文件流类必须用#include <fstream>编译命令将头文件 fstream 包含进来。

文件流分为输入文件流、输出文件流、输入输出文件流三种类型，它们对应的类为：输入文件流类 ifstream；输出文件流类 ofstream；输入输出文件流类 fstream。

4．文件流对象的文件操作成员函数

C++系统为文件流对象定义了一系列文件操作的成员函数，常用的文件操作成员函数见表 7.3。

表 7.3　文件流对象常用的文件操作成员函数

函数原型	操作说明
get(char &ch)	从文件中读取一个字符
getline(char *pch, int count, char delim = '\n')	从文件中读取多个字符，读取个数由参数 count 决定，delim 为指定读取的结束符，通常是换行符
read(char *pch, int count)	从文件中读取多个字符，读取个数由 count 决定
put(char ch)	向文件写入一个字符
write(const char *pch, int count)	向文件写入多个字符，字符个数由参数 count 决定
open(const char *filename,int mode)	按 mode 方式打开文件
eof( )	函数返回值为 0，文件中还有数据可读，返回值为非 0 值（通常为-1），文件指针指向文件末尾
gcount( )	获得实际读取的字节数
seekg(流中的绝对位置);	绝对移动，适用于输入流操作
seekg(偏移量,参考位置);	相对操作，适用于输入流操作
tellg();	返回当前指针位置，适用于输入流操作
seekp(流中的绝对位置);	绝对移动，适用于输出流操作
seekp(偏移量,参考位置);	相对操作，适用于输出流操作
tellp();	返回当前指针位置，适用于输出流操作
close( )	关闭文件

5．文件地址及返回值

一个文件中保存的内容是按字节从数值 0 开始顺序编址的，文件开始位置的字节地址为 0，文件内容的最后一个字节的地址为 n-1（假定文件长度为 n，即文件中所包含的字节数），文件最后存放的文件结束符的地址为 n，它也是该文件的长度值。当一个文件为空时，其开始位置和最后位置（即文件结束符位置）同为 0 地址位置。

对于每个打开的文件，都存在着一个文件指针，初始指向一个隐含的位置，该位置由具体打开方式决定。每次对文件写入或读出信息都是从当前文件指针所指的位置开始的，当写入或读出若干个字节后，文件指针就后移相应多个字节。当文件指针移动到最后，读出的是文件结束符时，则将使流对象调用 eof( )成员函数返回值为-1，读出的是文件内容时将返回 0。文件结束符占一个字节，其值为-1，在 ios 类中把 EOF 常量定义为-1。若利用字符变量依次读取字符文件中的每个字符，当读取到的字符等于文件结束符 EOF 时则表示文件访问结束。

7.4.2 文件的打开与关闭

1. 文件的打开

要在程序中对文件进行读写操作，必须先打开文件。只有文件被打开后，才能对文件进行读写操作。打开文件就是使一个文件流对象与一个指定的文件相关联。

打开文件的方法有两种，一种是用文件流对象的成员函数 open( )打开文件，另一种是用文件流对象的构造函数打开文件。

（1）先建立相应的文件流对象，再用文件流对象的成员函数 open( )打开一个文件。

由输入文件流类 ifstream 建立输入文件流对象。例如，

```
ifstream f_read;
```

由输出文件流类 ofstream 建立输出文件流对象。例如，

```
ofstream f_write;
```

由输入输出文件流类 fstream 建立输入输出文件流对象。例如，

```
fstream f_wr;
```

然后由上述 3 种流类对象调用相应类中的 open()成员函数，按照一定的打开方式打开一个文件。

三种文件流类对象都有 open( ) 成员函数，并且具有完全相同的声明格式，具体声明格式为

```
流类  对象名;
对象名.open("文件名",打开模式);
```

其中，流类为 ifstream、ofstream 或 fstream 三种流类之一，文件名可以带有盘符和路径名，若省略盘符和路径名则隐含为当前盘和当前路径。

（2）通过文件流对象的构造函数打开文件：

```
流类  对象名("文件名",打开模式);
```

打开方式用于指定打开文件的模式，对应的实参是 ios 类中定义的 open_mode 枚举类型中的符号常量。

open_mode 枚举类型中的符号常量含义见表 7.4。

表 7.4 文件打开模式的符号常量含义

打开模式	含　义
ios::in	打开用于数据输入的文件，即从文件中读取数据
ios::out	打开用于数据输出的文件，即向文件写入数据
ios::ate	使文件指针移至文件尾，即最后位置
ios::app	使文件指针移至文件尾，并只允许在文件尾部追加数据
ios::trunc	若打开的文件存在，则清除其全部内容，使之变为空文件
ios::binary	文件以二进制方式打开，默认以文本文件打开

2. 文件打开模式

下面对文件的打开模式作几点说明。

（1）文件的打开模式可以为多个符号常量用按位或运算“|”的组合，如

```
ios::in | ios:: binary                  //按只读方式打开二进制文件
ios::in | ios::out                      //按读写操作方式打开文件
ios::in | ios::out | ios::binary        //按读写操作方式打开二进制文件
```

（2）使用 open()函数打开一个文件时，若所指定的文件不存在，则新建一个文件，当然新建立的文件是一个长度为 0 的空文件，但若打开方式参数中包含有 ios::in 选项，则不建立新文件，并且返回打开失败信息。

（3）当打开方式中不包含 ios::ate 或 ios::app 选项时，则文件指针被自动移到文件的开始位置，即字节地址为 0 的位置。当打开方式中包含有 ios::out 选项，但不包含 ios::in、ios::ate 或 ios::app 选项时，若打开的文件存在，则原有内容被清除，使之变为一个空文件。

（4）当用输入文件流对象调用 open()函数打开一个文件时，打开方式参数可以省略，默认按 ios::in 方式打开，若打开方式参数中不含有 ios::in 选项，则会自动加上该选项。当用输出文件流对象调用 open()函数打开一个文件时，打开方式参数也可以省略，默认按 ios::out 方式打开，若打开方式参数中不含有 ios::out 选项时，则也会自动加上该选项。

下面给出定义文件流对象和打开文件的一些示例。

```
(1) ofstream f_write;
    f_write.open("c:\\ook.dat");
(2) ifstream f_read;
    f_read.open("c:\\wr.dat", ios::in);
(3) ofstream f_out;
    f_out.open("c:\\ook.dat", ios::app);
(4) fstream f_wr;
    f_wr.open("c:\\abc.bin", ios::in | ios::out | ios::binary);
```

示例说明：

示例（1）首先定义了一个输出文件流对象 f_write，使系统为其分配一个文件缓冲区，然后调用 open()函数打开 C:\ook.dat 文件（文件名中的“\\”中的第一个反斜线“\”表示转义符），由于调用的函数省略了打开方式参数，所以采用默认的 ios::out 方式。执行这个调用时，若 C:\ook.dat 文件存在，则清除该文件内容，使之成为一个空文件，若该文件不存在，则在 C 盘上建立名为 ook.dat 的空文件。通过 f_write 流打开 C:\ook.dat 文件后，对 f_write 流的输出操作就是对 C:\ook.dat 文件的写入操作。

示例（2）首先定义了一个输入文件流对象 f_read，并使其在内存中得到一个文件缓冲区，然后打开 C:\wr.dat 文件，并规定以输入方式进行访问，若该文件不存在则不建立新文件，打开该文件的操作失败。

示例（3）首先定义了一个输出文件流对象 f_out，同样在内存中得到一个文件缓冲区，然后打开已存在的 C:\ook.dat 文件，并规定以追加数据的方式访问，即不破坏原有文件中的内容，只允许向尾部写入新的数据。

示例（4）首先定义了一个输入输出文件流对象 f_wr，同样在内存中得到一个文件缓冲区，然后

按输入和输出方式打开 C:\abc.bin 二进制文件。此后既可以按字节向该文件写入信息，又可以从该文件读取信息。

对于上述给出的 4 个例子，可以通过构造函数打开文件，即把声明对象和打开文件合并成一步进行：

```
(1) ofstream f_write("c:\\ook.dat");
(2) ifstream f_read("c:\\wr.dat", ios::in);
(3) ofstream f_out("c:\\ook.dat", ios::app);
(4) fstream f_wr("c:\\abc.bin", ios::in | ios::out | ios::binary);
```

3. 判断文件是否成功打开

文件打开后，应判断打开是否成功。若不成功，则后续的文件读/写操作就没有实际意义。

因在 ios 类中重载了取反运算符“!”，返回非 0 值。可以利用这一点检测文件是否成功打开。

例如，设 f_read 为输入文件流对象，且调用 open( )成员函数打开一个文件，则可用(!f_read)是否为真判断打开文件是否失败。这种异常处理模式的一般形式为

```
ifstream  f_read;
f_read.open("文件路径及文件名");
if(!f_read)
{
   …
   exit(1);
}
…(后续文件操作语句);
```

提示打开文件失败并退出的语句

这样，若文件打开成功，则“! f_read”为 0，否则“! f_read”为非 0 值，文件没有打开。

此处判断条件亦可直接写成

```
f_read.fail( )
```

即

```
if(f_read.fail( ))
{
   …
   exit(1);
}
```

此处判断条件也可用文件流类的成员函数 is_open( )，写成

```
f_read.is_open( ) == 0
```

即

```
if(f_read.is_open( ) == 0)
{
   …
   exit(1);
}
```

4. 文件的关闭

文件被打开后，就可以通过流对象访问它了，访问结束后再通过流对象关闭它。

每个文件流类中都提供一个关闭文件的成员函数 close()，当打开的文件操作结束后，就需要关闭它，使文件流与对应的物理文件断开联系，并能够保证最后输出到文件缓冲区中的内容，无论是否已满，都将立即写入到对应的物理文件中。文件流对应的文件被关闭后，还可以利用该文件流调用 open 成员函数打开其他文件。

关闭任何一个流对象所对应的文件，用这个流对象调用 close()成员函数即可。

```
流对象名.close( );
```

例如，要关闭流对象 f_write 所对应的 c:\ook.dat 文件，则关闭语句为

```
f_write.close();
```

7.4.3　文本文件的读写操作

通过打开文件就建立了 I/O 流与文件的连接，之后就可以进行文件的读写操作了。读写操作可分为文本文件的读写与二进制文件的读写两种方式，按数据存取方式的不同，读写操作可分为顺序读写及随机读写两种方式，这里首先介绍对文件文件的读写操作。

通常，当只需要对数据进行顺序输入输出操作时，适合使用文本文件。对文本文件的访问操作包括向文本文件顺序输出数据和从文本文件顺序读取数据这两个方面。所谓顺序输出就是依次把数据写入到文件的末尾（当然文件结束符也随之后移，它始终占据整个文件空间的最后一个字节位置），顺序读取就是从文件开始位置起依次向后读取数据，直到遇到文件结束符为止。

1. 向文本文件写入数据

向文件写入数据，即从内存向文件输出数据，需要使用输出流类。

向文本文件输出数据有两种方法，一种是调用从 ostream 流类中继承来的插入操作符重载函数“<<”，另一种是调用从 ostream 流类中继承来的 put()函数。

采用第一种方法时，插入操作符左边是文件流对象，右边是要输出到该文件流（即对应的文件）中的数据项。当系统执行这种插入操作时，首先计算出插入操作符右边数据项（即表达式）的值，接着根据该值的类型调用相应的插入操作符重载函数，把这个值插入（即输出）到插入操作符左边的文件流中，然后返回这个流，以便在一条输出语句中继续输出其他数据。

若要向文本文件中插入一个用户自定义类型的数据，除了可以将每个域的值依次插入外，还可以进行整体插入。

采用第二种方法时，文件流对象通过点操作符、文件流指针通过箭头操作符调用函数 put()。当执行这种调用操作时，首先向文件流中输出一个字符，即实参的值，然后返回这个文件流。

下面给出进行文本文件操作的示例。

【例 7-8】 计算从 0 到 10 加 1 的和，并将计算过程保存到文件 data1.dat 中。

源程序如下：

```
1  #include<iostream>
2  #include<fstream>
3  using namespace std;
4  void main(void)
5  {
6    int s = 0;
7    ofstream fileout("data1.dat");
```

创建文件输出流对象，用于写操作。并打开相应文件，若文件不存在就创建它

```
8   if (!fileout) {                          ← 当 fileout 打开失败时进行错误处理
9       cerr << "文件 data1.dat 打开失败!" << endl;
10      exit(1);                             ← 退出,结束运行
11    }
12  for(int i = 0; i < 11; i++)
13      fileout << i << " + 1 = " << i + 1 << endl;   ← 向 fileout 文件流写(输出)i+1 值
14  cout << "向文件 data1.dat 写入数据成功! " << endl;
15  fileout.close();  ← 关闭 fileout 所对应的文件
16  }
```

运行程序后，在文件 data1.dat 中写入的数据内容为如下：

```
0 + 1 = 1
1 + 1 = 2
2 + 1 = 3
3 + 1 = 4
4 + 1 = 5
5 + 1 = 6
6 + 1 = 7
7 + 1 = 8
8 + 1 = 9
9 + 1 = 10
10 + 1 = 11
```

【例 7-9】 把从键盘上输入的若干行文本字符原原本本地存入到 D 盘上“data2.dat”文件中，直到按 Ctrl+Z 键为止。此组合键代表文件结束符 EOF。

源程序如下：

```
1   #include <iostream>
2   #include<fstream>
3   using namespace std;
4   void main(void)
5   {
6     char ch;
7     ofstream f2;                    ┐ ← 创建文件输出流对象，打开文件，若文件不存在，就创建它
8    f2.open("D:\\data2.dat");        ┘
9     if (!f2) {                      ← 当 f2 打开失败时进行错误处理
10        cerr << " D:盘文件 data2.dat 打开失败!" << endl;
11        exit(1);
12    }
13    ch = cin.get();                 ← 从 cin 流中提取一个字符到 ch 中
14    while(ch != EOF)
15    {
16        f2.put(ch);                 ← 把 ch 字符写入到 f2 流中，此语句也可用 f2<<ch 代替
17        ch = cin.get();             ← 从 cin 流中提取下一个字符到 ch 中
18    }
19    f2.close();                     ← 关闭 f2 所对应的文件
20  }
```

2．从文本文件读取数据

从打开的文本文件中读取数据到内存变量有 3 种方法。

（1）调用提取操作符重载成员函数“>>”，每次从文件流中提取用空白符隔开（当然最后一个数据以文件结束符为结束标志）的一个数据，这与使用提取操作符从 cin 流中读取数据的过程和规定完全相同，在读取一个数据前文件指针自动跳过空白字符，向后移到非空白字符时读取一个数据。

（2）调用 get()函数，每次从文件流中提取一个字符（不跳过任何字符，当然回车和换行两个字符被作为一个换行字符看待）并作为返回值返回，或者调用 get(char&)函数，每次从文件流中读取一个字符到引用变量中，同样不跳过任何字符。

（3）调用 getline(char* buffer, int len, char='\n')函数，每次从文件流中读取以换行符隔开（当然最后一行数据以文件结束符为结束标志）的一行字符到字符指针 buffer 所指向的存储空间中，若遇到换行符之前所读取字符的个数大于等于参数 len 的值，则本次只读取 len-1 个字符，被读取的一行字符是作为字符串写入到 buffer 所指向的存储空间中的，即在一行字符的最后位置必须写入'\0'字符。

文件流调用的上述 3 种函数都是在 istream 流类中定义的，它们都被每一种文件流类继承，所以文件流类的对象可以直接调用它们。由于 cin 和 cout 流对象所属的流类也分别是 istream 流类和 ostream 流类的派生类，所以 cin 和 cout 也可以直接调用相应流类中的成员函数。

上述介绍的在 istream 流类中的每个成员函数的声明格式分别如下：

```
istream& operator>>( 简单类型& );                        //从流中读取一个数据到引用对象中
int get();                                               //返回从流中读取到的一个字符
istream& get(char&);                                     //从流中读取一个字符到字符引用中
istream& getline(char* buffer, int len, char='\n');      //从流中读取一行字符到由字符指针
                                                           所指向的存储空间中
```

当使用流对象调用 get( )函数时，通过判断返回值是否等于文件结束符 EOF 可知文件中的数据是否输入完毕。当使用流对象调用其他三个函数时，若读取成功则返回非 0 值，若读取失败（即已经读到文件结束符，未读到文件内容）则返回 0 值。

在通常情况下，若一个文件是使用插入操作符输出数据而建立的，则当作输入文件打开后，应使用提取操作符输入数据；若一个文件是使用 put( )函数输出字符而建立的，则当作输入文件打开后，应使用 get( )或 get(char&)函数输入字符数据；若每次需要从一个输入文件中读入一行字符，则需要使用 getline( )函数。

下面给出进行文本文件读取操作的几个例子。

【例 7-10】 将一个字符串写入到文本文件 data3.dat 中，然后读取数据显示到屏幕上。

源程序如下：

```
1  #include <iostream>
2  #include <fstream>
3  using namespace std;
4  void main()
5  {
6     ofstream fileout("data3.dat");          ←创建输出文件流对象
```

```
7     if (!fileout)
8     {
9       cerr << "文件 data3.dat 打开失败!" << endl;
10      exit(1);
11    }
12    fileout << " Hello, C++! " << endl;
13    fileout.close();
14    ifstream fileread("data3.dat", ios::in);
15    char x;
16    while(fileread >> x)
17      cout<< x <<' ';
18    cout<<endl;
19    fileread.close();
20  }
```

当文件打开失败时进行错误处理

关闭文件

创建输入文件流对象

依次从文件中读取字符到 x

关闭文件

程序运行结果如下：

```
H e l l o , C + + !
```

若应用 getline()函数按行读取字符，则上述程序的第 15 ~ 18 行可改写为

```
char x[20];
fileread.getline(x, 15);
cout << x << endl;
```

【例 7-11】 复制一个文件到另一个目标文件。

源程序如下：

```
1  #include <iostream>
2  #include<fstream>
3  using namespace std;
4  void main()
5  {
6    char ch;
7    ifstream f_in("data3.dat", ios::in);
8    ofstream f_out("data4.dat",ios::out);
9    if (!f_in)
10   {
11     cerr << "源文件 data3.dat 打开失败!" << endl;
12     exit(1);
13   }
14   if (!f_out)
15   {
16   cerr << "目标文件 data4.dat 打开失败!" << endl;
17     exit(2);
18   }
19   while( f_in.get(ch))
20   {
21     f_out.put(ch);
22   }
23   f_in.close();
24   f_out.close();
25   cout << " 文件复制完毕!  " << endl;
26 }
```

用 ch 存放读取的字符

若把 while 语句中的条件表达式(f_in.get(ch))换为(ch= f_in.get()) != EOF)，其结果也完全相同。

【例 7-12】 使用成员函数 read( )和 write( )读写文件。

源程序如下：

```
1  #include <iostream>
2  #include <fstream>
3  using namespace std;
4  void main()
5  {
6     char *s1="春花秋月何时了，";
7     char *s3="往事知多少？";
8     char *s2="\n";
9     ofstream f_write("data2.dat");
10    if(!f_write)
11    {
12       cout << "打开写入文件失败！" << endl;
13       exit(1);
14    }
15    f_write.write(s1, strlen(s1)).write(s2, strlen(s2)).write(s3, strlen(s3));
16    f_write.close();
17    ifstream f_read("data2.dat");
18    if(f_read.fail() )
19    {
20       cout << "不能打开读取文件：data2.dat\n " << endl;
21       exit(1);
22    }
23    char x;
24    while(!f_read.eof() )
25     {
26       f_read.read(&x,1);
27       cout<< x ;
28     }
29     f_read.close();
30  }
```

定义字符型指针指向字符串

创建输出文件流对象

错误处理

创建输入文件流对象

错误处理

判断是否到文件末尾

每次循环读取 1 个字符

7.4.4　二进制文件的读写操作

前面已经提到，二进制文件是把数据的内部存储形式原样存放到文件中，因此存储效率高，无须进行存储形式的转换。例如，在程序中要读写一组数据（如结构型数组），先将这组数据保存到文件中，再从该文件中读出这组数据，供其他程序使用，在这种场合要使用二进制方式读写文件。

在打开二进制文件时要在 open( )函数中加上 ios::binary 方式作参数，即表示采用二进制格式进行文件流的读或写。

一般来说，对二进制文件的读写操作可以采用两种方法：一种是用 get( )函数读数据，用 put( )函数写数据；另一种是用 read( )函数读数据，用 write( )函数写数据。

【例 7-13】 编写一个复制文件类，将图像文件 a.jpg 复制为 b.jpg。

算法分析：由于图像是二进制文件，因此，在处理图像文件时需要以二进制形式打开文件。另外，设图像文件的大小为 22KB，则定义存放数据的数组容量应大于 22KB。

源程序如下：

```
1  #include <iostream>
```

```
2 #include<fstream>
3 using namespace std;
4 class copyFile
5 {
6   private:
7     char b[25000];              ← 定义存放数据的数组，其容量大于复制文件的字节数
8     int size;
9   public:
10      void readfile(char *oldfile);    ┐
11     void writefile(char *newfile);    ┘← 声明成员函数
12 };
13 void copyFile :: readfile(char *oldfile)   ← 函数功能：读取要复制文件的数据
14  {
15    ifstream rfile(oldfile, ios::binary);   ┐ 建立文件到输入流的连接对象，
16    rfile.read(b,25000);                    ├ 读取文件数据到数组 b 中，并获
17    size = rfile.gcount();                  ┘ 取实际读取的字符个数
18    cout << "read OK!" << endl;
19    rfile.close();
20  }
21
22  void copyFile :: writefile(char *newfile)  ← 函数功能：将数据写入新文件
23  {
24     ofstream wfile(newfile, ios::binary);  ┐ 建立输出流到文件的连接对象，
25     wfile.write(b.size);                   ┘ 将数组中的数据写入输出流
26     cout << "write OK!" << endl;
27     wfile.close();
28  }
29
30 void main()
31 {
32   copyFile cpfile;
33   char *oldfilename = "a.jpg";
34   char *newfilename = "b.jpg";
35   cpfile.readfile(oldfilename);     ┐ 将要复制文件的数据写入数组，
36   cpfile.writefile(newfilename);    ┘ 再将数组中的数据写入新文件
37 }
```

【例 7-14】 创建一个学生类，建立记录学生成绩数据的二进制文件。

源程序如下：

```
1 #include <iostream>
2 #include<fstream>
3 using namespace std;
4 class Student          ← 定义学生类
5 {
6  public:
7     char *name;
8     char *kemu;
9  double chenji;
10 Student(){    }
11 Student(char *name1, char *kemu, double cj)   ┐
12 {                                             │
13   name= name1;                                ├ 构造函数
14   kemu = kemu;                                │
15   chenji = cj;                                ┘
```

```
16  }
17  };
18  void main()
19  {
20    Student dat("张大山", "程序设计", 95);
21    ofstream f_out("data.dat", ios::binary);
22    f_out.write((char *)&dat, sizeof(dat));
23    f_out.close();
24    Student dat2;
25    ifstream f_in("data.dat", ios::binary);
26    f_in.read((char *)&dat2, sizeof(dat2));
27    cout << "姓名" << "   " << "课程" << "   " << "成绩" << endl;
28    cout << dat2.name << " " << dat2.kemu << " " << dat2.chenji << endl;
29    f_in.close();
30  }
```

定义学生类

建立二进制输出文件流

向文件流写入数据

建立二进制输入文件流

从输入文件流读取数据

输出对象数据成员的值

7.4.5　随机访问文件

前面介绍的对文件的读写操作均是按顺序从文件开始位置进行的，不能从文件的中间读取或插入一个数据，因此它只适合处理规模较小的文件。对于数据量较大的文件，必须使用随机访问文件方式来进行处理。

随机访问文件是指从指定的位置开始读/写文件。实际上，随机访问文件方式处理文件的方法，在前面关于顺序文件处理方法的基础上增加文件指针定位处理即可。

文件指针参照位置有 3 种情况。

（1）ios::beg：文件开始处，换算的位置值为 0。

（2）ios::cur：文件当前位置。

（3）ios::end：文件末尾处，换算的位置值为文件长度。

移动读写指针的方法有两种，一是直接将指针移到指定的位置，二是在某个参照位置的基础上，将指针移动一定的偏移量。

C++提供了两个文件指针定位处理的成员函数。

（1）seekg()函数：将文件的“读”指针移到指定的位置。

（2）seekp()函数：将文件的“写”指针移到指定的位置。

这两个函数最常用的形式为

```
istream seekg(流中的位置);
ostream seekp(流中的位置);
```

或

```
istream seekg(偏移量,参照位置);
ostream seekp(偏移量,参照位置);
```

【例 7-15】　使用输入输出文件流建立记录 3 个学生成绩数据的二进制文件。

源程序如下：

```
1  #include <iostream>
2  #include<fstream>
3  using namespace std;
4  class Student
5  {                                   // 定义学生类
6   public:
7       char *name;
8       char *kemu;
9   double chenji;
10  Student(char *name1, char *kemu, double cj)
11  {                                   // 构造函数
12    name= name1;
13    kemu = kemu;
14    chenji = cj;
15  }
16    Student(){     }
17  };
18  void main()
19  {
20    Student std1("张大山", "程序设计", 95);
21    Student std2("王新霞", "程序设计", 82);    // 定义3个对象
22    Student std3("李季平", "程序设计", 78);
23    Student std4, std5, std6;
24    int  size=sizeof(std1);                    // 一条数据的长度
25    fstream datafile("data.dat",ios::in|ios::out|ios::binary);   // 建立二进制输入输出文件流
26    datafile.write((char *)&std1, sizeof(std1));
27    datafile.write((char *)&std2, sizeof(std2));   // 向文件流写入数据
28    datafile.write((char *)&std3, sizeof(std3));
29    datafile.seekg(ios::beg);              // 指针定位到文件开头位置
30    datafile.read((char *)&std4, size);
31    datafile.read((char *)&std5, size);    // 从文件流读取数据
32    datafile.read((char *)&std6, size);
33   cout << "姓  名" << "    " << "课  程" << "    " << "成绩" << endl;
34    cout << std4.name << "   " << std4.kemu << "   " << std4.chenji << endl;
35    cout << std5.name << "   " << std5.kemu << "   " << std5.chenji << endl;
36    cout << std6.name << "   " << std6.kemu << "   " << std6.chenji << endl;
37    datafile.close();
38  }
```

程序说明：程序第 23～25 行语句向文件流写入了 3 条数据，这时文件指针指向文件末尾。因此，在程序第 26 行，把指针定位到文件开头位置。

程序运行结果如下：

```
姓  名    课  程    成绩
张大山    程序设计    95
王新霞    程序设计    82
李季平    程序设计    78
```

【例 7-16】 建立记录 3 个学生成绩数据的二进制文件，再从文件中读出第二个学生的数据。

源程序如下：

```
1  #include <iostream>
2  #include<fstream>
```

```
3  using namespace std;
4  class Student
5  {
6   public:
7       char *name;
8       char *kemu;
9   double chenji;
10  void set_data(char *name1, char *kemu, double cj)         ← 成员函数
11  {
12    name= name1;
13    kemu = kemu;
14    chenji = cj;
15  }
16  };
17  void main()
18  {
19    Student std[3], s;                 ← 定义一个对象数组和一个对象
20    std[0].set_data ("张大山", "程序设计", 95);
21    std[1].set_data ("王新霞", "程序设计", 82);   ← 设置对象数组元素的数据
22    std[2].set_data ("李季平", "程序设计", 78);
23    fstream datafile("data.dat",ios::in|ios::out|ios::binary);   ← 建立二进制输入输出文件流
24    for(int i = 0; i <= 2; i++)
25       datafile.write((char *)&std[i], sizeof(std[i]));   ← 向文件流写入 3 个数据
26    datafile.seekg(1*sizeof(std[0]),ios::beg);   ← 从文件开始位置（beg）偏移一条数据长度，即指针定位到第二条数据位置
27    datafile.read((char *)&s, sizeof(s));   ← 从文件流读取第二条记录的数据
28    cout << "姓  名" << "    " << "课  程" << "    " << "成绩" << endl;
29    cout << s.name << " " << s.kemu << " " << s.chenji << endl;
30    datafile.close();
31  }
```

程序运行结果如下：

```
姓  名     课  程    成绩
王新霞    程序设计    82
```

7.5　异 常 处 理

异常是指程序在执行过程中出现的意外情况。异常通常会打断程序的正常流程。例如，算术运算中被除数为零、数组下标越界、打开文件时文件不存在等。

一般情况下，程序中需要对异常进行处理。通过对异常情况的处理，可以发现产生异常的原因，使程序的执行流程继续下去。

7.5.1　异常的基本类型

常见的异常情况一般分为以下几类。

（1）用户输入错误。指用户输入存在问题，例如，程序要求用户输入一个整数，而用户却输入了一个字符串，或者程序要求用户输入一个 URL 地址，但用户输入的地址有语法错误等。

（2）设备故障。指由于种种原因系统发生故障，例如，要打印时系统检测发现打印机没有连接好，打开文件时文件不存在，系统找不到用户要浏览的网页等。

（3）物理限制。物理设备本身的限制产生的错误，例如，硬盘已存满，内存空间已用完等。

（4）代码错误。程序员编写的程序代码存在问题，例如，算术运算中被除数为 0、数组下标越界，从一个空的堆栈中取元素等。

程序设计中要考虑的异常，主要是用户输入错误异常、设备故障和代码错误异常。其中最主要的还是代码错误异常。因为通常情况下，即使用户程序不做考虑，系统也能检测出用户输入错误异常和设备故障异常。而对于大部分的代码错误，系统是无法检测出的，需要程序员在设计程序代码时认真考虑，从而发现产生异常的原因，并进行必要的异常处理。

7.5.2 异常处理方法

1. 异常处理机制

异常处理机制的基本思想是将异常的检测与处理分离。基本方法是：当程序中出现异常时抛出异常，用来通知系统发生了异常，然后由系统捕捉异常，并交给预先安排的异常处理程序段来处理异常。这样的异常处理机制，可以实现在两个或两个以上的程序模块间传递异常信息，从而可以使程序设计人员根据问题的要求，在不同的情况下灵活地处理各种异常。

把异常的抛出和异常的处理分离开，其最大的优点是可以方便通用软件模块的设计。一般来说，对一个通用软件模块，当出现异常时，不同的调用程序要求的异常处理方法不一样。这样，把异常的抛出和异常的处理分离开的异常处理机制，就可以方便通用软件模块的设计。

2. 异常处理方法

异常处理过程主要有三个步骤：抛出异常、捕捉异常和处理异常。对应各个步骤的关键字分别是：throw、try 和 catch。异常信息的识别和传递是通过程序中定义的异常类来完成的。

概括地说，监测异常情况的程序语句包含在一个 try 块中，如果 try 块中出现异常，该异常就会被 throw 抛出，利用 catch 可以捕获并处理异常，如图 7.5 所示。

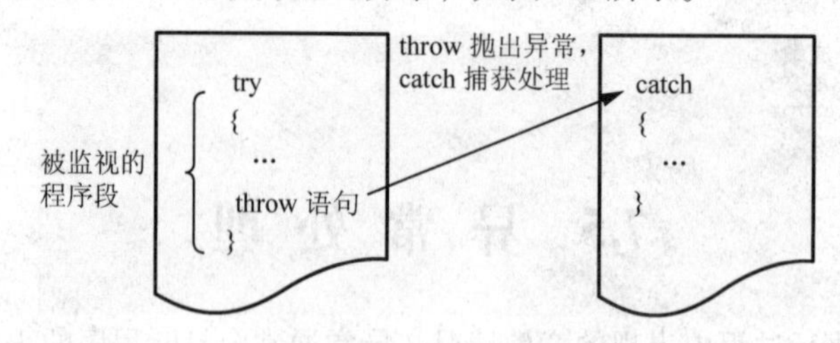

图 7.5 异常处理过程示意图

1）捕捉异常 try 块的语法格式

关键字 try 用来圈定程序中可能出现异常的语句段，从而通知系统注意异常发生时的捕捉。如果程序运行时没有出现异常，则顺序执行 try 模块中的语句；如果这段代码运行时真的遇到了异常，系统则捕捉异常，并中止执行当前的程序。

try 块的语法格式为

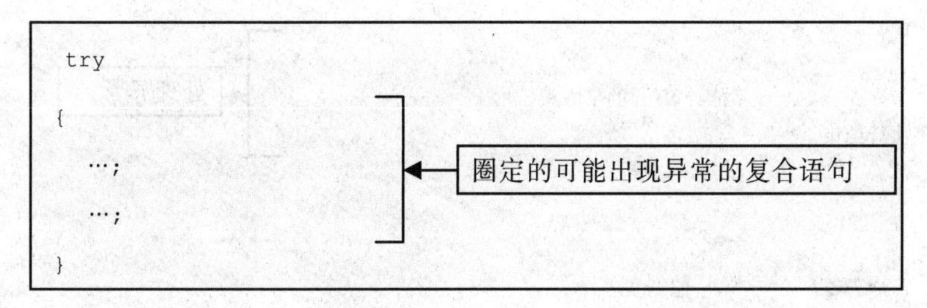

2）处理异常 catch 的语法格式

catch 语句用来给出异常的处理方法。catch 语句的语法格式为

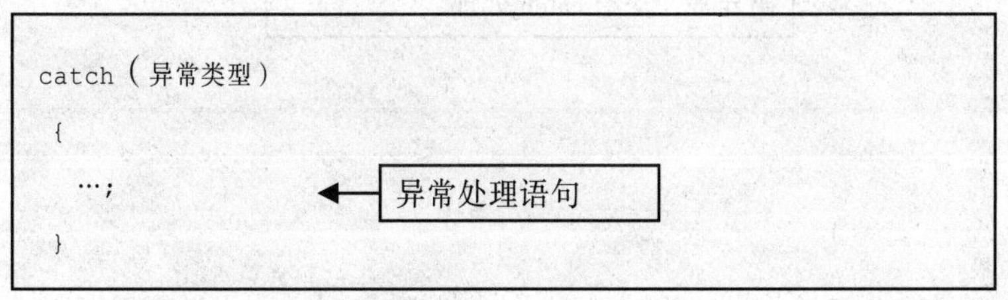

catch 语句中异常类型指明该子句处理的异常类型，它与函数的形参类似，可以是某个类型的值，也可以是引用。异常被抛出后，则执行该段异常处理程序。

3）throw 的语法格式

若程序中出现了系统不能处理的异常，就可以使用 throw 语句将异常抛出给调用者。throw 的表达式与 return 中的表达式相似，如果程序中有多处异常被抛出，应该用不同的表达式类型来加以区别。

throw 的语法格式为

```
throw  表达式;
```

3. 异常处理的应用

异常处理的实现步骤如下。

（1）定义 try 语句块，将有可能产生错误的语句包含在 try 语句块中。

（2）定义 catch 语句块，将异常处理的语句放在块中，以便异常被传递过来时就处理它。

（3）抛出异常 throw 语句，检测是否产生异常，若是，则抛出异常。

【例 7-17】 编程计算 $\sqrt{n}$，如果 n 小于零，则抛出异常。

源程序如下：

```
1  #include <iostream>
2  #include <cmath>
3  using namespace std;
4  double f(double);
5  void main()
6  {
7    try
8    {
9      cout << "16的平方根=" << f(16) << endl;
10     cout << "-2的平方根=" << f(-2) << endl;
11     cout << "9的平方根=" << f(9) << endl;
12   }
```

被 try 监控的程序段，如有异常，则执行 catch；若无异常，则跳过 catch

```
13 catch(double n)
14  {
15   cout << "n=" << n << " ,不能计算 n的平方根。" << endl;
16   cout << "程序执行结束。" << endl;
17  }
18 }
19 double f(double n)
20 {
21  double s;
22  if(n <= 0) throw n;
23  s = sqrt(n);
24  return s;
25 }
```

处理异常

检测异常，如果 n 小于或等于零，抛出异常，交给 catch 处理

程序运行结果如下：

```
16的平方根=4
n=-2 ,不能计算 n的平方根。
程序执行结束。
```

程序说明：程序首先计算 16 的平方根，一切正常。在执行到计算 -2 的平根时，在函数 f() 中抛出了异常，在主函数的 catch 子句中捕获到了异常，输出“n=-2 ,不能计算 n 的平方根。”，执行主函数的最后一个语句后程序结束。主函数中的语句“cout << "9 的平方根=" << f(9) << endl;”没有被执行。

【例 7-18】 利用异常处理检测数组下标越界。

源程序如下：

```
1  #include <iostream>
2  using namespace std;
3  const int N=5;
4  int f(int) ;
5  static int a[] = {11, 12, 13, 14, 15};
6  void main()
7  {
8    try
9    {
10     cout << "a[1] = " << f(1) << endl;
11     cout << "a[20] = " << f(20) << endl;
12     cout << "a[3] = " << f(3) << endl;
13   }
14   catch(int n)
15    {
16     cout << "a[" << n << "]";
17     cout << "数组元素下标越界。" << endl;
18    }
19 }
20 int f(int i)
21 {
22   if(i >= N) throw i;
23   return a[i];
24 }
```

被 try 监控的程序段，如有异常，则执行 catch；若无异常，则跳过 catch

处理异常

检测异常

程序运行结果如下：

```
a[1] = 12
a[20]数组元素下标越界。
```

程序说明：本程序是希望输出数组元素 a[1]、a[20]和 a[3]的值。显然 a[20]是下标越界的。当程序中捕捉到数组下标越界这个异常，程序就结束了，所以也不会输出没有越界的元素 a[3]的值。

7.5.3　多个异常的处理方法

前面的两个例子都是仅有一种异常可能发生的简单情况。对于一个复杂的应用系统来说，可能存在多种异常的情况。实际上，关键字 try 既可以用来圈定只存在一种异常的语句段，也可以用来圈定存在多种异常的语句段。另外，一个程序中允许有多个 catch 语句，用来处理多个不同的异常。

当程序中可能存在多种异常时，try-catch 语句的语法形式为

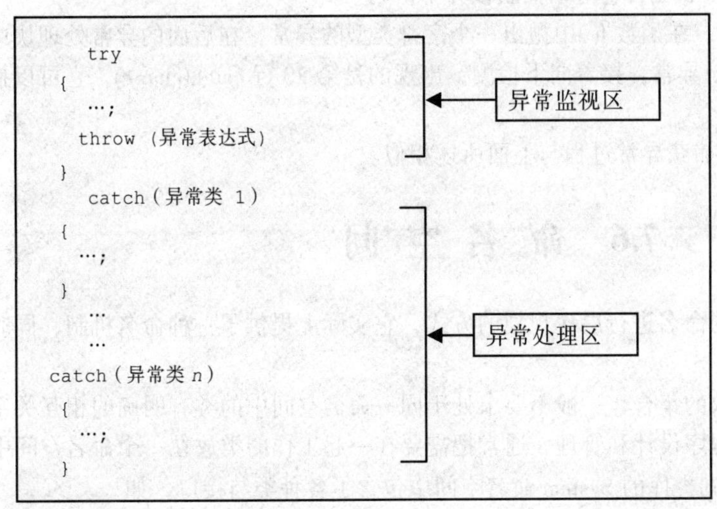

当系统捕捉到 try 程序段的异常时，将按照 catch 语句先后次序进行匹配处理。

【例 7-19】 分析下面程序的运行情况。

源程序如下：

```
1  #include <iostream>
2  using namespace std;
3  void f(int);
4  void main()
5  {
6     f(0);
7     f(1);
8     f(2);
9  }
10  void f(int n)
11  {
12    try
13    {
14        if(n==0) throw n;
15        if(n==1) throw 'a';
16        if(n==2) throw 3.14;
```

被 try 监视的程序段

```
17    }
18    catch(int x)
19    { cout << "捕获到整数类型：" << x << endl; }
20    catch(char c)
21    { cout << "捕获到字符类型：" << c << endl; }
22    catch(double d)
23    { cout << "捕获到双精度类型：" << d << endl; }
24  }
```

处理捕获的异常

程序运行结果如下：

```
捕获到整数类型：0
捕获到字符类型：a
捕获到双精度类型：3.14
```

在程序执行第 6 行 f(0)语句时，在函数 f( )中抛出一个整数类型的异常，在后面的异常处理块中首先出现的是第 18 行 catch(int x)，它可以捕获该异常。

当执行第 7 行 f(1)语句时，在函数 f( )中抛出一个字符类型的异常，在后面的异常处理块中的第 18 行 catch(int x)不能捕获该异常，接着向下检测，出现的是第 20 行 catch(char c)，它可以捕获该异常。

对于第 8 行 f(2)语句，其捕获异常过程与上面所述相似。

7.6 命名空间

命名空间是对各种类型的命名进行层次规划的方式，它实际上提供了一种命名机制，同时也是程序进行逻辑组织的方式。

命名空间是一些类的松散的集合，一般不要求处于同一命名空间中的类有明确的相互关系，如包含、继承等。为了方便程序设计和管理，通常把需要在一起工作的类放在一个命名空间中。

例如，NETFramework 基础类库的 System 命名空间中包含了各种类与接口，如

```
System::Console,
System::String,
System::Random,
System::Math,
System::GC,
```

等，表明了这些类型是与系统核心、语言基础直接相关的。

命名空间又是按层次组织的，例如，

```
System,
System::IO,
System::IO::IsolatedStorage,
```

是 3 个不同层次的命名空间。在实际组织命名空间时，还可以加上公司名称，这样可以避免与系统的命名空间或其他公司的命名空间相冲突。所有 Microsoft 提供的命名空间都是以名称 System 或 Microsoft 开头的。

总之，命名空间就是为了命名方便，它可以解决因命名太多而易冲突的问题。

关键字 namespace 用于声明一个命名空间，声明的方式如下：

```
namespace 命名
```

```
{
    类型声明
}
```

命名空间中的命名可以由一个标识符,或者多个用双冒号“::”分开的多个标识符表示,例如,SunCorp::Person::Oldperson。

命名空间隐式具有公共访问权，并且这是不可修改的。

定义好命名空间后，各个类型的命名就可以用命名空间来指定，例如，

```
MyCompany::Proj1::MyClass
```

为了使程序书写简单，可以使用 using namespace 指示符来导入命名空间。例如，导入命名空间 MyCompany 以后，MyCompany::Proj1::MyClass 类可以写成 Proj1::MyClass 类，导入 MyCompany::Proj1 以后，便可写成 MyClass 类。

注意，导入命名空间并不意味着自动导入其子命名空间，例如，导入 MyCompany 命名空间并不能包含导入 MyCompany::Proj1。

导入命名空间的格式如下：

```
using namespace 命名空间;
```

7.7　应 用 实 例

【例 7-20】　文件压缩与解压。

1．问题描述

通过压缩文件的程序，将一个文件压缩成一个新文件，该过程称为压缩，新文件称为压缩文件。压缩文件比原文件要小，并且压缩文件的程序能够使新文件（压缩文件）还原为原文件，该过程称为解压缩。

2．算法分析

压缩文件的方案有很多，这里介绍一种较为简单的方法。

设要压缩的文件是由两种数字组成的一幅图像，如图 7.6 所示。

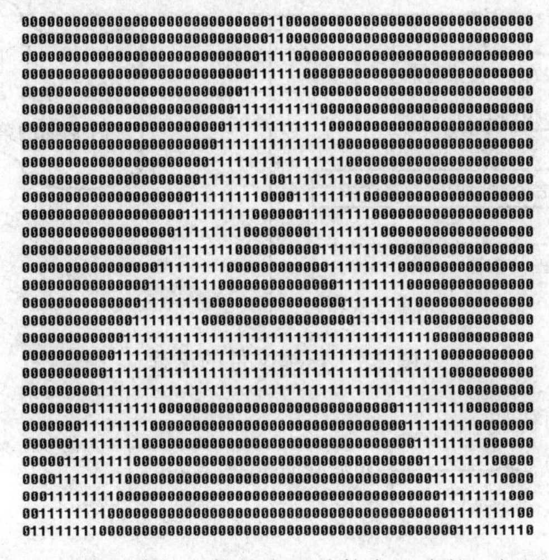

图 7.6　要压缩的文件是由两种数字组成的一幅图像

下面考虑压缩的编码方案。

（1）按重复出现的数字的次数代替原文件中重复的部分。例如，

000001111000000011110000

由于依次出现 5 个 0、4 个 1、7 个 0、4 个 1 和 5 个 0，因此可以用

5 4 7 4 5

来表示这个数据。新的编码比原来的要短，也就是说，对原码进行了压缩。

（2）在对被压缩的数据进行解压缩时，只需进行一次逆向操作。例如，编码为

```
13 8 5 8 12
```

其数据被解压缩为

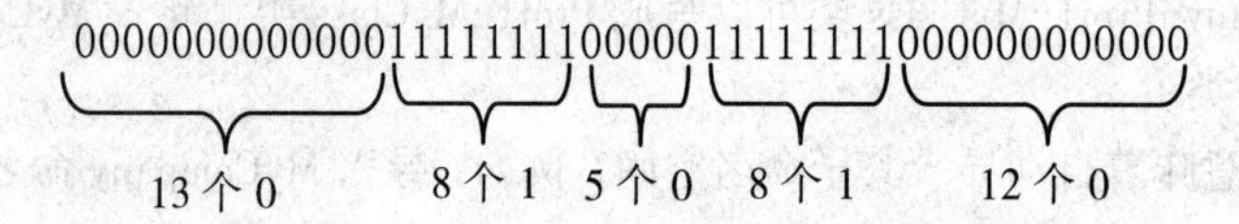

3．算法设计

1）读取文件数据

用一个 char 类型的二维数组 str[H][L]来处理文件数据。图像文件的数据共有 30 行，每行 60 个数字，因此，设

```
const int H = 30, L = 60;
char str[H][L];
for(i = 0; i < H; i++)
{
        for(j = 0; j < L; j++)
        {
          readfile >> x[i][j];
        }
}
```

2）压缩文件（编码）

压缩文件，又称为编码，可以按图 7.7 所示的流程进行。

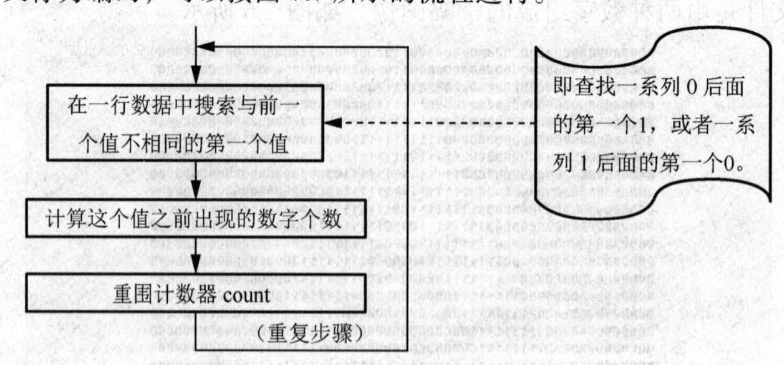

图 7.7 压缩文件的流程

下面是压缩一行数据的代码：

```
count = 0;                    ← 初始化计数器 count
      for(i = 0; i < L-1; i++)
      {
        count++;
```

```
if(x[j][i] != x[j][i+1])        ◀—— 如果当前数字与下一个数字不相同
    {
        compressFile << count;      ┐
    count = 0;                      ┘◀—— 将 count 输出到压缩文件
    }                                    compressFile 后,重置计数器
}                                        count
```

3）解压缩文件（解码）

此过程是压缩文件的逆向过程，从压缩文件中读取计数器 count 的值，还原 count 个 0 或 1。

4．文件压缩与解压缩的源程序

源程序如下：

```
1  #include <iostream>
2  #include <fstream>
3  using namespace std;
4  const int H = 30, L = 60;
5  class compress
6  {
7    private:
8      char x[H][L];
9      int count;
10   public:
11     void getFile(char *fileName, int H, int L)
12     {
13       ifstream  infile(fileName);
14       for(int i = 0; i < H; i++)
15       {
16           for(int j = 0; j < L; j++)
17           {
18               infile >> x[i][j];
19               cout << x[i][j];
20           }
21          cout << endl;
22       }
23      cout<< "读取原始文件 a.dat 数据完毕！" << endl;
24      count = 0;
25     }
26     void compressFile(char *compName, int H, int L)
27     {
28       int i, j;
29       ofstream compress(compName, ios::out );
30       for(j = 0; j < H; j++)
31       {
32         for(i = 0; i < L; i++)
33         {
34           count++;
35           if(i==L-1 || x[j][i] != x[j][i+1])
36             {
37               compress << count << " ";
38           count = 0;
39             }
40         }
```

（注：第 11～25 行——读取文件数据到二维数组；第 28～40 行——将二维数组中的数据进行压缩处理，并将计数器的值输出到压缩文件中）

```
41        compress << endl;
42      }
43      cout<< "压缩文件完毕！生成压缩文件 a.out。" << endl;
44      compress.close();
45    }
46    void decompress(char *cfName, char *defName, int H, int L)
47    {
48      int i, j, a, sum;
49      ifstream compressfile(cfName);
50      ofstream decfile(defName,ios::binary);
51      count=0;
52      for(i = 0; i < H; i++)
53        {
54        a=0;
55        sum=0;
56        do{
57           compressfile >> count;
58           for(j = 1; j <= count; j++) decfile << a;
59            a = !a;
60           sum += count;
61          } while(sum < L);
62        decfile << endl;
63       }
64     cout<< "解压缩文件完毕！，还原文件为b.dat。" << endl;
65     compressfile.close();
66     decfile.close();
67    }
68 };
69 int main()
70 {
71   compress comp;
72   comp.getFile("a.dat", H, L);
73   comp.compressFile("a.out", H, L);
74   comp.decompress("a.out", "b.dat", H, L);
75   return 0;
76 }
```

根据压缩文件中计数器 count 的值，输出 count 个 0 或 1。并按 L 列、H 行进行排列复原

建立压缩文件对象

a.dat 为原始文件，
a.out 为压缩文件，
b.dat 为还原的解压缩文件

本章小结

本章介绍了 C++语言中输入输出流的基本概念、操作输入输出流的函数及文件的读写操作。还介绍了异常处理的方法。

本章介绍的主要知识点归纳如图 7.8 所示。

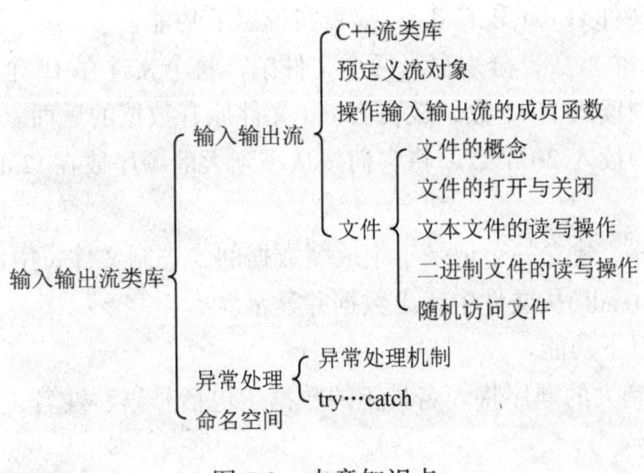

图 7.8　本章知识点

习　题　七

7.1 用一条 C++语句实现下述要求。

（1）输出字符串"Enter your name"。

（2）设置一个标志位，使科学计数法中的指数以及十六进制数中的字母按大写格式输出。

（3）用类 ostream 的函数 put 在一条语句中输出字符'O'、'K'。

（4）当所设置的域宽长度大于输出数据所需宽度时，用成员函数设置填充字符'*'。再写一条用流操纵算子实现该功能的语句。

（5）采用两种不同的方法，用类 istream 的成员函数 get 在 char 类型变量 c 中输入一个字符。

（6）用类 istream 的成员函数 read 给 char 类型数组 line 输入 50 个字符。

（7）读入 10 个字符到字符数组 name 中，当遇到终止符'.'时结束读操作，但并不删除输入流中的终止符。另外再写一条语句完成上述功能，但需要删除输入流中的终止符。

7.2 指出并改正下列语句中的错误。

（1）cout << "Value of x<=y is:　"<< x <= y;

（2）下面的语句要输出字符'c'的整数值：

```
cout << 'c';
```

（3）cout << ""A string in quotes"";

7.3 写出下面语句的输出结果。

（1）
```
cout << "12345\n";
cout.width(5);
cout.fill('x');
cout << 123 << '\n' << 123;
```

（2）cout << setw(10) << setfill('$') << 10000;

（3）cout << setw(8) << setprecision(3) << 1024.987654;

7.4 编写一个程序，用成员函数 getline 和带三个参数的成员函数 get 输入带有空字符的字符串。再让 get 函数不提取终止字符，终止字符仍保留在输入流中，让 getline 从输入流中提取并丢弃终止字符。并测试如果把未读取的字符留在流中会发生什么情况。

7.5 建立两个磁盘文件 f1.dat 和 f2.dat，编程实现以下功能。

（1）从键盘输入 20 个整数，分别存入两个文件中，每个文件存 10 个整数。

（2）从 f1.dat 文件中读入 10 个数，放在 f2.dat 文件原有数据的后面。

（3）从 f2.dat 文件中读入 20 个数，将它们按从小到大的顺序放在 f2.dat 文件中，不保留原有数据。

7.6 定义数据结构体，建立一个记录学生成绩数据的二进制文件，用成员函数 write( )向文件写入数据，用成员函数 read( )从文件中读出数据并显示。

7.7 编写程序实现以下功能。

（1）按职工号由小到大的顺序将 5 名员工的数据（包括号码、姓名、年龄、工资）输出到磁盘文件中保存。

（2）从键盘输入两名员工的数据（职工号大于已有的职工号），增加到文件的末尾。

（3）输出文件中全部职工的数据。

（4）从键盘输入一个号码，从文件中查找有无此职工号，如有则显示此职工是第几个职工，以及此职工的全部数据。如果没有，就输出“无此人”。可以反复多次查询，如果输入查找的职工号为 0，就结束查询。

7.8 求一元二次方程式 $ax^2+bx+c=0$ 的实根，如果方程没有实根，则输出有关警告信息。

7.9 给出三角形的三边 a、b、c，求三角形的面积。只有 $a+b>c$、$b+c>a$、$c+a>b$ 时才能构成三角形。设置异常处理，对不符合三角形条件的输出警告信息，不予计算。

7.10 学校的人事部门保存了有关学生的部分数据（学号、姓名、年龄、住址），教务部门也保存了学生的另外一些数据（学号、姓名、性别、成绩），两个部门分别编写了本部门的学生数据管理程序，其中都用了 Student 作为类名。现在要求在全校的学生数据管理程序中调用这两个部门的学生数据，分别输出两种内容的学生数据。要求用 ANSI C++编程，使用命名空间。

第8章 Windows程序设计基础

前面所介绍的C++程序都是控制台应用程序，程序总是在命令行窗口中运行。编写控制台应用程序对于学习一门计算机高级语言来说是非常必要的。不过，现实社会中实际应用的软件基本上都提供了丰富的图形用户界面。Windows操作系统本身就是一个图形界面操作系统，用户通过窗体提供的可视化操作方式与程序进行交互，如单击鼠标、选择菜单项、编辑文本等。这种通过窗体操作程序运行的方式给用户带来了极大方便。本章将要学习基于窗体的Windows程序设计方法。

8.1 Windows编程基础

8.1.1 Windows程序设计的基本概念

1. 窗体

窗体是Windows程序的基本操作单元，是应用程序与用户之间进行交互的接口，也是系统管理应用程序的基本单位。

与窗体相关的概念包括窗体的标题栏、边框、菜单栏、系统菜单、最大最小化及关闭按钮、工具栏、状态栏、滚动条、图标、光标等。

对话框也是一种窗体，其中包含的按钮、编辑框、静态文本等称为控件。

2. Windows对象和句柄

1）Windows对象

Windows对象是指Windows程序中的窗口、图标、光标、菜单及正在运行的应用程序实例等。

编写Windows应用程序其实就是创建一个或多个窗体对象，程序的执行过程是窗体内部、窗体与窗体之间以及窗体与系统之间进行数据交换与处理的过程。

2）句柄

句柄（Handle）是整个Windows程序设计的基础。句柄是指用于标识Windows对象的一个整数值，是一个4字节长的数值，如一个窗口、按钮、图标、滚动条、输出设备、控件或者文件等。Windows应用程序通过句柄就能够访问程序中各个对象信息，这是多任务操作系统对多个进程进行管理的基本手段。

Windows提供了多种类型的句柄：窗口、字体等。每种对象都有一个相应的句柄类型，例如HWND和HFONT。常见Windows对象的句柄见表8.1。

表 8.1　常见 Windows 对象的句柄

Windows 对象	相 关 句 柄
设备环境	HDC
窗口	HWND
菜单	HMENU
光标	HCURSOR
画笔	HPEN
画刷	HBRUSH
字体	HFONT
图标	HICON
位图	HBITMAP
调色板	HPALETTE
文件	HFILE
区域	HRGN
加速键表	HACCEL

3．事件与消息

1）事件

Windows 程序设计围绕着事件或消息的产生驱动运行处理函数（过程）。事件是指在 Windows 环境下，应用程序启动后，系统等待用户在图形用户界面内的输入选择，如鼠标按键、键盘按键、窗口被创建、关闭、改变大小、移动等。

事件以如下方式产生。

（1）通过输入设备，如键盘和鼠标。

（2）通过屏幕上的可视对象，如菜单项、工具栏按钮等。

（3）来自 Windows 内部。

2）消息

只要有事件发生，系统即产生特定的消息，消息描述了事件的类别，包含了相关信息，Windows 应用程序利用消息与系统及其他应用程序进行信息交换。

当 Windows 捕获一个事件后，它会编写一条消息，并将相关信息放入一个数据结构中，然后将包含此数据结构的消息发送给需要此消息的应用程序。Windows 消息在文件中都是以宏定义的常数形式存在的。

由于 Windows 事件的发生是随机的，程序的执行先后顺序也无法预测，系统采用消息队列来存放事件发生的消息，然后从消息队列中依次取出消息进行相应的处理。

在 WinUser.h 中，消息的数据结构定义如下：

```
typedef struct tagMSG {
    HWND      hWnd;           //指定消息发向的窗口句柄
    UINT message;             //标识消息的消息值
    WPARAM    wParam;         //消息参数
    LPARAM    lParam;         //消息参数
    DWORD     time;           //消息进入队列的时间
```

```
    POINT    pt;              //消息进入队列时鼠标指针的屏幕坐标
}MSG,*PMSG,NEAR *NPMSG, FAR * LPMSG;
```

消息数据结构中各个成员的意义如下。

（1）message 是标识消息的消息值或消息名。每个消息都有唯一一个数值标识，常用不同前缀的符号常量以示区别。例如，WM_表示窗口消息。

Windows 常用的窗口消息和消息值定义于 WinUser.h 中：

```
#define  WM_CREATE      0X0001    //创建窗口产生的消息
#define  WM_DESTROY     0X0002    //撤销窗口产生的消息
#define  WM_PAINT       0X000F    //重画窗口产生的消息
#define  WM_CLOSE       0X0010    //关闭窗口产生的消息
#define  WM_CHAR        0X0102    //按下非系统键产生的字符消息
#define WM_USER         0X0400    //用户自定义消息
```

（2）wParam 和 lParam 都是 32 位消息参数，其数据类型在 WinDef.h 中定义如下：

```
typedef     UINT      WPARAM;
typedef     LONG      LPARAM;
```

（3）pt 表示消息进入消息队列时鼠标指针的屏幕坐标，POINT 是定义在 WinDef.h 中的结构体，表示屏幕上的一个点：

```
typedef struct tagPOINT {
    LONG      x;                   //表示点的屏幕横坐标
    LONG y;                        //表示点的屏幕纵坐标
 }POINT, PPOINT,NEAR *NPPOINT,FAR *LPPOINT;
```

在 Visual C++中定义了几种类型系统消息，各类型消息其消息常数名的前缀符号不相同，系统定义的消息常数名前缀如下。

BM 表示按钮控制消息，格式为 BM_XXXX。

CB 表示组合框控制消息，格式为 CB_XXXX。

DM 表示下压式控制消息，格式为按钮 DM_XXXX。

EM 表示编辑控制消息，格式为 EM_XXXX。

LB 表示列表框控制消息，格式为 LB_XXXX。

SBM 表示滚动条控制消息，格式为 SBM_XXXX。

WM 表示窗体消息，格式为 WM_XXXX。

在 Windows 程序设计中常用的消息如下。

（1）鼠标消息。

WM_LBUTTONDOWN：单击鼠标左键时产生此消息。

WM_LBUTTONUP：释放鼠标左键时产生此消息。

WM_RBUTTONDOWN：单击鼠标右键时产生此消息。

WM_RBUTTONUP：释放鼠标右键时产生此消息。

WM_LBUTTONBLCLK：双击鼠标左键时产生此消息。

WM_RBUTTONBLCLK：双击鼠标右键时产生此消息。

（2）键盘消息。

WM_KEYDOWN：按下键盘按键时产生此消息。

WM_KEYUP：释放键盘按键时产生此消息。

（3）建立窗体消息。

WM_CREATE：由建立窗体函数 CreateWindow 发出的消息。

（4）关闭窗体消息。

WM_CLOSE：关闭窗体时产生此消息。

（5）关闭程序消息。

WM_DESTROY：关闭程序，WM_CLOSE 关闭窗体时，要调用 WM_DESTROY。

（6）退出程序消息。

WM_QUIT：结束消息循环，退出程序。

（7）绘制图形或文字消息。

WM_PAINT：应用程序通过处理该消息实现在窗口上的绘制图形或文字。

（8）键盘消息。

WM_CHAR：作用基本上与 WM_KEYDOWN 相同。WM_CHAR 是在 WM_KEYDOWN 消息 TranslateMessage( )之后产生的，该消息的意义是"系统送来某个字符"。

4．Windows 程序的数据类型

Windows 程序有一些窗体程序所特有的数据类型，其数据类型包括简单类型和结构体类型，常用数据类型说明见表 8.2。

表 8.2　常用数据类型

数据类型	说　明
BYTE	8 位无符号字符
BSTR	32 位字符指针
COLORREF	32 位整数，表示一个颜色
WORD	16 位无符号整数
LONG	32 位有符号整数
DWORD	32 位无符号整数
UINT	32 位无符号整数
BOOL	布尔值，值为 TRUE 或 FALSE
wchar_t	Unicode 码的字符数据类型

8.1.2　事件驱动和 API 函数

1．事件驱动

Windows 程序具有图形用户界面、多任务、多窗口等特点，Windows 编程应用了事件驱动的程序设计思想。

事件驱动是相对于过程驱动而言的，它改变了原来文件的顺序执行方式。Windows 既然是多任务系统，就必须能同时处理多个事件，系统为应用程序产生一个消息队列，消息在上面被张贴和发送，应用程序只要从其消息队列中取出消息，然后逐一执行即可。

先通过一个简单的例子来说明两种程序设计方式的不同，以控制台窗口下的字符串比较命令 comp 为例，程序运行时先提示输入第一个数据值，然后是输入第二个数据值，程序比较后退出，同时把结果输出在屏幕上。假如有一个 Windows 版的 comp 程序，那么运行时会在屏幕上出现一个对话框，上面有两个文本框用来输入两个数据，还有一个“比较”按钮，单击“比较”按钮后开始比较数据值，用户可以随时单击“关闭”按钮退出程序。

两种程序设计方式的运行情况有相当大的区别，如图 8.1 所示。

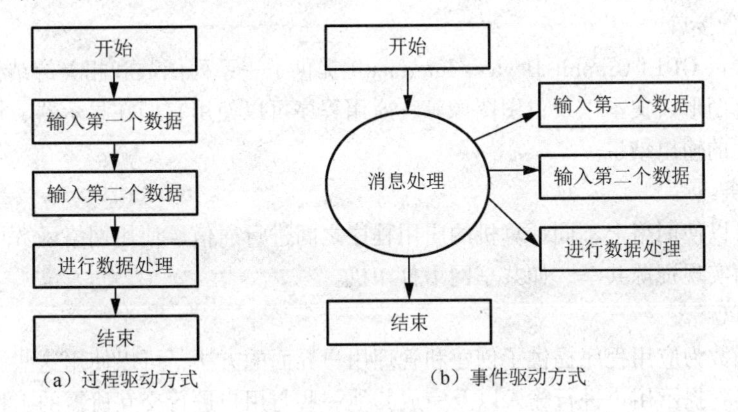

图 8.1　不同驱动方式的运行情况比较

控制台窗口程序必须按照顺序运行，当运行到输入第二个数据时，用户不可能回到第一步修改第一个数据值，这时候用户也不能退出（除非用户强制按[Ctrl + C]键，但这不是程序的本意）。

而在 Windows 程序中用户可以随意选择先输入哪个数据，同时也可以对 Windows 进行各种操作，当用户做任何一个操作的时候，相当于发出了一个消息，这些消息没有任何顺序关系，程序中必须随时准备处理不同的消息。这就决定了 Windows 程序必定在结构上与控制台窗口程序有很大的不同，Windows 程序实现大部分功能的代码应该安排在同一个模块——图 8.1 中的“消息处理”模块中，这个模块可以随时应付所有类型的消息，只有这样才能随时响应用户的各种操作。

2. API 函数

API 是应用程序编程接口（Application Programming Interface）的英文缩写。它是 Windows 操作系统提供给应用程序调用的系统函数集合。API 为应用程序提供系统的各种特殊函数及数据结构定义，Windows 应用程序通过调用这些函数来实现操作系统的某些功能，如在屏幕上显示窗体等。

API 函数是 Windows 系统的核心，如窗体、按钮、对话框等，都是依靠 API 函数“画”在屏幕上的，由于这些控件（有时也称为组件）都用于用户与 Windows 系统进行交互，所以控制这些控件的 API 函数称为“用户界面”函数（User Interface Win32 API），简称 UI 函数；还有一些函数，并不用于交互，如管理当前系统正在运行的进程、硬件系统状态的监视、创建文件、申请内存、绘制图形等。在 Windows 系统只有一套 API 函数可以被所有的 Windows 程序调用（只要这个程序的权限足够高），简而言之，API 是为应用程序所共享的系统函数集合。

根据 Windows API 函数的功能，可以将 API 函数分为以下几种类型。

1）系统服务

系统服务函数为应用程序提供了访问计算机资源与底层操作系统特性的手段，包括内存管理、文件系统、设备管理、进程和线程控制等。应用程序使用系统服务函数来管理和监视它所需要的资源。

2）通用控件库

系统提供了一些通用控件，这些控件属于操作系统的一部分，可供所有的应用程序使用。使用通用控件有助于使应用程序的用户界面与其他应用程序保持一致，同时直接使用通用控件也可以节省开发时间。

3）图形设备接口

图形设备接口 GDI（Graphic Devices Interface）提供了一系列函数和相关的结构，可以绘制直线、曲线、闭合图形、文本以及位图图像等，应用程序可以使用它们在显示器、打印机或其他设备上生成图形化的输出结果。

4）网络服务

网络服务可以使网络上不同计算机的应用程序之间进行通信，使用网络函数可以创建和管理网络连接，从而实现资源共享，如共享网络打印机。

5）用户接口

用户接口函数为应用程序提供了创建和管理用户界面的方法，可以使用这些函数创建和使用窗口来显示输出、提示用户进行输入以及完成其他一些与用户进行交互所需的工作。大多数应用程序都至少需要创建一个窗口。

6）系统外壳 Shell

Win32 API 中包含一些接口和函数，应用程序可使用它们来扩展系统外壳各方面的功能，如在资源管理器中提供各种快捷操作等。

7）Windows 系统信息

系统信息函数使应用程序能够确定计算机与桌面的有关信息，如确定是否安装了鼠标、显示屏幕的工作模式等。

8.2 Windows 程序主要函数与设计方法

用 C++编写控制台窗口程序时一定要有一个 main()函数，程序由 main()函数开始运行，其他函数都是由 main()函数调用的。同理，Windows 程序需要有一个 WinMain()函数（如果应用 MFC 类库，WinMain()函数会被系统隐蔽），该函数主要是建立应用程序的主窗口。与命令行程序的根本区别在于：命令行程序是通过调用操作系统的功能来获得用户输入的，Windows 程序则是通过操作系统发送的消息来处理用户输入的，程序的主窗口中需要包含处理 Windows 所发送消息的代码。

8.2.1 Windows 程序的设计方法

在 Visual C++中，编写 Windows 应用程序主要有 3 种方法。

（1）直接使用 Windows 提供的 Win32 API 函数来编写 Windows 应用程序，称为 Windows API 程序设计。使用此方法，用户需要直接处理 Windows 系统中较为底层的因素，必须编写大量代码。

（2）直接使用微软基础类库 MFC（Microsoft Foundation Classes）来编写程序，称为 Windows MFC 程序设计。MFC 对 Win32 API 函数进行封装，提供了一些实用的类库，可以实现大部分 API 的功能，简化了程序的编写工作。

（3）使用 MFC 和 Visual C++提供的向导来编写 Windows 程序。通过向导可以实现 Windows 应用程序的基本框架，并把应用程序所要实现的功能规范地添加到程序中。这种方法能够充分利用 Visual C++提供的强大功能，帮助用户快速高效地进行程序开发工作。

8.2.2　Windows 程序的主要函数

Windows 程序主要由入口函数 WinMain( )和消息处理函数 WndProc( )组成。

1. 入口函数 WinMain( )

WinMain( )函数的功能如下。

（1）注册窗口类，建立窗口及执行其他必要的初始化工作。

（2）进入消息循环，根据从消息队列中接收的消息，调用相应的处理过程。

（3）当消息循环检索到 WM_QUIT 消息时，终止程序执行。

WinMain 函数有三个基本的组成部分：函数说明、初始化和消息循环，如图 8.2 所示。

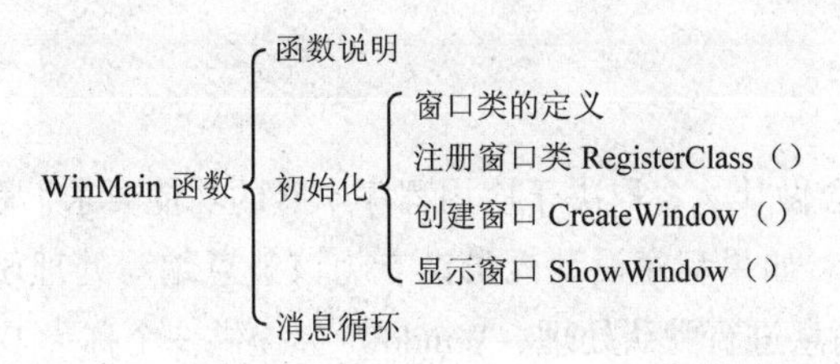

图 8.2　WinMain 函数的基本组成

1）函数说明

WinMain( )函数的声明如下：

```
int APIENTRY  WinMain(HINSTANCE hInstance,          //当前实例
                      HINSTANCE hPrevInstance,      //前一个实例
                      LPTSTR    lpCmdLine,          //命令行
                      int       nCmdShow)           //选择显示窗口或图标
```

2）初始化

初始化包括窗口类的定义、注册窗口类、创建窗口和显示窗口四部分。需要注意的是，在显示窗口 ShowWindow 函数后，需调用 UpdateWindow 函数更新并绘制用户区，并发出 WM_PAINT 消息。

3）消息循环

应用程序通常有一段称为消息循环的代码，形式如下：

```
While(GetMessage(&msg,NULL,0,0))         //从消息队列中提取消息
{
  TranslateMessage(&msg);                //将原始键盘消息转化为字符(WM_CHAR)消息
  DispatchMessage(&msg);                 //确定应用程序中应该得到消息的窗口，并将消息发送给它
}
```

在应用程序的消息队列中检索到 WM_QUIT 消息之前，这个循环会不断运行。当它收到 WM_QUIT 消息时，GetMessage 返回 false，循环停止，同时应用程序终止。

当 GetMessage 返回一条消息后，循环将它传递给 TranslateMessage 函数来查看该消息是否来自键盘，如果是来自键盘的消息，则 TranslateMessage 将原始键盘消息转化为 WM_CHAR 消息，WM_CHAR 消息是专为传递有关键入字母信息设计的，TranslateMessage 不处理非键盘消息。

接下来，DispatchMessage 函数确定应用程序中应该得到消息的窗口，并将消息发送给它，然

后开始下一次循环。

2．消息处理函数 wndProc( )

消息处理函数是用于处理特定消息的一些代码，一般包括一个多分支 switch 语句结构。

```
LRESULT CALLBACK WndProc(HWND hwnd,UINT message,
WPARAM wParam,LPARAM lParam)
{
   switch(message)
    {
      case WM_DESTROY:
          PostQuitMessage(0);
      default:
         return DefWindowProc(hwnd,message,wParam,lParam);
    }
  return (0);
}
```

收到消息的应用程序会做什么，取决于应用程序本身的功能要求。程序设计人员可以编写相应的处理函数以处理消息。如果程序设计人员没有为该消息编写处理函数，需要把消息传递给 Windows，让 Windows 对消息进行默认处理，Windows 会提供一个称为 DefWindowProc( )的函数。Windows 首先调用程序设计人员提供的处理函数，而不用 Windows 的默认方式。实际上，自定义处理函数的一些信息将被传递给函数 DefWindowProc( )。因此，程序设计人员提供的处理函数和 Windows 的处理函数都被调用，程序设计人员提供的处理函数将首先被调用。

图 8.3 是 Windows 程序和消息处理的基本流程。

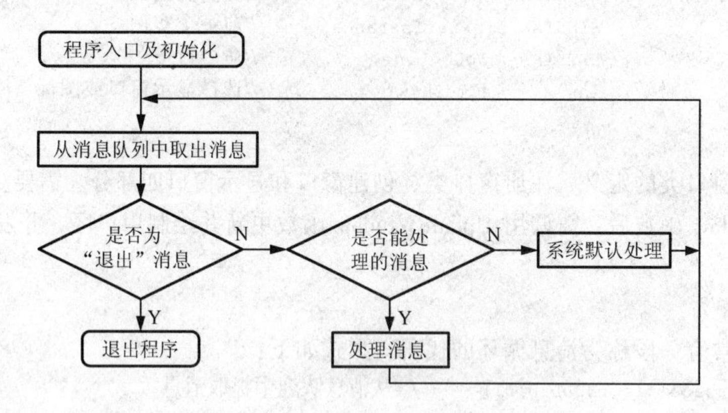

图 8.3　Windows 程序和消息处理流程

8.3　利用 API 开发 Windows 程序

8.3.1　编写 Windows 程序

下面使用 Windows 提供的 Win32 API 函数来编写一个 Windows 程序，说明 Windows 编程的基本原理。

Windows 应用程序的组织方式与命令行方式的应用程序是不同的。编写一个基于 API 的 Windows 应用程序需要完成以下 4 项任务。

(1) 注册应用程序窗口。

(2) 通过初始化创建应用程序主窗口。

(3) 启动消息循环。

(4) 编写响应消息函数。

Windows 应用程序的结构流程如图 8.4 所示。

【例 8-1】 应用 API 函数设计一个如图 8.5 所示的简单 Windows 窗口程序。

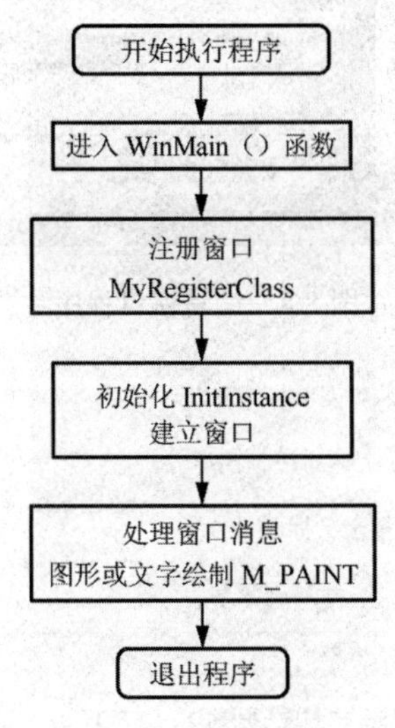

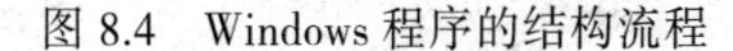

图 8.4 Windows 程序的结构流程

图 8.5 简单 Windows 窗口

本例首先使用向导生成 Windows 窗口程序框架，然后用 Windows 函数注册了一个显示标题的窗口并输出一条信息。具体操作分两个步骤完成。

(1) 利用向导建立 Windows 窗口程序项目。

① 新建项目。启动 Visual C++ .NET 集成开发环境，选择“文件”→“新建”→“项目”命令，弹出“新建项目”对话框。选择 Win32 项目，并输入项目名称，如图 8.6 所示。

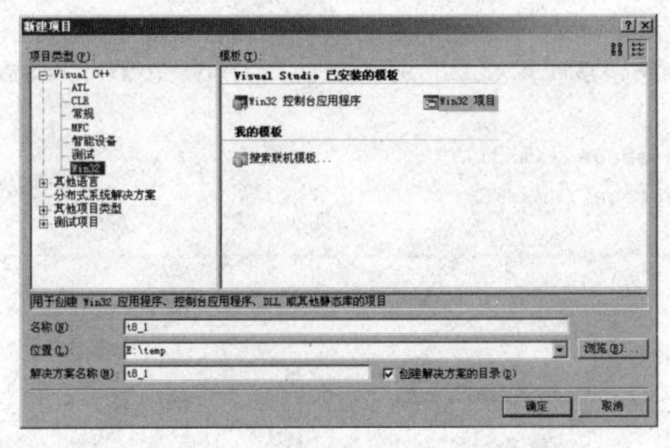

图 8.6 “新建项目”对话框

② 设置“应用程序向导”。在“Win32 应用程序向导”对话框的“应用程序类型”栏中选择“Windows 应用程序”选项，建立一个 Windows 应用程序空项目，如图 8.7 所示。

③ 手工编写窗口程序。单击“完成”按钮后，在程序编辑区手工编写窗口程序，如图 8.8 所示。

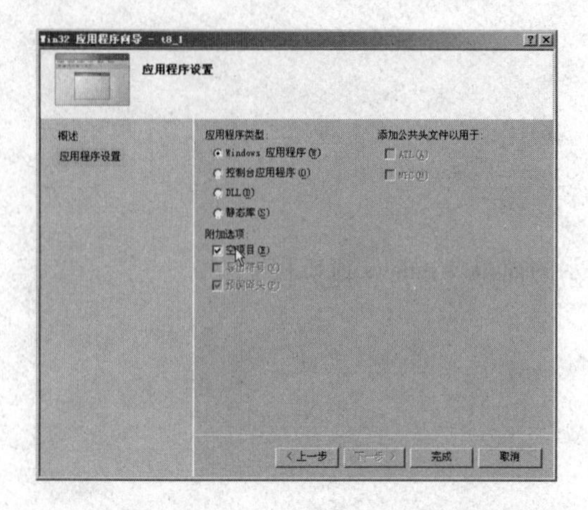

图 8.7 “Win32 应用程序向导”对话框

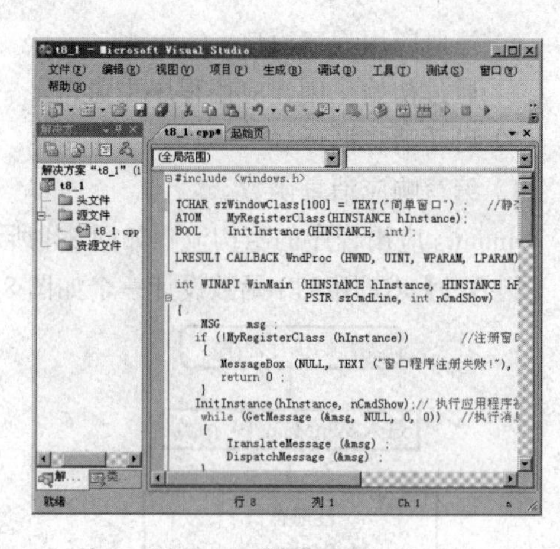

图 8.8 编写窗口程序

（2）编写 Windows 应用程序的源程序。

源程序如下：

```
1  #include <windows.h>
2  TCHAR szWindowClass[100] = TEXT("简单窗口"); //静态变量定义标题
3  ATOM   MyRegisterClass(HINSTANCE hInstance);
4  BOOL   InitInstance(HINSTANCE, int);
5  LRESULT CALLBACK WndProc (HWND, UINT, WPARAM, LPARAM) ;
6  int WINAPI WinMain(HINSTANCE hInstance, HINSTANCE hPrevInstance,
7                     PSTR szCmdLine, int nCmdShow)
8  {
9    MSG    msg ;
10   if (!MyRegisterClass(hInstance))            //调用注册窗口类函数
11   {
12    MessageBox (NULL, TEXT ("窗口程序注册失败!"),
13              szWindowClass, MB_ICONERROR);
14    return 0 ;
15   }
16   InitInstance(hInstance, nCmdShow);          //执行应用程序初始化，创建窗口
17    while (GetMessage (&msg, NULL, 0, 0))      //执行消息循环，取得消息
18    {
19        TranslateMessage (&msg) ;
20        DispatchMessage (&msg) ;
21    }
22    return msg.wParam ;
23 }
24 //  注册窗口函数
25 ATOM MyRegisterClass(HINSTANCE hInstance)
26 {
27   WNDCLASSEX wcex;
28   wcex.cbSize        = sizeof(WNDCLASSEX);                 //结构的字节数
29   wcex.style         = CS_HREDRAW | CS_VREDRAW ;           //窗口类样式
30   wcex.lpfnWndProc   = WndProc ;   //窗口函数的指针
31   wcex.cbClsExtra    = 0 ;         //分配在窗口结构后的字节数
32   wcex.cbWndExtra    = 0 ;         //分配在窗口实例后的字节数
```

入口函数（第 6～23 行）

注册窗口（第 25～32 行）

```
33   wcex.hInstance    = hInstance ; //定义窗口类的应用程序实例句柄
34   wcex.hIcon         = LoadIcon(NULL, IDI_APPLICATION) ;   //窗口类的图标
35   wcex.hCursor       = LoadCursor(NULL, IDC_ARROW) ;      //窗口类的光标
36   wcex.hbrBackground= (HBRUSH)GetStockObject(WHITE_BRUSH); //背景色刷
37   wcex.lpszMenuName = NULL ;     //窗口菜单资源名
38   wcex.lpszClassName= szWindowClass ;                     //窗口类名
39   wcex.hIconSm     =  NULL;        //小图标
40   return RegisterClassEx(&wcex);
41 }
42 //初始化并创建主窗口函数
43 BOOL InitInstance(HINSTANCE hInstance, int nCmdShow)
44 {
45   HWND hwnd;                                 //创建用于保存窗体句柄的对象
46   //创建窗口
47   hwnd = CreateWindow(
48       szWindowClass,                         // 窗口类名
49       TEXT ("Windows API 简单窗口"),          // 窗口标题
50       WS_OVERLAPPEDWINDOW,                   // 窗口风格，可叠层窗口
51       CW_USEDEFAULT,                         // 初始 x 位置，用默认的递增式
52       CW_USEDEFAULT,                         // 初始 y 位置，用默认的递增式
53       CW_USEDEFAULT,                         // 初始 x 尺寸，用默认尺寸
54       CW_USEDEFAULT,                         // 初始 y 尺寸，用默认尺寸
55       NULL,                                  // 父窗口句柄
56       NULL,                                  // 菜单句柄
57       hInstance,                             // 程序实例句柄
58       NULL) ;                                // 程序创建参数
59    //显示并重绘窗口，发出第一个 WM_PAINT 消息
60   ShowWindow (hwnd, nCmdShow) ;
61   UpdateWindow (hwnd) ;
62   return TRUE;
63 }
64 //消息处理函数
65 LRESULT CALLBACK WndProc(HWND hwnd, UINT message,
66                          WPARAM wParam, LPARAM lParam)
67 {
68   HDC         hdc ; //定义 DC 句柄
69   PAINTSTRUCT ps ; //定义绘图信息结构
70   switch (message) //分别处理各种消息
71   {
72     case   WM_PAINT:
73         hdc = BeginPaint (hwnd, &ps) ; //得到设备描述符
74         RECT rt;
75         GetClientRect (hwnd, &rt) ;     //调用 GDI 函数绘制图形
76         DrawText(hdc, TEXT("\n\n 思维论坛\n www.zsm8.com"), -1, &rt, NULL);
77         EndPaint (hwnd, &ps) ;          //结束绘图
78         return 0 ;
79     case   WM_DESTROY:
80       //退出消息循环
81         PostQuitMessage (0) ;
82         return 0 ;
83   }
84   return DefWindowProc (hwnd, message, wParam, lParam) ;
85 }
```

注册窗口

创建窗口

消息处理

程序说明：从源程序可以看到，窗口程序由下列 4 个函数组成。

① WinMain( )：应用程序入口函数。

② MyRegisterClass( )：对窗口进行注册。

③ InitInstance( )：初始化，创建和显示主程序窗口。

④ WndProc( )：处理主窗口的消息。

下面详细分析和说明这几个函数。

1．程序入口函数 WinMain( )

WinMain 函数是 Windows 应用程序的入口点，它相当于普通 C++程序中的主函数 main( )。当 Windows 运行程序时，首先调用该程序的 WinMain 函数。

但是，Windows 是一个多任务操作系统，不仅一次能同时运行多个程序，而且能多次同时运行同一个应用程序，即运行多个“实例”。为区别这些实例，Windows 在每次调用 WinMain( )函数时，要提供一个不同的“实例句柄”，即代表句柄的不同的实际值。也就是说，一个“实例”是应用程序的一个单独的可执行副本，而“实例句柄”则用来唯一地标识实例。每当运行应用程序的新实例时，仅加载该应用程序的数据。Windows 对应用程序的所有实例都使用相同代码，这样可以大大节省空间。

WinMain 函数的声明如下：

```
int APIENTRY WinMain(HINSTANCE hInstance,         //当前实例
                     HINSTANCE hPrevInstance,     //前一个实例
                     LPTSTR    lpCmdLine,         //命令行
                     int       nCmdShow)          //选择显示窗口或图标
```

当用户开始执行应用程序时，Windows 系统把下面 4 个参数传给应用程序的 WinMain( )函数。

① hInstance：是应用程序的当前实例句柄，Windows 运行程序时赋给它一个值。

② hPrevInstance：是应用程序的前一个驱动实例句柄，标识同一程序最近的一个仍然活动的实例句柄。

③ lpCmdLine：是指向以空字符串结尾的命令行字符串的指针，该字符串包含任何传送给程序的命令行参数。如果应用程序通过 Windows 的 DOS 窗口启动，则 lpCmdLine 的值为 NULL。

④ nCmdShow：是一个整型值，用以指定应用程序的窗口初始化时的类型，即指出它是窗口（SW_SHOWNORMAL）还是图标（SW_SHOWMINNOACTIVE）。应用程序在调用该函数时，把该值传给 ShowWindows( )函数，以显示应用程序的主窗口。

2．窗口注册函数 MyRegisterClass( )

窗口种类是定义窗口属性的模板，这些属性包括窗口式样、光标形状、色彩及标题横条等。窗口种类也指定处理该类中所有窗口消息的窗口函数。只有先建立窗口种类，才能根据窗口种类来创建 Windows 应用程序的一个或多个窗口。

在建立窗口类之后，必须向 Windows 系统注册，这由 Windows 操作系统的注册函数 RegisterClass 来实现。在程序中由函数 MyRegisterClass( )来实现这一功能。

```
ATOM  MyRegisterClass(HINSTANCE hInstance)
{
  WNDCLASSEX wcex;                                  //声明名为 wcex 的结构体
  wcex.cbSize = sizeof(WNDCLASSEX);                 //结构的字节数
```

```
    wcex.style = CS_HREDRAW | CS_VREDRAW;    //窗口类样式
    wcex.lpfnWndProc = WndProc;                    //窗口函数的指针
    wcex.cbClsExtra = 0;                           //分配在窗口结构后的字节数
    wcex.cbWndExtra = 0;                           //分配在窗口实例后的字节数
    wcex.hInstance = hInstance;                    //定义窗口类的应用程序实例句柄
    wcex.hIcon = LoadIcon(hInstance, MAKEINTRESOURCE(IDI_WINAPI));     //窗口类的图标
    wcex.hCursor = LoadCursor(NULL, IDC_ARROW);                        //窗口类的光标
    wcex.hbrBackground = (HBRUSH)(COLOR_WINDOW+1);                     //窗口类的背景色刷
    wcex.lpszMenuName = MAKEINTRESOURCE(IDC_WINAPI);                   //窗口菜单资源名
    wcex.lpszClassName = szWindowClass;                                //窗口类名
    wcex.hIconSm= LoadIcon(wcex.hInstance, MAKEINTRESOURCE(IDI_SMALL)); //小图标
    return RegisterClassEx(&wcex);
}
```

ATOM 是由 Visual Studio.NET 中的 WinDef.h 所定义的一个宏。

建立窗口类就是用 WNDCLASSEX 结构定义一个结构变量，如 WNDCLASSEX wcex。WNDCLASSEX 是在 WinUser.h 中定义的结构体。

在 Visual C++ .NET 系统安装目录下的 VC\Include\ PlatformSDK\WinUser.h 中定义了代表窗体的 WNDCLASSEX 数据结构体。从定义方式上说，分为 ASCII 版的 WNDCLASSEXA 和 Unicode 版的 WNDCLASSEXW 两种形式。

```
typedef struct tagWNDCLASSEX {
  UINT      cbSize;              // 窗体
  UINT       style;              // 窗体风格
  WNDPROC    lpfnWndProc;        // 指向窗体处理函数的函数指针
  int            cbClsExtra;     // 窗体结构中的预留字节数
  int            cbWndExtra;     // 本窗体创建的其他窗体结构中预留字节数
  HINSTANCE  hInstance;          // 注册该窗体类的实例句柄
  HICON      hIcon;              // 代表该窗体类的图标句柄
  HCURSOR    hCursor;            // 该窗体客户区鼠标光标句柄
  HBRUSH    hbrBackGround;       // 该窗体背景颜色句柄
  LPCSTR     lpszMenuName;       // 指向窗体菜单名的字符指针
  LPCSTR     lpszClassName;      // 指向窗体名的字符指针
  HICON     hIconSm;             // 窗体
  } WNDCLASS, *PWNDCLASS, NEAR *NPWNDCLASS, FAR *LPWNDCLASS;
```

3. 创建和显示窗口函数 InitInstance( )

注册窗口只是告诉系统创建一个什么风格的窗口，真正建立窗口，是通过函数 InitInstance( ) 来实现的。

这个函数比较简单，里面最重要的是 CreateWindow( )函数，正是它完成了窗口的创建工作。

```
hWnd = CreateWindow(              //hWnd 为窗体句柄对象
   szWindowClass,                 //窗体类名称
   szTitle,                       //窗体标题
   WS_OVERLAPPEDWINDOW,           //窗体样式
   CW_USEDEFAULT,                 //初始的窗体 x 轴位置
   CW_USEDEFAULT,                 //初始的窗体 y 轴位置
   CW_USEDEFAULT,                 //初始的窗体宽度
   CW_USEDEFAULT,                 //初始的窗体高度
```

```
    NULL,                          //父窗体句柄
    NULL,                          //窗体功能表句柄
    hInstance,                     //应用程序实例句柄
    NULL                           //附加数据
    );
```

CreateWindow( )函数只能创建窗口，还要用 ShowWindow( )函数才能将窗口显示在屏幕上。ShowWindows( )函数的调用形式为

```
ShowWindow(hWnd, nCmdShow);
```

其中，第一个参数是窗口句柄，第二个参数是窗口初始显示的形式。对应用程序的主窗口来说，WinMain 在创建窗口以后调用 ShowWindow( )函数，并把 nCmdShow 参数传给它。nCmdShow 参数说明应用程序窗口是活动的窗口还是图标，它可置为以“SW_”开始的任何常量，这些常量在 WinUser.h 中定义，而显示主窗口时，是_tWinMain 函数的 nCmdShow 常量起作用。

在调用函数 ShowWindow( )之后，_tWinMain 还要调用 UpdateWindow( )函数。UpdateWindow 函数的调用格式如下：

```
UpdateWindow(hWnd);
```

UpdateWindow( )函数传送消息给窗体句柄对象 hWnd 的窗口函数，该窗口函数是在注册窗口类中由 wcex.lpfnWndProc 指定，WndProc 处理输入的信息，并根据这些信息再送出信息。例如，调用 UpdateWindow 可以产生 WM_PAINT 消息，由此实现重绘用户区的内容，即更新窗口。

4．处理窗口消息函数 WndProc( )

创建并显示了窗口之后，就可以开始工作了。Windows 的工作是基于消息的事件驱动，即应用程序只有在接到用户发出的“命令”或“消息”之后，才执行相应的程序代码来完成任务。消息处理工作由函数 WndProc( )负责实现。

WndProc( )函数负责接收和处理消息，它利用 switch/case 分支结构决定被接收消息应采取的动作。一般的应用程序都要处理 WM_PAINT 消息，处理过程如下：

```
switch(message)
{
 case WM_PAINT:            //消息处理
   hdc = BeginPaint(hWnd, &ps);
   // TODO: 在此添加窗口绘图代码...
   …
    EndPaint(hWnd, &ps);
    break;                 //定义的处理程序
 case WM_DESTORY:          //把 WM_QUIT 消息送给应用程序
      PostQuitMessage(0);
     break;
 default:                  //默认处理
      return DefWindowProc(hWnd, message, wParam, lparam);
}
```

Windows 系统发送 WM_PAINT 消息给消息处理函数 WndProc( )。应用程序在响应 WM_PAINT 消息时，完成图形界面的画和写。通常用 BeginPaint( )函数来响应 WM_PAINT 消息。

设计程序时，通常把要在窗口内显示和处理的内容大部分都放在 case WM_PAINT 选择项中的 hdc =BeginPaint( )与 EndPaint( )之间。如本例，要在窗口内显示文字，则在两者之间插入下列代码：

```
case WM_PAINT:
  hdc = BeginPaint(hWnd, &ps);
  RECT rt;
  GetClientRect(hWnd, &rt);
  DrawText(hdc, TEXT("  \n\n  思维论坛 \n  www.zsm8.com"),
                    -1, &rt, NULL);
  EndPaint(hWnd, &ps);
  break;
```

在窗口内显示的内容

5. 消息处理

程序在什么时候才调用消息处理函数 WndProc( )呢？或怎样将消息交给 WndProc( )呢？这些任务由窗口入口函数 WinMain( )中的循环来完成：

```
while(GetMessage(&msg, NULL, 0, 0)) //从消息队列中提取消息
{
  TranslateMessage(&msg);//将原始键盘消息转化为字符(WM_CHAR)消息
  DispatchMessage(&msg); //将消息发送给消息执行地
}
```

在循环条件中，GetMessage( )函数负责从消息队列中获取属于本窗口的所有消息。然后调用 TranslateMessage(&msg)对消息进行解释，即将原始键盘消息或鼠标消息转化为字符（WM_CHAR）消息，再将这些经过处理的消息由 DispatchMessage(&msg)发送到它该去的地方。

6. 消息队列

用户通过键盘或鼠标向应用程序发送操作命令（消息），应用程序是怎样接收并执行这些消息的呢？是不是所有命令都会立即执行呢？为什么有时用户会因为系统执行慢而拼命敲击键盘或鼠标，导致重复发送同一条命令，过一段时间后，系统按照用户的敲击，如实地完成相同次数的操作呢？

系统把用户的操作命令都收集存放在“消息队列”中，系统一旦有了空闲，就从消息队列中按顺序取出来依次执行。Windows 应用程序的消息处理机制如图 8.9 所示。

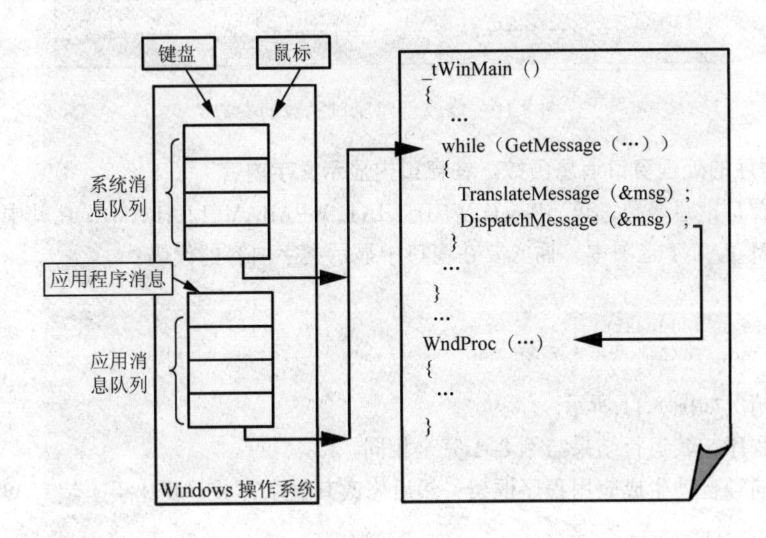

图 8.9　Windows 应用程序的消息处理机制

在图 8.9 中可以看到，消息队列有两种类型，一种是系统消息队列，另一种是应用消息队列。系统消息队列存放的是由用户通过键盘或鼠标向应用程序发送的操作消息，而应用消息队列存放的是在应用程序执行过程中所产生的消息。

8.3.2 系统自动生成 Windows 程序框架

在使用向导建立项目时也可以不选中“空项目”复选框，由向导自动生成一个 Windows 应用程序的框架。然后在程序框架基础上，修改窗口程序。

1. 修改程序中创建窗口函数的参数，显示窗口标题栏

找到 InitInstance( ) 函数，其中调用了创建窗口的函数 CreateWindow( )：

```
hWnd = CreateWindow(szWindowClass, szTitle, WS_OVERLAPPEDWINDOW, CW_USEDEFAULT, 0, CW_USEDEFAULT, 0, NULL, NULL, hInstance, NULL);
```

将其中第二个参数 szTitle 更换为 TEXT("Windows API 简单窗口应用")，即

```
hWnd = CreateWindow(szWindowClass, TEXT("Windows API 简单窗口应用"), WS_OVERLAPPEDWINDOW, CW_USEDEFAULT, 0, CW_USEDEFAULT, 0, NULL, NULL, hInstance, NULL);
```

修改程序情况如图 8.10 所示。

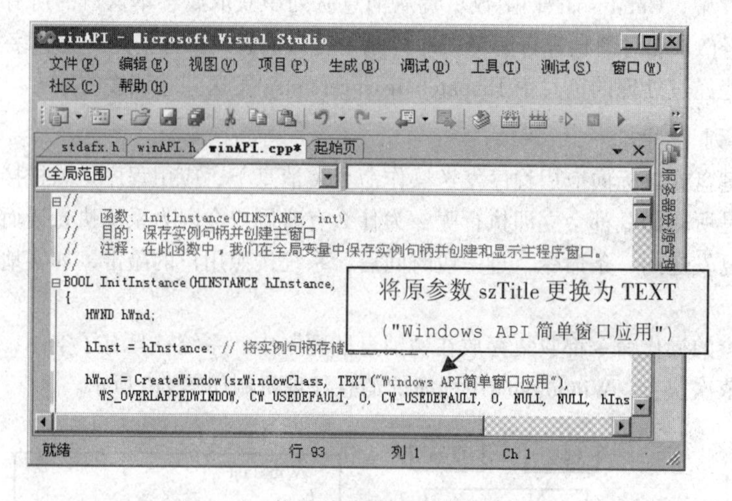

图 8.10 修改创建窗口函数的参数

2. 修改程序的处理窗口消息函数，在窗口内显示文字内容

找到处理窗口消息函数：WndProc(HWND, UINT, WPARAM, LPARAM)，在其中的 switch 选择结构的 case WM_PAINT 选项中，插入要在窗口中显示文字内容的代码：

```
RECT rt;
GetClientRect(hWnd, &rt);
DrawText(hdc, TEXT(" 思维论坛 \n www.zsm8.com"), -1, &rt, NULL);
```

修改程序情况如图 8.11 所示。

编译运行程序，其运行结果与例 8-1 完全相同。

利用系统向导自动生成应用程序框架，然后修改其显示部分，要比手工编写 Windows 应用程序方便得多。

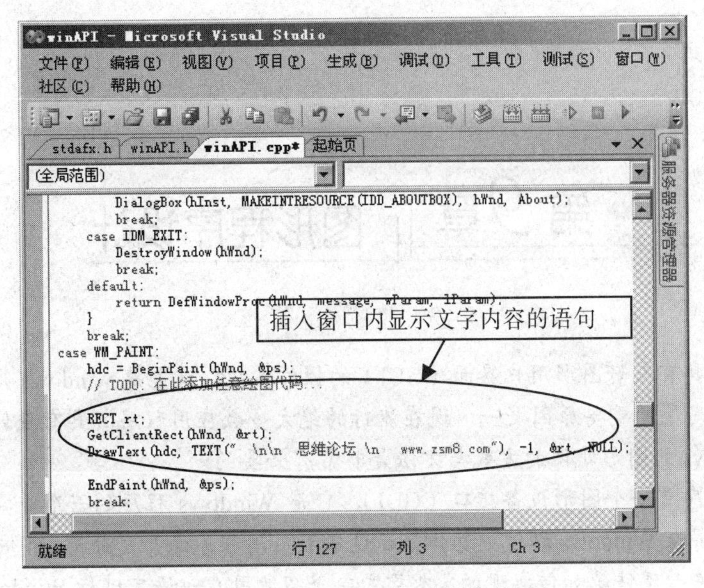

图 8.11　插入窗口内显示文字内容的语句

本章小结

本章介绍了 Windows 窗口应用程序设计的基本概念和设计方法，并介绍了 Windows 程序消息处理机制和 Windows API 函数设计窗口应用程序。本章需要掌握的是消息机制的特点、WndProc 函数的作用以及窗口应用程序从程序入口函数 WinMain 开始一步步执行到 WndProc 函数的工作过程。

Windows API 函数设计窗口应用程序只能在它的一个窗口函数里面完成所有属于该窗口的处理。当要处理的消息不多时，在一个 switch 结构中完成工作是没有问题的，但如果要处理的消息很多，而且窗口类型也不止一个，维护这样一个庞大的 switch 结构就很困难了，出了错误也很难跟踪处理。因此，需要有更好的设计工具和措施，将 Windows 窗口程序设计与 C++编程思想结合起来。后面章节将要介绍一种解决这些问题的新的类体系结构——MFC。

本章知识点归纳如图 8.12 所示。

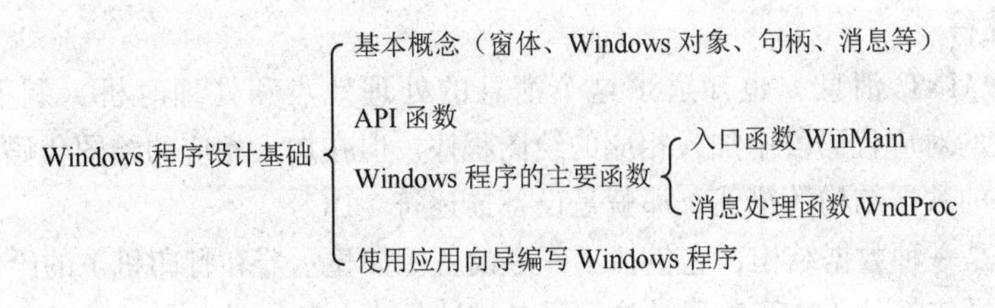

图 8.12　本章知识点

习 题 八

8.1 简述 Windows API 函数编程的基本流程，并说明每个阶段的基本功能。

8.2 使用应用向导编写一个 Windows 应用程序。

第9章 图形程序设计

Windows 是具有友好图形用户界面（GUI）的操作系统，这也是 windows 得以在计算机业界得到广泛应用和发展的重要原因之一，现在流行的绝大多数应用程序都具有良好的用户界面。因此，了解 Windows 的图形处理的方式与方法是非常有必要的。

Windows 程序有一个图形设备接口（GDI），它是 Windows 程序的一个重要特色。图形设备接口的引入，使得在 Windows 环境中具体显示设备和应用程序的开发分离，用户只需要使用 GDI 函数，而不需要关心硬件是如何实现的。本章主要介绍使用 C++语言进行 Windows 绘图的基本原理和图形程序设计的基本方法。

9.1 设备描述符和图形设备接口

1. Windows 下图形绘制特点

在 Windows 中，只能在窗口的显示区域绘制文字和图形，而且不能确保在显示区域内显示的内容会一直保留在那里。例如，使用者可能会在屏幕上移动另一个程序的窗口，这样就可能覆盖应用程序窗口的一部分。Windows 不会保存窗口中被其他程序覆盖的区域，当其他窗口移开后，Windows 会要求程序更新显示区域的这个部分。

Windows 是一个消息驱动系统，这时，通过把消息投入应用程序消息队列中或者把消息发送给合适的窗口消息处理程序，将发生的各种事件通知应用程序。Windows 就是通过发送 WM_PAINT 消息通知窗口消息处理程序窗口的部分显示区域需要绘制。

2. 设备描述符

有了 WM_PAINT 消息，也知道了这个消息的处理地点和处理时机，剩下的就是如何在 WM_PAINT 消息的对应代码段中加入相应的绘图程序。但在加入相应的绘图代码之前，程序要得到 Windows 特定的数据结构的描述，那就是设备描述符（DC）。

设备描述符是一种数据结构，它包括了一个设备（如显示器和打印机）的绘制属性相关的信息。所有的绘制操作都是 API 函数通过访问设备描述符进行的。设备描述符总是与某种系统硬件设备相关，如屏幕设备描述符与显示设备相关，打印机设备描述符与打印设备相关等。

屏幕设备描述符，一般简单地称其为设备描述符。它与显示设备具有一定的对应关系，总是与某个窗口或这窗口上的某个显示区域相关。窗口的设备描述符一般指的是窗口的客户区，不包括标题栏、菜单栏所占有的区域，而对于整个窗口来说，其设备描述符严格意义上来讲应该称为窗口设备描述符，它包含窗口的全部显示区域。两者的操作方法完全一致，所不同的仅仅是可操作的范围而已。

图 9.1 是 Windows 图形系统结构原理图，从这个结构图中可以看出，应用程序如果要进行绘图操作，首先要得到设备的描述符（DC）。设备描述符实际上是图形设备接口（GDI）内部保存的数据结构，当程序需要绘图时，它就必须先取得设备描述符句柄。在 Windows 中用 HDC 这个数据形态来描述，它是一个 32 位的无符号整数（通常句柄都是一个无符号的整数，并且在系统中的取值是唯一的）。设备描述符句柄是 GDI 函数的通行证，有了这种设备描述符句柄，程序就能自如地在显示区域上绘图，设备内容中的有些值是图形的属性，这些属性定义了 GDI 绘图函数工作的细节，当程序需要绘图时。它必须先取得设备内容句柄，在取得了该句柄后，Windows 用内定的属性值填入内部设备描述符结构中。可以通过调用不同的 GDI 函数改变这些默认值或利用其他 GDI 函数可以取得这些属性的当前值。

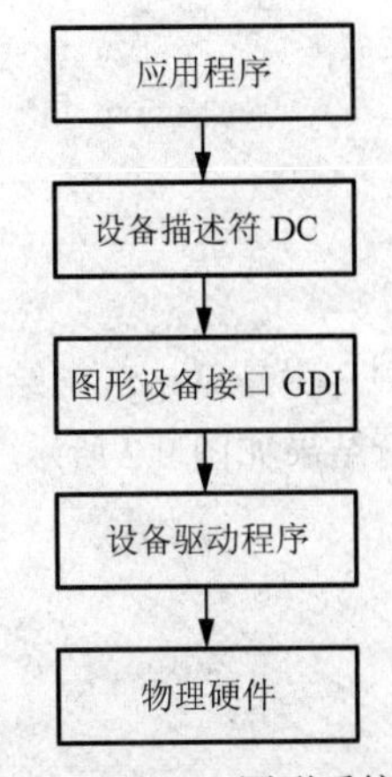

图 9.1　Windows 图形系统结构

程序在显示区域绘图完毕后，它必须释放设备内容句柄。句柄被程序释放后就不再有效，且不能再被使用。

【例 9-1】 获取设备描述符并绘制简单图形。

按第 8 章的示例，使用向导，由系统自动生成 Windows 程序框架，修改程序的处理窗口消息函数，在窗口内显示简单图形。

修改的消息处理函数如下：

```
1  LRESULT CALLBACK WndProc (HWND hwnd, UINT message,
2                            WPARAM wParam, LPARAM lParam)
3  {
4    HDC          hdc ;  //定义设备描述符 DC
5    PAINTSTRUCT  ps ;   ┐
6    RECT         rect ; ┘◄ 定义绘图信息结构、矩形区域结构
7     int    cxClient;
8     int cyClient;
9    switch (message)
10   {
11     case WM_CREATE:
12         return 0 ;
13     case   WM_PAINT:
14         hdc = BeginPaint(hwnd, &ps) ;  //得到设备描述符
15         GetClientRect(hwnd, &rect) ;   //调用 GDI 函数绘制图形
16         cxClient=rect.right-rect.left;
17         cyClient=rect.bottom-rect.top;
18       Rectangle(hdc, cxClient / 4, cyClient / 4,
19                   cxClient *3/ 4, cyClient *3/ 4);
20         Ellipse(hdc, cxClient / 4, cyClient / 4,
21                   cxClient *3/ 4, cyClient *3/ 4);
22         EndPaint(hwnd, &ps) ;          //结束绘图
23         return 0 ;
24    case   WM_DESTROY:
25        //退出消息循环
```

（第 14～21 行注释：绘图过程，定坐标，画矩形，画圆）

```
26        PostQuitMessage (0) ;
27        return 0 ;
28    }
29    return DefWindowProc (hwnd, message, wParam, lParam) ;
30 }
```

例 9-1 是 Windows 绘制简单图形的程序，这个例子在窗口的中心画了一个矩形和一个圆。程序运行结果如图 9.2 所示。

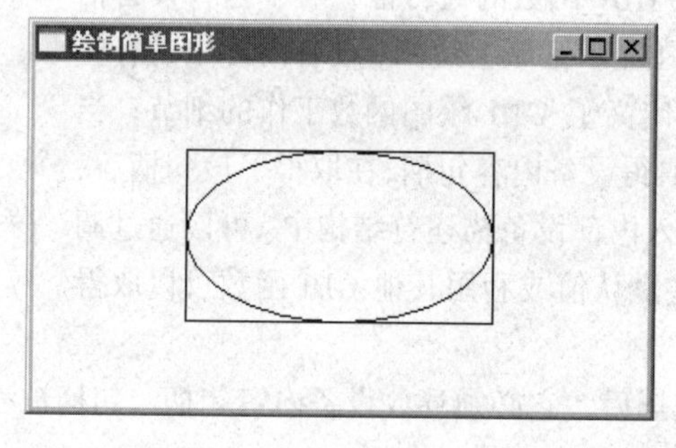

图 9.2 简单绘图程序的效果

Windows 提供了几种取得设备内容句柄的方法，这里演示的是最基本的一种，也就是在处理 WM_PAINT 消息时，使用 BeginPaint 和 EndPaint 函数得到当前的设备描述符（程序的第 14 ~ 22 行）。其获得设备描述符句柄的方法由以下的语句来完成：

```
hdc = BeginPaint(hwnd, &ps);
  …              ]<—— GDI 函数的调用
  …
EndPaint(hwnd, &ps);
```

其中，hwnd 是窗口句柄，它是由操作系统调用消息处理函数的时候以参数形式传入的。变量 ps 是型态为 PAINTSTRUCT 的结构，在 Windows 中称为绘图信息结构，其定义内容如下：

```
typedef struct tagPAINTSTRUCT{
        HDC         hdc ;
        BOOL        fErase ;
        RECT        rcPaint ;
        BOOL        fRestore ;
        BOOL        fIncUpdate ;
        BYTE        rgbReserved[32] ;
} PAINTSTRUCT ;
```

在程序调用 BeginPaint 时，Windows 会适当填入该结构的各个字段值。一般程序只使用前三个字段，其他字段由 Windows 内部使用。hdc 字段是设备描述句柄。fErase 被标志为 FALSE(0)，这意味着 Windows 已经重绘了无效区域的背景。字段是 RECT 型态的结构，指明要重绘区域的左上角和右下角的坐标。

取得了设备描述符句柄以后，就可以调用各种 GDI 绘图函数，这些函数多数是需要传入设备描述符句柄的，如上面例子中的 Rectangle（矩形函数）以及 Ellipse（椭圆函数）（这两个函数将会在下一节详细介绍）。

9.2　GDI 基本绘图工具的使用

9.2.1　画笔工具

Windows 画线或画点的时候是使用设备描述符中当前选中的“画笔”来绘制的。画笔决定线的色彩、宽度和画笔样式，画笔样式可以是实线、点划线或者虚线，内定设备内容中画笔为 BLACK_PEN。这种画笔能画出一个像素宽的黑色实线。

Windows 程序以句柄来使用画笔，Windows 表头文件 WINDEF.H 中包含一个叫做 HPEN 的型态定义，即画笔的句柄。

1. 画笔的创建

在使用画笔之前，要先定义一个画笔的句柄，其定义的形式如下：

```
HPEN hPen ;
```

定义完成以后可以调用函数 GetStockObject 来得到 Windows 定义的 4 种画笔：WHITE_PEN、BLACK_PEN、DC_PEN 和 NULL_PEN。如果程序想得到 Windows 定义的黑色画笔，则可以使用以下语句：

```
hPen = GetStockObject (BLACK_PEN) ;
```

也可以根据程序设计需要自定义新的画笔，创建新画笔的函数构造形式如下：

```
hPen CreatePen(
    int nPenStyle,          //画笔的样式
    int nWidth              //画笔的宽度，以像素为单位，0 指一个像素
    COLORREF rgbColor       //画笔的颜色，指定 RGB 对应值的颜色对象
);
```

其中，画笔的样式见表 9.1。

表 9.1　画笔的样式变量定义及说明

定义变量	说明
PS_DASH	虚线
PS_DASHDOT	点划线
PS_DASHDOTDOT	双点划线
PS_DOT	点线
PS_INSIDEFRAME	边框线
PS_NULL	空线
PS_SOLID	实线

在使用的时候可以调用这个构造函数，创建并返回自定义的画笔。

2. 使画笔生效

在得到 Windows 内定义画笔或者自己用 CreatePen 函数创建自定义画笔以后，要想使这个画笔生效，就要使用 SelectObject 这个函数把已有的画笔句柄选入设备的描述表中。这样，以后所调用的 GDI 绘图函数就可以使用已经选定的画笔了。具体的使用方法如下：

```
SelectObject (hdc, hPen);
```

调用了该函数以后，程序就会使用 hPen 句柄所指定的画笔来绘图，直到程序又选中了其他画

笔为止，这个函数的返回值是上次使用的画笔的句柄。

3．删除画笔

当不再使用当前的画笔时，需要调用函数 DeleteObject 删除画笔，以免占用内存空间和发生内存泄漏：

```
DeleteObject(hPen);
```

9.2.2 画刷工具

画刷是一种用指定的图样来填充对应区域的工具，图形是以目前设备描述符中选择的画刷来填入的。

Windows 定义了 6 种画刷：

```
WHITE_BRUSH        //白画刷
LTGRAY_BRUSH       //亮灰色画刷
GRAY_BRUSH         //灰色画刷
DKGRAY_BRUSH       //深灰色画刷
BLACK_BRUSH        //黑色画刷
NULL_BRUSH         //空画刷
```

1．画刷的创建

可以将任何一种现有画刷选入设备内容中，和选择一种画笔一样。Windbws 将 HBRUSH 定义为画刷的句柄，所以可以先定义一个画刷句柄变量：

```
HBRUSH hBrush;
```

然后可以调用 GetStockObject 函数来取得一个画刷，以 GRAY_BRUSH 为例：

```
hBrush = GetStockObject(GRAY_BRUSH);
```

当然也可以和画笔一样调用函数 GreateSolidBrush 和 GreateHatchBrush 创建画刷。调用 GreateSolidBrush 可创建一个具有指定颜色的单色画刷，调用形式如下：

```
hBrush =GreateSolidBrush(rgbCol);
```

其中，rgbCol 为画刷的颜色，是一个 COLORREF 类的对象。

另外的一个函数 CreateHatchBrush 可以创建一个具有指定阴影图案和颜色的画刷，其调用的形式如下：

```
hBrush = CreateHatchBrush(hatchStyle,rgbCol);
```

其中，hatchStyle 为模式标识，rgbCol 为画刷的颜色，是一个 COLORREF 类的对象。

画刷的模式见表 9.2。

表 9.2　画刷的模式

模　式	说　明
HS_BDIAGONAL	45 度从左上角到右下角的阴影线
HS_DIAGCROSS	45 度交叉线
HS_FDIAGONAL	45 度从左下角到右上角的阴影线
HS_CROSS	垂直相交的阴影线
HS_HORIZONTAL	水平阴影线
HS_VERTICAL	垂直阴影线

2. 使画刷生效

创建完画刷以后，必须调用 SelectObject 函数将其选入设备描述符中，其形式如下：

```
SelectObject(hdc,hBrush);
```

3. 删除画刷

如果使用完画刷，就可以调用函数 DeleteObject 删除画刷，以达到释放内存、消除内存泄漏的目的。

9.2.3 颜色的设置

颜色在 Windows 中是使用一个 32 位的无符号数来表示的，这个数字每 8 位为一段，共分成 4 段，其第 24 位～31 位是 0，而前三段位分别表示红、绿、蓝三个颜色值，也就是 32 位数的第 0～7 位表示蓝色的因子，第 8～15 位表示绿色的因子，第 16～23 位表示红色的因子。以 8 位二进制数所表示的数值范围是 0～255。

Windows 使用宏 RGB 定义颜色：

```
RGB(red,green,blue)
```

这个宏定义中 red、green、blue 分别是表示红、绿、蓝三原色的分量，根据这三种分量的不同值，可以得到不同的颜色。但这种写法不好的地方在于颜色的设置方式并不是很直观，这就往往要求程序的开发人员借助调色板等工具来得到一些直观的颜色值的分量，然后再通过宏定义的设置方式来设置程序所要的画笔和画刷的颜色。

【例 9-2】 画笔画刷以及颜色的设定方法。

按第 8 章的示例，使用向导，由系统自动生成 Windows 程序框架，修改程序的处理窗口消息函数，在窗口内显示画笔画刷的效果。

修改的消息处理函数如下：

```
1  LRESULT CALLBACK WndProc (HWND hwnd, UINT message, WPARAM wParam, LPARAM lParam)
2  {
3    HDC        hdc ;            ← 定义 DC 句柄
4    PAINTSTRUCT ps ;            ┐
5     HPEN       hPen;           ├← 定义绘图信息结构、画笔、画刷句柄
6     HBRUSH     hBrush;         ┘
7    switch (message)
8    {
9      case WM_CREATE:
10       return 0 ;
11     case   WM_PAINT:
12         hdc = BeginPaint(hwnd, &ps) ;          ← 得到设备描述符
13         hPen=CreatePen(PS_DASH,0,NULL);        ┐
14         SelectObject(hdc, hPen);               │
15         MoveToEx(hdc, 50, 100, NULL) ;         │
16         LineTo(hdc, 150, 100) ;                ├← 创建虚线画笔样式
17         TextOut(hdc,160,90,"PS_DASH",strlen("PS_DASH"));
18         DeleteObject(hPen);                    ┘
19        hPen=CreatePen(PS_DOT,0,NULL);          ┐
20        SelectObject (hdc, hPen);               │
21        MoveToEx(hdc, 50, 120, NULL) ;          ├← 创建点线画笔样式
22        LineTo(hdc, 150, 120) ;                 │
23        TextOut(hdc,160,120,TEXT("PS_DOT"),strlen("PS_DOT"));
24        DeleteObject(hPen);                     ┘
```

```
25        hPen=CreatePen(PS_SOLID,0,NULL);
26        hBrush=CreateHatchBrush(HS_BDIAGONAL, RGB(255,0,0));
27        SelectObject(hdc,hBrush);
28        SelectObject(hdc,hPen);
29        Rectangle(hdc,400,100,500,150);
30        TextOut(hdc,510,120,"HS_BDIAGONAL",strlen("HS_BDIAGONAL"));
31        DeleteObject(hBrush);
32        hBrush=CreateHatchBrush(HS_CROSS,NULL);
33        SelectObject(hdc,hBrush);
34        Rectangle(hdc,300,100,400,150);
35        TextOut(hdc,410,120,TEXT("HS_CROSS"),strlen("HS_CROSS"));
36        DeleteObject(hBrush);
37        DeleteObject(hPen);
38        EndPaint(hwnd, &ps) ;
39      return 0 ;
40    case   WM_DESTROY:
41        PostQuitMessage (0) ;
42      return 0 ;
43    }
44   return DefWindowProc (hwnd, message, wParam, lParam) ;
45  }
```

使用画刷时要用到画笔，创建实线画笔

创建 45 度红色阴影线的画刷

创建垂直相交的蓝色阴影线画刷

删除画刷的画笔

结束绘图

程序运行结果如图 9.3 所示。

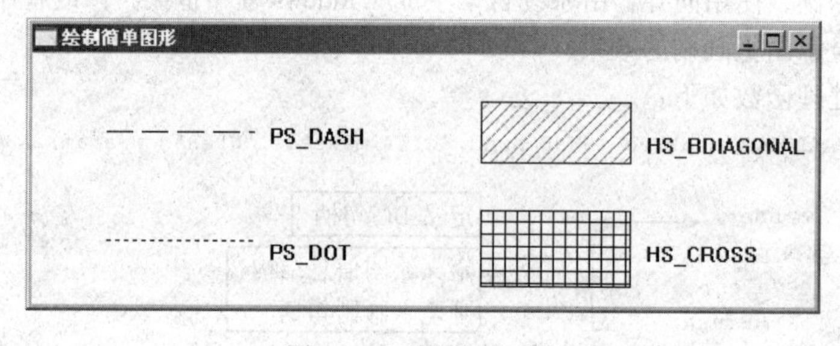

图 9.3　画笔画刷示例

9.3　GDI 常用绘图函数

程序设定好了画笔和画刷以及它的样式颜色等以后，就可以用 Windows 的 GDI 函数进行绘图了，Windows GDI 函数很多，本节仅介绍常用的绘图函数。

9.3.1　图形区域的绘图函数

1．画点函数

画点函数是最基本的绘图函数，原则上一个绘图程序只要有画点函数就应该可以画出所有的图形，但考虑到绘图的效率以及编程的复杂程度等问题，程序可能多数情况下不会直接使用画点函数，但有的时候绘图必须由画点函数来完成。下面介绍画点函数的基本使用方法。

Windows 提供了两个函数对屏幕上的像素点进行设置和取得对应像素点的属性，这两个函数是：SetPixel 和 GetPixel 函数。

（1）SetPixel 函数的原型如下：

```
COLORREF SetPixel(HDC hdc, int X, int Y, COLORREF crColor);
```

参数含义如下。

hdc：设备描述符句柄。

X：指定要设置的点的 X 轴坐标，按逻辑单位表示坐标。

Y：指定要设置的点的 Y 轴坐标，按逻辑单位表示坐标。

crColor：指定要用来绘制该点的颜色。

如果函数执行成功，那么返回值就是函数设置像素的 RGB 颜色值。

（2）GetPixel 函数的原型如下：

```
COLORREF GetPixel(HDC hdc, int nXPos, int nYPos);
```

参数含义如下。

hdc：设备描述符句柄。

nXPos：指定要检查的像素点的逻辑 X 轴坐标。

nYPos：指定要检查的像素点的逻辑 Y 轴坐标。

该函数检索指定坐标点的像素的 RGB 颜色值。返回值是该像素点的 RGB 值。

2. 绘制椭圆的函数 Arc

一般用函数 Arc 来绘制椭圆，它的定义原型如下：

```
BOOL    Arc(
    HDC    hdc,            //  DC 句柄
    int    nLeftRect,      //  包容矩形左 X 值
    int    nTopRect,       //  包容矩形顶 Y 值
    int    nRightRect,     //  包容矩形右 X 值
    int    nBottomRect,    //  包容矩形底 Y 值
    int    nXStartArc,     //  第一点 X 坐标
    int    nYStartArc,     //  第一点 Y 坐标
    int    nXEndArc,       //  结束点 X 坐标
    int    nYEndArc        //  结束点 Y 坐标
   );
```

其中，原型方法中的 nLeftRect、nTopRect 和 nRightRect、nBottomRect 是指椭圆的外接矩形的左上角和右下角的点的坐标。而 nXStartArc、nYStartArc 和 nXEndArc、nYEndArc 是指弧的起始点和终点，这个函数是通过指定圆弧的外接矩形以及弧的起止点来定义弧的。

返回值：如果成功返回的是非 0 值，不成功返回 0 值。

3. 从当前坐标点画直线到指定坐标点的函数

函数定义原型如下：

```
BOOL LineTo(
    HDC hdc,                    // DC 句柄
    int nXEnd,                  // 结束点的 X 坐标
    int nYEnd                   // 结束点的 Y 坐标
);
```

功能：从当前的坐标点画一条直线到指定的坐标点。

返回值：如果成功返回的是非 0 值，不成功返回 0 值。

这个函数如果返回成功，结束点的坐标就成为了当前点的坐标，画线的时候使用的是当前的画笔和当前的画刷。

4. 设置画笔当前位置的函数

系统窗口初始化的时候，画笔的当前位置坐标是(0，0)，这时如果想在不同的位置来绘制图形就要用 MoveFileEx 来移动当前的画笔到想到的位置，这个函数的原型如下：

```
BOOL MoveToEx(
    HDC hdc,                    // DC 句柄
    int X,                      // 新位置的 x 坐标
    int Y,                      // 新位置的 y 坐标
    LPPOINT lpPoint             // 原画笔的 POINT 结构地址
);
```

功能：设置画笔的当前位置到指定的新位置。

返回值：如果成功返回的是非 0 值，不成功返回 0 值。

IpPoint 这个参数如果是 NULL，那么就不会在这个结构变量中返回以前的坐标点的值。

5. 绘制一个多边形（不填充）的函数

绘制图形的时候，很多情况下需要绘制多边形的图形，这时要使用 PolyLine 函数来绘制多边形。函数的原型如下：

```
BOOL Polyline(
    HDC hdc,                    // DC 句柄
    CONST POINT *lppt,          // 多边形绘制结束点的 POINT 结构指针
    int cPoints                 // 数据中的结束点的数目
);
```

功能：以结构指针所指的多个点为结束点绘制一个多边形。

返回值：如果成功返回的是非 0 值，不成功返回 0 值。

这个函数使用当前的画笔来绘制图形，但是它和 LineTo 不一样，它不会更新当前画笔的位置。

可以使用 Polyline 函数来绘制一条曲线，Polyline 函数虽然是用来绘制多边形的，但如果所取的点足够多，也可以达到绘制曲线的目的。

【例 9-3】 用多边形函数绘制正弦函数曲线图形。

使用向导自动生成程序框架，需要修改的代码如下：

```
1  #include <windows.h>
2  #include <math.h>
3  #define NUM 1000
4  #define TWOPI      (2 * 3.14159)
5  LRESULT CALLBACK WndProc (HWND hwnd, UINT message, WPARAM wParam, LPARAM lParam)
6  {
7     HDC          hdc ;           ← 定义 DC 句柄
8     PAINTSTRUCT  ps ;            ┐
9     static int   cx, cy ;        ┘← 绘图信息结构，绘图区的宽和高为 cx、cy
10    int          i ;
11    POINT        apt[NUM] ;      ← 点结构数组
12     switch (message){
13      case WM_CREATE:
```

```
14         return 0 ;
15     case WM_SIZE:
16         cx = LOWORD(lParam) ;
17          cy = HIWORD(lParam) ;
18        return 0;
19      case WM_PAINT:
20         hdc = BeginPaint (hwnd, &ps) ;
21       MoveToEx(hdc, 0, cy / 2, NULL) ;
22       LineTo(hdc, cx, cy / 2) ;
23        for (i = 0 ; i < NUM ; i++){
24              apt[i].x = i * cx / NUM ;
25              apt[i].y = (int)(cy / 2 *
26                     (1 - sin(TWOPI * i / NUM)));
27         }
28         Polyline(hdc, apt, NUM) ;
29         return 0 ;
30         EndPaint(hwnd, &ps) ;
31         return 0 ;
32    case   WM_DESTROY:
33         PostQuitMessage(0) ;
34         return 0 ;
35   }
36  return DefWindowProc(hwnd, message, wParam, lParam) ;
37 }
```

窗口尺寸改变消息

分别表示窗口显示区的 x 与 y 的大小

将窗口宽分成 NUM 等份（1000），为 x 坐标，计算 sin()函数的值为 y 坐标，使用 Polyline 来绘制

结束绘图，退出消息循环

程序运行结果如图 9.4 所示。

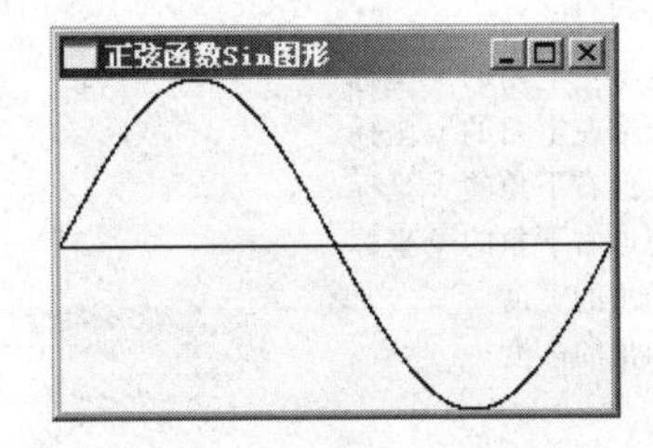

图 9.4　Polyline 函数绘制正弦曲线图形

9.3.2　填充图形内部区域的绘图函数

Windows 中有几个绘制填充内部区域功能的函数，这些函数是用设备描述符中选择的当前画笔来画图形的边界框，边界框还使用当前背景方式、背景色彩和绘图方式，这与 Windows 画线情形一样。

图形区域的内部由设备描述符中选择的画刷来填充。默认情况下，图形区域内部为白色填充。也可以使用 Windows 定义的 6 种画刷填充图形区域，这 6 种画刷是：WHITE_BRUSH、LTGRAY_BRUSH、GRAY_BRUSH、DKGRAY_BRUSH、BLACK_BRUSH 和 NULL_BRUSH。

下面详细介绍几个填充图形内部区域的绘图函数。

1. 填充矩形函数

函数原型如下：

```
BOOL Rectangle(
    HDC hdc,              // DC 句柄
    int nLeftRect,        // 矩形左上角的 x 坐标
```

```
    int nTopRect,        // 矩形左上角的 y 坐标
    int nRightRect,      // 矩形右下角的 x 坐标
    int nBottomRect      // 矩形右下角的 y 坐标
);
```

功能：以指定的两个坐标点绘制一个矩形。

返回值：如果成功返回的是非 0 值，不成功返回 0 值。

此函数不会使用和更改画笔当前点的位置。

2. 填充椭圆函数

函数原型如下：

```
BOOL Ellipse(
    HDC hdc,             // DC 句柄
    int nLeftRect,       // 外接矩形左上角的 x 坐标
    int nTopRect,        // 外接矩形左上角的 y 坐标
    int nRightRect,      // 外接矩形右下角的 x 坐标
    int nBottomRect      // 外接矩形右下角的 y 坐标
);
```

功能：以一个外接矩形来绘制一个椭圆。

返回值：如果成功返回的是非 0 值，不成功返回 0 值。

此函数不会使用和更改画笔当前点的位置。

3. 填充圆角矩形函数

函数原型如下：

```
BOOL RoundRect(
    HDC hdc,             // DC 句柄
    int nLeftRect,       // 矩形左上角的 x 坐标
    int nTopRect,        // 矩形左上角的 y 坐标
    int nRightRect,      // 矩形右下角的 x 坐标
    int nBottomRect      // 矩形右下角的 y 坐标
    int nWidth,          // 圆角的宽度
    int nHeight          // 圆角的高度
);
```

功能：以指定的两个坐标点绘制一个矩形。

返回值：如果成功返回的是非 0 值，不成功返回 0 值。

此函数不会使用和更改画笔当前点的位置。

4. 填充饼图函数

函数原型如下：

```
BOOL Pie(
    HDC hdc,             // DC 句柄
    int nLeftRect,       // 外接矩形左上角的 x 坐标
    int nTopRect,        // 外接矩形左上角的 y 坐标
    int nRightRect,      // 外接矩形右下角的 x 坐标
    int nBottomRect      // 外接矩形右下角的 y 坐标
    int nXRadial1,       // 椭圆弧上的起始点 x 坐标
    int nYRadial1,       // 椭圆弧上的起始点 y 坐标
    int nXRadial2,       // 椭圆弧上的结束点 x 坐标
    int nYRadial2        // 椭圆弧上的结束点 y 坐标
);
```

功能：以指定的两个坐标点绘制一个矩形。

返回值：如果成功返回的是非 0 值，不成功返回 0 值。

此函数不会使用和更改画笔当前点的位置。

图形的形状如图 9.5 所示。

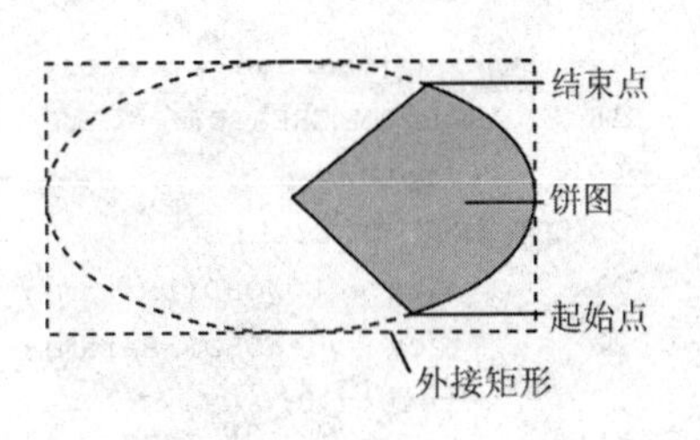

图 9.5　饼图的形状

5. 多边形函数

函数原型如下：

```
BOOL Polygon(
    HDC hdc,                    // DC 句柄
    CONST POINT *lpPoints,      // 多边形的顶点 POINT 指针
    int nCount                  // 多边形的顶点数
);
```

功能：以 POINT 指针所指的结构来绘制一个多边形。

返回值：如果成功返回的是非 0 值，不成功返回 0 值。

此函数不会使用和更改画笔当前点的位置。函数会自动产生最后的顶点和最先顶点之间的一条连线，并会使用画笔绘制外边界线以及使用当前画刷和当前多边形的填充模式来进行填充。

填充区域的一般步骤如下。

（1）先定义一个画刷句柄变量：

```
HBRUSH hBrush;
```

（2）通过调用 GetStockObject 来取得相应的画刷句柄（这里是 GRAY_BRUSH），也可以自己创建画刷来得到句柄。

```
hBrush = GetStockObject(GRAY_BRUSH) ;
```

（3）调用 SelectObject 将它选进设备描述符：

```
SelectObject(hdc, hBrush) ;
```

（4）最后调用上面的绘图函数，用指定画刷填充图形内部区域。

9.4　应 用 实 例

【例 9-4】 绘制一个小球沿着一定的曲线运动的简单动画。

源程序如下：

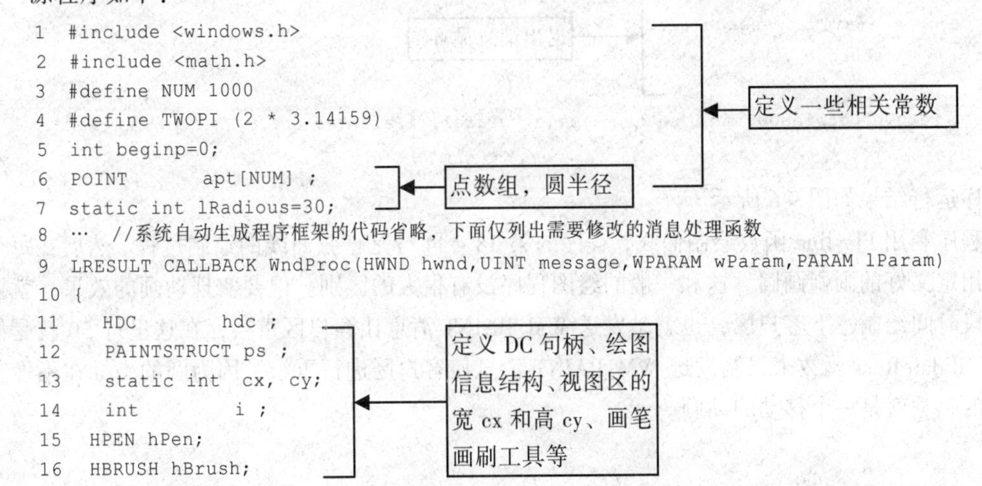

```
1  #include <windows.h>
2  #include <math.h>
3  #define NUM 1000
4  #define TWOPI (2 * 3.14159)
5  int beginp=0;
6  POINT       apt[NUM] ;
7  static int lRadious=30;
8  …  //系统自动生成程序框架的代码省略，下面仅列出需要修改的消息处理函数
9  LRESULT CALLBACK WndProc(HWND hwnd,UINT message,WPARAM wParam,PARAM lParam)
10 {
11    HDC          hdc ;
12    PAINTSTRUCT ps ;
13    static int  cx, cy;
14    int          i ;
15   HPEN hPen;
16   HBRUSH hBrush;
```

```
17  switch (message){
18    case WM_CREATE:
19      return 0 ;
20    case WM_SIZE:
21       cx = LOWORD(lParam);
22       cy = HIWORD(lParam);
23     return 0;
24   case   WM_PAINT:
25       hdc = BeginPaint(hwnd, &ps) ;
26      MoveToEx(hdc, 0, cy / 2, NULL) ;
27      LineTo(hdc, cx, cy / 2) ;
28     for (i = 0 ; i < NUM ; i++)
29       {
30           apt[i].x = i * cx / NUM ;
31           apt[i].y = (int)(cy / 2 *
32              (1 - sin (TWOPI * i / NUM))) ;
33       }
34      Polyline (hdc, apt, NUM) ;
35      hPen=CreatePen(PS_DASH,1,RGB(255,0,0));
36      hBrush=CreateHatchBrush(HS_DIAGCROSS,
37                     RGB(255,0,0));
38      SelectObject(hdc,hPen);
39      SelectObject(hdc,hBrush);
40    Ellipse(hdc,apt[beginp].x-lRadious,apt[beginp].y-lRadious,
41                 apt[beginp].x+lRadious,apt[beginp].y+lRadious);
42      DeleteObject(hPen);
43      DeleteObject(hBrush);
44      EndPaint(hwnd, &ps) ;
45      Sleep(10);
46      beginp++;
47      if(beginp>=1000){
48      beginp=0;
49      }
50      InvalidateRect(hwnd,NULL,1);
51      return 0 ;
52   case   WM_DESTROY:
53        PostQuitMessage(0);
54      return 0 ;
55   }
56  return DefWindowProc (hwnd, message, wParam, lParam) ;
57 }
```

直接由传入的参数得到视图区的大小（第21~22行）

在窗口中心画一条中心轴（第26行）

将窗口宽分成NUM等份（1000），为x坐标，计算sin函数的值为y坐标，使用Polyline来绘制图形正弦曲线（第28~33行）

以Polyline绘制sin多边形，创建画笔、画刷，选入设备文档（第34~39行）

结束绘图（第44行）

延时，以便小球移动位置后重绘（第46~49行）

重新绘制绘图区（第50行）

退出消息循环（第52~55行）

程序运行结果如图9.6所示。

本程序利用Ployline函数绘制曲线，程序的第38~44行是正弦曲线的绘制过程。然后在每个细分点用定义好的画刷画圆。这和一般的绘图程序没有很大的区别。但要实现动画的效果，就要每隔一段时间绘制一下客户区，也就是发送WM_PAINT消息让客户区重绘，在这里行50就是使用了InvalidateRect函数来强制发送WM_PAINT消息使客户区进行重绘，因为圆的坐标在不停变化给人的感觉就是一个移动的动画。

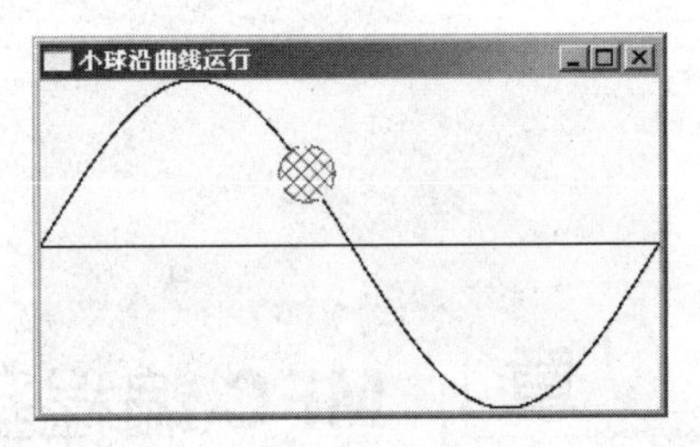

图 9.6　简单动画程序效果

本章小结

本章主要介绍了 Windows 图形程序设计的基本步骤和方法、WM_PAINT 消息的作用，以及它的产生和调用的时机。讲述了设备描述表、简单的绘图工具的使用方法。然后进一步介绍了 Windows 的图形用户接口（GDI）的常用绘图函数。在本章的最后举例说明用绘图函数绘制图形的基本方法，以及简单动画程序的实现方法。

本章知识点归纳如图 9.7 所示。

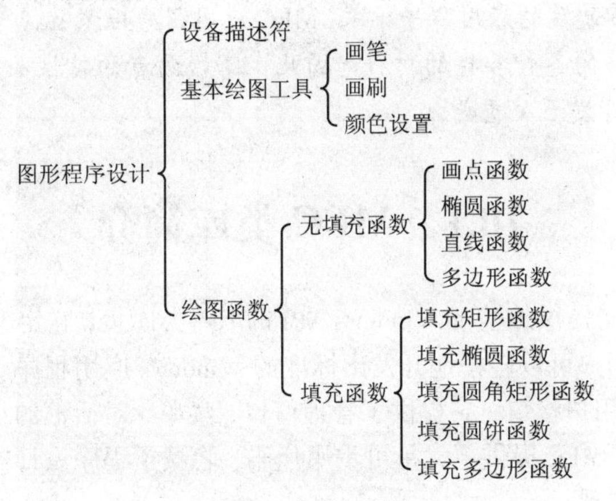

图 9.7　本章知识点

习　题　九

9.1 什么是 WM_PAINT 消息？简述 WM_PAINT 消息的处理过程。

9.2 简述设备描述符的作用，Windows 取得设备描述符的常用方法。

9.3 获取画笔和画刷的常用方法有哪些？

9.4 如何让画笔或画刷在设备中起作用，如何删除现有的画笔或画刷？

9.5 本章介绍的 GDI 常用绘图函数中，有哪些函数会改变当前绘图位置点？

9.6 设某公司的 1 ~ 12 月的销售额分别为：12.4，13.6，11.9，10.6，10.8，11.5，11.2，12.1，12.9，13.4，13.7，12.8，根据以上数据，绘制一个以月份为单位的销售业绩百分比的饼图，计算每一个月占全年业绩的百分比，要求饼图的每一个扇形用不同颜色的画刷来绘制。

9.7 用图形绘制的方法，设计一个模拟小球掉落过程的程序，小球反弹的高度衰减系数为原高度的 0.7。

第10章 MFC编程基础

前面已经介绍了如何使用 Windows API 编写 Windows 应用程序，并初步了解了 Windows 应用程序的基本结构。从本章开始，将学习 Windows 应用程序的另一种编程方法，利用 MFC 和向导（Wizard）来编写 Windows 应用程序。即首先使用 MFC 向导自动生成 Windows 应用程序的基本框架，然后用类向导建立应用程序的类、消息处理、数据处理函数或定义控件的属性、事件和方法，最后把各应用程序所要求的功能添加到类中。

MFC 是一个庞大的类库，它提供了 Windows API 的绝大多数功能，并且为用户开发 Windows 应用程序建立了一个非常灵活的应用程序框架。MFC 应用程序框架就像一座楼房的结构，而 MFC 类库中的类就像建筑楼房的各种各样的材料，因此，掌握两者的特性及其应用，对于基于 MFC 的 Windows 应用程序的开发至关重要。

10.1 MFC 类库简介

MFC 是 Microsoft 公司提供的基于 Windows API 的 C++类库集，它定义了一个标准的应用程序框架，借助这个框架，用户可以轻松地开发出标准的 Windows 应用程序。

MFC 实现了标准的用户接口，它提供了管理窗口、菜单、对话框的代码，可实现基本的输入/输出和数据存储。同时，MFC 提供了大量可重用代码，隐藏了程序设计中的许多复杂工作，这也是面向对象方法的典型体现。

下面是 MFC 类库的类定义文件 afxwin.h 中的类说明部分源代码，从中可以了解 MFC 类库中都有哪些类以及它们的层次关系。代码如下：

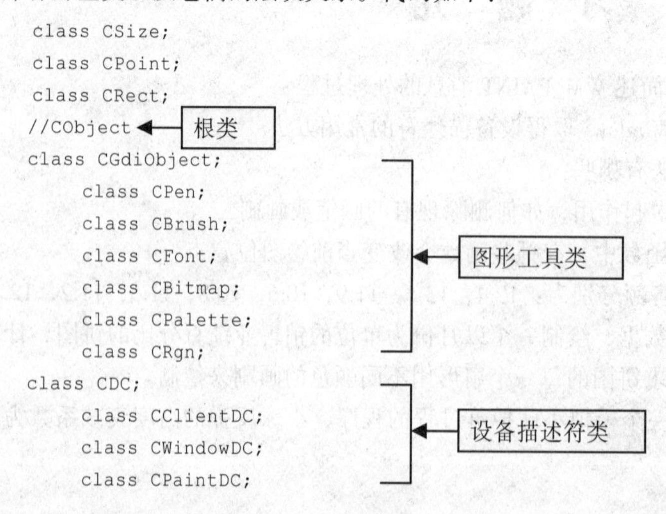

class CSize;
class CPoint;
class CRect;
//CObject
根类
class CGdiObject;
class CPen;
class CBrush;
class CFont;
class CBitmap;
class CPalette;
class CRgn;
图形工具类
class CDC;
class CClientDC;
class CWindowDC;
class CPaintDC;
设备描述符类

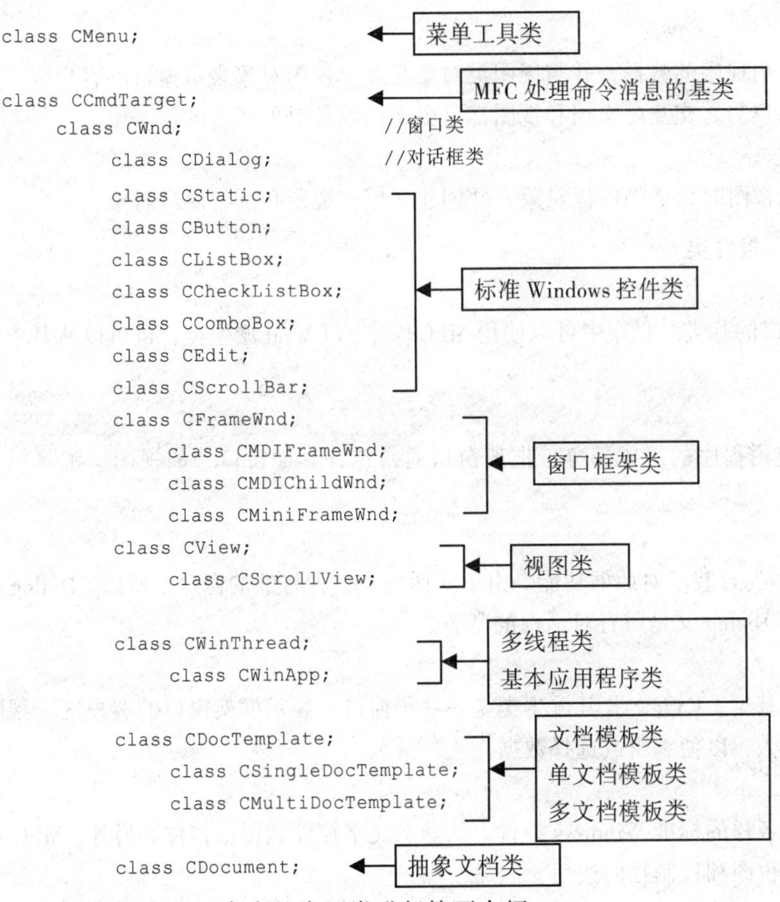
class CMenu;
菜单工具类
class CCmdTarget;
MFC 处理命令消息的基类
class CWnd;
//窗口类
class CDialog;
//对话框类
class CStatic;
class CButton;
class CListBox;
class CCheckListBox;
标准 Windows 控件类
class CComboBox;
class CEdit;
class CScrollBar;
class CFrameWnd;
class CMDIFrameWnd;
class CMDIChildWnd;
窗口框架类
class CMiniFrameWnd;
class CView;
视图类
class CScrollView;
class CWinThread;
多线程类
class CWinApp;
基本应用程序类
class CDocTemplate;
文档模板类
class CSingleDocTemplate;
单文档模板类
class CMultiDocTemplate;
多文档模板类
class CDocument;
抽象文档类

下面按功能对 MFC 库中的常用类进行简要介绍。

1. 根类 CObject

Microsoft 基本类库中的大多数类都是由 CObject 类派生而来的。CObject 对所有由它派生出的类提供了有用的基本服务。

2. MFC 应用结构类

MFC 应用结构类用于构造一个应用的框架，对大多数应用提供了通用功能。可以在框架中填写某些特定的应用功能。

AppWizard 可以产生几种类型的应用，所有这些都以不同的方式使用应用框架。

1）应用程序和线程支持类

每一个应用都有一个也只有一个应用对象，这个对象派生自 CWinApp。

Microsoft 基本类库支持在一个应用中有多个执行线程。所有的应用都必须至少有一个线程。CWinApp 对象使用的线程叫做“主”线程。CWinThread 封装了一部分操作系统的线程功能。

2）命令例程类

当使用鼠标选择菜单或控制栏按钮，并与应用程序交互时，应用程序把消息从受影响的界面对象发至合适的命令目标对象。命令目标对象从 CCmdTarget 派生出来，包括 CWinApp、CWnd、CDocTemplate、CDocument、CView 和它们的派生类。AppWizard 产生的应用框架支持自动命令例程，这些命令可被应用程序中相应的活动对象所处理。

3）文档类

文档类对象管理应用程序的数据，并与视图类对象交互。视图对象表示窗口的客户区、显示文档的数据，并允许用户与之交互。文档和视图都是由文档模板对象产生的。

4）文档模板类

当创建一个新文档视图时，文档模板对象一并创建文档、视图和框架窗口对象。

3．窗口、对话框和控件类

1）CWnd 类

CWnd 类是所有窗口的基类。程序中可以使用 MFC 库中的 CWnd 派生类，也可以从其中派生出自己的类。

2）框架窗口类

框架窗口是框架应用程序的组成部分。框架窗口通常包含其他窗口，如视图、工具栏和状态栏。

3）对话框类

CDialog 类及其派生类封装了对话框功能。由于对话框是一种特殊的窗口，所以 CDialog 是从 CWnd 派生的，同时，CDialog 又是所有对话框的基类。

4）视图类

CView 是视图类的基类。CView 及其派生类是一些子窗口，表示框架窗口的客户区。视图显示数据并接收文档的输入，以便编辑或选择数据。

5）控件类

控件类封装了各式各样的标准 Windows 控件，从静态文字控件到树形控件。另外，MFC 提供了一些新控件，包括带位图和控制栏的按钮。

6）控件条类

控件条是附加给一个框架窗口的。它包含按钮、状态面板或一个对话模板。自由浮动控件还可以调用工具调色板，这是通过把它们附加在 CMiniFrameWnd 对象上实现的。

4．菜单类

CMenu 类是直接从 CObject 派生出来的，封装了 Windows 中菜单的数据结构，它提供一个界面，通过它可访问应用程序的菜单。

5．绘图和打印类

在 Windows 中所有的图形输出都是在一个可视的绘图区上，这叫做一个设备上下文（或 DC），所有对绘图的调用都是通过一个设备上下文对象完成的。设备上下文是一个 Windows 对象，它包含了关于一个设备（如显示器或打印机）的绘图属性的信息。CDC 是设备上下文的基类，可以直接用来访问整个显示器和访问非显示设备，如打印机。MFC 提供封装了不同 DC 类型的类，也提供 Windows 绘图工具，如画笔、画刷和调色板等。

6．简单的数据类型类

这些类封装了绘图坐标、字符串、时间和数据信息。

7．数组、列表和映射类

数组是一维数据结构，它们在内存中是连续存储的。因为数组中任何一个给定元素的内存地址，可以通过将元素的下标乘以一个元素的大小再加上数组的基地址而得到，所以数组支持非常快的随机访问。

列表与数组相似，但在存储方面非常不同。列表中的每个元素都包括一个指向前趋和一个指向后继的指针，构成了一个双向链表。

映射将一个数据值与一个关键字联系起来。

8. 文件和数据库类

文件和数据库类允许将信息存储在一个数据库或一个磁盘文件中。有两个数据库类的集合——DAO 和 ODBC，它们提供相似的功能。DAO 组使用数据访问对象实现，ODBC 组使用开放式数据库对象实现。还有用于操作标准文件、Active 流和 HTML 流的类的集合。

1）文件 I/O 类

文件 I/O 类对传统磁盘文件、内存文件、Active 流和 Windows 套接字提供了一个接口。

2）DAO 类

DAO 类与其他应用框架一起工作，可以使对 DAO（数据访问对象）数据库的访问更简便。它使用的数据库引擎与 Microsoft Visual Basic 和 Microsoft Access 相同。DAO 还能访问许多支持开放数据库链接（ODBC）驱动程序的数据库。

3）ODBC 类

ODBC 类和其他应用框架一起工作，可以使得对许多支持开放数据库链接（ODBC）的数据库的访问更简便。

9. Internet 和网络类

Internet 和网络类允许与其他使用 ISAPI 的计算机或一个 Windows Socket 交换信息。

10. OLE 类

OLE 类与其他应用框架一起工作，可使对 ActiveX 的访问更方便，还可使程序更容易提供 ActiveX 的功能。

11. 调试和异常类

这些类提供对调试动态内存分配的支持，并且支持将异常信息从产生异常的函数传递给捕获异常的函数。

10.2 使用向导开发 MFC 应用程序

MFC 应用程序向导可以帮助程序员创建一个 MFC 应用程序框架，并且自动生成这个 MFC 应用程序框架所需要的全部文件。然后，程序员利用资源管理器和向导为应用程序添加实现特定功能的代码，以实现应用程序所要求的功能。

产生一个应用程序的步骤如下。

（1）利用应用程序向导生成一个新项目，生成的文件包括源文件和资源文件。

（2）可以通过集成编辑器编辑源文件或类向导编辑 C++类来修改源文件。

（3）在资源编辑器中修改资源文件。

（4）源文件经过编译器编译，生成 obj 文件，资源文件经过编译后，生成 res 文件。

（5）最后，链接器将结合 obj 文件、res 文件和库文件，生成可执行的 exe 文件。

10.2.1 生成 MFC 应用程序框架

下面通过一个实例来介绍 MFC 向导生成应用程序框架的过程。

【例 10-1】 使用 MFC 向导生成一个简单的 MFC 应用程序。

1. 使用向导建立 MFC 应用程序框架

1）新建项目

在“新建项目”对话框左边的“项目类型”栏中选择 MFC 选项，在右边的“模板”栏中选择“MFC 应用程序”选项，并输入项目名称 MFCtest，如图 10.1 所示。

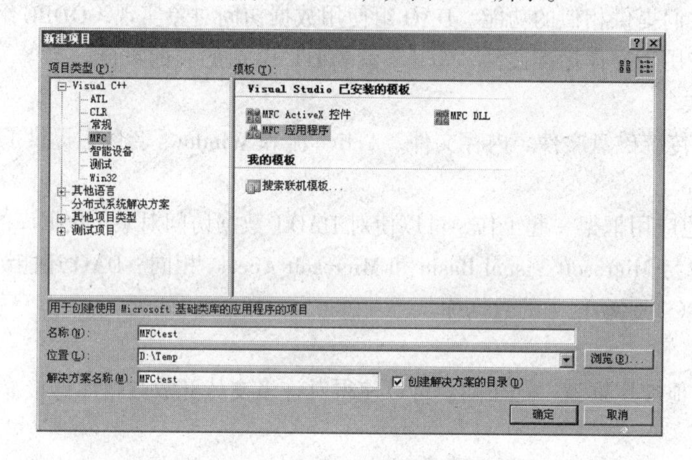

图 10.1 “新建项目”对话框

2）使用 MFC 应用程序向导

在“MFC 应用程序向导”对话框的“应用程序类型”界面中，选中“单文档”、“MFC 标准”单选按钮，如图 10.2 所示。

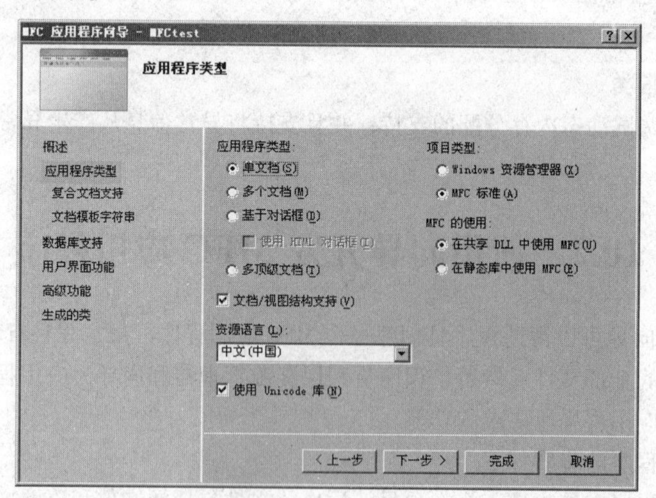

图 10.2 “MFC 应用程序向导”对话框的“应用程序类型”界面

3）生成类

向导将生成 4 个类：CMFCtestView、CMFCtestApp、CMFCtestDoc 和 CMainFrame，如图 10.3 所示。

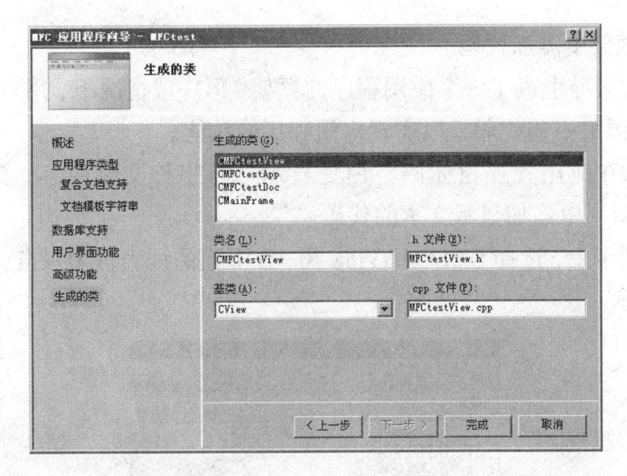

图 10.3　“MFC 应用程序向导”对话框的“生成的类”界面

4）应用程序框架

最后得到 MFC 应用程序框架，如图 10.4 所示。

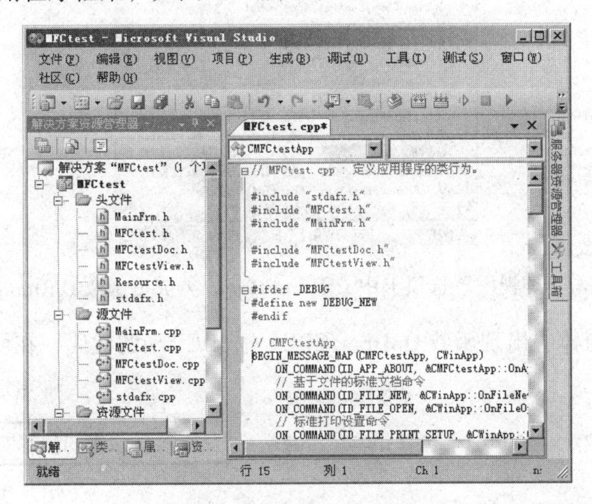

图 10.4　MFC 应用程序框架

5）编译运行窗口

利用 MFC 向导建立应用程序 MFCtest 的框架后，用户无须编写任何代码，就可以对程序进行编译、链接，生成一个基本的应用程序。MFCtest 应用程序的运行结果如图 10.5 所示。

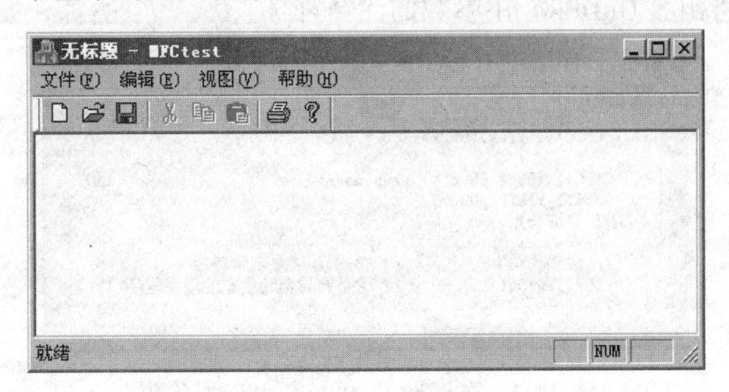

图 10.5　MFCtest 应用程序的运行结果

2. 在应用程序框架中添加代码

前面应用 MFC 的向导生成了一个应用程序的框架。但一般情况下，用户应根据程序的功能要求，对应用程序框架添加一些代码，以实现应用程序的功能。

在本例中，要求在应用程序窗体的空白处显示一行字符文字内容，这就需要在成员函数 CnetMFCView::OnDraw( ) 中添加显示文本的代码。

在“类视图”选项卡中，选择 CMFCtestView 类，在下面的列表框中双击成员函数 OnDraw(CDC *pDC)，如图 10.6 所示。

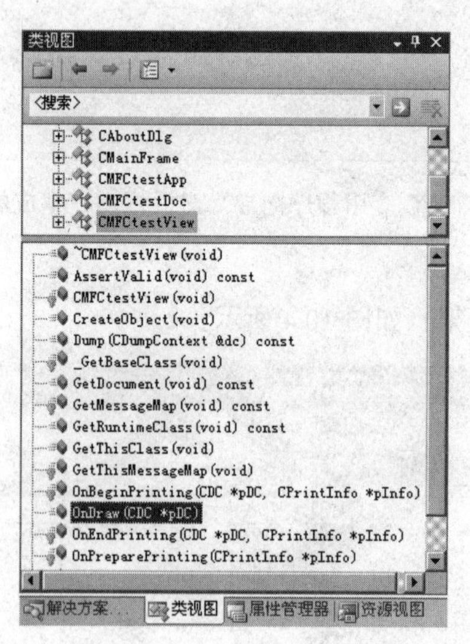

图 10.6 双击“类视图”选项卡中 CMFCtestView 类成员函数 OnDraw(CDC *pDC)

则在右边的编辑窗体中出现函数 OnDraw(CDC* /* pDC */)的代码，在函数体的指定位置添加如下代码：

```
1 void CMFCtestView::OnDraw(CDC* pDC)          ← 去掉参数原有的注释符号“/*   */”
2 {
3    CMytestDoc* pDoc = GetDocument();
4    ASSERT_VALID(pDoc);
5    //添加代码，表示在坐标(50,50)处显示字符串
6    pDC->TextOut(50, 50, TEXT("这是向导自动生成的应用程序"));  ← 添加的代码
7 }
```

添加代码后，要将函数 OnDraw( )中参数的注释符号“/*   */”去掉，如图 10.7 所示。

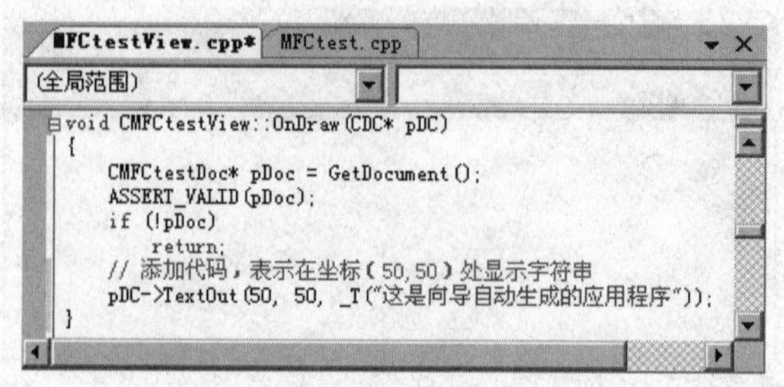

图 10.7 在函数 OnDraw( )中添加代码

函数 TextOut( )是 CDC 类的成员函数，其功能是在指定位置输出字符文字内容，第 1、2 个参数是坐标位置，第 3 个参数_T( )是要输出的字符串。MFC 应用程序一般在视图类的成员函数 OnDraw( )中实现屏幕输出。

编译、链接后，程序运行结果如图 10.8 所示。

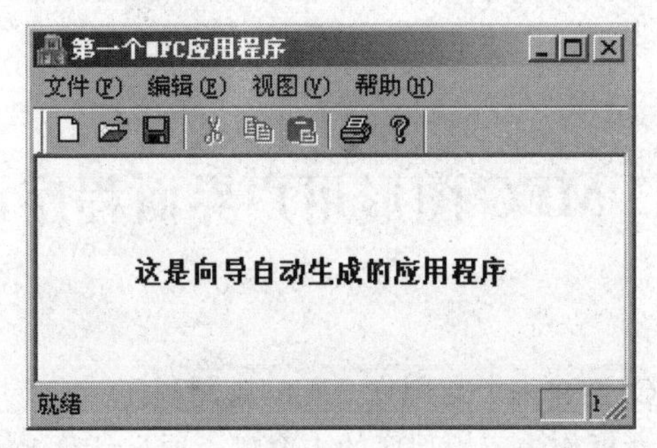

图 10.8　添加文本内容后的应用程序运行结果

10.2.2　MFC 应用程序结构

1. MFC 应用程序框架结构

MFC 应用程序框架构建应用程序时共构建了 4 个类。

1）应用程序类

应用程序类名称为“项目名 App”。如上例中的 CMFCtestApp 类，该类是从 CWinApp 类中派生出来的。应用程序类的功能是为应用程序的所有对象，包括文档、视图和边框窗口进行初始化工作。在该类定义了一个唯一的全局变量 theApp，它代表了应用程序运行实例（Instance）的主线程。theApp 在程序的整个运行期间都是始终存在的，它若销毁则意味着运行程序实例的消亡。

2）文档类

文档类名称为“项目名 Doc”。如上例中的 CMFCtestDoc 类。该类是从 CDocument 类派生的，文档类主要用来存放应用程序的数据，同时实现数据的保存和装载功能。

3）视图类

视图类名称为“项目名 View”。如上例中的 CMFCtestView 类。视图类 View 是从 CView 类中派生出来的。类主要用于显示储存在文档对象中的数据。

4）主框架窗口类

主框架窗口类名称为“CMainFrame”。该类是从 CMDIFrame 类派生的，主要用于管理应用程序窗口，显示菜单栏、工具栏、标题栏、状态栏，控制菜单和控制按钮等。

2. MFC 应用程序执行过程

与 Windows API 程序的入口主函数 WinMain()类似，MFC 应用程序从应用程序类 CWinApp 的派生类 CMFCtestApp 开始执行，定义全局变量 theApp，进行应用程序初始化 InitInstance()，并调用系统自动生成的主窗体句柄 m_pMainWnd 来显示窗体。

下面是 CMFCtest.App 的部分代码：

```
CMFCtestApp theApp;            ← 定义 CMFCtestApp 对象，theApp 是全局变量
BOOL CMFCtestApp::InitInstance()
```

```
{
  …
  CWinApp::InitInstance();
  m_pMainWnd->ShowWindow(SW_SHOW);
  m_pMainWnd->UpdateWindow();
  return TRUE;
}
```

应用程序初始化，调用主窗体句柄 m_pMainWnd 显示窗体

10.3 MFC 图形用户界面程序设计

10.3.1 控件

本节介绍如何利用 MFC 创建一个与用户交互的应用程序。该应用程序是一个基于对话框的工程，也就是说，用一个对话框作为应用程序的主窗口。通过计算器不同方法的实现，掌握对话框和各种控件在应用程序中的使用。

控件（Control）是 Windows 系统定义的一类标准子窗口，它们中的大多数可以捕获事件并向其父窗口发送消息。借助 MFC 的资源编辑器，可以很方便地在对话框中布置若干个控件，形成程序运行时与用户的交互界面。Visual C++资源编辑器提供的工具面板（局部）中常用控件如图 10.9 所示。

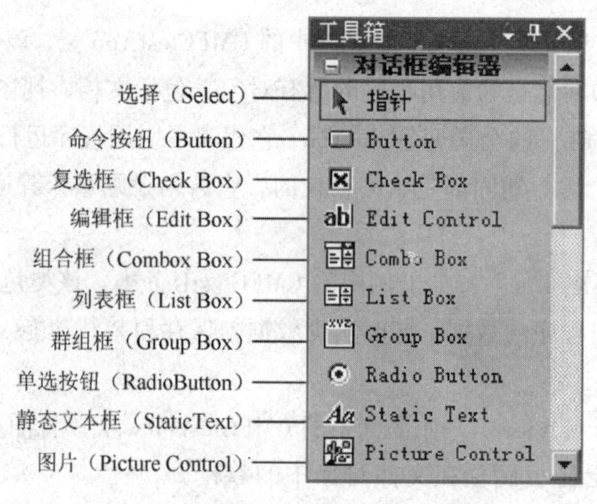

图 10.9 常用的控件

10.3.2 编辑框、静态文本框及命令按钮的使用

本节通过示例介绍编辑框、静态文本框及命令按钮控件的使用。

1）编辑框（Edit Box）

编辑框也叫做文本框，是一个让用户从键盘输入和编辑文字的矩形窗口，应用程序可以从编辑框中获得用户所输入的内容。

2）静态文本框（Static Text）

静态文本框在对话框中起标签作用。之所以称其为“静态”文本框，是因为它一般不发出或响应消息，也不参与用户交互，主要起标注作用。

3）命令按钮（Button）

命令按钮可以触发某个命令的执行。需要注意的是，这种按钮不会被锁定，响应过后会自动弹起，恢复原状。

【例 10-2】 设计一个密码验证窗体。

下面用编辑框、静态文本框及按钮来设计一个具有密码验证功能的窗体程序，如图 10.10 所示，以此掌握这几个控件的使用。

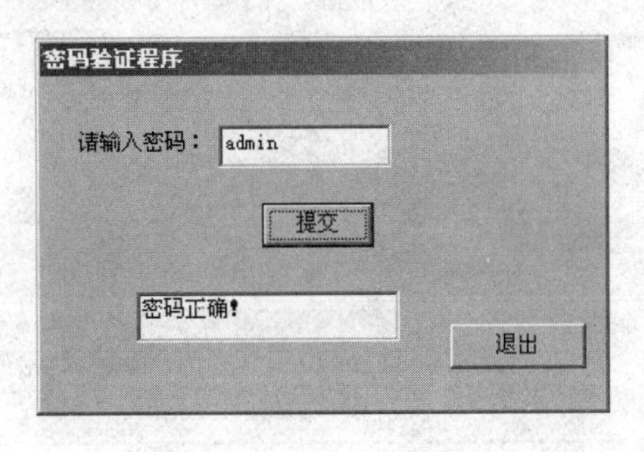

图 10.10 “密码验证程序”界面

具体设计步骤如下。

1. 利用 MFC 向导建立对话框窗体框架

1）新建项目

启动 Visual Studio 的集成环境，选择“文件”→“新建”→“选项”命令，在弹出的“新建项目”对话框的左边的“项目类型”栏中选择 MFC 选项，在右边的“模板”栏中选择“MFC 应用程序”选项，并确定项目的路径和项目名。在本例中，把工程文件存放在“D:\temp\MFC\Passwd”文件目录中，项目名为“Passwd”，如图 10.11 所示。

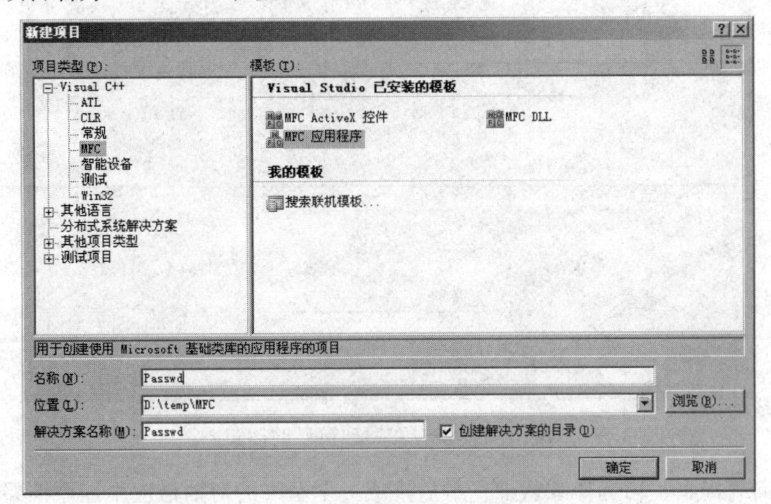

图 10.11 “新建项目”对话框

2）建立对话框

在弹出的“MFC 应用程序向导”对话框的“应用程序类型”界面中选择创建应用程序类型，由于要建立对话框窗体程序，因此选中“基于对话框”单选按钮，如图 10.12 所示。

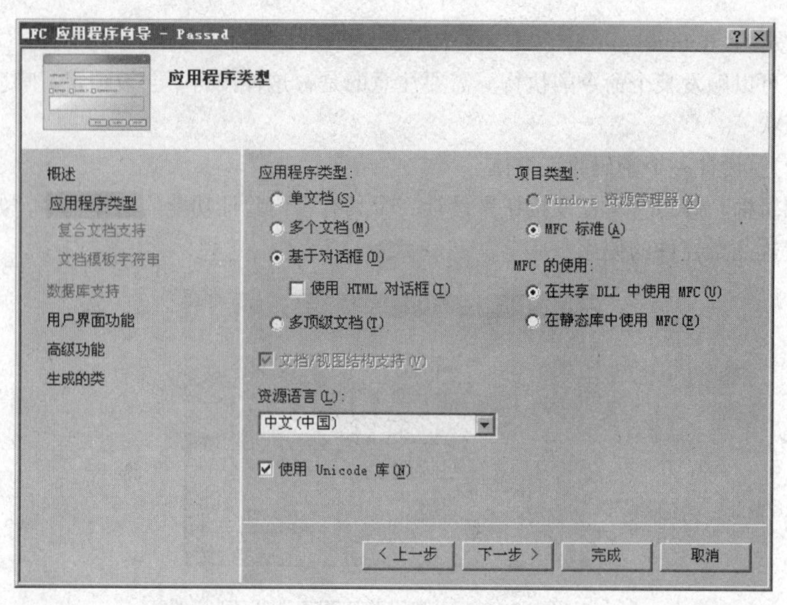

图 10.12 选择“基于对话框”单选按钮

3）设置用户界面的主框架样式

在“用户界面功能”界面的“对话框标题”文本框中填写“密码验证程序”，此标题将成为对话框的标题，其余均为空，如图 10.13 所示。

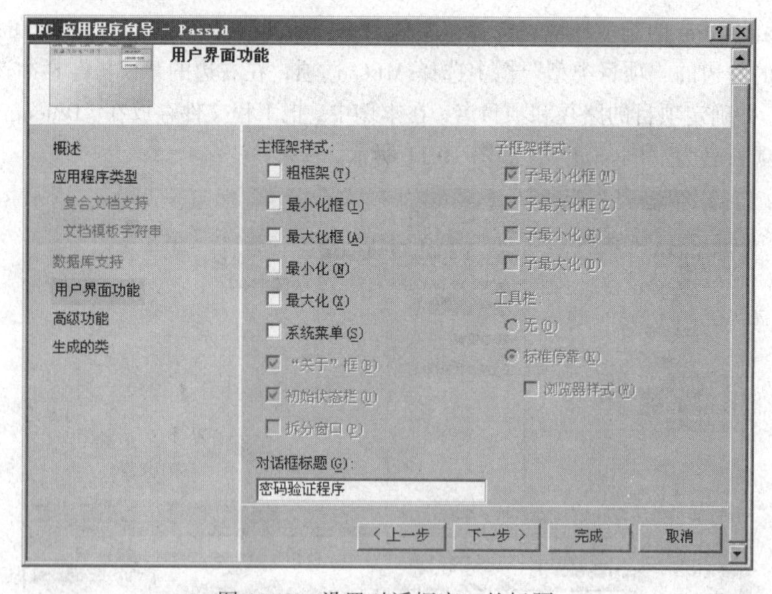

图 10.13 设置对话框窗口的标题

对其后的向导提示，均选择默认项，最后生成一个基本的对话框应用程序框架，如图 10.14 所示。

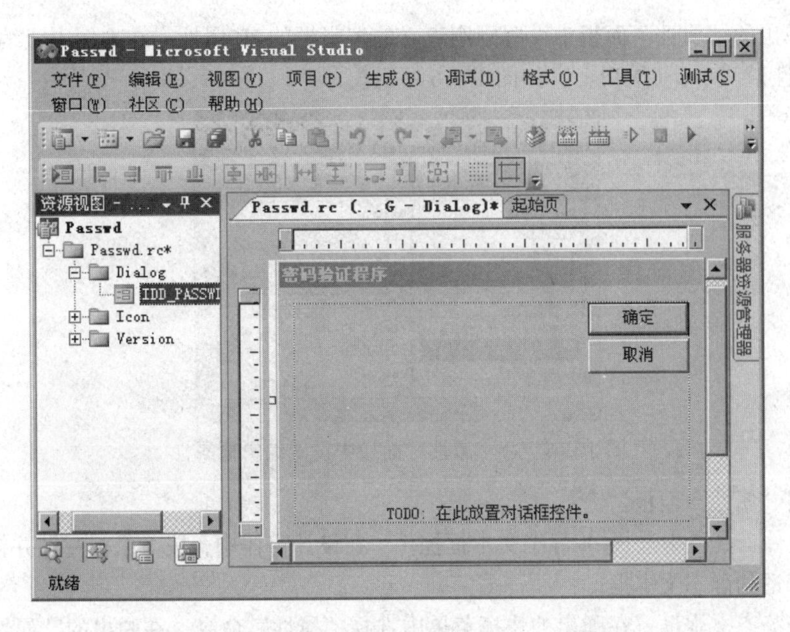

图 10.14 利用向导建立的一个对话框窗体框架

2. 设计密码验证窗体界面

下面在刚才应用向导建立的对话框框架基础上，按图 10.10 所示的窗体程序界面，设计密码验证窗体程序，设计方法如下。

（1）在如图 10.14 所示的窗体中，从控件工具栏中选择 ab| 编辑框控件，把鼠标移动到设计对话框窗体的适当位置，按下鼠标左键并拖曳鼠标，画出一个大小合适的编辑框。该编辑框用于输入密码。

（2）右击编辑框，弹出快捷菜单，选择“属性”命令，如图 10.15 所示。

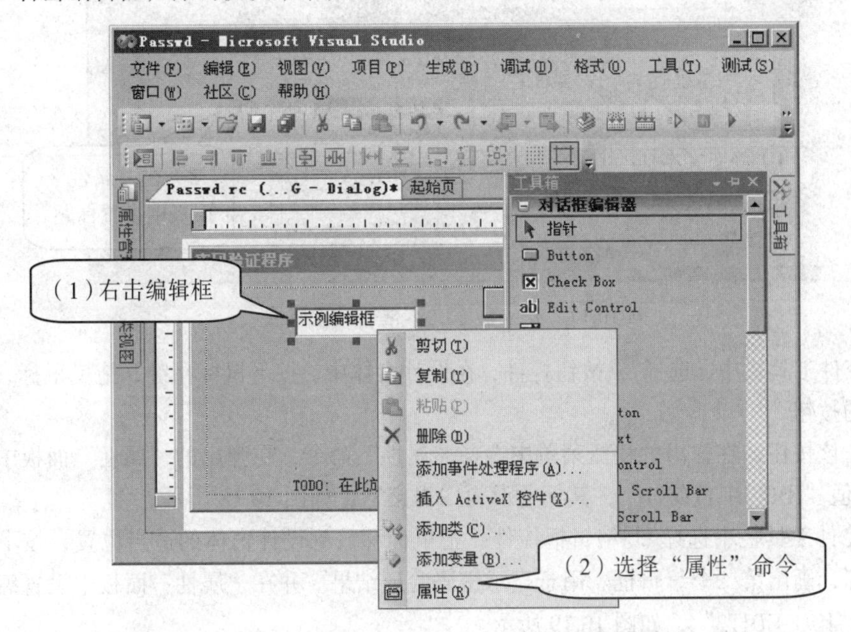

图 10.15 右击编辑框，选择弹出快捷菜单的“属性”选项

（3）在弹出的“属性”面板中设置刚刚建立的编辑框的 ID 属性。在本例中，编辑框的 ID 为默认的 ID 属性值“IDC_EDIT1”，如图 10.16 所示。

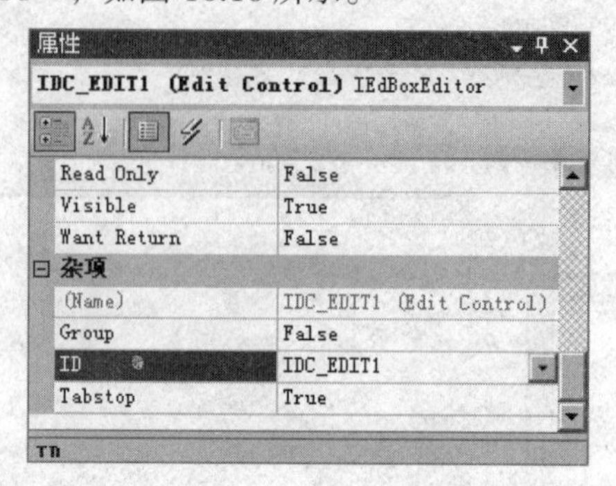

图 10.16 在“属性”面板中设置编辑框属性

（4）关闭“属性”面板。

（5）从控件工具栏中选择 Aa 静态文本框控件，在设计窗体中，按下鼠标左键并拖曳鼠标，画出一个大小合适的静态文本框。

（6）右击静态文本框，在弹出的快捷菜单中选择“属性”命令，在弹出的“属性”面板中设置静态文本框的 ID 属性值“IDC_STATIC”，其标题 Caption 设为“请输入密码：”，如图 10.17 所示。

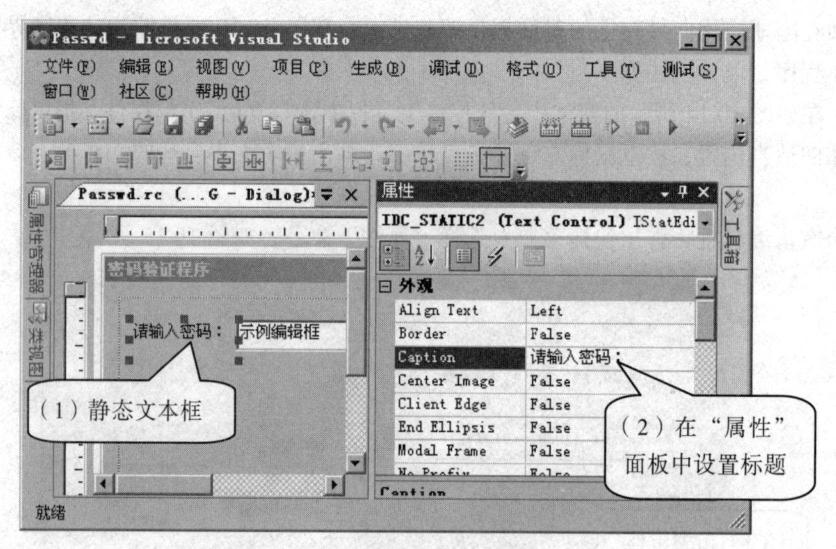

图 10.17 建立静态文本框并设置属性

（7）从控件工具栏中，选择按钮控件，在设计窗体中，按下鼠标左键并拖曳鼠标，画出一个大小合适的按钮。

（8）右击该按钮，在弹出的快捷菜单中选择“属性”命令，在弹出的“属性”面板中设置按钮的 ID 属性值“IDC_BUTTON1”，其标题设为“提交”，如图 10.18 所示。

（9）从控件工具栏中选择 ab| 编辑框控件，把鼠标移放到设计窗体的适当位置，按下鼠标左键并拖曳鼠标，画出第二个编辑框。用于显示密码验证结果。并在“属性”面板中设置编辑框的 ID 属性值为“IDC_EDIT2”，如图 10.19 所示。

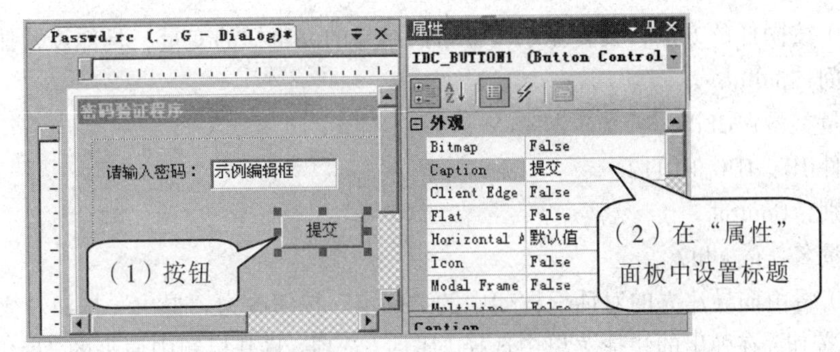

图 10.18　建立按钮并设置属性

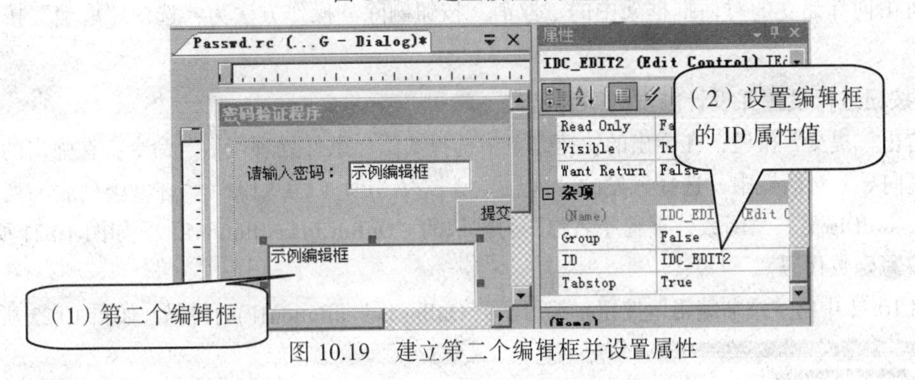

图 10.19　建立第二个编辑框并设置属性

3. 设置控件对应变量

如果要在程序中访问对话框中的控件，就必须给这些控件分别设置对应的变量。所谓设置对应变量，就是给程序中要用到的控件对象定义一个与之关联的变量作为控件的代理。以后用到该控件对象时，只要访问其代理变量即可。也就是说，一个变量代表一个具体的控件对象。例如，要获得用户在编辑框中输入的内容，就要给编辑框设置一个变量，通过调用该变量的相关函数即可获得编辑框的输入内容。

下面为"输入密码"编辑框（其 ID 属性值为"IDC_EDIT1"）设置对应变量。

(1) 右击"输入密码"编辑框，在弹出的快捷菜单中选择"添加变量"命令，弹出"添加成员变量向导"对话框，在该对话框中设置变量的变量名、类别、类型。对于输入编辑框，其变量类别要设置为"Control"（控件），以便获取输入到编辑框中的字符内容。其设置如图 10.20 所示。

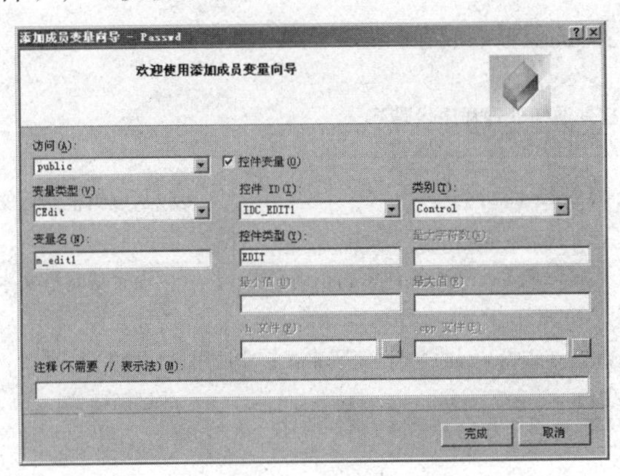

图 10.20　设置编辑框的代理成员变量

（2）按同样的方法，设置显示验证密码结果的编辑框的变量，具体设置如下：

访问：public

变量类型：CEdit

控件 ID：IDC_EDIT2

类别：Control

变量名：m_edit2

（3）将由向导建立的对话框框架中的“确定”按钮改为“退出”按钮。操作方法为：右击原“确定”按钮，在弹出的快捷菜单中选择“属性”选项，将其标题中原来的“确定”更改为“退出”。

（4）将由向导建立的对话框框架中的“取消”按钮删除。操作方法为：选中“取消”按钮，按 Delete 键。

4．对按钮进行设置并设计触发的事件函数

（1）右击“提交”按钮，在弹出的快捷菜单中选择“添加事件处理函数”命令，在弹出的“事件处理程序向导”对话框中，选择触发的“消息类型”为“BN_CLICKED”，在“类列表”列表框中选择 CPasswdDlg 类，“函数处理程序名称”为默认的“OnBnClickedButton1”，如图 10.21 所示。

（2）编写函数代码。

单击图 10.21 中的“添加编辑”按钮，编写函数 OnBnClickedButton1()的代码，如图 10.22 所示。

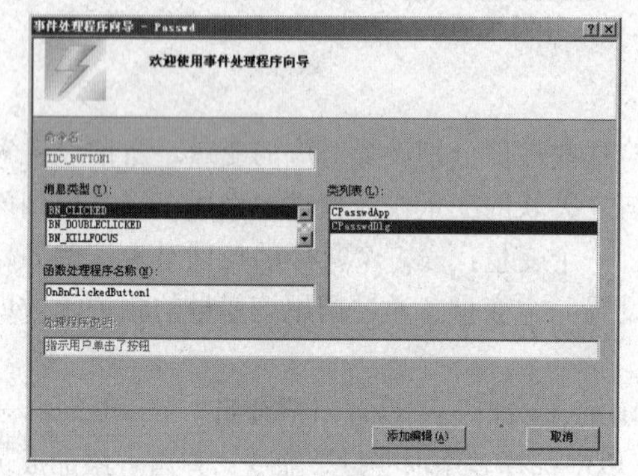

图 10.21 “事件处理程序向导”对话框

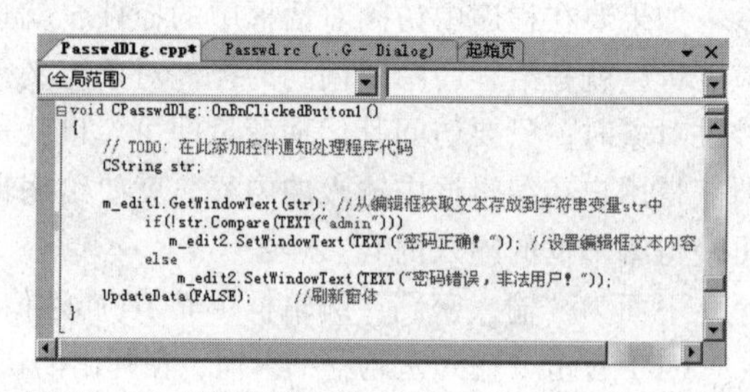

图 10.22 编写函数 OnBnClickedButton1()的代码

源程序如下：

```
1  void CPasswdDlg::OnBnClickedButton1( )
2  {
3    // TODO: 在此添加控件通知处理程序代码
4    CString str;
5    m_edit1.GetWindowText(str);                  //从编辑框获取文本存放到字符串变量 str 中
6    if(!str.Compare(TEXT("admin")))
7         m_edit2.SetWindowText(TEXT("密码正确！"));   //设置编辑框文本内容
8    else
9         m_edit2.SetWindowText(TEXT("密码错误，非法用户！"));
10   UpdateData(FALSE);                           //刷新窗体
11 }
```

程序说明：

（1）CString 是 MFC 的字符串类型。

（2）比较两个 CString 类型的字符串 str1 和 str2 是否相等，使用字符串函数 Compare( ):

```
str1.Compare(str2);
```

（3）指定一个 CString 类型的字符，需使用 TEXT("字符串")。

（4）设置编辑框的文本内容，使用编辑框对象的成员函数 SetWindowText(LPCTSTR,str)。LPCTSTR 为 MFC 的字符常量，与 CString 类型的用法相同。如第 7 行代码：

```
m_edit2.SetWindowText(TEXT("密码正确！"));
```

表示对编辑框 m_edit2 设置字符串内容。

（5）获取编辑框的文本内容，使用编辑框对象的成员函数 GetWindowText(CString& rString)。如第 5 行代码：

```
m_edit1.GetWindowText(str);
```

表示从编辑框 m_edit1 中获取输入内容并赋值给字符串变量 str。

（6）刷新窗体函数 UpdateData( )。该函数的作用与其参数的值有关：参数值为 false 时，刷新窗体，用控件变量的值更新控件内容；参数值为 true 时，将控件内容赋值到对应变量中。

（7）MFC 把 Windows 程序的核心组件和标准组件都定义在头文件 afxwin.h 中，其中定义处理文本的函数有：

```
void SetWindowText(LPCTSTR lpszString);
void GetWindowText(CString& rString) const;
int GetWindowTextLength() const;
void SetFont(CFont* pFont, BOOL bRedraw = TRUE);
```

MFC 的函数很多，每个应用程序用到的只是很小的一部分，没有必要全部都记忆，用到时再查找其用法即可。

本例详细说明了控件属性的设置方法，其他控件属性的设置均与这些控件设置的方法大致相同，以后不再重复赘述。

5．编译运行程序

保存文件后，编译运行程序。输入密码：admin，单击“提交”按钮，编辑框提示“密码正确！”。如果输入其他任意字符，则编辑框提示“密码错误，非法用户！”。

10.3.3　几个常用控件的使用

【例 10-3】 设计一个简单计算器。

1．界面布局与控件属性设置

（1）按照图 10.23 所示布局样式，创建对话框应用程序，添加 3 个编辑框、2 个静态文本框、2 个命令按钮、1 个群组框和 4 个单选按钮。

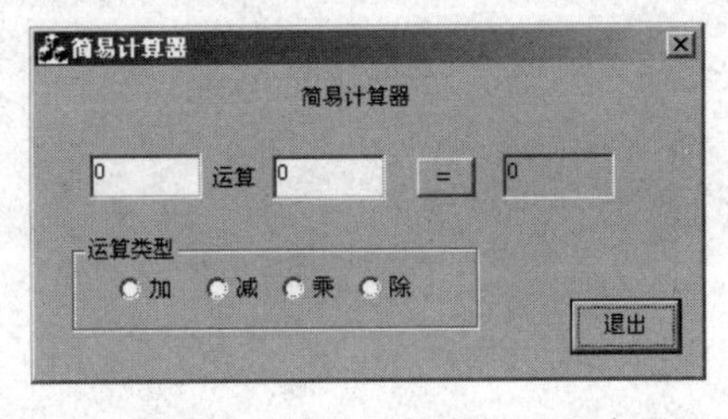

图 10.23　“简易计算器”界面布局

（2）控件设置。各个控件的属性及变量设置见表 10.1。

表 10.1　控件的属性及变量设置

控件类型	控件 ID	控件属性（非默认）	对应变量	变量类别/类型
静态文本框	IDC_STATIC	General/标题为“简易计算器”		
静态文本框	IDC_STATIC	General/标题为“运算”		
编辑框	IDC_DATA1		m_data1	Value/double
编辑框	IDC_DATA2		m_data2	Value/double
编辑框	IDC_DATA3	Styles/Read-only(只读)	m_data3	Value/double
群组框	IDC_STATIC	General/标题为“运算类型”		
单选按钮	IDC_RADIO1	General/标题为“加”/Group	m_oper	Value/Bool
单选按钮	IDC_RADIO2	General/标题为“减”		
单选按钮	IDC_RADIO3	General/标题为“乘”		
单选按钮	IDC_RADIO4	General/标题为“除”		
命令按钮	IDCANCEL	General/标题为“退出”		
命令按钮	IDC_BUTTON1	General/标题为“=”	消息处理函数 OnOper( )	

2. 关于群组框和单选按钮的使用说明

群组框（Group Box）常用于封装一组单选按钮，或一组复选框。与静态文本框一样，群组框也不会发出或响应消息。

单选按钮（Radio Button）的外观是一个圆圈，被单击选中后圆圈中会标上一个点。在一组单选按钮中用户只能而且必须选择其中的一个，其余的单选按钮会自动落选。也就是说，一组单选按钮是互斥的，但总有一个处于选中状态。

一组单选按钮中要指定第一个单选按钮为组长，即设置其 Group 属性为 true，而同组的其他单选按钮不能再设置 Group 属性。仅设置单选按钮组长的对应变量 m_oper，同组其余单选按钮不再设置对应变量。一组单选按钮的序号从 0 开始计数，第 1 个单选按钮的变量值为 0，第 2 个单选按钮的变量值为 1，依此类推。

3.“＝”按钮对应的消息处理函数 OnBnClickedButton1( )

源程序如下：

```
1  void CjisuanqiDlg::OnBnClickedButton1()
2  {
3     UpdateData(true);     //将控件的输入内容赋值到对应变量中
4     switch(m_oper)
5     {
6      case 0:
7         m_data3 = m_data1 + m_data2;
8         break;
9      case 1:
10        m_data3 = m_data1 - m_data2;
11        break;
12     case 2:
```

```
13          m_data3 = m_data1 * m_data2;
14          break;
15      case 3:
16          if(m_data2)
17              m_data3 = m_data1 / m_data2;
18          else
19              m_data3 = 1;
20          break;
21      }
22      UpdateData(false);    //刷新对话框窗体，以显
示计算结果
23  }
```

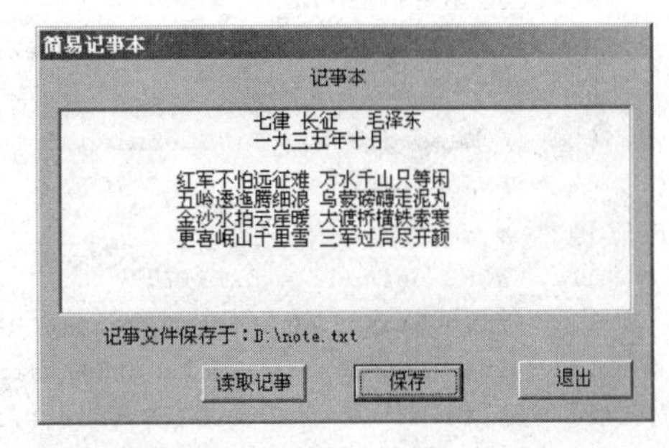

图 10.24　“简易记事本”界面布局

【例 10-4】 编写一个简易记事本程序，如图 10.24 所示。

（1）利用 MFC 向导建立对话框项目“D:\EXAMPLE\Note”。

（2）设计程序界面布局。

在如图 10.24 所示的应用程序界面中有 7 个控件。

① 标题 Caption 为“记事本”的静态文本框控件 IDC_STATIC_NOTE，作界面标题。

② 标题 Caption 为“记事文件保存于：”的静态文本框控件 IDC_STATIC_DIR，起提示作用。

③ 编辑框控件 IDC_EDIT_NOTE，用于输入记事内容。

④ 标题 Caption 为“保存”的按钮控件 IDC_BUTTON_SAVE，用户在记事编辑框中编辑记事文字后，单击该按钮，将编辑框中的内容保存到记事本文件。

⑤ 标题 Caption 为“读取记事”的按钮控件 IDC_BUTTON_READ，用户单击该按钮后，将保存于记事本文件中的数据读取到编辑框中。

⑥ 显示保存文件路径的编辑框 IDC_EDIT_PATH，单击“保存”按钮后方显示内容。其属性：“Border”设为 False，“Read Only”设为 True。

⑦ 标题 Caption 为“退出”的按钮控件 IDC_BUTTON_OK，用户单击该按钮后，将退出程序。

上述 7 个控件及其相关属性和事件、变量见表 10.2。

表 10.2　7 个控件及其相关属性和事件

ID	标题 Caption	关联变量、类别、类型
IDC_STATIC_NOTE	记事本	
IDC_STATIC_DIR	记事文件保存于：	
IDC_EDIT_PATH		m_path，类别为 Control，类型为 CEdit
IDC_EDIT_NOTE		m_note，类别为 Value，类型为 CString
IDC_BUTTON_SAVE	保存	
IDC_BUTTON_READ	读取记事	
IDC_BUTTON_OK	退出	

（3）设计按钮函数并添加代码。

为“保存”按钮添加响应单击事件的函数 OnBnClickedButtonSave ()。函数代码如下：

```
1  void CNoteDlg::OnBnClickedButtonSave()
2  {
```

```
3   UpdateData(true);                        //将编辑框控件的内容映射到变量中
4   CString path("D:\\note.txt");     //保存记事内容的文件的路径及文件名
5   CFile file;                              //声明文件类对象
6   if(!file.Open(path,CFile::modeWrite|CFile::modeCreate))       //打开文件
7   {
8     MessageBox( _T("Openning file error"));                    //打开文件错误，显示出错信息
9     return;
10   }
11   WORD unicode = 0xFEFF;             // xff、xfe 两个字节作为文本文件的开头标记
12   file.Write(&unicode,sizeof(WCHAR));                         //为了支持汉字
13   int  len=m_note.GetLength()*sizeof(WCHAR);                  //获得记事长度
14   file.Write(m_note.GetBuffer(),len);                         //写记事到文件中
15   m_note.ReleaseBuffer();                                     //释放缓冲区
16   file.Close();                                               //关闭文件
17   m_path2.SetWindowText(path);      //在编辑框中显示保存文件路径
18   UpdateData(false);                //更新对话框内容
19 }
```

程序说明：

（1）为了能使编辑框变量 m_note 获取到编辑框中的文本内容，第 3 行代码：

```
UpdateData(true);
```

将对话框中各控件的内容映射到相应的变量中。

（2）汉字 Unicode 编码的文本文件需要以 xff、xfe 两个字节作为文件的开头标记，因此，在代码的第 11、12 行中，首先把 0xFEFF 写到文件的首地址处。

（3）GetLength()为 MFC 计算 CString 类型字符串长度的函数，GetBuffer()为 MFC 指向 CString 类型字符串缓冲区的指针。所以，代码第 14 行是将字符串变量 m_note 存放在缓冲区中长度为 len 的文本内容写到文件中。

（4）代码第 18 行为刷新对话框内容，否则，不能显示保存文件的路径。

本 章 小 结

本章主要讲述了 Visual C++的 MFC 编程基本方法和步骤，MFC 是一个庞大的类库，其功能十分强大，应用非常广泛，这里介绍的仅是其中非常小的一部分。希望通过以上学习，起到入门的作用。

本章的知识点归纳如图 10.25 所示。

MFC 编程基础
- MFC 类库
- 使用向导生成 MFC 应用程序框架
- MFC 图形用户界面程序设计

图 10.25　本章知识点

习 题 十

10.1 编写一个序列号验证程序。

10.2 在“记事本”程序中，为“读取记事”命令按钮编写响应事件函数 OnButtonRead()的代码。

第11章　多媒体应用程序设计

多媒体技术的概念和应用产生于20世纪80年代初期，经过30多年的发展，现已成为计算机领域的热点技术之一。多媒体技术是指计算机综合处理多媒体信息——文字、音乐、声音、图形、图像、动画和视频等，使多种信息建立逻辑连接，集成为一个系统，从而形成一种全新的信息传播和处理的计算机技术。

Windows是一个多媒体的操作系统，具有实时任务调度、多媒体数据转换和同步控制、对多媒体设备的驱动和控制，以及图形用户界面管理等功能。Windows提供了一个媒体控制接口MCI（Media Control Interface）和一系列API函数，通过它们可以在应用程序中操作多媒体的文件以及设备。本章将介绍C++语言在Windows下处理操作多媒体文件和设备的程序设计方法。

11.1　应用音频函数设计声音播放器程序

11.1.1　声音文件播放原理

1．媒体控制接口MCI

多媒体应用程序使用媒体控制接口（Media Control Interface，MCI）规范发送命令和数据。MCI规范的最基本单元是MCI指令，MCI指令包含命令和数据类型信息。MCI指令组成的MCI数据流传送给Windows操作系统的多媒体系统库mmsystem.dll，并由它解释执行。其工作过程如图11.1所示。

多媒体应用程序
发送命令
媒体控制接口（MCI）
mmsystem. dll
视频驱动程序
音频驱动程序

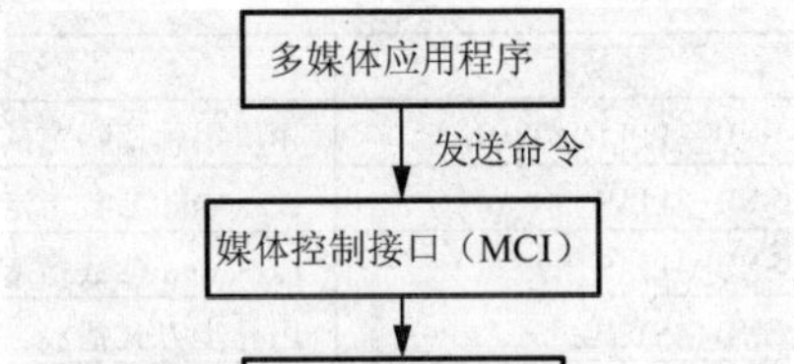

图11.1　媒体控制接口MCI的工作流程

2．波形声音文件

波形声音是最常用的Windows声音格式之一。该格式记录声音的波形，故只要采样率高、采样字节长、机器速度快，利用该格式记录的声音文件就能够和原声基本一致，质量非常高。波形文件的扩展名是.wav。

3．声音与波形的基本知识

声音源于振动。当声音改变了鼓膜上空气的压力时，人们就感觉到了声音。麦克风可以感应这些振动，并且将它们转换为电流。

振动所产生的波形可以用正弦函数的图像表示。正弦波有两个参数：振幅（也就是一个周期中的最大振幅）和频率。人们已知振幅就是音量，频率就是音调。一般来说人耳可感受的正弦波的范围是从20Hz（每秒周期）的低频声音到20000Hz的高频声音。

计算机只能处理数字信号，要使计算机能够处理声音信号，就必须设计一种能将声音与数字信号相互转换的机制，完成此功能的方法称为“脉冲编码调制”（Pulse Code Modulation，PCM）。

脉冲编码调制有两个参数：取样频率，即每秒内测量波形振幅的次数；样本大小，即用于储存振幅级的位数。取样频率越高，样本取数越大，原始声音的复制越好。不过，存在一个提高取样频率和样本大小的极点，超过这个极点也就超过了人类分辨声音的极限。在激光唱机 CD 中使用的取样频率是每秒 44 100 个样本，或者称为 44.1kHz。Windows 同时支持 8 位和 16 位的样本大小。存储 8 位的样本时，样本以无正负号字节处理，静音将存储为一个值为 0x80 的字符串。16 位的样本以带正负号整数处理，这时静音将存储为一个值为 0 的字符串。

11.1.2 高级音频函数

Windows 提供了 3 个特殊的播放声音的高级音频函数：MessageBeep、PlaySound 和 sndPlaySound。这 3 个 API 函数可以满足波形声音的一般要求，但它们播放的波形声音文件（.wav）的大小不能超过 100kB。播放比较大的波形声音文件就要使用媒体控制接口 MCI 来设计其应用程序。

1. MessageBeep( )函数

MessageBeep( )函数为播放系统报警声音的函数，这里不详细叙述。

2. PlaySound( )函数

函数 PlaySound( )的原型为

```
BOOL PlaySound(LPCSTR pszSound, HMODULE hmod, DWORD fdwSound);
```

其中，

（1）参数 pszSound 是指定了要播放声音的字符串，该参数可以是 WAVE 文件的名字，或者 WAV 资源的名字，或者内存中声音数据的指针，或者在系统注册表 WIN.INI 中定义的系统事件声音。如果该参数为 NULL 则停止正在播放的声音。

（2）参数 hmod 是应用程序的实例句柄，除非 pszSound 指向一个资源标识符（即 fdwSound 被定义为 SND_RESOURCE），否则必须设置为 NULL。

（3）参数 fdwSound 是播放标志的组合，见表 11.1。播放标志组合时，其标志之间用“|”符号间隔。若成功则函数返回 TRUE，否则返回 FALSE。

表 11.1 PlaySound( )函数播放标志及其含义

播放标志	含 义
SND_APPLICATION	用应用程序指定的关联来播放声音
SND_ALIAS	pszSound 参数指定注册表或 WIN.INI 中的系统事件的别名
SND_ALIAS_ID	pszSound 参数指定了预定义的声音标识符
SND_ASYNC	用异步方式播放，PlaySound 函数在开始播放后立即返回
SND_FILENAME	pszSound 参数指定了 WAV 文件名
SND_LOOP	重复播放声音，必须与 SND_ASYNC 标志一起使用
SND_MEMORY	播放载入到内存中的声音，此时 pszSound 是指向声音数据的指针
SND_NODEFAULT	不播放默认声音
SND_NOSTOP	PlaySound 不打断原来的声音播出并立即返回 FALSE
SND_NOWAIT	如果驱动程序正忙则函数不播放声音并立即返回
SND_PURGE	停止所有与调用任务有关的声音。若参数 pszSound 为 NULL，就停止所有的声音，否则，停止 pszSound 指定的声音
SND_RESOURCE	pszSound 参数是 WAVE 资源的标识符，要用到 hmod 参数
SND_SYNC	同步播放声音，在播放完后 PlaySound 函数才返回

3. sndPlaySound( )函数

sndPlaySound( )函数的功能与 PlaySound 类似，但少了一个参数。函数的原型为

```
BOOL sndPlaySound(LPCSTR lpszSound, UINT fuSound);
```

其中，参数 lpszSound 一般是 WAV 文件的文件名，参数 fuSound 是如何播放声音的标志组合。fuSound 参数标志的含义与 PlaySound 的一样。

SND_ASYNC：异步播放，即程序不等播放结束就继续执行，播放背景声。

SND_SYNC：同步播放，即播放结束才继续执行。

SND_LOOP：循环播放。

SND_NODEFAULT：如果找不到指定文件，保持安静。如不指定此参数，则播放系统默认警告音。如没有默认警告音，则为失败。

执行成功返回 TRUE，失败返回 FALSE。

从函数的声明可以看出，sndPlaySound 不能直接播放声音资源。要用该函数播放 WAVE 文件，可按下面的方式调用：

```
sndPlaySound("mysound.wav", SND_ASYNC | SND_NODEFAULT);     //播放
```

要停止播放只需再执行一遍 lpszSound 参数为 NULL 的 sndPlaySound 函数。

```
sndPlaySound(NULL,NULL);                                    //停止
```

4. 需要的头文件

使用 PlaySound 和 sndPlaySound 播放声音文件时，程序要加入 mmsystem.h，并且编译时要链接 winmm.lib 库：

```
#include "mmsystem.h"
#pragma comment(lib,"winmm.lib")
```

11.1.3　简单音频播放程序设计

【例 11-1】 应用 PlaySound 函数设计一个简单的声音播放器。

1. 界面布局与控件属性设置

（1）利用 MFC 的向导选择“MFC 应用程序”选项，按照图 11.2 所示布局样式，创建对话框应用程序，项目名称为“soundPlay”。在对话框中添加 3 个命令按钮。

图 11.2　“简易声音播放器”界面布局

（2）控件设置。各个控件的属性及变量设置见表 11.2。

表 11.2　控件的属性及变量设置

控件类型	控件 ID	控件属性（非默认）	消息处理函数
命令按钮	IDCANCEL	标题为“退出”	
命令按钮	IDC_BUTTON_PLAY	标题为“播放”	OnBnClickedButtonPlay()
命令按钮	IDC_BUTTON_STOP	标题为“停止”	OnBnClickedButtonStop()

2. 添加头文件

在对话框程序 soundPlayDlg.cpp 的最前面，添加头文件：

```
#include <mmsystem.h>
#pragma comment(lib,"winmm.lib")   //链接 winmm.lib 库
```

3. 代码设计

1）编写“播放”按钮代码

在对话框中双击“播放”按钮，则系统自动转换到对话框程序 soundPlayDlg.cpp，编写对应的消息处理函数 OnBnClickedButtonPlay( )代码：

```
1  void CsoundPlayDlg::OnBnClickedButtonPlay()
2  {
3    // 播放声音文件
4    CString str=_T("sound.wav");
5    PlaySound (str, NULL, SND_FILENAME | SND_ASYNC);
6    //或使用 sndPlaySound(_T("sound.wav"),SND_ASYNC);
7  }
```

2）编写“停止”按钮代码

在对话框程序 soundPlayDlg.cpp 中，编写“停止”按钮对应的消息处理函数 OnBnClickedButtonStop( ) 代码：

```
1  void CsoundPlayDlg::OnBnClickedButtonStop()
2  {
3      // 停止播放声音文件
4      AfxMessageBox(_T("停止播放声音文件") );
5       PlaySound (NULL,NULL,NULL);
6  }
```

注意：在运行程序时，声音文件 sound.wav 要和执行文件 soundPlay.exe 放在同一目录中。

11.2 应用 MCIWnd 设计多媒体播放器程序

MCIWnd 是一个控制多媒体设备（视频、音频等设备）的窗口类，可以方便地在应用程序中操作多媒体的播放和录制。

MCIWnd 不是 MFC 的基类，该类在头文件 vfw.h 中定义，设计 MCIWnd 程序时，源文件中需要包含该头文件，并且要把 vfw32.lib 加入到应用程序中。

1. MCIWnd 子窗口的创建

MCIWnd 窗口是媒体播放器应用程序的子窗口，要在父窗口中创建 MCIWnd 子窗口，可使用 MCIWndCreate 函数。MCIWndCreate 函数的原型为

```
HWND MCIWndCreate(
    HWND hwndParent,              //父窗口句柄
    HINSTANCE hInstance,          //应用程序的实例句柄
    DWORD dwStyle,                //显示风格
    LPSTR szFile                  //多媒体文件名
);
```

返回的 HWND 可以保存下来，供后面的其他功能使用。

该子窗口会占据父窗口一定空间，带有播放按钮、进度条等。

2. MCIWnd 的函数

MCIWnd 窗口类定义了很多操作函数，常用的成员函数见表 11.3。

表 11.3　MCIWnd 类的常用成员函数

函　数	作　用
MCIWndOpen(hwnd, sz, f)	打开多媒体文件
MCIWndOpenDialog(hwnd)	打开 MCIWnd 窗口的选项对话框
MCIWndClose(hwnd)	结束多媒体文件（MCIWnd 窗口仍打开）
MCIWndPlay(hwnd)	播放
MCIWndStop(hwnd)	停止播放
MCIWndPause(hwnd)	暂停播放
MCIWndHome(hwnd)	到文件开始
MCIWndEnd(hwnd)	到文件结束
MCIWndDestroy(hwnd)	结束 MCIWnd（关闭 MCIWnd 窗口）

【例 11-2】 应用 MCIWnd 类设计一个多媒体播放器。

1. 界面布局与控件属性设置

（1）利用 MFC 的向导选择“MFC 应用程序”选项，按照图 11.3 所示布局样式，创建对话框应用程序，项目名称为“mPlay”。在对话框中添加 5 个命令按钮和 1 个群组框。

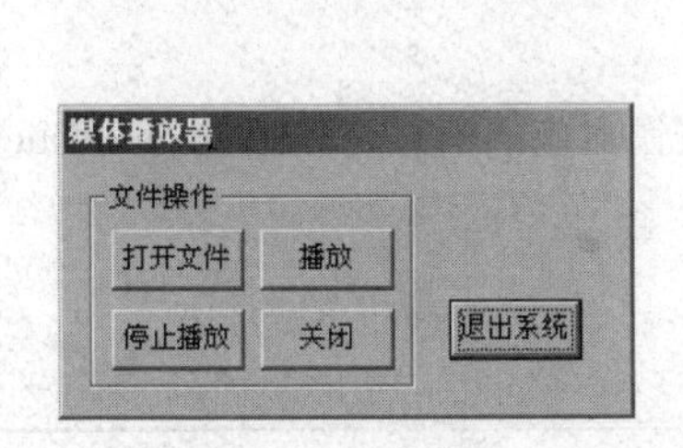

（a）对话框界面布局

（b）MCIWnd 播放视频的子窗口

图 11.3　“媒体播放器”界面布局

（2）控件设置。各个控件的属性及变量设置见表 11.4。

表 11.4　控件的属性及变量设置

控件类型	控件 ID	控件属性（非默认）	消息处理函数
群组框	IDC_STATIC	标题为“文件操作”	
命令按钮	IDCANCEL	标题为“退出系统”	
命令按钮	IDC_BUTTON_OPEN	标题为“打开文件”	OnBnClickedButtonOpen()
命令按钮	IDC_BUTTON_PLAY	标题为“播放”	OnBnClickedButtonPlay()
命令按钮	IDC_BUTTON_STOP	标题为“停止播放”	OnBnClickedButtonStop()
命令按钮	IDC_BUTTON_EXIT	标题为“关闭”	OnBnClickedButtonExit()

2. 代码设计

1）添加头文件

在对话框程序 mPlayDlg.cpp 的最前面，添加头文件：

```
#include <vfw.h>
#pragma comment(lib,"vfw32.lib")  //链接 vfw32.lib 库
```

2）编写“打开文件”按钮代码

在对话框中双击“打开文件”按钮，则系统自动转换到对话框程序 mPlayDlg.cpp，编写对应的消息处理函数 OnBnClickedButtonOpen( )代码：

```
1   void CmPlayDlg::OnBnClickedButtonOpen()
2   {
3      // 打开视频或音频文件
4     CString Filter;
5      CString str;
6      Filter = "所有文件(*.*) | *.* || ";
7     CFileDialog FileDlg(TRUE, L"*", L"*.*",
8                        OFN_HIDEREADONLY, Filter);   ← 调用文件选择对话框，选择要播放的多媒体文件
9     if(FileDlg.DoModal() == IDOK)
10    {
11       str = FileDlg.GetFileName();                 ← 获取文件选择对话框中所选择的多媒体文件
12    }
13     m_mcihWnd = MCIWndCreate(NULL, NULL,
14                MCIWNDF_SHOWALL | MCIWNDF_RECORD,
15              str);                                 ← 建立 MCIWnd 句柄，打开 MCIWnd 播放窗口
16    MCIWndOpenDialog(m_mcihWnd);                    ← 打开 MCIWnd 播放窗口中的选项对话框
17  }
```

3）编写“播放”按钮代码

在对话框程序 mPlayDlg.cpp 中，编写“播放”按钮对应的消息处理函数 OnBnClickedButtonPlay( )代码：

```
1  void CmPlayDlg::OnBnClickedButtonPlay()
2  {
3     // 播放视频或音频文件
4     MCIWndPlay(m_mcihWnd);      ← 播放由 MCIWnd 句柄 m_mcihWnd 所设定的多媒体文件
5  }
```

4）编写“停止播放”按钮代码

“停止播放”按钮的功能为停止正在播放的多媒体文件，停止以后，再按“播放”按钮，接着播放媒体文件后面没有播放完的内容。在对话框程序 mPlayDlg.cpp 中，编写“停止播放”按钮对应的消息处理函数 OnBnClickedButtonStop( )代码：

```
1  void CmPlayDlg::OnBnClickedButtonStop()
2  {
3     // 停止播放
4     MCIWndStop(m_mcihWnd);
5  }
```

5）编写“关闭”按钮代码

在对话框程序 mPlayDlg.cpp 中，“关闭”按钮的功能是关闭 MCI 播放窗口。编写“关闭”按

钮对应的消息处理函数 OnBnClickedButtonStop( )代码：

```
1  void CmPlayDlg::OnBnClickedButtonExit()
2  {
3       // 关闭 MCI 窗口
4      MCIWndDestroy(m_mcihWnd);
5  }
```

11.3　图像文件显示程序设计

11.3.1　显示位图图像的相关函数

位图是计算机处理图像的一种最常见的图像格式。位图图像文件的扩展名为. bmp。位图图像由像素点组成，每个像素用颜色位表示颜色质量，4 位表示 16 种颜色，8 位表示 256 种颜色，16 位表示 65 536 种颜色，而 24 位表示 16 777 216 种颜色。

1. 图像装载函数 LoadImage

LoadImage 函数可以装载位图图像或光标图像，其函数原型为

```
HANDLE LoadImage(
     HINSTANCE hinst,         // 将要装载的图像模块的实例句柄
     LPCTSTR lpszName,        // 将要装载的图像文件
     UINT uType,              // 标识要装载的图像类型
     int cxDesired,           // 指定图标或光标的宽度，以像素为单位
     int CyDesired,           // 指定图标或光标的高度，以像素为单位
     UINT fuLoad              // 指定图像的装载方式
     );
```

其中，

（1）参数 UINT uType 为标识要装载图像的类型，这个参数可以是以下值的一种：

```
IMAGE_BITMAP    // 装载位图图像
IMAGE_CURSOR    // 装载光标图像
IMAGE_ICON      // 装载图标图像
```

（2）参数 UINT fuLoad 为指定图像的装载方式，这个参数可以是以下值的组合：

```
LR_DEFAULTCOLOR          // 默认标志，它不作任何处理。
LR_CREATEDIBSECTION      // 函数返回 DIB 部分位图，而不是一个兼容的位图
    LRDIFAULTSIZE        // 函数使用实际资源尺寸
    LR_LOADFROMFILE      // 根据参数 lpszName 的值装载图像文件
    LR_SHARED            // 共享内存，多次调用同一资源时不会再重新装载图像入内存
```

2. 指定设备上下文环境函数 CreateCompatibleDC

CreateCompatibleDC 函数为创建一个与指定设备兼容的内存设备上下文环境（DC），其函数原型为

```
HDC CreateCompatibleDC(HDC hdc);
```

其中，参数 hdc 为现有设备上下文环境的句柄。

3. 获得图形对象的信息函数 GetObject

GetObject 函数得到指定图形对象的信息，根据图形对象，函数把填满的结构、表项（用于逻

辑调色板）等数目放入一个指定的缓冲区。其函数原型为

```
int GetObject(HGDIOBJ hgdiobj, int cbBuffer, LPVOID lpvObject);
```

其中，

hgdiobj：指向感兴趣的图形对象的句柄。

cbBuffer：指定将要写到缓冲区的信息的字节数目。

lpvObject：指向一个缓冲区的指针。

4．绘制图像函数 BitBlt

BitBlt 函数在设备上完成图像绘制，将图像传送到目标设备上显示。其函数原型为

```
BOOL BitBlt(HDC hdcDest, int nXDest, int nYDest, int nWidth, int nHeight,
            HDC hdcSrc, int nXSrc, int nYSrc, DWORD dwRop );
```

其中，

hdcDest：指向目标设备环境的句柄。

nXDest：指定目标矩形区域左上角的 *X* 坐标。

nYDest：指定目标矩形区域左上角的 *Y* 坐标。

nWidth：指定源和目标矩形区域的宽度。

nHeight：指定源和目标矩形区域的高度。

hdcSrc：指向源设备环境的句柄。

nXSrc：指定源矩形区域左上角的 *X* 坐标。

nYSrc：指定源矩形区域左上角的 *Y* 坐标。

dwRop：指定光栅操作模式。通常使用 SRCCOPY，表示将源矩形区域直接复制到目标矩形区域。

11.3.2 图像显示程序设计示例

【例 11-3】 设计一个如图 11.4 所示的显示位图图像应用程序。

图 11.4 显示位图图像应用程序

设计步骤如下。

1．创建项目

应用 MFC 向导，选择“单文档界面”选项，创建一个单文档的应用程序，项目名称为 bmpPlay。

2．修改菜单项并编写单击菜单项的响应事件函数

（1）删除原有的“文件”菜单下除了“退出”选项之外的所有子项。

（2）新增“显示图像”选项，并在其下面增加“打开图像文件”子项。在“属性”面板中设置“打开图像文件”子项的 ID 为“ID_OPEN_BMP”。

（3）右击“打开图像文件”子项，在弹出的快捷菜单中选择“添加事件处理程序”选项。在“事件处理程序向导”对话框中的“消息类型”栏中选择 COMMAND 选项，在“类列表”栏中选择 CbmpPlayView 选项。再单击“添加编辑”按钮。

（4）编写单击菜单“打开图像文件”子项的响应事件函数。对于 CbmpPlayView 类，在函数中调用“文件选择对话框”CFileDialog 类，并且限制选择文件类型为位图文件（*.bmp），代码如下：

```
1  void CbmpPlayView::OnOpenBmp()
2  {
3    // 菜单命令，调用“文件选择对话框”类，选择图像文件
4    CString Filter;
5    Filter = "位图文件(*.bmp) | *.bmp || ";
6    CFileDialog FileDlg(TRUE, L"bmp", L"*.bmp", OFN_HIDEREADONLY, Filter);
7    if(FileDlg.DoModal() == IDOK)
8    {
9      strFile = FileDlg.GetFileName();   ◄── 单击对话框的“确定”按钮后，将文件名保存到全局变量 strFile 中
10   }
11 }
```

3．设置全局变量

在 bmpPlayView.cpp 程序的前面，定义全局变量 strFile，存放在菜单中选择打开的图像文件名：

```
CString strFile = TEXT("fly.bmp");   ◄── 定义全局变量并赋初值，该图像文件应与应用程序在同一文件目录中
```

4．修改 OnDraw( )函数

在程序 bmpPlayView.cpp 中，修改 CbmpPlayView 类的 OnDraw( )函数，代码如下：

```
1  void CbmpPlayView::OnDraw(CDC* pDC)
2  {
3    CbmpPlayDoc* pDoc = GetDocument();   ┐
4    ASSERT_VALID(pDoc);                  ├◄── 系统自动生成的语句
5    if (!pDoc) return;                   ┘
6    // TODO: 在此处为本机数据添加绘制代码
7    CBitmap bitmap;
8    BITMAP bmInfo;
9    HBITMAP hbmp;
10   hbmp = (HBITMAP)LoadImage(NULL, strFile,          ┐
11         IMAGE_BITMAP,0,0,LR_LOADFROMFILE);          ┘◄── 装载位图图像文件
12   bitmap.Attach(hbmp);   ◄── 向设备注册装载的图像
13   CPoint ps;
14   CDC dcComp;
15   dcComp.CreateCompatibleDC(pDC);    ┐
16   dcComp.SelectObject(&bitmap);      ┘◄── 创建设备上下文环境，然后用新对象替换先前的相同类型的对象
17   ps.x = 0;
18   ps.y = 0;
19   bitmap.GetObject(sizeof(bmInfo), &bmInfo);   ◄── 获取图像对象信息
20   pDC->BitBlt(ps.x, ps.y, bmInfo.bmWidth,              ┐
21       bmInfo.bmHeight, &dcComp, 0, 0, SRCCOPY);        ┘◄── 绘制图像
22 }
```

11.4 基于.NET基础类库的图像处理程序设计

11.4.1 .NET平台结构的CLR

在Visual Studio .NET中，C++语言得到进一步扩展，Visual C++支持.NET Framework CLR（公共语言运行库）。

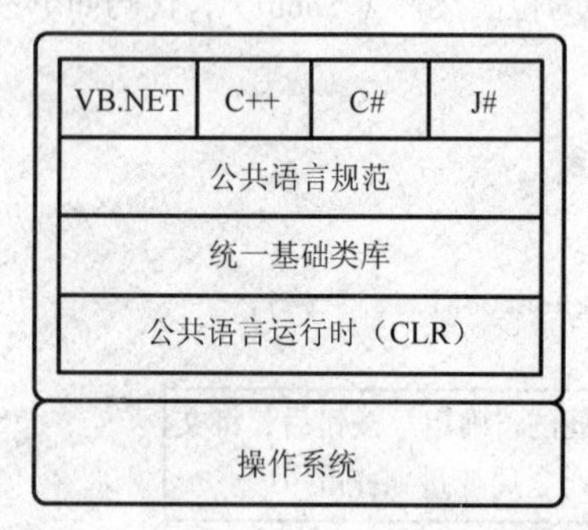

图11.5 Visual Studio .NET 平台结构

公共语言运行时（Common Language Runtime，CLR）被称为下一代 Windows 服务运行时。它是建立在操作系统上的一个虚拟环境，主要的任务是管理代码的运行。CLR 现在支持几十种编程语言，并把它们编译成一种中间语言（Intermediate Language，IL）代码的形式执行。这种生成的中间代码在.NET中被称为托管代码，因为这样的代码是直接运行在CLR上的，所以具有与平台无关的特点。Visual Studio .NET 平台结构如图11.5所示。

从图11.5的.NET平台结构图中也可以看到，基类库可以被各种语言调用和扩展，也就是说不管是C#，VC++还是VB.NET，都可以自由地调用。

在 .NET 开发中，图形用户界面（GUI）应用程序称为“Windows 窗体应用程序”。使用 Visual C++ 开发Windows 窗体项目，通常在“项目类型”窗格中，选择Visual C++节点中的CLR选项，然后在“模板”窗格中选择“Windows窗体应用程序”选项，系统向导将自动生成一个窗体。

11.4.2 .NET基础类库的图像处理类

1. 图像处理

图像处理就是对图像的各个像素值按某种算法进行变换，然后按变换后的新像素值重新显示，形成一幅新的图像。

2. Bitmap类

Bitmap类是一个用于处理由像素数据定义的图像的类。Bitmap类提供了许多图像处理的方法（在CLR中，类对象的成员函数称为方法，类对象的数据成员称为属性）。

（1）Bitmap对象的常用属性见表11.5。

表11.5 Bitmap对象的常用属性

名　称	说　明
Height	获取Image 的高度（以像素为单位）
HorizontalResolution	获取 Image 的水平分辨率（以“像素/英寸”为单位）
Palette	获取或设置用于Image 的调色板
PhysicalDimension	获取图像的宽度和高度
PixelFormat	获取 Image 的像素格式
RawFormat	获取 Image 的格式
Size	获取图像的以像素为单位的宽度和高度
VerticalResolution	获取 Image 的垂直分辨率（以“像素/英寸”为单位）
Width	获取 Image 的宽度（以像素为单位）

（2）Bitmap 对象的常用方法见表 11.6。

表 11.6　Bitmap 对象的常用方法

名　　称	说　　明
FromFile	从指定的文件创建 Image
GetBounds	以指定的单位获取图像的界限
GetPixel	获取 Bitmap 中指定像素的颜色
GetPixelFormatSize	返回指定像素格式的颜色深度（每个像素的位数）
GetThumbnailImage	返回 Image 的缩略图
RotateFlip	旋转、翻转或者同时旋转和翻转 Image
Save	将图像以指定的格式保存到指定的流中
SetPixel	设置 Bitmap 中像素的颜色
SetResolution	设置 Bitmap 的分辨率

3. Color 结构

Color 结构用于表示图像像素的 ARGB 颜色。Color 结构的常用属性见表 11.7。

表 11.7　Color 结构的常用属性

名　　称	说　　明
A	获取 alpha 分量值
B	获取蓝色分量值
G	获取绿色分量值
R	获取红色分量值
FromArgb( )	基于 4 个 8 位 ARGB 分量（alpha、红色、绿色和蓝色）值创建 Color 结构
	Color.FromArgb(int)：从一个 ARGB 值创建 Color 结构
	Color.FromArgb(int, Color)：从已知 Color 结构创建 Color 结构，但要使用新指定的 alpha 值
	Color.FromArgb(int, int, int)：从指定颜色值（红色、绿色和蓝色）创建 Color 结构。alpha 值默认为 255（完全不透明）
	Color.FromArgb(int32,int32, int32, int32)：从 4 个 ARGB 分量（alpha、红色、绿色和蓝色）值创建 Color 结构

4. Image 类

Image 类是一个显示图像的控件，Image 类能够加载的图像有.bmp、.gif、.ico、.jpg 和.png 等类型。

11.4.3　图像处理示例

【例 11-4】　应用 Image 类编写一个显示图像的程序，如图 11.6 所示。

图 11.6　“显示图像”界面布局

设计步骤如下。

（1）在 Visual Studio 新建项目。在“项目类型”窗格中，选择 Visual C++节点中的 CLR 选项，然后在“模板”窗格中选择“Windows 窗体应用程序”选项。项目的名称为 ImgPlay。

（2）在 Windows 窗体设计器中显示所创建项目的

“Form1”。在 Form 中添加一个“图像框”工具 PictureBox、一个“打开文件对话框”控件 OpenFileDialog、一个命令按钮 Button。

（3）控件设置。各个控件的属性及变量设置见表 11.8。

表 11.8　控件的属性及变量设置

控件类型	控件名称	控件属性（非默认）	消息处理函数
窗体	Form1	Text 设为：图像处理	
图像框	pictureBox1	BorderStyle 设置为：Fixed3D	
		SizeMode 设置为：StretchImage	
打开文件对话框	openFileDialog1	Filter 设置为：所有文件(*.*)|*.*	
		Multiselect 设置为：true	
命令按钮	Button1	Text 设为：打开图像文件	button1_Click( )

（4）代码设计。在 Form1 上双击 Button1 按钮，系统自动切换到窗体程序 Form1.h，编写对应的消息处理函数 button1_Click ( )代码：

```
1    private: System::Void button1_Click(System::Object^  sender,
2                                         System::EventArgs^  e)
3    {
4     Image ^image = Image::FromFile(this->openFileDialog1->FileName);
5     pictureBox1->Image=image;      ◄── 将图像对象装载到 pictureBox1 中显示
6     pictureBox2->Refresh();        ◄── 刷新
7    }
```

其中，openFileDialog1 为“打开文件对话框”控件，这是一个由基类 FileDialog 派生的类，可以实现调用文件对话框的功能。该派生类的 FileName 属性表示获取所选定文件完整路径的字符串。

【例 11-5】 编写一个完成复制图像功能的图像处理应用程序，如图 11.7 所示。

（a）复制前　　　　（b）复制后

图 11.7　复制图像

设计步骤如下：

（1）在 Visual Studio 新建项目。在“项目类型”窗格中，选择 Visual C++节点中的 CLR 选项，然后在“模板”窗格中选择“Windows 窗体应用程序”选项。项目的名称为 copyImg。

（2）在 Windows 窗体设计器中显示所创建项目的“Form1”。在 Form 中添加两个“图像框”工具 PictureBox 和一个命令按钮。

（3）控件设置。各个控件的属性及变量设置见表 11.9。

表 11.9　控件的属性及变量设置

控件类型	控件名称	控件属性（非默认）	消息处理函数
窗体	Form1	Text 设为：图像处理	
图像框	pictureBox1	Image 设置显示的图像文件路径	
		BorderStyle 设置为：Fixed3D	
		SizeMode 设置为：StretchImage	
图像框	pictureBox2	Image 设置显示的图像文件路径	
		BorderStyle 设置为：Fixed3D	
		SizeMode 设置为：StretchImage	
命令按钮	Button1	Text 设为：复制图像	button1_Click()

（4）代码设计。在 Form1 上双击 Button1 按钮，系统自动切换到窗体程序 Form1.h，编写对应的消息处理函数 button1_Click ( )代码：

```
1   private: System::Void button1_Click(System::Object^  sender,
2           System::EventArgs^  e)
3   {
4     pictureBox2->Image = pictureBox1->Image;      ← 将Box1的图像复制到Box2中
5     pictureBox2->Refresh();          ← 刷新
6   }
```

【例 11-6】 编写一个具有图像反色功能的图像处理程序，如图 11.8 所示。

（a）反色前　　（b）反色后

图 11.8　图像反色处理

设计步骤如下：

（1）在 Visual Studio 新建项目。在“项目类型”窗格中选择 Visual C++节点中的 CLR 选项，然后在“模板”窗格中选择“Windows 窗体应用程序”选项。设置项目的名称为 fsImg。

（2）在 Windows 窗体设计器中显示所创建项目的“Form1”。在 Form 中添加一个图像框工具 PictureBox 和一个命令按钮。

（3）控件设置。各个控件的属性及变量设置见表 11.10。

表 11.10　控件的属性及变量设置

控件类型	控件名称	控件属性（非默认）	消息处理函数
窗体	Form1	Text 设为：图像处理	
图像框	pictureBox1	Image 设置显示的图像文件	
		BorderStyle 设置为：Fixed3D	
		SizeMode 设置为：StretchImage	
命令按钮	Button1	Text 设为：复制图像	button1_Click()

（4）反色处理算法设计。设 R1、G1、B1 分别为图像处理前像素的红、绿、蓝分量值，R2、G2、B2 为图像处理反色处理后的红、绿、蓝分量值。则反色处理的算法如下：

```
R2 = 255 - R1
G2 = 255 - G1
B2 = 255 - B1
```

（5）代码设计。在 Form1 上双击 Button1 按钮，系统自动切换到窗体程序 Form1.h，编写对应的消息处理函数 button1_Click ( )代码：

```
1   private: System::Void button1_Click(System::Object^  sender,
2          System::EventArgs^  e)
3   {
4     Color c1,c;    //图像反色
5     Bitmap ^ box1 = gcnew Bitmap(pictureBox1->Image);   ┐
6     Bitmap ^ box2 = gcnew Bitmap(pictureBox1->Image);   ├← 创建两个 Bitmap 对象
7     int i, j;                                           ┘
8     for( i = 0; i < pictureBox1->Image->Width; i++)    ← 图像宽度
9     {
10     for( j= 0; j < pictureBox1->Image->Height; j++)   ← 图像高度
11     {
12        c1 = box1->GetPixel(i,j);   ← 获取 Bitmap 对象的像素颜色
13        c = Color::FromArgb(255-c1.R, 255-c1.G, 255-c1.B);   ← 创建反色的颜色
14        box2->SetPixel(i, j, c);   ← 设置像素颜色
15     }
16    }
17    pictureBox1->Image = box2;   ← 在图像框中显示重构的图像
18    pictureBox1->Refresh();   ← 刷新
19  }
```

注意： 在创建.NET 对象时，新的 Visual C++语法使用 gcnew 关键字（而非 new），且 gcnew 返回的是一个句柄(^)，而不是指针(*)。

本 章 小 结

本章主要介绍了 Windows 多媒体应用程序的设计方法和步骤，应用音频函数设计声音播放器，应用 MCIWnd 设计多媒体播放器，以及图像处理程序的设计。这里介绍的仅仅是多媒体处理技术

的一些最基本方法，还需要多做练习，更多地查阅相关资料，进一步熟悉 MCI 命令，这样才能编写出一个性能稳定、功能强大的多媒体处理器。

本章的知识点归纳如图 11.9 所示。

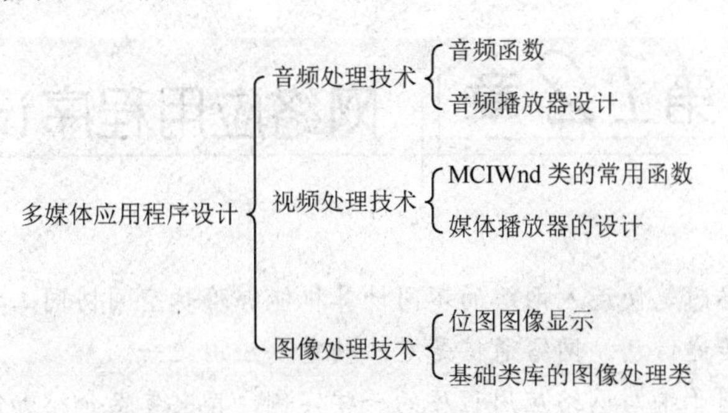

图 11.9　本章知识点

习 题 十 一

11.1 在例题 11-1 的对话框中增加一个“打开文件”按钮，在按钮的响应事件函数中，调用文件对话框 CFileDialog 类，选择要播放的声音文件，单击“播放”按钮后，播放该声音文件。

11.2 修改例题 11-2，为媒体播放器增加“快进”、“快退”、“暂停”等功能。

11.3 修改例题 11-3，增加位图图像的缩放功能。

11.4 编写程序，将一幅彩色图像变成灰度图像。

11.5 编写一个具有使图像旋转的功能的程序。

第12章 网络应用程序设计

网络应用的核心思想是使连入网络的不同计算机能够跨越空间协同工作，这首先要求它们之间能够准确、迅速地传递信息。网络通信是C++的重要应用之一。

本章将介绍C++用于编写网络应用程序的一些实例，其中重点介绍如何用C++语言设计客户/服务器通信的应用程序和Web浏览器程序。

12.1 网络通信基础

12.1.1 网络基础知识

1. 客户/服务器模型（Client/Server 模型）

网络应用系统通常是一个客户/服务器模型（Client/Server 模型，C/S 模型），要进行网络通信，首先要理解什么是C/S 模型。C/S 模型由两部分构成：客户端和服务器端。

网络程序和普通的程序的最大区别在于，网络程序是由两个部分组成的——客户端程序和服务端程序。

在网络中，安装并运行服务端程序的计算机称为服务器。服务器工作的大致过程是：开启服务器使服务程序处于监听状态，等待客户端程序发来的连接请求，一旦检测到连接请求信息，服务器随之响应，即建立与客户端的连接，此后双方便可以传送数据。服务器能同时对多个客户端提供服务。

而在网络中运行客户端程序的计算机称为客户机。客户机工作的大致过程：客户端向服务器提出服务请求，请求连接到服务器，如果服务器接受了它的请求，并给予回应，则双方可以进行通信。

一般情况下，由客户主动发起连接请求，而客户机和服务器都可以作为发起结束通信请求方。

客户/服务器系统的工作原理如图 12.1 所示。

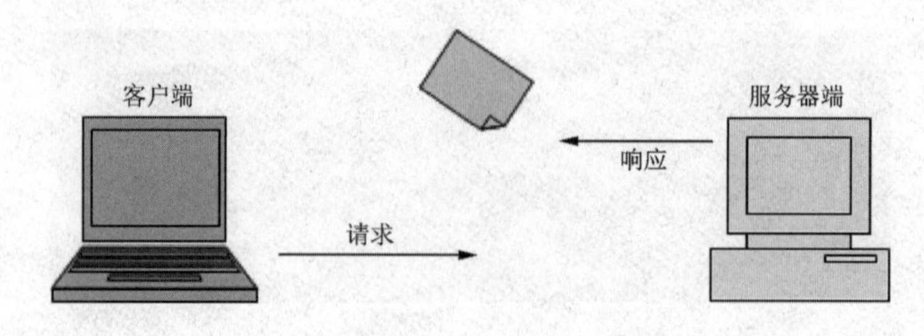

图 12.1 客户/服务器系统的工作原理

这里举一个简单的例子：客户与服务器的关系类似于客户与餐厅的关系。构建餐厅的房屋、招聘服务员等可以看成建立服务器，餐厅开业相当于服务器处于监听状态，等待客户的来临。客户要想进餐厅就餐，相当于客户端发起服务请求，若餐厅答应为其服务，双方就建立了连接，可以开始服务。当然一个餐厅能接收多个客户。

2. IP 地址

网络中连接了很多计算机，假设计算机 A 向计算机 B 发送信息，若网络中还有第三台计算机 C,那么主机 A 怎么知道信息被正确传送到主机 B 而不是被传送到主机 C 中了呢？如图 12.2 所示。

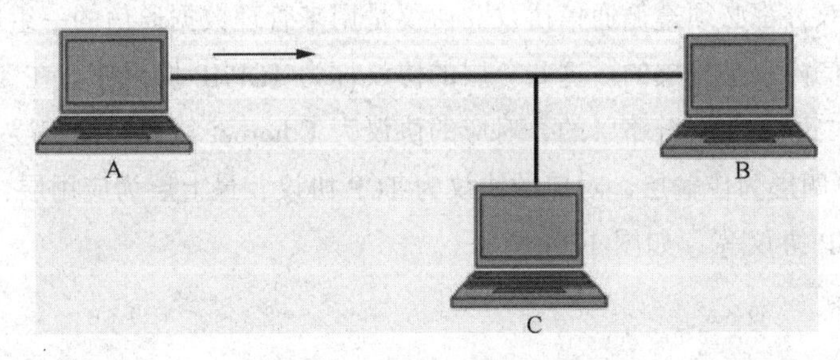

图 12.2　主机 A 向主机 B 发送信息

网络中的每台计算机都必须有一个唯一的 IP 地址作为标识，这个 IP 地址通常写作一组由"."号分隔的十进制数，例如，思维论坛的 IP 地址为 218.5.77.187。IP 地址均由 4 个部分组成，每个部分的范围都是 0 ~ 255，以表示 8 位地址。

值得注意的是，IP 地址都是 32 位地址，这是 IP 协议版本 4（简称 IPv4）规定的，目前由于 IPv4 地址即得耗尽，所以 IPv6 地址正逐渐代替 IPv4 地址，IPv6 地址则为 128 位。

3. 端口

由于一台计算机上可同时运行多个网络程序，IP 地址只能保证把数据信息送到该计算机，但无法知道要把这些数据交给该主机上的哪个网络程序，因此，用"端口号"来标识正在计算机上运行的进程（程序）。每个被发送的网络数据包也都包含有"端口号"，用于将该数据帧交给具有相同端口号的应用程序来处理。

例如，在一个网络程序中指定了所用的端口号为 52000，那么其他网络程序（如端口号为 13 的网络程序）发送给这个网络程序的数据包必须包含 52000 端口号，数据到达计算机后，驱动程序根据数据包中的端口号，就知道要将数据包交给哪个网络程序，如图 12.3 所示。

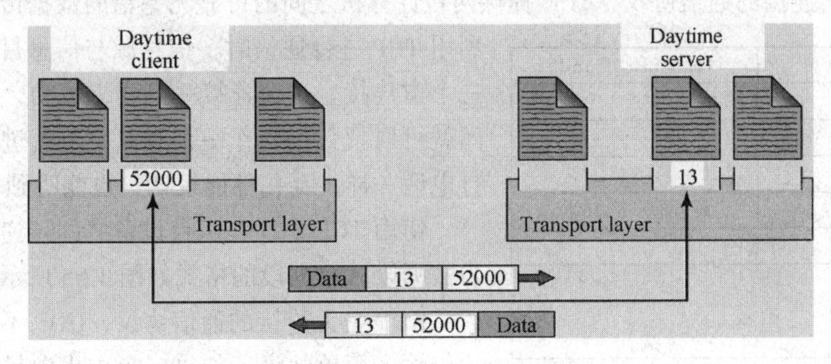

图 12.3　用"端口号"来标识进程

端口号是一个整数，其取值范围为 0 ~ 65 535。由于同一台计算机上不能同时运行两个有相同端口号的进程。通常 0 ~ 1023 之间的端口号作为保留端口号，用于一些网络系统服务和应用，用户的普通网络应用程序应该使用 1024 以后的端口号，从而避免端口号冲突。

12.1.2　TCP 与 UDP 协议

1. 网络协议和协议层

在计算机网络中，通信发生在不同系统的网络设备之间。要使发送和接收信息的双方都能理解所传递的信息，双方都必须遵循通信协议。协议是用来管理数据通信的一组规则。

计算机网络通信协议是分层的。这些分层的协议称为 TCP/IP 协议族。在 TCP/IP 协议族中，底层是物理层，第二层是数据链路层的，对应的协议为 Ethernet 协议，第三层是网络层，对应的协议为 IP 协议，第四层为传输层，对应的协议为 TCP 协议，最上层为应用层，对应的协议主要有 HTTP 协议、FTP 协议等，如图 12.4 所示。

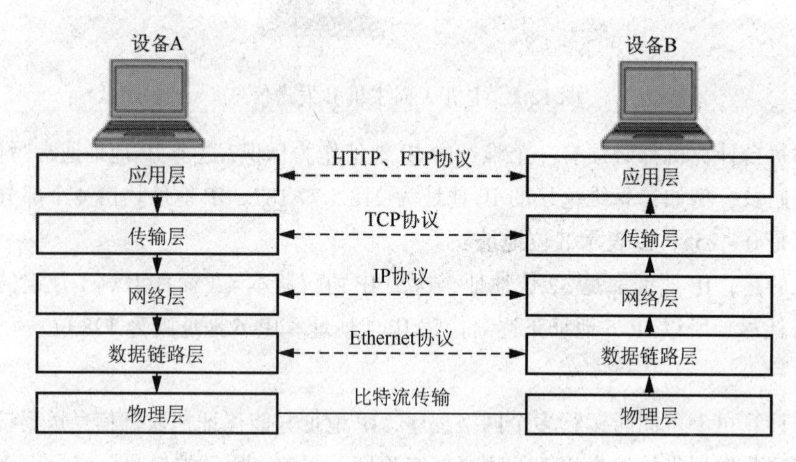

图 12.4　TCP/IP 协议族的结构

2. TCP 与 UDP 协议

在网络通信协议中，有两个高级协议是网络应用程序编写中常用的，它们是位于传输层的“传输控制协议”（Transmission Control Protocol，TCP）和“用户数据报协议”（User Datagram Protocol，UDP）。

TCP 是面向连接的通信协议，TCP 提供两台计算机之间的可靠无差错的数据传输。应用程序利用 TCP 进行通信时，信息源与信息目标之间会建立一个虚连接。这个连接一旦建立成功，两台计算机之间就可以把数据当作一个双向字节流进行交换，就像打电话一样，互相都能说话，也能听到对方的回应。

源端口地址 16 位		目标端口地址 16 位
序列号 32 位		
确认号 32 位		
头部长度 4 位		窗口大小 16 位
校验和 16 位		紧急指示符 16 位
可选项		
数据		

图 12.5　TCP 协议数据段的格式

使用 TCP 协议在两台设备之间传递的数据单元称为数据段。数据段的格式如图 12.5 所示。

UDP 是无连接的通信协议，UDP 不保证可靠数据的传输。简单地说，如果一台主机向另外一台主机发送数据，数据就会立即发出，而不管另外一台主机是否已准备接收数据。如果另外一台主机收到了数据，它不会确认收到与否。这一过程类似于从邮局发送信件，无法确认收信人一定能收到发出去的信件。

12.2　套接字编程

12.2.1　套接字 Winsocket

1．套接字

套接字是一组实现 TCP/IP 协议和用户应用程序之间进行信息传递的函数接口。套接字提供了在一台处理机上执行的应用程序与在另一台处理机上执行的应用程序之间进行连接的功能。

网络通信，准确地说，不能仅说成是两台计算机之间在通信，而是两台计算机上执行的应用程序之间在收发数据。

在 TCP/IP 通信协议中，套接字（Socket）就是 IP 地址与端口号的组合，如图 12.6 所示。

当两个网络程序需要通信时，它们可以使用 Winsocket 建立套接字连接。可以把套接字连接想象为电话呼叫，呼叫完成后，通话的任何一方都可以随时讲话。但是在最初建立呼叫时，必须有一方主动呼叫，而另一方则正在监听铃声。这时，把呼叫方称为“客户端”，负责监听的一方称为“服务器端”。

服务器和客户机各有一个套接字，两者组成一个套接字对，形成一个连接进行通信。图 12.7 是一个典型的客户机/服务器系统利用套接字实现 TCP/IP 协议通信的示意图。

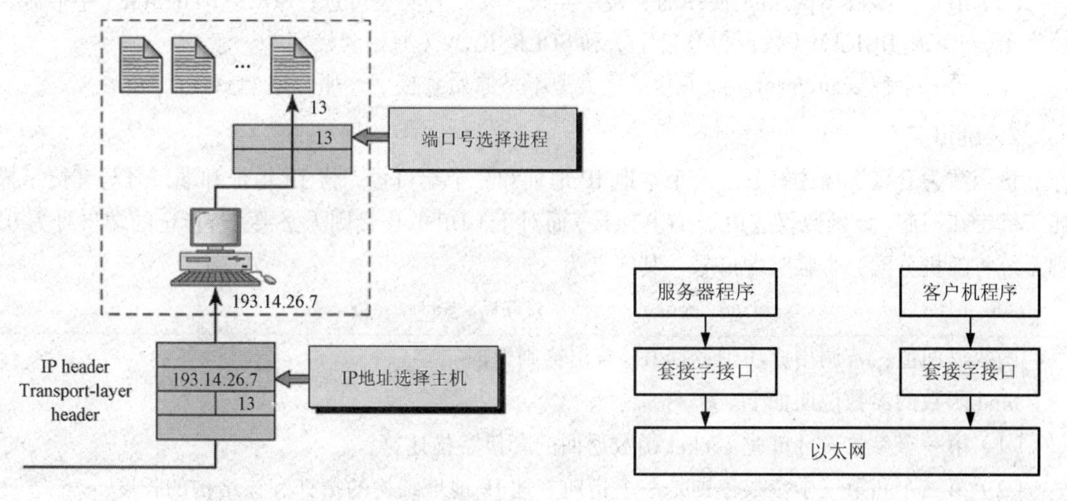

图 12.6　套接字是 IP 地址和端口号的组合　　图 12.7　利用套接字实现的客户机/服务器系统

Winsocket 是 Windows 下的网络套接字编程接口。在 Windows 操作系统中，套接字是通过动态链接库方式提供给用户调用的，主要由 Winsock.h 头文件和动态链接库 winsock.dll 组成。

2．套接字类型

根据网络传输的协议类型的不同，套接字也相应有不同的类型。目前最常用的套接字有以下几种。

（1）字节流套接字（Stream Sockets），基于 TCP 协议的连接和传输方式，又称为 TCP 套接字。字节流套接字提供的通信流能保证数据传输的正确性和顺序性。

（2）数据报套接字（Datagram Sockets），基于UDP协议的连接和传输方式，又称为UDP套接字。数据报套接字定义的是一种无连接的服务，数据通过相互独立地提出报文进行传输。由于不需要对传输的数据进行确认，因此，传输速度较快。

（3）原始套接字，原始套接字允许对底层协议如IP或ICMP进行直接访问，提供TCP套接字和UDP套接字所不提供的功能，主要用于对一些协议的开发，如构造自己的TCP或UDP分组等。

12.2.2 套接字函数

C++系统提供了许多Windows下的套接字函数。下面详细介绍这些函数，调用这些函数需要winsock2.h头文件和动态链接库winsock.dll。

1. socket函数

为了建立网络通信的套接字连接，进程需要做的第一件事就是调用socket函数获得一个套接字描述符。通过调用socket函数所获得的套接字描述符也称为套接口。其定义为

```
int socket(int family,int type,int protocol);
```

函数返回值：若调用成功则返回套接字描述符，这是一个非负整数，若出错则返回-1。

socket函数的参数说明如下。

（1）第一个参数family指定使用的协议族，目前支持5种协议族，比较常用的有AF_INET（IPv4协议）和AF_INET6（IPv6协议）。另外还有AF_LOCAL（UNIX协议）、AF_ROUTE（路由套接字）、AF_KEY（密钥套接字）。

（2）第二个参数type指定使用的套接字类型，有三种类型可选：SOCK_STREAM（字节流套接字）、SOCK_DGRAM（数据报套接字）和SOCK_RAW（原始套接字）。

（3）第三个参数protocol，如果套接字类型不是原始套接字，那么这个参数就为0。

2. bind函数

该函数为套接字描述符分配一个本地IP地址和一个端口号，将IP地址和端口号与套接字描述符绑定在一起。该函数仅适用于TCP连接，而对于UDP的连接则无必要。若指定的端口号为0，则系统将随机分配一个临时端口号。其定义为

```
int bind(int sockfd,struct sockaddr *myaddr,int addrlen);
```

函数返回值：若调用成功则返回0，若出错则返回-1。

bind函数的参数说明如下。

（1）第一个参数sockfd是socket函数返回的套接字描述符。

（2）第二个和第三个参数分别是一个指向本地IP地址结构的指针和该结构的长度。

bind函数所使用的IP地址和端口号在地址结构struct sockaddr *myaddr中指定，其结构在下面给出。

3. 地址结构

在网络编程中有两个很重要的数据类型，它们是地址结构struct sockaddr和struct sockaddr_in，这两个数据类型都是用来存放socket信息的。struct sockaddr的结构如下：

```
struct sockaddr {
 unsigned  short sa_family; /* 通信协议类型族，AF_xxx */
```

```
char  sa_data[14]; /* 14 字节协议地址，包含该 socket 的 IP 地址和端口号 */
};
```

为了方便处理数据结构 struct　sockaddr，经常使用与之并列的另一个数据结构：struct sockaddr_in（这里“in”代表“Internet”）。

```
struct  sockaddr_in {
 short  int sin_family; /* 通信协议类型族 */
 unsigned  short  int sin_port; /* 端口号 */
 struct  in_addr  sin_addr; /* IP 地址 */
 unsigned  char  sin_zero[8]; /* 填充 0 以保持与 sockaddr 结构的长度相同*/
 };
```

其中，通信协议类型族为：AF_INET（IPv4 协议）、AF_INET6（IPv6 协议）、AF_LOCAL（UNIX 协议）、AF_ROUTE（路由套接字）和 AF_KEY（密钥套接字）。

4．connect 函数

该函数用于在客户端通过 socket 套接字建立网络连接。如果是应用 TCP 服务的字节流套接字，connect 就使用三次握手建立一个连接；如果是应用 UDP 服务的数据报套接字，由于没有 bind 函数，connect 有绑定 IP 地址和端口号的作用。其定义为

```
int connect(int sockfd,const struct sockaddr *serv_addr,socklen_t addrlen);
```

函数返回值：若连接成功则返回 0，若连接失败则返回-1。

connect 函数的参数说明如下。

（1）第一个参数 sockfd 是 socket 函数返回的套接字描述符。

（2）第二个和第三个参数分别是服务器的 IP 地址结构的指针和该结构的长度。

connect 函数所使用的 IP 地址和端口号在地址结构 struct　sockaddr　*myaddr 中指定。

5．listen 函数

listen 函数应用于 TCP 连接的服务程序，它的作用是通过 socket 套接字等待来自客户端的连接请求。其定义为

```
int listen(int  sockfd, int  backlog);
```

函数返回值：若连接成功则返回 0，若连接失败则返回-1。

listen 函数的参数说明如下。

（1）第一个参数 sockfd 是 socket 函数经绑定 bind 后的套接字描述符。

（2）第二个参数 backlog 为设置可连接客户端的最大连接个数，当有多个客户端向服务器请求连接时，受到这个数值的制约。默认值为 20。

6．accept 函数

accept 函数与 bind、listen 函数一样，是应用于 TCP 连接的服务程序的函数。调用 accept 后，服务器程序会一直处于阻塞状态，等待来自客户端的连接请求。其定义为

```
int  accept(int sockfd,struct  sockaddr  *cliaddr,socklen_t  *addrlen);
```

函数返回值：若接收到客户端的连接请求，则返回非负的套接字描述符，若失败，则返回-1。

函数的参数说明如下。

（1）第一个参数 sockfd 是 socket 函数经监听后的套接字描述符。

（2）第二个和第三个参数分别是客户端的套接口地址结构和该地址结构的长度。

该函数返回的是一个全新的套接字描述符，这样就有两个套接字了，原来的那个套接字描述符还在继续侦听指定的端口，而新产生的套接字描述符则准备发送或接收数据。

7. Send 和 recv 函数

这两个函数分别用于发送和接收数据。其定义为

```
int  send(int sockfd, const  void  *msg, int  len, int  flags);
int  recv(int sockfd, void  *buf,  int  len, unsigned  int  flags);
```

函数返回值：send 函数返回发送的字节数，recv 函数返回接收数据的字节数。若出错则返回-1。

函数的参数说明如下。

（1）第一个参数 sockfd 是 socket 函数的套接字描述符。

（2）参数 msg 是发送的数据的指针，buf 是存放接收数据的缓冲区。

（3）参数 len 是数据的长度，把 flags 设置为 0。

8. sendto 和 recvfrom 函数

这两个函数的作用与 send 和 recv 函数类似，也是用于发送和接收数据。其定义为

```
int  sendto(int  sockfd,
           const  void  *msg,
           int len,
           unsigned int flags,
           const  struct  sockaddr  *to,
           int  tolen);
```

和

```
int  recvfrom(int sockfd,
           void *buf,
           int len,
           unsigned int flags,
           struct sockaddr  *from,
           int  *fromlen);
```

函数返回值：sendto 函数返回发送的字节数，recvfrom 函数返回接收数据的字节数。若出错则返回-1。

9. WSAStartup 函数

在 Windows 的套接字程序中，每个 Winsock 程序必须使用 WSAStartup 载入 Winsocket 动态链接库，并进行初始化。WSAStartup 的定义如下：

```
int WSAStartup(WORD wVersionRequested, LPWSADATA lpWSAData);
```

其中，wVersionRequested 指定载入的 Winsock 版本，通常使用宏 MAKEWORD(x, y)来指定版本号，

这里 x 代表主版本，而 y 代表次版本。lpWSAData 是一个指向 WSAData 结构的指针。

10．WSACleanup 函数

使用完 Winsock 接口后，需要调用 WSACleanup( )函数释放占用的资源。WSACleanup 的定义如下：

```
int WSACleanup(void);
```

12.2.3　Winsocket 网络编程示例

1．程序流程

利用套接字 Winsocket 方式进行数据通信与传输，大致有如下步骤。

（1）创建服务端 socket，绑定建立连接的端口。

（2）服务端程序在一个端口处于阻塞状态，等待客户机的连接。

（3）创建客户端 socket 对象，绑定主机名称或 IP 地址，指定连接端口号。

（4）客户机 socket 发起连接请求。

（5）建立连接。

（6）利用 send/sendto 和 recv/recvfrom 进行数据传输。

（7）关闭 socket。

基于 TCP 协议的 socket 程序流程如图 12.8 所示。

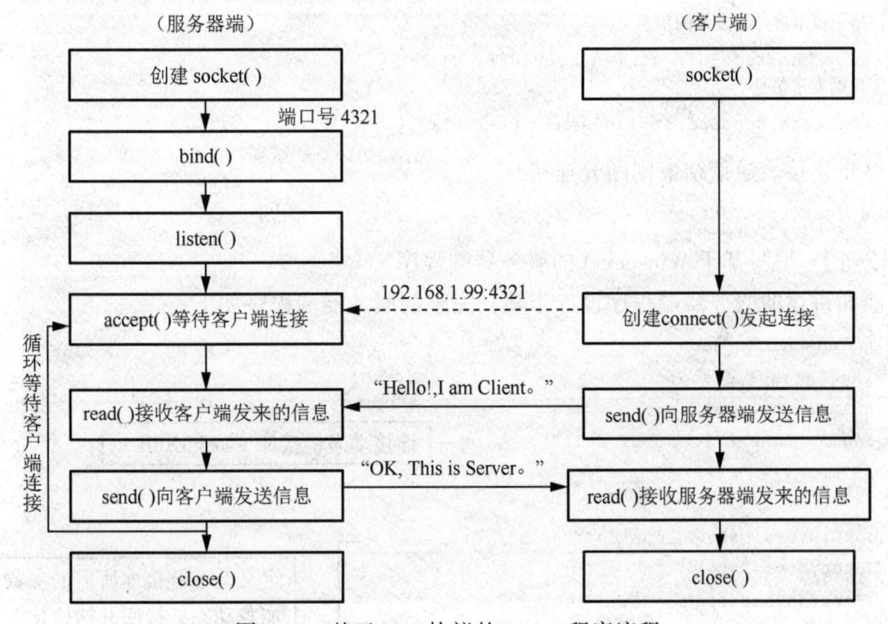

图 12.8　基于 TCP 协议的 socket 程序流程

2．服务器端程序 tcpsrv.cpp

网络程序的 TCP 服务器端的编写步骤如下：

（1）加载 Winsocket 动态链接库并进行初始化：

```
WORD  wVersionRequested=MAKEWORD(1,1);
WSAStartup(wVersionRequested,&wsaData);
```

（2）创建一个用于监听端口是否有连接请求信息的 socket 套接字。

```
SOCKET sockSrv=socket(AF_INET,SOCK_STREAM,0);
```

（3）在服务器端初始化 sockaddr 结构体，设定套接字端口号（如设置端口号为 4321）：

```
SOCKADDR_IN addrSrv;
addrSrv.sin_addr.S_un.S_addr = htonl(INADDR_ANY);
addrSrv.sin_family = AF_INET;                //指定 IPv4 类型通信协议
addrSrv.sin_port = htons(4321);        //指定端口号
```

（4）将定义的 sockaddr 结构体与 socket 套接字描述符进行绑定。

```
bind(sockSrv, (SOCKADDR*)&addrSrv, sizeof(SOCKADDR));
```

（5）调用 listen 函数将 socket 套接字设为监听套接字模式。它与下一步骤的 accept 函数共同完成对套接字端口的监听。

```
listen(sockSrv,5);
```

（6）调用 accept 函数监听套接字端口，等待客户端的连接。一旦监听到连接请求，将产生一个新的用于连接的套接字 sockConn。

```
SOCKET sockConn=accept(sockSrv,(SOCKADDR*)&addrClient,&len);
```

（7）处理客户端的会话请求。将接收到的数据存放到字符型数组 recvBuf 中，将要发送的数据存放到字符型数组 sendBuf 中。

```
//从网络上读取客户端发来的信息
recv(sockConn,recvBuf, strlen(recvBuf), 0);
//向客户端发送信息
send(sockConn,sendBuf,strlen(sendBuf)+1,0);
```

（8）终止连接。通信结束则断开连接。

```
closesocket(sockConn);
```

【例 12-1】 编写基于 Winsocket 的服务器端程序。

根据前面讲述的服务器端程序设计步骤，完整的服务器端程序如下：

```
1  #include <iostream>
2  using namespace std;
3  #include <Winsock2.h>
4  #pragma comment(lib, "wsock32")          ←连接动态链接库 wsock32.dll
5  void main()
6  {
7    WORD wVersionRequested;
8    WSADATA wsaData;                        ←定义动态链接库所需的参数，
9    wVersionRequested = MAKEWORD(1, 1);       加载动态链接库并初始化
10   WSAStartup(wVersionRequested, &wsaData);
11   SOCKET sockSrv = socket(AF_INET, SOCK_STREAM, 0);   ←创建用于监听的套接字
12   SOCKADDR_IN addrSrv;
13   addrSrv.sin_addr.S_un.S_addr = htonl(INADDR_ANY);   ←定义套接字的 sockaddr 结构
14   addrSrv.sin_family = AF_INET;                          对象，并设置其数据项
15   addrSrv.sin_port = htons(4321);
16   bind(sockSrv, (SOCKADDR*)&addrSrv, sizeof(SOCKADDR));   ←将套接字绑定到端口上
17   listen(sockSrv, 5);   ←将套接字设为监听模式，监听 5 个客户
```

```
18  SOCKADDR_IN addrClient;
19  int len = sizeof(SOCKADDR);
20  while(1)
21   {
22     SOCKET sockConn = accept(sockSrv,
23            (SOCKADDR*)&addrClient, &len);
24     char sendBuf[100] = {"这是服务器的回复,
25                           欢迎光临 www.zsm8.com"};
26     send(sockConn, sendBuf, strlen(sendBuf)+1, 0);
27     char recvBuf[100];
28     recv(sockConn, recvBuf, 100, 0);
29     cout<< recvBuf << endl;
30     closesocket(sockConn);
31   }
32  WSACleanup();
33 }
```

创建一个新的 sockaddr 对象，用于与客户机通信（第 18～19 行）

监听端口，等待客户端的连接请求。一旦连接，将用新的套接字进行通信（第 22～23 行）

向客户端发送信息（第 26 行）

接收客户端发来的信息（第 28 行）

关闭套接字（第 30 行）

关闭动态链接库（第 32 行）

3. 客户端程序 tcpclient.cpp

网络程序的 TCP 客户端程序的编写步骤如下。

（1）加载 Winsocket 动态链接库并进行初始化。

```
WORD  wVersionRequested=MAKEWORD(1,1);
WSAStartup(wVersionRequested,&wsaData);
```

（2）在客户端初始化 sockaddr 结构体的成员数据，假设服务器与客户端程序在同一台计算机上运行，故将其 IP 地址设置为本机回环 IP 地址 127.0.0.1；设定与服务器相同的套接字端口号（例如，服务器的端口号为 4321，则这里也必须设为 4321）。

```
SOCKADDR_IN addrSrv;
addrSrv.sin_addr.S_un.S_addr=inet_addr("127.0.0.1");          //指定 IP 地址
addrSrv.sin_family=AF_INET;                                   //指定 IPv4 协议
addrSrv.sin_port=htons(4321);                                 //指定端口号
```

（3）调用 connect 函数连接服务器。

```
connect(sockClient,(SOCKADDR*)&addrSrv,sizeof(SOCKADDR));
```

（4）发送或接收数据。使用 recv 函数，将接收到的数据存放到字符型数组 recvBuf 中，使用 send 函数，将存放在字符型数组 sendBuf 中的数据发送出去。

```
//从网络上读取客户端发来的信息
recv(sockClient,recvBuf, strlen(recvBuf), 0);
//向客户端发送信息
send(sockClient,sendBuf,strlen(sendBuf)+1,0);
```

（5）终止连接。通信结束则断开连接。

```
closesocket(sockClient);
```

【例 12-2】 编写基于 Winsocket 的客户端程序。

根据前面讲述的客户端程序设计步骤，完整的客户端程序如下：

```
1  #include <iostream>
2  using namespace std;
3  #include <Winsock2.h>
```

```
4  #pragma comment(lib,"wsock32")              ← 连接动态链接库 wsock32.dll
5  void main()
6  {
7    WORD wVersionRequested;
8    WSADATA wsaData;
9    wVersionRequested=MAKEWORD(1,1);           ┐
10   WSAStartup(wVersionRequested,&wsaData);    ┘← 加载动态链接库
11   SOCKET sockClient=socket(AF_INET,SOCK_STREAM,0);  ← 创建套接字
12   SOCKADDR_IN addrSrv;                                    ┐
13   addrSrv.sin_addr.S_un.S_addr=inet_addr("127.0.0.1");    │← 设置套接字对象
14   addrSrv.sin_family=AF_INET;                             │  的结构体数据项
15   addrSrv.sin_port=htons(6000);                           ┘
16   connect(sockClient,(SOCKADDR*)&addrSrv,sizeof(SOCKADDR));  ← 发起连接
17   char recvBuf[100];
18   recv(sockClient,recvBuf,100,0);            ← 接收服务器发来的数据
19   cout << recvBuf << endl;
20   send(sockClient,"这是客户机的消息。",               ┐
21       strlen("这是客户机的消息。")+1,0);              ┘← 向服务器发送信息
22   closesocket(sockClient);                   ← 断开连接
23 }
```

编译例 12-1 和例 12-2 后，先运行服务器端程序，使其监听端口，等待客户端的连接信息。再运行客户端程序，其运行结果如图 12.9 所示。

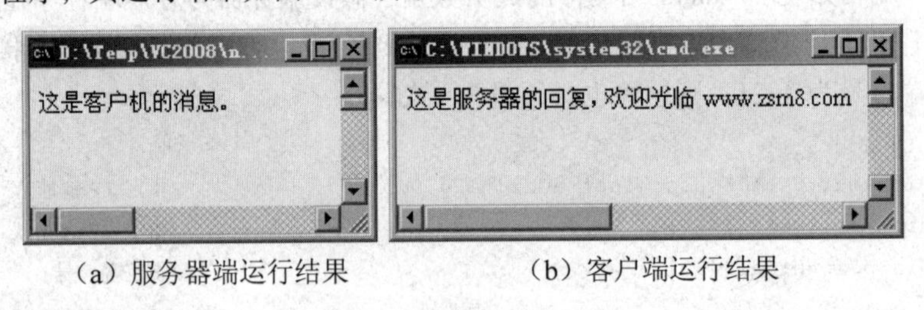

（a）服务器端运行结果　　（b）客户端运行结果

图 12.9　程序的运行结果

12.3　利用 MFC 编写 Web 浏览器程序

12.3.1　CHtmlView 类

MFC 的 CHtmlView 类提供了实现 Web 浏览器的功能，利用它可以很方便地设计一个独具特色的浏览器。

CHtmlView 类的常用属性见表 12.1。

表 12.1　CHtmlView 类的常用属性

属　性	说　明
GetHtmlDocument	获取活动的 HTML 文档
GetFullName	获取显示在 WebBrowser 中的资源的全名，包括路径
GetToolBar	获取确定工具条的值
SetToolBar	设置确定工具条的值

续表

属　　性	说　　明
GetMenuBar	获取确定菜单条的值
SetMenuBar	设置确定菜单条的值
SetAddressBar	显示或隐藏 Internet Explorer 对象地址栏

CHtmlView 类的常用函数见表 12.2。

表 12.2　CHtmlView 类的常用函数

函　　数	说　　明
GoBack( )	转到前一页面
GoForward( )	转到下一页面
GoHome( )	转向到主页或起始页
GoSearch ( )	转向到当前查找页面
Navigate( )	导航到由 URL 标识的资源
Navigate2( )	导航到由 URL 标识的资源，或由完整路径标识的文件
Refresh( )	重载当前页面
Stop( )	停止打开页面
ExecWB( )	执行一个命令

12.3.2　CHtmlView 类的应用

【例 12-3】 利用 CHtmlView 类设计一个 Web 浏览器程序。

1. 项目界面布局及设置

（1）应用 MFC 应用程序向导建立一个 MFC 单文档程序，项目名称为 WebBrowserView。其中在“高级功能”选项中，取消选中“打印和打印预览”复选框，选中“Windows 套接字”复选框，如图 12.10 所示。

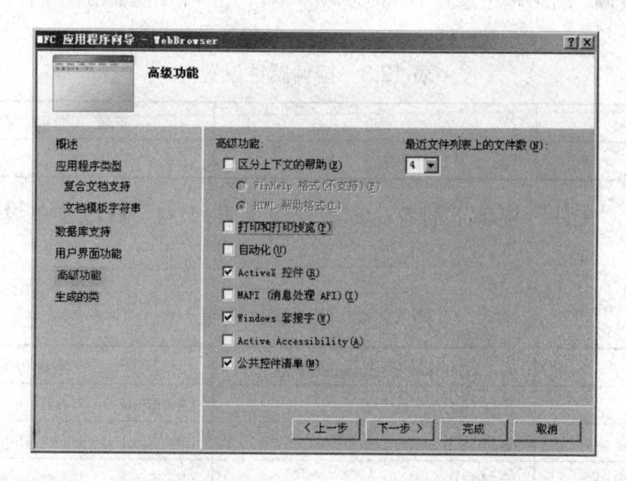

图 12.10　添加选中“Windows 套接字”复选框

（2）在“生成的类”选项中，修改基类为“CHtmlView”，如图 12.11 所示。

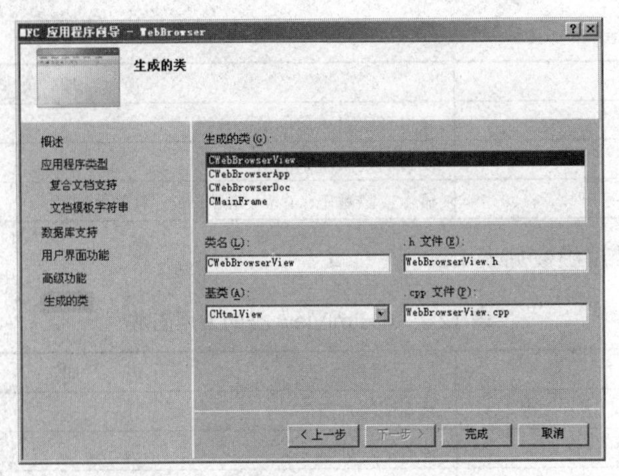

图 12.11　修改基类为“CHtmlView”

（3）在“解决方案资源管理器”窗格中右击“资源文件”选项，选择“添加资源”选项，在弹出的“添加资源”对话框中选择 Dialog 选项，如图 12.12 所示。

（4）在“属性”面板中将新增的对话框 ID 设置为 IDD_DIALOG_ADDRESS 。为该对话框添加新类为“CURLDlg”(基类为 Cdialog)。

（5）在对话框中添加一个编辑框，如图 12.13 所示。其属性设置见表 12.3。

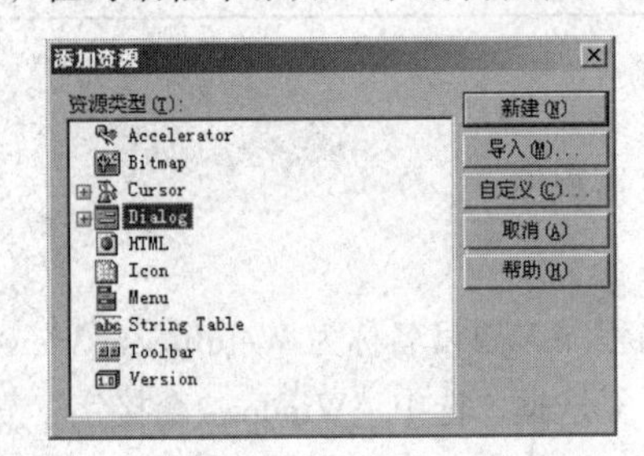

图 12.12　在“添加资源”对话框中选择 Dialog 选项

图 12.13　设置新增的对话框

表 12.3　控件属性设置

控 件 类 型	ID	变量（类别 变量类型　变量名）
编辑框	IDC_EDIT_ADDRESS	Value　CString　　m_url

（6）修改菜单，“文件”菜单下的各命令项修改见表 12.4。修改菜单设置后效果如图 12.14 所示。

表 12.4　菜单属性设置

菜单 ID	Caption 及 Prompt 属性	添加处理事件函数
ID_URL	导航(&N)\tCtrl+N	CWebBrowserView::OnUrl()
ID_FORWD	前进(&O)\tCtrl+O	CWebBrowserView::OnForwd()
ID_BACK	后退(&S)\tCtrl+S	CWebBrowserView::OnBack()
ID_NEW	刷新(&A)\tCtrl+A	CWebBrowserView::OnNew()
ID_APP_EXIT	退出(&X)	

（7）重新设置工具栏资源 IDR_MAINFRAME。重新绘制工具栏中的工具按钮，如图 12.15 所示。

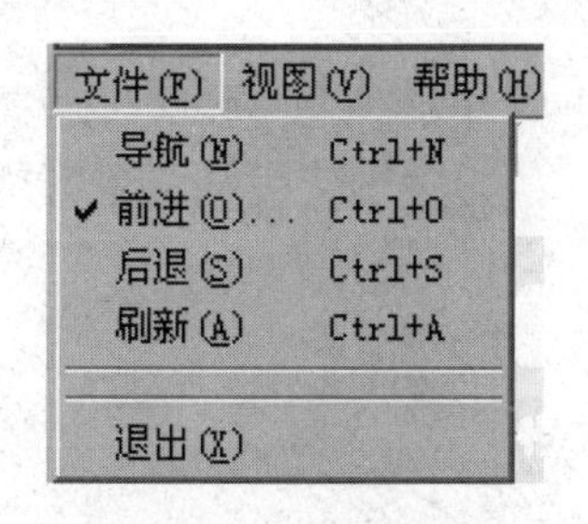

图 12.14　修改菜单

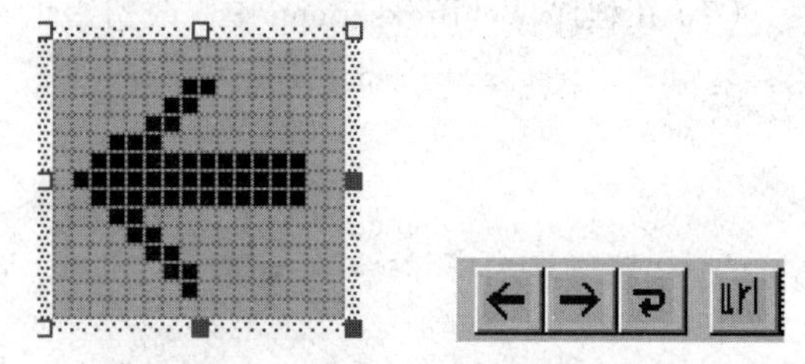

图 12.15　重新绘制工具栏中的工具按钮

2. 代码设计

（1）在程序 WebBrowserView.cpp 中增加头文件：

```
#include "URLDlg.h"
```

（2）修改程序 WebBrowserView.cpp 中初始化函数代码：

```
1  void CWebBrowserView::OnInitialUpdate()
2  {
3      CHtmlView::OnInitialUpdate(); //系统自动生成
4      Navigate2(_T("http://www.zsm8.com/"),NULL,NULL);
5  }
```

MFC 提供的 ChtmlView 类的方法 Navigate2()

（3）在程序 WebBrowserView.cpp 中编写“导航”响应函数代码：

```
1  void CWebBrowserView::OnUrl()
2  {
3      // TODO: 在此添加命令处理程序代码
4     CURLDlg *dlg = new CURLDlg(this);
5      if ( dlg->DoModal() == IDOK )
6      {
7         Navigate2(dlg->m_url);
8      }
9      delete dlg;
10  }
```

（4）在程序 WebBrowserView. cpp 中编写“前进”响应函数代码：

```
1  void CWebBrowserView::OnForwd()
2  {
3      GoForward();
4  }
```

（5）在程序 WebBrowserView. cpp 中编写“后退”响应函数代码：

```
1  void CWebBrowserView::OnBack()
2  {
3      GoBack();
4  }
```

（6）在程序 WebBrowserView. cpp 中编写“刷新”响应函数代码：

```
1  void CWebBrowserView::OnNew()
```

```
2  {
3      Refresh();
4  }
```

（7）在程序 WebBrowser.cpp 中修改初始化函数 InitInstance( )，设置窗口标题：

```
1  BOOL CWebBrowserApp::InitInstance()
2  {
3     …
4     m_pMainWnd->UpdateWindow();
5     m_pMainWnd->SetWindowTextW(_T("Web浏览器"));
6     return TRUE;
7  }
```

程序运行结果如图 12.16 所示。

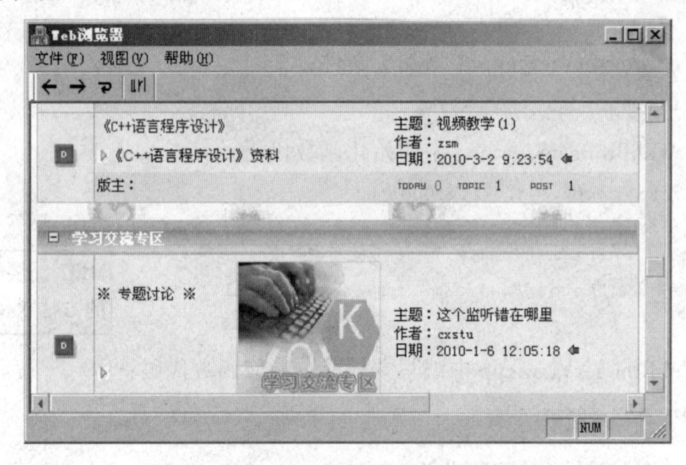

图 12.16　Web 浏览器的运行结果

本 章 小 结

本章重点介绍了 C++的套接字编程和 Web 浏览器程序的设计。

本章的知识点归纳如图 12.17 所示。

- 网络应用程序设计
  - 网络通信
    - 网络基础知识
    - 套接字编程
      - 套接字函数
      - 客户端与服务器端的程序设计
  - 网络浏览器
    - CHtmlView 类的属性和方法
    - 网络浏览器程序设计

图 12.17　本章知识点

习 题 十 二

12.1　设计一个窗口程序，实现例 12-1 的客户端与服务器端的通信功能。

12.2　设计一个简易聊天室程序。

12.3　根据 CHtmlView 类的常用属性和方法，进一步增强 Web 浏览器的功能。

第13章 数据库应用程序设计

计算机发展到如今，已经成为人类生活中不可缺少的一个部分。计算机应用和普及不仅是因为硬件的高速发展，很大一部分也归结于软件的发展。谈到软件的应用，就离不开数据库，现在绝大多数的计算机软件程序都要依赖于数据库。数据库是一个“记录保存系统”，是“按照数据结构来组织、存储和管理数据的仓库”。

在人们的日常工作中，常常需要把某些相关的数据放进这样的“仓库”，并存放在一张表中，很多表的集合就可以看成是一个数据库。有了这个电子数据形成的表，人们就可以在需要的时候利用计算机的高速查询能力找出自己想要的数据。这也是计算机的最大功用之一：数据处理能力。

如果给数据库下一个比较完整的定义，那就是：数据库是存储在一起的相关数据的集合，这些数据是结构化的，无有害的或不必要的冗余，并为多种应用服务的应用程序。数据库的数据的存储独立于使用它的程序；对数据库插入新数据，修改和检索原有数据均能按一种公用的和可控制的方式进行。当某个系统中存在结构上完全分开的若干个数据库时，则该系统包含一个“数据库集合”。

13.1 数据库基础知识

13.1.1 关系型数据库及 Access 数据库

数据库是按一定组织方式存储的相关数据的集合。根据数据库的组织方式可以分为层次、网状和关系型数据库，其中关系型数据库的应用最为广泛。

1. 关系型数据库

关系型数据库将数据组成一个或多个二维数据表格，即关系型数据表。数据库中的所有数据信息都被保存在这些数据表中。数据库中的每一个表都有唯一的表名，数据表由行和列构成，其中列称为字段，字段包括了字段名称、数据类型以及字段属性等信息，而行称为记录，包含每一字段的具体数据值。

数据库的组成如图 13.1 所示。

2. Access 数据库

Access 数据库是一种使用方便、操作简单的桌面关系型数据库，很适合初学者使用。下面结合一个示例来说明 Access 数据库的创建方法。

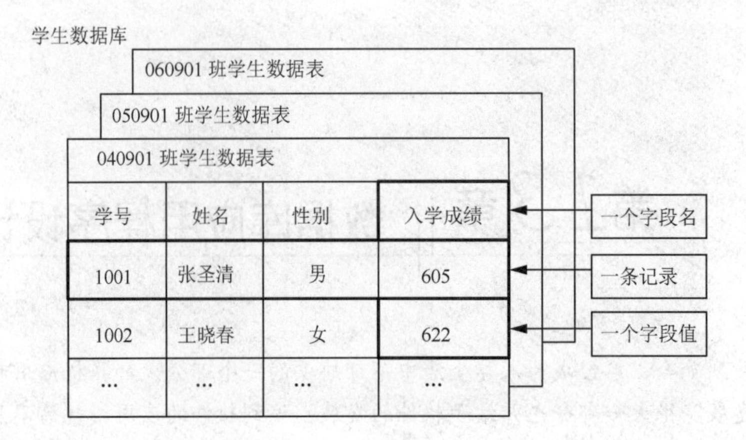

图 13.1　数据库的组成

【例 13-1】 创建一个简单的 Access 数据库，存放职工信息数据。

1）职工信息数据表的结构设计

某企业的职工信息数据的结构见表 13.1。

表 13.1　职工信息数据的结构

字 段 名 称	字 段 类 型	字 段 大 小
编号 ID	数字	长整型
姓名	文本	10
性别	文本	2
职位	文本	10
出生日期	文本	10
工作时间	文本	10
联系电话	文本	10

2）创建 Access 数据库及数据表

启动 Access 数据库，创建一个数据表，打开“表设计”视图，输入表 13-1 中所定义的字段，将数据表保存为“职工信息”。

在编写好的数据表中输入记录，如图 13.2 所示。

Microsoft Access - [职工信息 : 表]

编号	姓名	性别	职位	出生日期	工作时间	联系电话
12	江大勇	男	接待员	1982-9-11	2003-5-15	88655537
13	胡汉勤	男	市场总监	1962-10-8	2001-1-1	88838316
14	严明建	男	市场协理	1970-11-30	2004-1-15	88624353
15	张容	男	广告专家	1975-12-9	2004-2-1	88010168
16	许芳	女	办公室主任	1986-2-26	2006-3-5	88045678

记录: 6 共有记录数: 17

“数据表”视图　NUM

图 13.2　“职工信息”表的记录

13.1.2　ODBC 数据源

ODBC（Open Database Connectivity，开放式数据库互连）是一种用于访问数据库的统一界面标准。它可以免除数据库应用程序访问异构型数据所带来的麻烦。

建立 ODBC 数据源的方法很简单，在 Windows 的“控制面板”窗口中，双击“管理工具”图标，然后再双击“数据源(ODBC)”图标，弹出“ODBC 数据源管理器”对话框。选择“系统 DSN”选项卡，如图 13.3 所示。

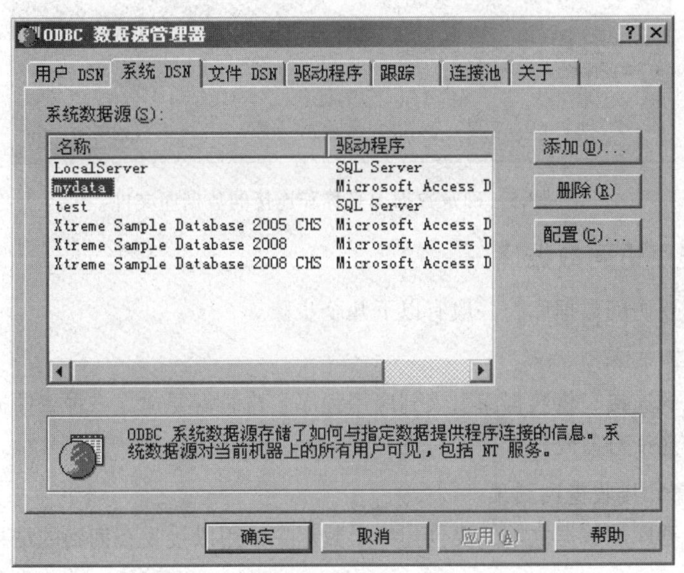

图 13.3　“ODBC 数据源管理器”对话框

单击“ODBC 数据源管理器”对话框中的“添加”按钮，选择 Microsoft Access Driver (*.mdb) 选项，如图 13.4 所示。

图 13.4　“创建新数据源”对话框

单击“完成”按钮，输入数据源名称 mydata，并选择要使用的数据库文件，如图 13.5 所示。

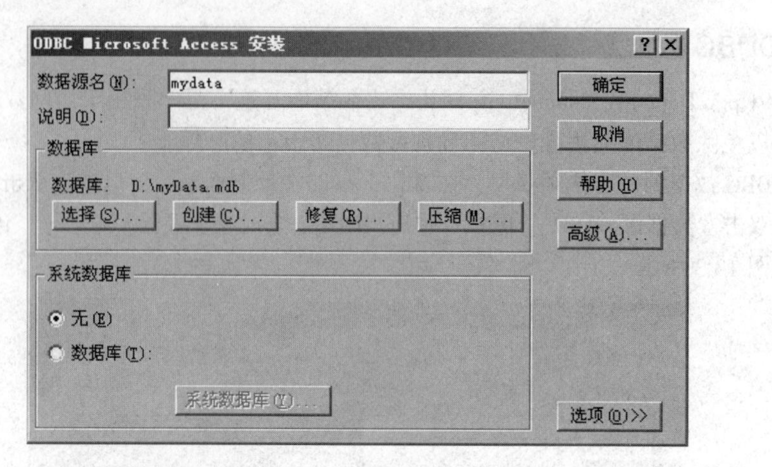

图 13.5　确定数据源名称和连接的数据库文件

13.1.3　应用程序访问数据库

在应用程序中要访问数据库，一般有以下几个步骤。

1．连接数据库

建立与数据源的连接，将数据库引入到应用程序。这时需要建立一种双向通信机制，这种通信机制通常由一个连接对象处理。

2．创建数据集，接收查询结果

在处理来自数据库的数据之前，要创建一个数据集，用以接收查询到的结果。

3．显示数据

将数据库的数据显示到窗体上，供用户浏览或修改。

4．编辑数据

用户可以通过添加新记录、编辑或删除记录等操作修改原有数据记录。

5．保存数据

将应用程序中更改过的数据记录发回数据库保存。

13.2　MFC 的 ODBC 数据库类

Visual C++ .NET 中的 MFC 类库对 ODC API 进行了封装，主要有 CDatabase 类、CRecordset 类和 CRecordView 类。下面介绍这几个类的功能。

1．CDatabase 类

CDatabase 类的主要功能是建立应用程序与数据源的连接，一个 CDatabase 类的对象就代表了一个到数据源的连接。一个应用程序可以有多个 CDatabase 类对象。

2．CRecordset 类

CRecordset 类的功能是从数据源中选择一组数据记录集。CRecordset 类提供了许多用于操作数据记录的成员函数。通过该类的成员函数可以对记录集的数据进行添加、删除、修改等操作。见表 13.2。

表 13.2　CRecordeset 类操作数据集的成员函数

成员函数	功　　能
Void MoveNext( )	下一条记录
Void MovePrev( )	上一条记录
Void MoveFirst( )	第一条记录
Void MoveLast( )	最后一条记录
Void Edit( )	修改数据记录
Void AddNew( )	新增数据记录
Void Delete( )	删除数据记录
Void Update( )	将改变的内容写入数据源

3. CRecordView 类

CRecordView 类的功能是提供与记录集直接相连接的文档视图，利用对话框数据交换机制（DDX）在记录集与文档视图的控件之间传递数据。

MFC 的应用程序向导自动创建 CRecordView 类的派生类，并在文档视图中提供了“第一条记录”“上一条记录”“下一条记录”和“最后一条记录”4 个记录移动操作菜单命令项。

【例 13-2】 建立一个 ODBC 类的数据库应用程序。

1. 数据库设计

按照例 13-1，设计一个职工信息数据库，并设置数据源 mydata。

2. 建立数据库应用程序项目

（1）建立 MFC 应用程序项目，项目名称为：dataBase，如图 13.6 所示。

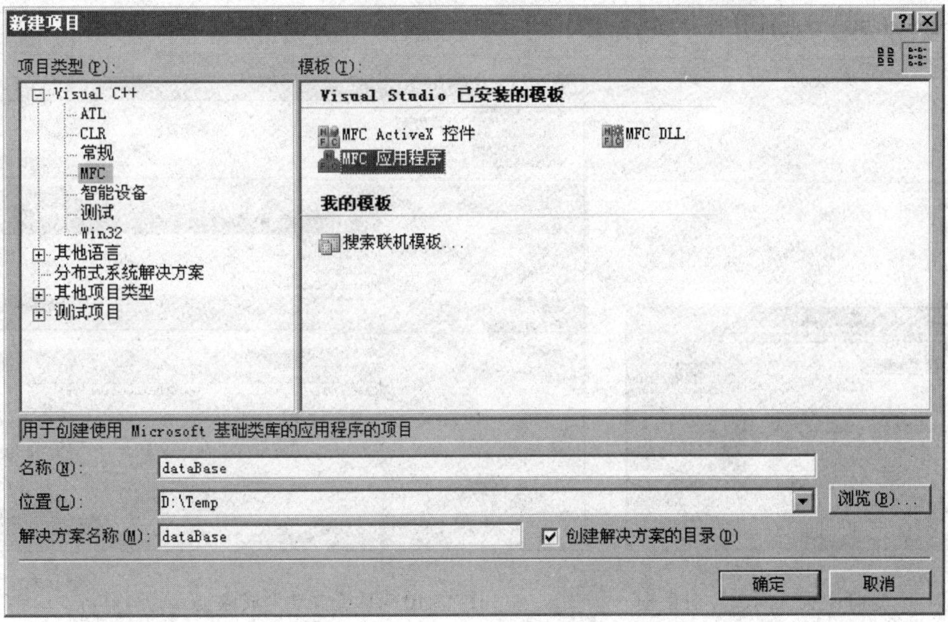

新建项目
项目类型(P):
Visual C++
ATL
CLR
常规
MFC
智能设备
测试
Win32
其他语言
分布式系统解决方案
其他项目类型
测试项目
模板(T):
Visual Studio 已安装的模板
MFC ActiveX 控件
MFC DLL
MFC 应用程序
我的模板
搜索联机模板...
用于创建使用 Microsoft 基础类库的应用程序的项目
名称(N): dataBase
位置(L): D:\Temp
浏览(B)...
解决方案名称(M): dataBase
创建解决方案的目录(D)
确定
取消

图 13.6　建立应用程序项目 dataBase

（2）在“数据库支持”界面的“数据库支持”栏中选中“不支持文件的数据库视图”单选按钮，在“客户端类型”栏中选中 ODBC 单选按钮，如图 13.7 所示。

（3）单击“数据库支持”界面中的“数据源”按钮，指定现有数据库作数据源，如图 13.8 所示。

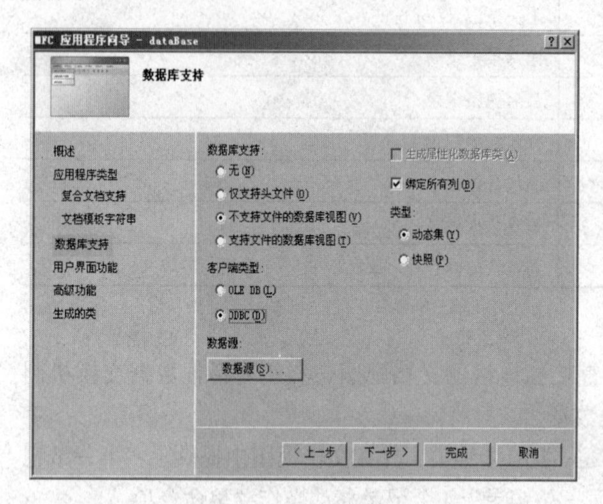

图 13.7 “数据库支持”界面

图 13.8 指定数据源

（4）在“选择数据库对象”中选择“职工信息”选项，如图 13.9 所示。

（5）向导自动生成类，其中视图类的基类为“CRecordView”，如图 13.10 所示。

（6）弹出安全警告框，提示注意数据库所设置的密码信息。

（7）系统自动生成数据库应用程序框架，这时不能立即编译运行程序，还需要把框架的程序“dataBaseSet.cpp”中的安全提示语句注释掉。即把如图 13.11 所示中的“#error Security Issue: The connection string …”注释掉。

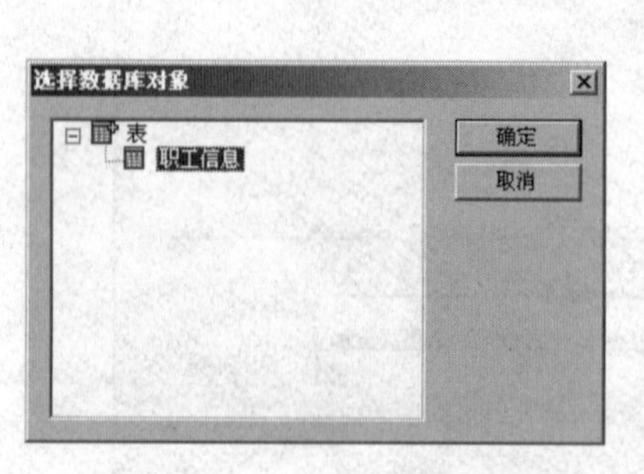

图 13.9 “选择数据库对象”对话框

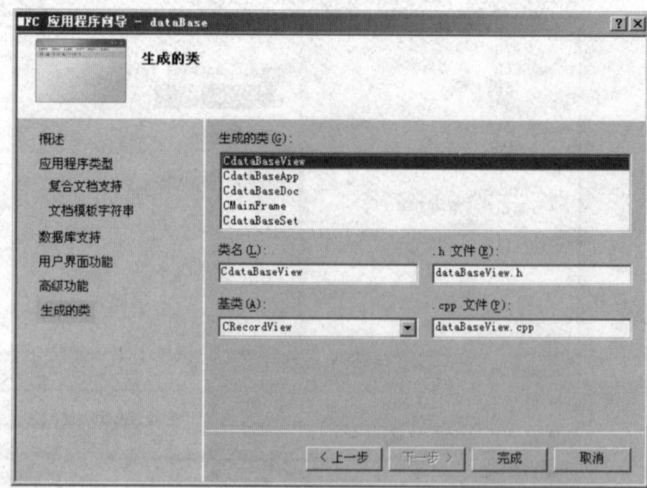

图 13.10 系统自动生成的类

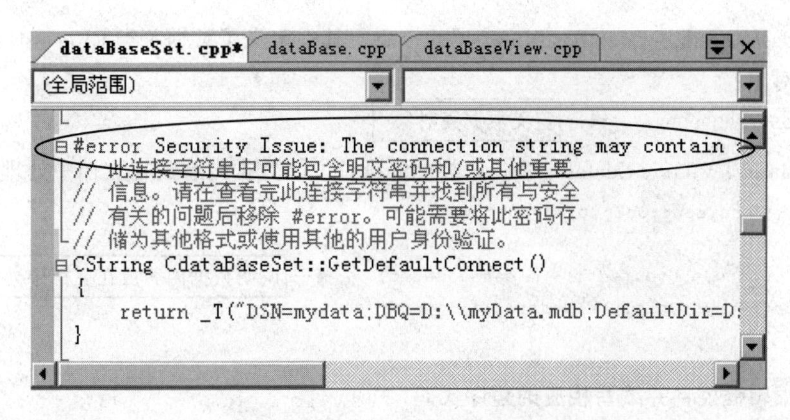

图 13.11　注释安全提示语句

（8）编译运行程序。如图 13.12 所示，可以看到数据库已经连接上了，但还不能显示数据库的数据，还需要做进一步处理。

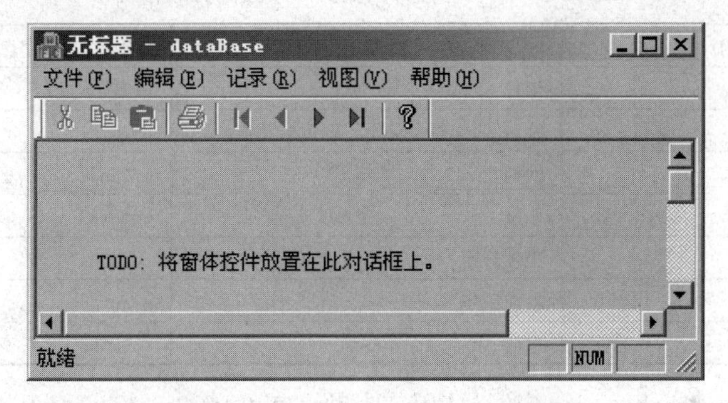

图 13.12　向导自动生成的数据库应用程序

3. 查看由 MFC 向导生成的程序

（1）在 dataBaseSet.h 中定义基类 CRecordset 的派生类 CdataBaseSet，其中定义了职工信息表中的字段：编号、姓名、职位等为数据成员：

```
#pragma once
class CdataBaseSet : public CRecordset
{
 public:
    long        m_ID;      ┐
    CStringW column1;      │
    CStringW column2;      │
    CStringW column3;      │ ←职工信息表中的字段：编号、姓名、职位等
    CStringW column4;      │
    CStringW column5;      │
    CStringW column6;      │
    CStringW column7;      ┘
    …
}
```

（2）dataBaseView.h ：CdataBaseView 类的接口。其中定义了数据基类 CRecordView 的派生类 CdataBaseSet 对象：

```
CdataBaseSet* m_pSet;          ◄— 定义数据集对象
```

（3）dataBaseView.cpp : CdataBaseView 类的实现，说明数据内容放在文档中处理，代码如下。

```
void CdataBaseView::OnInitialUpdate()
{
    m_pSet = &GetDocument()->m_dataBaseSet;     ◄— 说明数据内容放在文档中处理
    CRecordView::OnInitialUpdate();
}
```

4. 添加编辑框控件并编写相应的程序代码

（1）修改对话框模板资源。在工具栏中添加编辑框控件和静态文本控件到对话框中。各编辑框控件与数据库字段的数据成员关联情况见表 13.3。

表 13.3　编辑框控件与数据库字段的关联情况

编辑框 ID	关联的字段	字段变量名称
IDC_EDIT1	编号	m_ID
IDC_EDIT2	姓名	column1
IDC_EDIT3	性别	column2
IDC_EDIT4	职位	column3
IDC_EDIT5	出生日期	column4
IDC_EDIT6	参加工作	column5
IDC_EDIT7	电话	column6

（2）在程序 dataBaseView.cpp 中编写相应的代码。在 CdataBaseView::DoDataExchange()函数中编写代码：

```
1  void CdataBaseView::DoDataExchange(CDataExchange* pDX)
2  {
3     CRecordView::DoDataExchange(pDX);
4     DDX_FieldText(pDX, IDC_EDIT1, m_pSet->m_ID, m_pSet);
5     DDX_FieldText(pDX, IDC_EDIT2, m_pSet->column1, m_pSet);
6     DDX_FieldText(pDX, IDC_EDIT3, m_pSet->column2, m_pSet);
7     DDX_FieldText(pDX, IDC_EDIT4, m_pSet->column3, m_pSet);     ◄— 编辑框依次对应各字段
8     DDX_FieldText(pDX, IDC_EDIT5, m_pSet->column4, m_pSet);
9     DDX_FieldText(pDX, IDC_EDIT6, m_pSet->column5, m_pSet);
10    DDX_FieldText(pDX, IDC_EDIT7, m_pSet->column6, m_pSet);
11    }
```

（3）添加编辑框控件后的程序运行结果如图 13.13 所示。

5. 添加、修改、删除数据

（1）在“记录”菜单中，另外再新增“添加记录”“删除记录”和“修改记录”命令项，如图 13.14 所示。

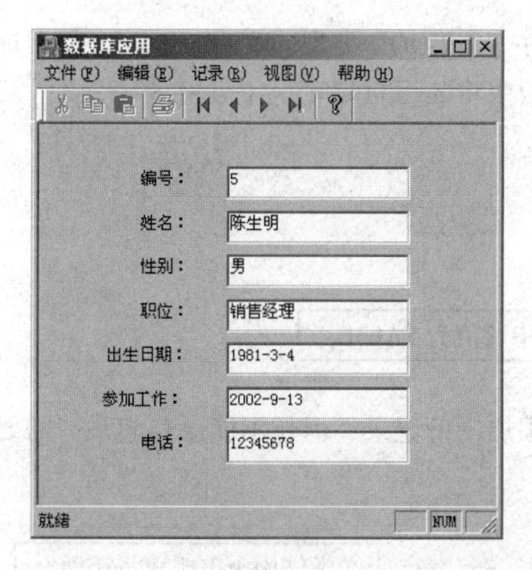

图 13.13　增加编辑框后的程序运行结果

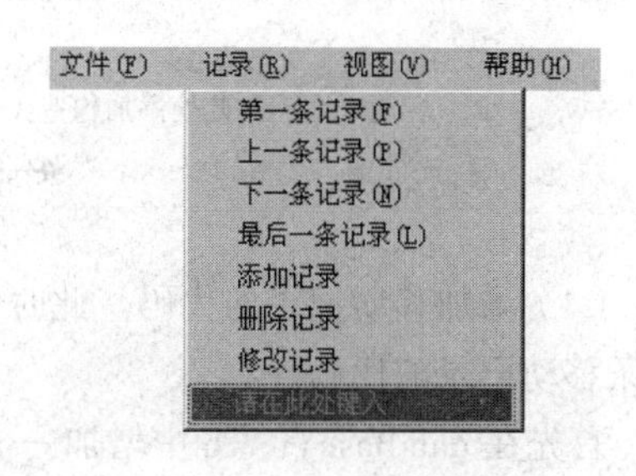

图 13.14　新增菜单项

各命令项的属性 ID 设置见表 13.4。

表 13.4　新增菜单命令项的属性 ID 设置

菜单命令	添加记录	删除记录	修改记录
ID	ID_ADD	ID_DEL	ID_EDIT

（2）选择“添加记录”选项的响应事件处理。右击“添加记录”选项，选择“添加事件处理程序”选项，在“事件处理程序向导”对话框中，将“消息类型”设为“COMMAND”，在“类列表”中选择 CdataBaseView 选项，如图 13.15 所示。

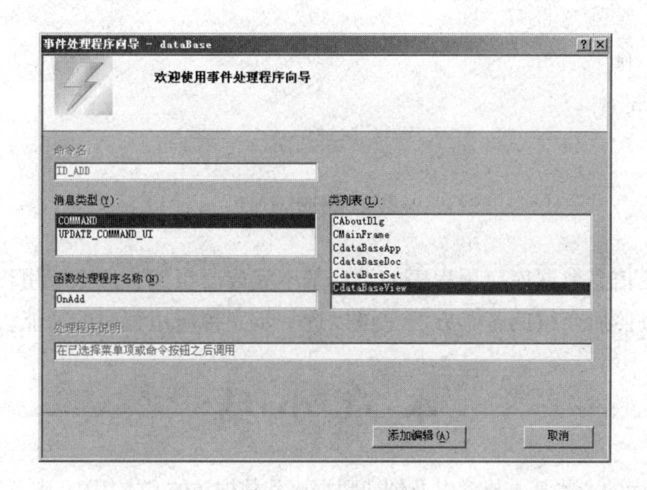

图 13.15　“事件处理程序向导”对话框

（3）单击“添加编辑”按钮，编写代码：

```
1  void CdataBaseView::OnAdd()
2  {
3      m_pSet->AddNew();
4      m_add=TRUE;
5     UpdateData(FALSE);
6  }
```

这时，要在 dataBaseView.cpp 程序的前面声明一个 BOOL 类型的变量 m_add，用于标识是否处于添加记录模式。在 dataBaseView 类的构造函数中将 m_add 赋值为 FALSE。

```
CdataBaseView::CdataBaseView()
        : CRecordView(CdataBaseView::IDD)
  {
       m_pSet = NULL;
       // TODO: 在此处添加构造代码
       m_add = FALSE;        ◄— 在构造函数中赋值为 FALSE
  }
```

（4）增加移动记录的代码。此时，虽然可以添加一条记录，但还不能保存起来。需要再增加一条移动记录的代码。

首先在 dataBaseView.h 中增加一个成员函数：

```
BOOL CdataBaseView::onMove(UINT nIDMoveCommnad);   ◄— 在类结构中声明成员函数
```

然后，在程序 dataBaseView.cpp 中，编写 onMove( )函数的代码：

```
1  BOOL CdataBaseView::onMove(UINT nIDMoveCommnad)
2  {
3    if(m_add)
4     {
5        m_add = FALSE;
6        UpdateData(TRUE);
7        if(m_pSet->CanUpdate())
8         {
9           m_pSet->Update();
10        }
11         m_pSet->Requery();
12       UpdateData(FALSE);
13       return TRUE;
14     }
15    else
16     return CRecordView::OnMove(nIDMoveCommnad);
17 }
```

至此，一个职工信息数据库应用程序的设计基本完成。当然，这个应用程序很简单，还有很多功能没有实现，按照所介绍的基本方法，可以进一步完善应用程序的功能。

本 章 小 结

本章介绍了数据库的一些基本概念以及创建数据库和数据源的基本用法。本章通过 Visual C++ .NET 开发数据库应用程序的具体步骤的介绍，说明了开发数据库应用程序的基本思路和方法。

习 题 十 三

13.1　设计一个具有添加、删除、修改等功能的学生成绩管理应用系统。

13.2　设计一个具有添加、删除、修改等功能的仓库货物管理应用系统。

附录 A ASCII 码表

表 A.1 ASCII 码表

ASCII 值	控制字符	ASCII 值	控制字符	ASCII 值	控制字符	ASCII 值	控制字符
0	NUL	32	(space)	64	@	96	、
1	SOH	33	!	65	A	97	a
2	STX	34	”	66	B	98	b
3	ETX	35	#	67	C	99	c
4	EOT	36	$	68	D	100	d
5	ENQ	37	%	69	E	101	e
6	ACK	38	&	70	F	102	f
7	BEL	39	,	71	G	103	g
8	BS	40	(	72	H	104	h
9	HT	41	)	73	I	105	i
10	LF	42	*	74	J	106	j
11	VT	43	+	75	K	107	k
12	FF	44	,	76	L	108	l
13	CR	45	–	77	M	109	m
14	SO	46	.	78	N	110	n
15	SI	47	/	79	O	111	o
16	DLE	48	0	80	P	112	p
17	DCI	49	1	81	Q	113	q
18	DC2	50	2	82	R	114	r
19	DC3	51	3	83	X	115	s
20	DC4	52	4	84	T	116	t
21	NAK	53	5	85	U	117	u
22	SYN	54	6	86	V	118	v
23	TB	55	7	87	W	119	w
24	CAN	56	8	88	X	120	x
25	EM	57	9	89	Y	121	y
26	SUB	58	:	90	Z	122	z
27	ESC	59	;	91	[	123	{
28	FS	60	<	92	/	124	|
29	GS	61	=	93	]	125	}
30	RS	62	>	94	^	126	~
31	US	63	?	95	—	127	DEL

附录 B 函数的参数传递

函数的参数传递有传址、传值和传引用 3 种方式，使用时常造成很大的困扰。现将这 3 种参数传递的方式归纳成表 B.1 所示。

表 B.1　函数的参数传递

函数原型	调用方式	说明
void Fnc(int);	Fnc(a);	传值
void Fnc(int&);	Fnc(a);	传引用
void Fnc(int*);	Fnc(&a);	传址
void Fnc(int*);	Fnc(p);	传址(使用指针)
void Fnc(int*);	Fnc(pV);	传址(使用指针)
void Fnc(int[ ]);	Fnc(pV);	传址(使用指针)
void Fnc(int*);	Fnc(V);	传址(使用数组名)
void Fnc(int[ ]);	Fnc(V);	传址(使用数组名)
void Fnc(char*);	Fnc(pS);	传址(使用指针)
void Fnc(int(*F)(int));	Fnc(F);	传址(使用函数指针)

其中：

（1）Fnc( )为已经定义了的函数。

（2）int 代表基本数据类型，可以是 float、double 或 char 等数据类型。

（3）在调用方式中：

a 为变量名称，例如：int a=5;。

V 为数组名称，例如：int V[] = {1, 2, 3};。

p 为指针，例如：int *p = &a;。

pV 为指向数组 V 的指针，例如：int *pV = V;。

pS 为指向字符串 S 的指针，例如：char *pS = “Hello”;。

F 为函数 F( )的函数名称，例如：int F(int);。

附录C Visual C++ .NET 常用数据类型

表 C.1　基础型（这些基础数据类型对于 MFC 或 API 都是被支持的）

数据类型	类型长度	说明
boolean	unsigned 8 bit ,	取值 TRUE/FALSE
byte	unsigned 8 bit,	整数,输出按字符输出
char	unsigned 8 bit,	字符
double	signed 64 bit	浮点型
float	signed32 bit	浮点型
handle_t		Primitive handle type
hyper	signed 64 bit	整型
int	signed 32 bit	整型
long	signed 32 bit	整型
short	signed 16 bit	整型
small	signed 8 bit	整型
void *	32-bit	指向未知类型的指针
wchar_t	unsigned 16 bit	16 位字符,比 char 可容纳更多的字符

表 C.2　Win32 API 支持的简单数据类型

数据类型	类型长度	说明
BOOL/BOOLEAN	8bit,TRUE/FALSE	布尔型
BYTE	unsigned 8 bit	
BSTR CComBSTR _bstr_t	32 bit	BSTR 是指向字符串的 32 位指针 是对 BSTR 的封装 是对 BSTR 的封装
CHAR	8 bit	（ANSI）字符类型
COLORREF	32 bit	RGB 颜色值 整型
DWORD	unsigned 32 bit	整型
FLOAT	float 型	float 型
HANDLE		Object 句柄
HBITMAP		bitmap 句柄
HBRUSH		brush 句柄

续表

数据类型	类型长度	说明
HCURSOR		cursor 句柄
HDC		设备上下文句柄
HFILE		OpenFile 打开的 File 句柄
HFONT		font 句柄
HHOOK		hook 句柄
HKEY		注册表键句柄
HPEN		pen 句柄
HWND		window 句柄
INT	--------	---------
LONG	--------	---------
LONGLONG		64 位带符号整型
LPARAM	32 bit	消息参数
LPBOOL		BOOL 型指针
LPBYTE		BYTE 型指针
LPCOLOREF		COLORREF 型指针
LPCSTR / LPSTR / PCSTR		指向 8 位（ANSI）字符串类型指针
LPCWSTR / LPWSTR / PCWSTR		指向 16 位 Unicode 字符串类型
LPCTSTR / LPTSTR / PCTSTR		指向一 8 位或 16 位字符串类型指针
LPVOID		指向一个未指定类型的 32 位指针
LPDWORD		指向一个 DWORD 型指针
TBYTE		WCHAR 型或者 CHAR 型
TCHAR		ANSI 与 unicode 均可
VARIANT _variant_t COleVariant		一个结构体参考 OAIDL.H _variant_t 是 VARIANT 的封装类 COleVariant 也是 VARIANT 的封装类
WNDPROC		指向一个窗口过程的 32 位指针
WCHAR		16 位 Unicode 字符型
WORD		16 位无符号整型
WPARAM		消息参数

表 C.3 MFC 独有的数据类型

数据类型	说明
POSITION	标记集合中一个元素的位置的值，被 MFC 中的集合类所使用
LPCRECT	指向一个 RECT 结构体常量（不能修改）的 32 位指针
CString	其实是 MFC 中的一个类